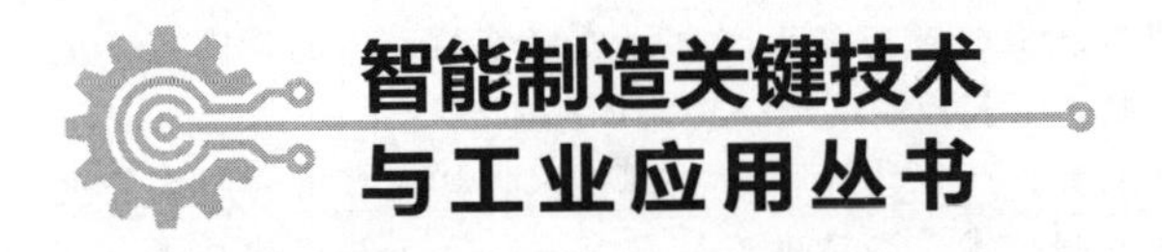

高精度板带连轧技术

High Precision Strip Continuous Rolling Technology

彭 艳　刘才溢　杨彦博　著

化学工业出版社

· 北京 ·

内 容 简 介

本书是作者基于钢铁工业的前沿技术进步成果与多年产学研成果编写而成的，内容详细介绍了高精度板带连轧过程中从装备控制、工艺控制到产品控制的基础理论。

全书共6章，首先介绍高精度连轧主要生产工艺流程与关键技术，其次着重介绍高精度轧制形状尺寸控制模型、产品组织性能控制技术、高精度连轧数字孪生及工艺优化技术、高精度连轧先进检测技术；最后阐述了高精度连轧发展趋势及新技术开发等内容。本书通过对装备稳定运行控制理论、轧制宏观形状尺寸、微观组织性能控制集成进行讲述，弥补了单独从装备运维、产品宏观控形或微观控性角度对轧制过程描述的不足。本书不仅具有重要的学术参考价值，同时还为钢铁工业转型升级，绿色制造人才培养提供理论与技术支持。

本书适合从事钢铁工业生产制造的技术人员、研发人员参考学习，也可作为高等院校机械工程、冶金工程等专业本科生和研究生的教材。

图书在版编目（CIP）数据

高精度板带连轧技术 / 彭艳，刘才溢，杨彦博著. 北京：化学工业出版社，2025. 3. -- （智能制造关键技术与工业应用丛书）. -- ISBN 978-7-122-47155-0

Ⅰ. TG335.5

中国国家版本馆 CIP 数据核字第 2025LE8019 号

责任编辑：金林茹　　文字编辑：张　宇
责任校对：赵懿桐　　装帧设计：王晓宇

出版发行：化学工业出版社（北京市东城区青年湖南街13号　邮政编码100011）
印　　装：河北延风印务有限公司
710mm×1000mm　1/16　印张18½　字数350千字　2025年5月北京第1版第1次印刷

购书咨询：010-64518888　　售后服务：010-64518899
网　　址：http：//www.cip.com.cn
凡购买本书，如有缺损质量问题，本社销售中心负责调换。

定　　价：99.00元

前言

钢铁工业是我国国民经济的重要基础产业，是建设现代化强国的重要支撑，是实施“中国制造 2025”战略的重点行业，是实现绿色低碳发展的重要领域。我国粗钢产量已经连续 26 年位居世界第一，在区域经济社会发展中占有重要地位，是重要主导产业，也是工业转型升级主战场。钢铁工业是典型的多尺度、多场、非线性、强耦合的复杂流程工业，其稳定生产需要装备、工艺、产品三者之间具有较高的适配性，其中装备是基础，工艺是关键，产品是目标。绿色低碳发展以及“双碳”战略引领，对钢铁工业提出了更加严格的要求，加速了钢铁工业朝着自动化、智能化、短流程和近终形方向发展。高精度连轧技术因其流程简约高效，节能减排效果显著，引起了行业内的广泛关注。

本书将对高精度连轧装备稳定运行控制理论、轧制宏观形状尺寸、微观组织性能控制集成进行讲述，介绍高精度连轧前沿科学进展，侧重于描述高精度连轧过程中装备-工艺-产品控制基础理论，并且与工业生产相结合，指导和解决生产现场实际问题；通过本书展现高精度连轧技术发展趋势及装备-工艺-产品稳定控制基本理论，为钢铁工业转型升级、低碳发展，绿色制造人才培养提供理论与技术支持。

本书共 6 章。第 1 章主要介绍高精度连轧主要生产工艺流程与关键技术，包含高精度连轧工艺特点、发展趋势及关键技术。第 2 ~ 5 章主要介绍高精度轧制形状尺寸控制模型、产品组织性能控制技术、高精度连轧数字孪生及工艺优化技术、高精度连轧先进检测技术，包括智能传感检测与运维技术。第 6 章为高精度连轧发展趋势及新技术开发，主要介绍高精度连轧在线换辊方法。

全书内容由彭艳组织编写，参加编写的有刘才溢、杨彦博、张阳、张明、邢建康，梁师诚、果硕参与了部分章节插图的编绘。燕山大学先进金属材料绿色智能生产理论技术团队研究生参加了有关内容的研究工作。

本书承蒙国家自然科学基金（U20A20289）、河北省自然科学基金（E2021203011）的支持和资助，特此感谢。

由于笔者水平有限，书中不妥之处，敬请读者批评指正。

著者

目录

第1章

高精度板带连轧生产与关键技术

1.1 高精度板带连轧技术发展概述

钢铁工业是实现绿色低碳发展的重要领域。高精度板带连轧技术是典型的流程工业，需要装备、工艺、产品三者之间具有较高的适配性，其中装备是基础，工艺是关键，产品是目标。

现阶段钢铁工业连续化进程取得突破性进展，例如高精度板带连轧技术的热轧板带生产工艺流程从早期的模铸工艺、传统连铸工艺发展到薄板坯连铸连轧、薄带连铸连轧工艺，如图 1-1 所示。与传统工艺相比，薄板坯连铸连轧和薄带连铸连轧工艺具有流程短、能耗低、成材率高、生产成本低等优势，可生产低碳钢到高碳钢的所有钢种，包括低合金钢、微合金钢、管线钢、电工钢、多相钢。有研究资料表明，薄板坯连铸连轧 ESP 无头轧制工艺相比于传统工艺可节能 50%～70%，节水 70%～80%，节省用地 66%，生产效率提高 50%，从钢水到热轧卷成材率高达 97%～98%[1]。而高精度板带连轧技术的冷轧板带生产工艺流程从传统的单机架可逆式轧机发展到 3～6 个机架依次布置的串列式冷轧机，并且与酸洗线、连退机组直接连接，在串列式冷轧机的入口侧装有焊机和活套，用以连续接合酸洗后的热轧带卷，使轧机不仅能够达到高产量，而且能够以全自动模式达到极高的质量水平和运行稳定性，提高了生产效率，能够生产普通建筑钢、高强度薄规格汽车板和其他高端材料。

当前我国钢铁工业正面临资源、能源和环境的严峻挑战，高精度板带连轧技术能够从流程上实现绿色低碳生产，并且不断地发展完善，为钢铁工业转型升级和绿色发展提供了方向，对我国“双碳”战略目标的实现具有非常重要的

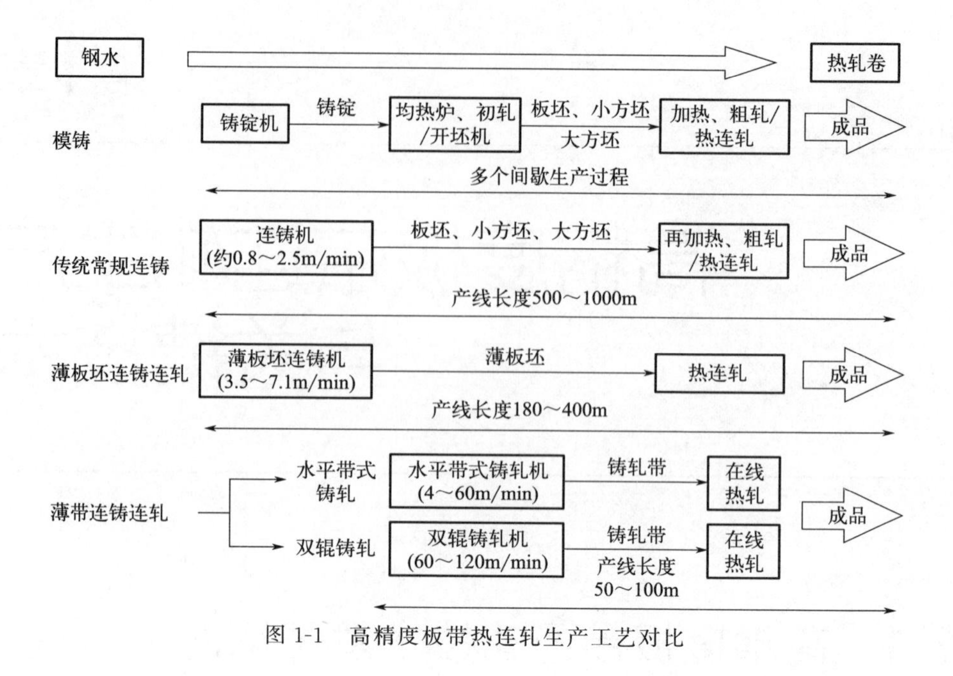

图 1-1 高精度板带热连轧生产工艺对比

意义。

本书围绕高精度热连轧和冷连轧两种技术，针对板带连轧生产工艺流程，采用基础理论与实际案例相结合的方式，介绍高精度板带连轧工艺流程，关键技术装备、控制模型算法及连轧技术的发展趋势。

1.1.1 高精度板带热连轧技术发展概述

高精度热连轧根据其设备和工艺流程，主要有以下 3 种类型。

(1) 传统带钢热连轧技术

热轧带钢连轧机的发展已有 80 多年的历史，1960 年以前所建的热轧带钢连轧机，习惯上称为第一代热轧带钢连轧机，如 20 世纪 50 年代鞍钢从苏联引进的无板厚控制系统和板形控制系统的 1700mm 热连轧机。1960 年到 1970 年间所建的热轧带钢连轧机称为第二代热轧带钢连轧机，如 20 世纪 70 年代武钢从日本引进的带有板厚控制系统但无板形控制系统的 1700mm 热连轧机。1970 年以后建立的轧机称为第三代热轧带钢连轧机，如 20 世纪 80 年代宝钢从德国及日本引进的带有板厚控制、板形控制、微张力控制系统的 2050mm 及 1580mm 热连轧机。第三代热连轧机具有大型化、高速化的特征。我国目前使用的热连轧机属于第三代热连轧机，通常由 1～5 架粗轧机、5～7 架精轧机、2 台地下卷取机组成，产线长度为 400～500m，产量为 300 万吨/年以上。

传统带钢热连轧技术具有很大局限性：必须用厚板坯作为原料，轧制能耗高；铸造和轧制属于分离工序布置，生产周期长；板坯需要从室温再次加热到满足轧制需要的温度，没有利用铸坯的余热余能资源，能源利用率低；板带精轧头尾温差大，全长性能不均；轧制薄规格需切头尾，轧制成材率较低。

（2）薄板坯连铸连轧技术

将传统带钢热连轧技术制造流程中相对独立分散的连铸、加热、轧制等工序融为一体，如图 1-2 所示，根据其生产过程的连续化程度，可将其划分为三代技术。第一代技术以单坯轧制为特征，1989 年在美国纽柯公司投产的 CSP 产线以及我国第一批引进的珠钢、邯钢、包钢产线均属于这代技术。第二代技术以半无头轧制为特征，如 1992 年在意大利阿维迪建成的 ISP 产线。第三代技术以完全连续化生产的无头轧制为主要特征，2009 在意大利阿维迪投产的 ESP 产线，以及国内最新建成投产的第三代薄板坯连铸连轧产线，如日照钢铁 ESP、首钢京唐 MCCR、唐山东华钢铁 DSCCR 均属于第三代技术。

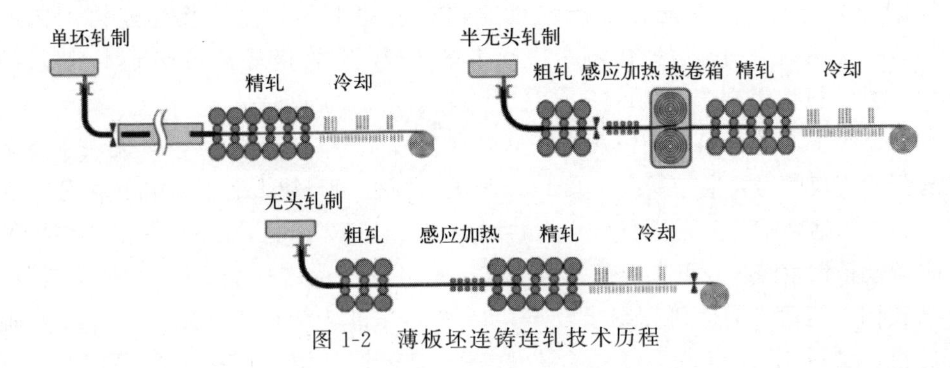

图 1-2　薄板坯连铸连轧技术历程

第三代无头轧制与前两代相比，主要技术特征如下：为了使单流连铸机达到与第一代和第二代双流连铸机同样的产能规模，第三代无头轧制显著增加了铸坯厚度和拉坯速度，大幅度提高了钢通量；其无均热炉或缩短了均热炉长度，降低了氧化烧损、能耗和排放；轧制过程中带钢头尾性能及板形差异小，无需切除头尾，成材率大幅提高；轧制过程稳定，超薄规格产品比例显著提高。

截至 2022 年 1 月，据不完全统计，全球已建薄板坯连铸连轧产线 73 条 110 流，年生产能力超过 1.37 亿吨，如表 1-1 所示[2]。

表 1-1　全球薄板坯连铸连轧产线统计表

国家	生产线数量									每年产量/10^6t
	CSP	ISP	FTSR	QSP	CONROLL	TSP	ESP	ASP	TOTAL	
中国	7	—	3	—	—	—	9	4	23	54.57
美国	9	—	—	2	1	5	—	—	17	29.7

续表

国家	生产线数量									每年产量 $/10^6$ t
	CSP	ISP	FTSR	QSP	CONROLL	TSP	ESP	ASP	TOTAL	
印度	4	—	—	—	—	—	—	—	4	11.4
意大利	2	1	—	—	—	—	1	—	4	4.3
韩国	1	1	1	—	—	—	1	—	4	8.6
其他	11	1	5	1	3				21	28.8
总计	34	3	9	3	4	5	11	4	73	137.4

(3) 薄带双辊铸轧技术

薄带双辊铸轧技术进一步取消热轧和粗轧工序，产线长度仅 50m。薄带双辊铸轧技术能耗优势主要源于工序的减少，如省去了加热炉，简化了轧制道次。对比同规格产品，其总能耗是传统热连轧工艺的 16%，是薄板坯连铸工艺的 32%，是无头轧制工艺的 45%；其产生的 CO_2 排放量是传统热连轧工艺的 25%，是薄板坯生产工艺的 34%，是无头轧制工艺的 44%。

1998 年，日本新日铁与三菱重工联合研发双辊铸轧薄带技术，并建成了首条具有商业规模的铸轧生产线。2003 年，美国纽柯公司与澳大利亚必和必拓公司和日本石川岛播磨重工公司进行合作，共同成立 Castrip 公司，开发具有商业规模的双辊铸轧带钢生产线，可生产带宽为 1345mm，厚度为 0.76～1.8mm 的低碳钢带。

我国双辊薄带铸轧研究起步较早，1983 年东北大学建立了第一台异径双辊铸轧机，又在 1990 年建立了一台立式等径双辊铸轧机，可以生产厚度为 1～5mm 的高速钢、不锈钢、硅钢和普碳钢等薄带。宝钢集团于 2003 年建成一条可以生产带宽为 1200mm 的双辊铸轧生产线，可以进行不锈钢、碳钢和硅钢的成卷实验。2016 年，河北敬业钢铁公司与东北大学合作，启动建设一条年产 40 万吨硅钢薄带的铸轧机组。2019 年沙钢集团实现运行国内首条、国际上第四条工业化薄带铸轧生产线。

1.1.2 高精度板带冷连轧技术发展概述

我国已成为全球冷轧装备生产能力最强的国家，截至 2020 年底，我国已建成投产的冷轧板带实际生产线数量共计 320 余条，实际生产能力高于世界其他国家。纵观我国近年来冷轧机生产装备的整体变化情况可知，冷轧机逐步成为冷轧生产过程重要生产装备。

我国冷轧生产装备中的宽带轧机已成为冷轧设备中的主流产品，目前，国内主要的冷轧产线分别处于宝武、鞍钢、马钢以及首钢集团。上述不同钢厂的实际产能占据了我国冷轧轧机生产产品的较大比例，其具体分布如图 1-3 所示[3]。

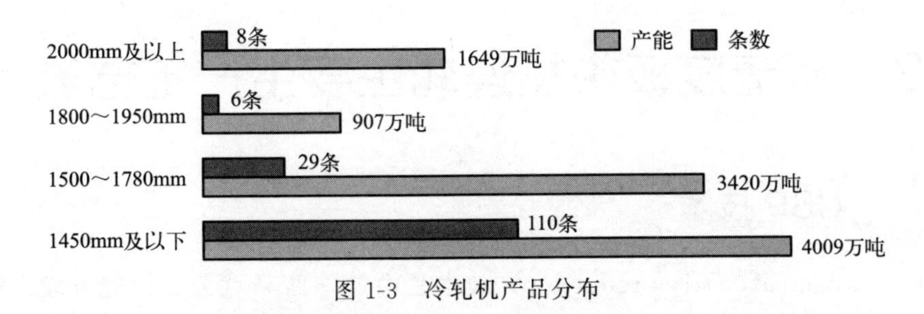

图 1-3　冷轧机产品分布

随着市场对冷轧带钢产量和质量要求的不断提高，高精度冷连轧设备和工艺流程发生了深刻变化，根据冷连轧机的生产工艺和轧机装备水平的不同，可将其发展过程大致分为三个时期[4]。

第一时期：1960 年以前，轧制技术不够成熟，轧制速度较低。1926 年，世界上第一套冷连轧机组在美国阿姆柯公司建成，其形式为四辊三机架冷轧机组。1940 年，日本新日铁建成了第一套四机架 1420mm 冷连轧机。但是，由于受到技术上的限制，直到 20 世纪 40 年代冷连轧机组的速度才达到 1000m/min。因此，冷连轧机的产量并不高。

第二时期：20 世纪 60 年代初至 20 世纪 60 年代末，受益于电气、机械等方面技术问题的解决，冷连轧机的轧制速度由原来的 1000mm/min 提升到 2000mm/min，冷连轧带钢的最大卷重也随之增长，由 16.3t 增加至 46t。20 世纪 60 年代，世界上第一套六机架冷连轧机组由美国杨斯顿板管公司建成，并生产出了厚度 0.1mm 以下的镀锡板。1968 年，日本 NKK 福山厂 FE 工程正式启动，由三菱电机、IHI 和 NKK 三家公司共同建成了世界上首套全连续式冷连轧机。

第三时期：20 世纪 70 年代后，由于世界能源危机，英国、美国、德国、日本、俄罗斯等钢铁工业发达国家新建的冷连轧机较少，转而在提高带钢板形和厚度精度、降低能耗、提高轧制速度、增大卷重等冷轧机的技术升级改造方面投资，实现提高带钢的产量和质量。1981 年，日本君津厂开发出酸洗-冷轧联合机组（CDCM）线，即将酸洗线和冷轧机连接在一起，构成一个生产流程线。1982 年，世界第一套冷轧机与连续退火联合生产机组在日本新日铁公司建成。1986 年，新日铁公司又开工建设了世界上第一套包括酸洗、冷连轧和连续退火的联合式生产线。酸洗-冷轧-退火联合机组设备示意图，如图 1-4 所示。

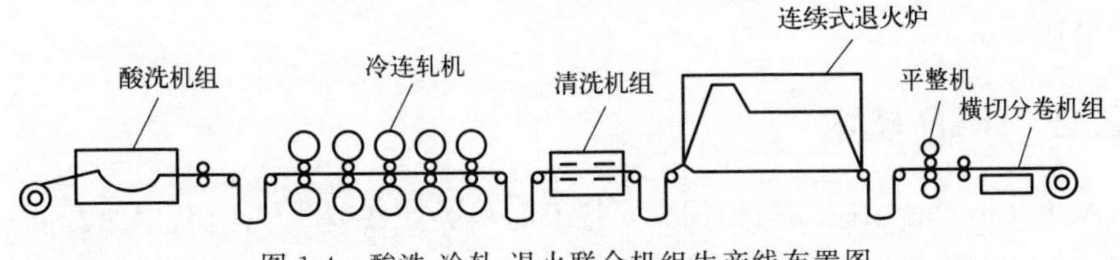

图 1-4　酸洗-冷轧-退火联合机组生产线布置图

1.2 高精度板带热连轧主要生产工艺流程

1.2.1 CSP技术

CSP（compact strip production）技术是由德国西马克公司研究开发，并且在美国纽柯公司最早成功实现工业化生产的薄板坯连铸连轧技术，在随后的时间里，薄板坯连铸连轧技术得到了快速发展，世界各钢铁发达国家相继开发出了各具特色的薄板坯连铸连轧技术。CSP工艺流程如图1-5所示。

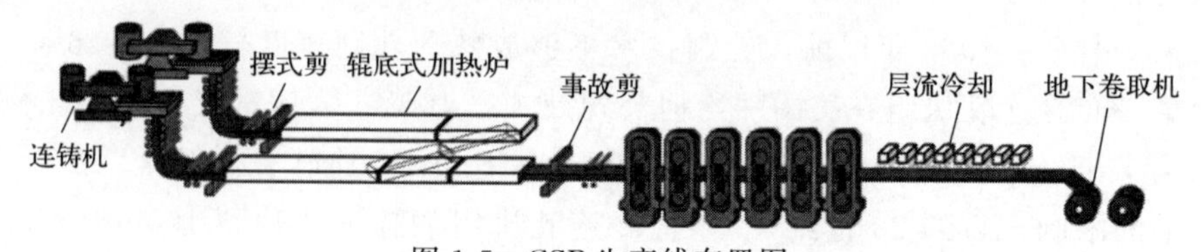

图1-5 CSP生产线布置图

CSP技术工艺流程：连铸→切断剪→均热炉→事故剪→除鳞机→热连轧机→层流冷却→卷取机。从连铸机拉出的坯厚＜70mm，经过4～7架精轧机轧成1～1.25mm厚的板带。为了扩大产能范围，可采用单流、双流甚至三流连铸机，并可适当增设1～2架粗轧机。

CSP产线技术特点可以概括为两大类，一方面是其生产线的布置，另一方面是针对该工艺开发的比较具有特色的生产技术。

在生产线布置方面，CSP工艺简化，设备减少，生产线短。薄板坯连铸连轧生产线省去了部分机架，降低了基建造价，基建投资节省15%～20%，缩短了施工周期，可较快地投产发挥投资效益。其生产周期短，从冶炼钢水至热轧板卷输出，仅需1.2h，节约能源，提高成材率。

从工艺技术方面，CSP技术的结晶器具有高冷却速率，冷却过程中，在电磁搅拌和带液芯轻压的作用下，减少了粗大的枝晶并使二次枝晶破碎。在传统的热轧过程中，常规带钢热连轧生产一般采用铸坯冷装工艺，坯料有一个冷却析出和加热再溶解的过程，即通过铸坯中间冷却、再加热的再结晶过程，最终形成细化的奥氏体组织。

1.2.2 ASP技术

ASP（angang strip production）技术的相关产线是在我国鞍钢第二初轧厂的基础上改建而成的，2000年建成投产，是当时我国首次完全依靠自己的技术力量，创造性开发的一条独立完整的现代化热轧带钢生产线，拥有全部自主知识产权的新型短流程热轧宽带钢生产线。ASP技术最显著的特点就是连铸连轧生产线为短流程布置，采用介于薄板坯与常规轧机板坯之间的中等厚度板坯，实现中等厚度板坯连铸与常规轧制直接相连的技术集成。ASP工艺流程如图1-6所示。

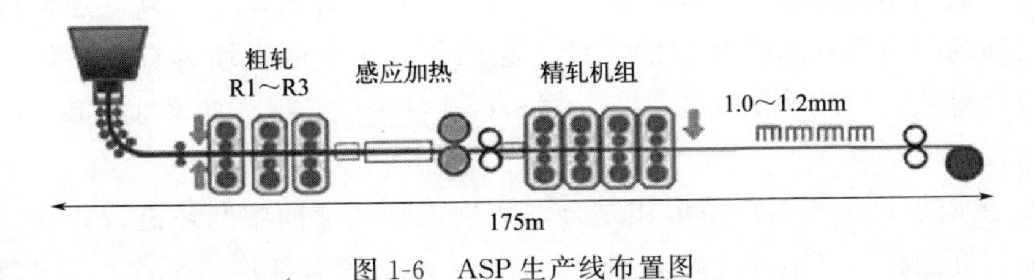

图1-6 ASP生产线布置图

鞍钢ASP技术工艺流程：连铸→步进式加热炉→除鳞机→粗轧机→除鳞机→热卷箱→6机架精轧机→层流冷却→卷取机。

鞍钢ASP技术特点：

① 工艺采用短流程紧凑布置，热送直装。连铸出坯辊道与加热炉的上料辊道距离缩短，保证连铸坯入炉平均温度为900℃，节约能源，有效提高全线产能。

② 采用4处高压水除鳞。板坯在出加热炉后除鳞，R1粗轧机除鳞，R2粗轧机除鳞，精轧机前除鳞。

③ 采用热卷箱技术，用以消除中间带坯头尾温差，即使不采用升速轧制，也可以保证产品质量。

④ 在原来电动AGC基础上F3、F4、F5、F6轧机增设液压AGC装置，并采用液压调节辊缝偏差。

1.2.3 ISP技术

ISP（inline strip production）技术是由德国德马克公司与意大利阿维迪公司合作开发的薄板坯连铸连轧工艺技术，其产线于1992年在意大利阿维迪公司建成投产，该产线轧制的钢材品种广泛，如低碳钢、中碳钢、高碳钢，以及含Nb、V和Ti的高强低合金钢、耐候钢和包晶钢等。ISP工艺流程如图1-7所示。

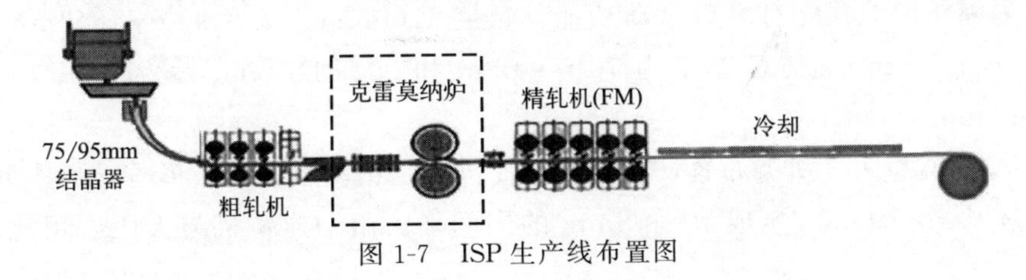

图1-7 ISP生产线布置图

ISP 技术工艺流程：连铸→3 机架粗轧机→剪切机→感应加热→克雷莫纳炉（卷取箱加热炉）→5 机架精轧机→层流冷却→卷取机。

阿维迪 ISP 产线技术特点：

① 采用了带液芯压下和不带液芯的液-固两相铸轧技术，液芯铸轧对于细化晶粒效果明显，可得到更细的晶粒度和更少的中心偏析，从而获得具有良好韧性的铸坯。而固相轧制可将坯厚减薄 60%，可减少精轧机架数，缩短连铸机和精轧机之间的距离以及加热装置的长度。经固相铸轧后的板坯具有较高的冷却速率，可获得均匀的温度及成分分布，固相铸轧使铸坯长度方向尺寸一致，降低头尾几何尺寸偏差。

② 感应加热与克雷莫纳炉相结合，对进入精轧前的中间坯进行正火、再结晶与晶粒度的控制，板坯在感应加热装置内实现表面温度均匀一致，并且将温度提高到 1050～1100℃，使其符合轧制温度的要求。

1.2.4 ESP 技术

ESP（endless strip production）技术经由 ISP 技术改进而来，属于第三代薄板坯连铸连轧技术。2009 年意大利阿维迪公司在参照原有 ISP 技术的基础上，用感应加热设备替换原有产线上的克雷莫纳炉，建成投产了第一条 ESP 无头轧制生产线，ESP 生产线的优势是能够生产出厚度薄至 0.6mm 的超薄规格热轧带钢，生产线全长仅 180m，实现了以热轧代替冷轧。ESP 工艺流程如图 1-8 所示。

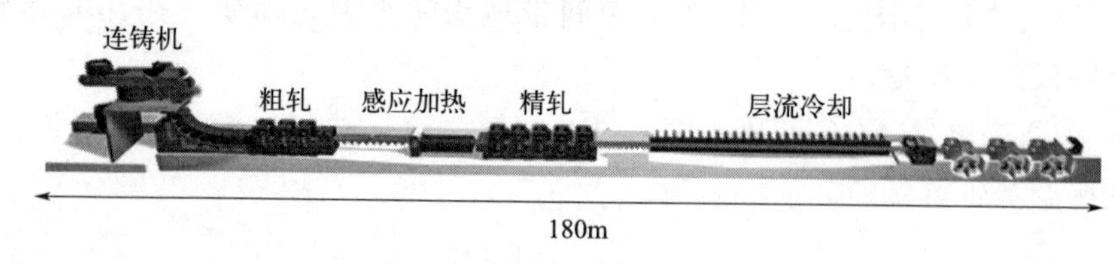

图 1-8 ESP 生产线布置图

ESP 技术工艺流程：连铸→3 机架粗轧机→摆式剪→感应加热→除鳞机→5 机架精轧机→层流冷却→飞剪→卷取机。

日照钢铁 ESP 产线技术特点：

① 连铸机采用直弧形，弧半径 5m，冶金长度 20.14m，共 11 个扇形段。结晶器为漏斗形，并配有电磁制动功能，长度 1200mm，宽度 920～1640mm，厚度 90mm/110mm。铸坯厚度为 70～90mm 和 90～110mm，设计最高拉速为 7.0m/min。

② 粗轧机为 3 机架布置，其功能是提供满足精轧厚度、板形需求的中间坯，将铸坯从 70～90mm 压成 10～18mm 的中间坯。由于连铸机与大压下粗轧机紧

密联结，从连铸机出来的薄板坯直接进入粗轧机进行轧制，铸坯中心温度高于表面温度的反向分布温度场，可利于更好地对凸度和楔形进行调节控制，铸坯芯部温度高且较软，在轧制过程中节省了大量能量，且变形更多集中于带钢芯部，从而相比于传统轧制工艺芯部更加致密，可以获得更好的材料性能。

③ 感应加热设备共12个模块，总温升可达300℃，可以保证精确控制精轧入口温度，为薄规格的轧制提供温度基础；设置了温度闭环控制，可根据终轧温度进行调整，满足终轧温度的需求；感应加热长度只有10m，氧化铁皮生成量少，减少金属损失，在空载和维护期没有能量消耗，提高了能源利用效率，降低了生产能耗。

④ 精轧机为5机架布置，是实现极限薄规格轧制的主要设备，可将10～18mm的中间坯轧制成0.6～6.0mm的钢板。为了满足功能，精轧机配备了长行程液压AGC、工作辊正弯辊系统、带负荷动态窜辊系统、工作辊动态冷却系统、低惯量快速响应活套和轧制润滑系统、表面检测系统、接触式板形测量辊等。

1.2.5　MCCR技术

MCCR（the multi-mode continuous casting and rolling plant）技术是达涅利开发的新一代薄板坯连铸连轧工艺，其独特之处在于能够在一条产线上同时实现无头轧制、半无头轧制和单卷轧制模式，实现轧制多相钢、超薄带钢和厚规格带钢的生产，生产线全长约280m，可生产厚度小于0.8mm的超薄带材和厚度最大25mm规格的带材，宽度覆盖900～2000mm。MCCR工艺流程如图1-9所示。

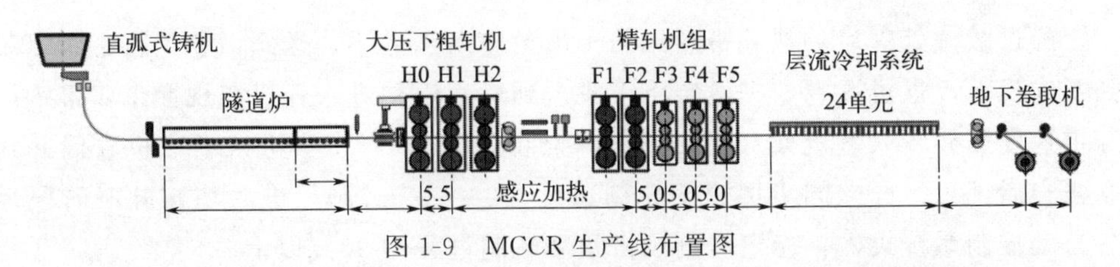

图1-9　MCCR生产线布置图

MCCR技术工艺流程：连铸→摆式剪→隧道式均热炉→立辊轧机→除鳞机→3机架粗轧机→转鼓式切头剪→感应加热→除鳞机→5机架精轧机→层流冷却→飞剪→卷取机。

首钢京唐MCCR产线技术特点：

① 直弧式连铸机，主弧半径为5.5m，在拉速最高为6.5m/min的情况下进行动态轻压下后，可生产110mm厚的板坯，板坯厚度与拉速结合，可轻松实现无头轧制生产模式所要求的秒流量条件，实现总产能450万吨。

② 隧道炉长约80m，包括一个用于板坯下线的横移段，还能提供基本的缓冲功能，增加了产线的灵活性，能在不影响浇铸作业的情况下高效地换辊，随时可以从无头轧制模式切换为单卷轧制模式。

1.3 高精度板带冷连轧主要生产工艺流程

1.3.1 可逆式冷轧机

可逆式冷轧机工艺灵活，生产品种多，能够小批量生产不同规格产品，产量20～30万吨/年。近年来，随着热轧带卷厚度的减薄，为了配合薄板坯连铸连轧，推出了强力单机架可逆冷轧机。

根据产品大纲的不同，单机架冷轧机可采用偶数或奇数道次的轧制计划，以最大限度提高轧机作业率和性能。

当热轧钢卷厚度小于1.5mm时，全连续式五机架冷连轧能力过剩，为了减少设备重量，降低总投资，双机架可逆式冷轧机集单机架可逆式轧机的灵活性和传统串列式冷轧机的高产能于一身，用于和薄板坯连铸连轧产品相匹配。

可逆式冷轧机无论强力单机架还是双机架布置形式，其设备投资都远远低于传统的五机架冷连轧机，并且由于采用了强力机架（加大了允许轧制力及主传动功率），年产量可达到90万吨（强力单机架）或80万～120万吨（双机架可逆冷连轧），能较好地与薄板坯连铸连轧配套，因此近年来得到快速发展。

1.3.2 全连续式冷轧机

经过酸洗处理后的热轧带卷用吊车吊至输入步进梁，送到钢卷上料小车以装到开卷机上，通过开卷，夹送辊将带头送到矫直辊并进入轧机实现穿带，带钢以穿带速度逐架咬入各机架（逐架建立机架间张力），当带头进入卷取机卷筒并建立张力后，机组开始同步加速至轧制速度（20～35m/s），进入稳定轧制阶段后各自动控制系统投入，稳定轧制段占整个轧制过程的90%以上。

在带钢即将轧完时，轧机自动开始减速以使带尾能以低速（2m/s左右）离开各个机架，避免带尾跳动损坏轧辊，带尾进入后部卷取机后轧机自动停车，卸卷小车上升，卷筒收缩以便卸卷小车将钢卷卸出并送往输出步进梁，最终由吊车吊至下一工序，从而实现带钢的连续不停车轧制生产。

传统冷连轧机由于存在穿带-加速以及减速-通尾的过程使产量及产品质量受到影响，特别是加减速阶段张力波动大，变形区摩擦系数变化大，工艺参数不稳定，其厚度差往往要比稳定轧制段大一倍，因此现代冷连轧基本上采用全连续式冷连轧机，大大减少了复杂的轧机穿带作业，为了实现无头轧制，在冷连轧机组前后增加了许多设备，包括两套开卷机（以保证连续供料）、夹送辊、矫直辊、剪切机及焊机、张力辊、入口活套等，这与酸洗机组入口段设备相类似。

1.3.3　联合全连续式冷轧机

对于各种不同的产品，将酸洗、冷轧、连续退火工艺进行串接，组成的酸洗-轧制-退火联合全连续式冷轧机，能够更经济地生产带钢并达到厚度、平直度和产品质量要求，由于取消了穿带和甩尾过程，在扩大产能、提高收得率和降低生产成本等方面具有显著的优势。

酸洗机组的作用是清除原料卷表面氧化铁皮中的 FeO、Fe_2O_3 和 Fe_3O_4，通常方法是采用盐酸对带钢进行酸洗。紊流酸洗在酸洗时间、酸洗质量、能耗等方面都优于其他两种酸洗方式，因此得到了广泛的应用。连续式酸洗有两种类型，分别是塔式和卧式[5]。

酸洗后的原料通过几个串列布置的机架进行连续轧制，轧成所需厚度要求的成品卷。轧制过程中钢板会产生加工硬化组织，使其塑性变形能力变差，不利于下游冲压等深加工工艺。为了消除这一影响需要对冷轧板进行退火处理。退火的目的是使变形晶粒重新形核，转变为均匀细小的等轴晶粒，消除加工硬化影响，改善钢材的塑性和韧性，使其满足所要求的力学性能和使用性能，连续退火炉从炉型上可以分成卧式退火炉与立式退火炉两大类。立式连续退火炉具备表面质量高，年产量大，适合生产硅钢、不锈钢等特殊钢种的优点，因而得到了广泛应用。

通过对冷连轧技术进行探究，高精度的冷连轧技术研究方向主要集中在酸洗冷轧联合、板形控制技术、厚度控制技术、退火技术这几部分内容。其中对板形控制技术的研究主要从机型、辊型、工艺和控制模型这四个基本点展开。总体来看，冷连轧技术正朝着控制自动化、生产灵活化、工艺连续化、产品专业化的方向发展。提高生产质量、扩大经济效益、减少能源消耗则是技术研究的最终目标。

1.4　高精度板带连轧关键技术

1.4.1　铸坯厚度与结晶器类型

高精度热连轧技术早期的工艺指导思想是尽量减小连铸坯的厚度，以减少后续压下量及所需轧机数量，从而实现流程的简约高效。例如，西马克开发的

第一条CSP产线铸坯厚度仅有45mm，德马克开发的ISP产线铸坯厚度为50mm，20世纪80年代日本住友也曾研发连铸坯厚度为40mm的连铸技术。但是，当铸坯厚度减薄后，存在浸入式水口与熔池空间狭小、铸坯表面质量相对差等问题[2]。变截面结晶器技术的出现解决了这个问题，例如，西马克开发了漏斗形结晶器，突破了板坯连铸结晶器任意横截面均为等矩形截面的传统，扩大了结晶器内部对钢液的承载量，使钢液在结晶器内停留时间变长，同时为设计匹配的水口创造尺寸上的便利条件。漏斗形结晶器的设计，扩张了上口表面面积，有利于保护渣熔化。此外，漏斗形结晶器由于结晶器对钢液的容纳性增加，使湍流受到抑制，有利于提高铸坯表面质量，相比于传统平行板结晶器更具有优势。德马克也将平行板结晶器改进为“橄榄型”结晶器，称为小漏斗形。除此之外，达涅利开发了H^2结晶器，也称为长漏斗形结晶器。该结晶器采用大容量和轻压下技术，使结晶器内弯月面的面积增大，通过对钢水流动状态的控制改善保护渣的工作条件，从而有利于拉速和铸坯表面质量的提高。

目前，漏斗形结晶器技术主要有两个发展方向：一是以提高产品质量为目的的漏斗形曲面及背面冷却水槽形式的优化；二是以增加铜板通钢量（使用寿命）为目标的表面镀层和铜板材质的开发。

1.4.2 液芯压下技术

液芯压下技术又称软压下，是指薄板坯出漏斗形结晶器下口以后，铸坯坯壳厚度薄，铸坯内部仍然存有大量的液芯部分，为了达到减少轧机数量、节约能量、改善铸坯中心偏析、提高生产效率的目的，一般会在导流段内对薄板施加一定压下量，再经过连铸二冷各段，薄板坯液芯部分不断收缩直至完全凝固。

德马克公司在ISP工艺中首先采用了液芯压下技术，在意大利阿维迪生产线上使用成功，液芯压下变形量不超过20%，随着技术的不断成熟，现已广泛应用于各类薄板坯连铸连轧工艺。其优越性主要体现在以下几个方面：减轻铸坯中心偏析、补偿铸坯收缩量、减小窄面鼓肚变形；降低能耗；精简轧制设备，降低投资成本。

现用的液芯压下技术，通常在出结晶器的第一段完成。最新一代的液芯压下技术，将目前只在导流1段进行液芯压下拓展到2段或下面多段压下一起匹配进行机械开口度调整，如图1-10所示。相对于单段液芯压下，其优点是每段液芯压下量小，不易产生压下裂纹，而总的压下量大，最大压下量可达30mm以上。

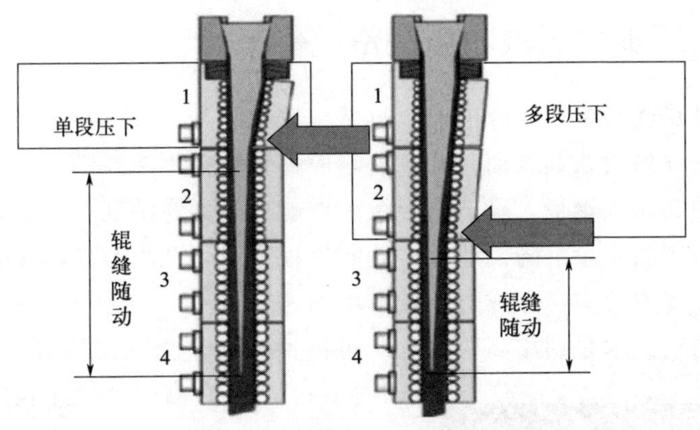

图 1-10　单段与多段液芯压下

1.4.3　连铸与轧制衔接技术

连铸与轧制工作制度上有很大不同，两者同线生产，在生产能力上要有很好的匹配，在两者不同步状态下，轧机换辊或故障停机时，二者要有一定的缓冲能力。

随着高精度板带连轧技术发展，连铸机与连轧机间的衔接技术也在不断发展和完善，目前常用的衔接方式有辊底式均热炉、热卷箱、步进式加热炉和感应加热[2]。

辊底式均热炉是CSP技术主要采用的衔接方式，目前应用最为广泛，结构简单，操作稳定，但是缓冲时间有限，若缓冲时间加长，炉子显得更长，生产周期也相应变长。辊底式均热炉长度一般有180～300m。因此，辊底式均热存在占地面积大，投资高的问题。此外，辊底式均热炉底辊多达200根以上，且采用水冷方式，使均热炉的热效率较低，仅有35%。炉辊结瘤，易导致板坯下表面划伤等表面质量问题。

步进式加热炉具有占地少、生产调度性强、工艺成熟可靠等优点。但在钢卷单位卷重一定的情况下，薄板坯的长度较长，须大幅增加步进式加热炉固定梁和移动梁长度，导致其难以正常运转，同时还显著增加成本。目前，步进式加热炉主要与中厚板坯连铸机衔接，如鞍钢的ASP技术等。

感应加热具有加热温度快、加热时间短等优势，可大幅缩短产线长度，避免辊底式均热炉易造成铸坯下表面擦伤的问题。目前，阿维迪开发的ESP技术在粗轧机和精轧机之间采用了感应加热补热。但是，对ESP产线而言，感应加热衔接方式存在装机容量大的问题，可达到整条产线装机容量的50%左右，能源成本较高。

1.4.4 高压水除鳞技术与装备

在高精度热连轧生产过程中，板带不可避免地与空气接触，在高温条件下必然形成氧化铁皮黏附在其表面。若在轧制前氧化铁皮不能控制在一定范围，则轧制时必定会使其压入钢板，降低钢板组织性能与表面光洁度，从而影响后续的生产工序，导致产品质量下降。此外，轧制过程中氧化铁皮与轧辊接触会刮伤轧辊表面，降低其使用寿命，导致生产成本增加。

高压水除鳞技术是利用高压水流的机械冲击力来去除钢坯表面的氧化铁皮，如图 1-11 所示。高精度热连轧过程不同生产工艺存在不同热历史，例如薄板坯连铸连轧技术连铸坯始终处于较高的温度，没有传统连铸坯温度下降至室温的过程，加热时间较短，铸坯表面氧化铁皮相对较薄，出加热炉到进入除鳞机的时间短，板坯温降较小。生产实践发现，薄板坯连铸连轧工艺生成的氧化铁皮较薄，但是黏性大，去除难度高，因此薄板坯连铸连轧技术带钢的表面质量一直是困扰行业的共性问题。

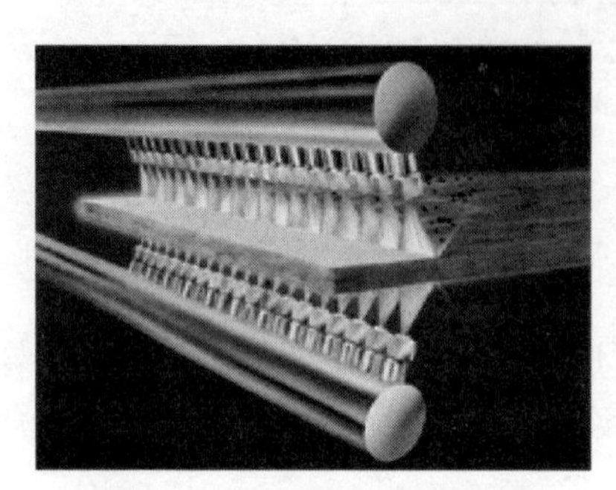

图 1-11 高压水除鳞效果图

西马克研发了新型除鳞机来解决高精度板带连轧氧化铁皮难清除的问题，具有如下特点：与常规高压水除鳞机相比，缩短了喷嘴与板坯表面之间的距离，水压从 20MPa 提高到 40MPa，实用水压在 32～35MPa 之间，增设了防止飞溅水回落到板坯表面的收集器。此外，西马克还提出了在辊底式均热炉之前设置旋转除鳞机去除铸坯不均匀的氧化铁皮及残余的保护渣，以防止氧化铁皮聚集在隧道炉辊上，引起板坯下表面划伤[6]。

达涅利公司根据高精度板带连轧产线上不同位置氧化铁皮的特点，开发了多点除鳞工艺，在辊底式均热炉之前设置了旋转式除鳞机，在粗轧机和精轧机前分别设置了除鳞箱[7]。

1.4.5 高精度板带连轧板形控制

板形统指板带的横截面几何形状（板廓）和在自然状态下的纵向表观平坦性，包括楔形度、平坦度、凸度、边部减薄量和局部突起量五项内容。板形控制是连轧生产过程的核心部分，是提高产品质量及精度的关键操作。板形的质量不仅决定了产品自身的经济价值，而且影响后续产品加工工艺质量和性能的好坏，下面就其中几种典型板形控制技术进行介绍。

CVC（continuously variable crown）技术是德国西马克公司于1982年研制成功的一种板形控制技术。CVC轧辊（连续可变凸度轧辊）可预设定，也可以在轧制过程中调整，在高精度热连轧和冷连轧中都得到广泛的应用[8]。轧制板宽范围之外的支承辊和工作辊间接触压力对工作辊形成有害弯矩，使工作辊弯曲，从而限制了弯辊效果的发挥，影响轧后板凸度的大小。

为解决上述问题，20世纪70年代日本日立公司与新日铁合作发明了六辊HC（high crown control mill）技术，即在普通四辊轧机的工作辊和支承辊中间增加一对可横向移动的中间辊。其原理是通过上下中间辊沿相反方向的相对横移，改变工作辊与中间辊的接触长度，使工作辊和支承辊在板宽范围之外脱离接触，从而有效地消除有害接触弯矩，减小工作辊挠度和带材边部减薄，使工作辊弯辊的控制效果大幅增强。

通常HC轧机指的是HCM六辊轧机，即中间辊横移的六辊轧机，随着生产需求的拓展及HC技术的发展，又衍生出其他几种形式的HC轧机。其中应用较多的为HCMW轧机和HCW四辊轧机。如图1-12、图1-13所示，HCMW轧机在原有HCM六辊轧机的基础上，增加了工作辊轴向移动，通过配置单锥度的工作辊实现对带钢的边部减薄控制；而HCW四辊轧机则是在四辊轧机上增加了工作辊横移的功能。

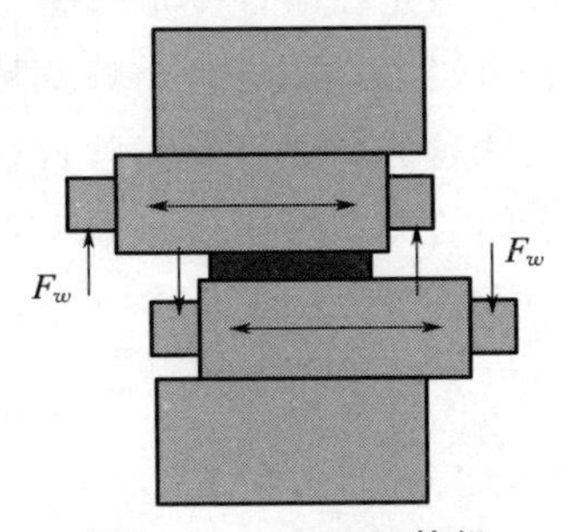

图1-12　HCMW轧机

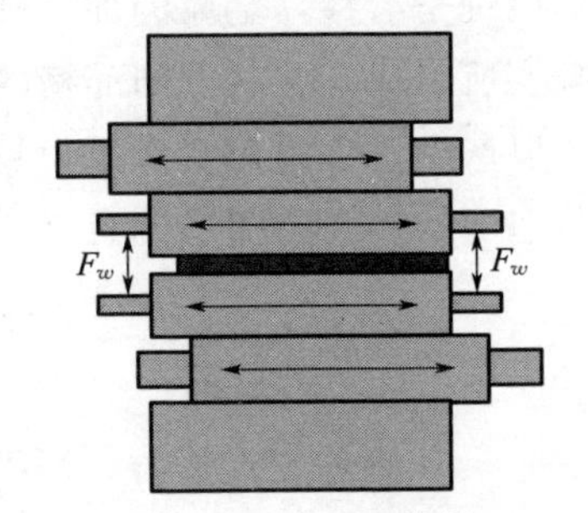

图1-13　HCW轧机

在HC轧机控制的基础上，通过增加轧机中间部分的弯辊系统，设计出一种万能凸度轧机技术，称为UC（universal crown control mill）轧机控制。UC轧机系统分为中间辊轧制系统和工作辊系统，两者都能转动，如图1-14所示。相比HC轧机系统，UC轧机系统的压下力度更强，板形控制力更大，而且能控制复合浪形，适用在薄而宽且有一些极高要求的板带材轧制中，能够轧制更宽、更硬的板带钢材，能够适用的轧制范围较为广泛。

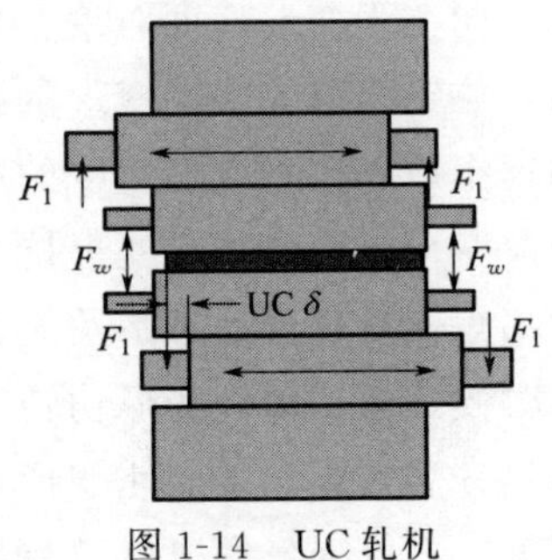

图1-14　UC轧机

1.5 轧制过程金属变形抗力及轧制力能参数模型

1.5.1 轧制过程金属变形抗力模型

1.5.1.1 轧制过程金属变形抗力概念及其影响因素

一般所说的变形抗力是指金属在单向拉伸或压缩应力状态下的屈服极限，一般用 σ_s 表示。变形抗力是确定塑性加工性能参数的重要因素。变形抗力在数值上是指单向应力状态下，金属产生塑性变形所需的应力。

变形抗力的大小不仅取决于该金属的化学成分和显微组织，还受变形温度、变形程度、变形速率等变形条件的影响。温度是对变形抗力影响最大的一个因素。随着温度的提高，各种金属和合金的所有强度指标均降低。

变形程度是影响变形抗力的一个重要因素。在冷轧状态下，由于金属的强化（或称为加工硬化），随着变形程度的增大变形抗力增大而显著地提高。由于金属的基本变形机理是滑移，金属的加工硬化通常认为是在塑性变形过程中空间晶格产生弹性畸变所引起。金属空间晶格的畸变会阻碍滑移的进行，畸变越严重，塑性变形越难以产生，金属的变形抗力越大，塑性越低。通过对实验资料的分析可知，在冷状态下，金属的变形抗力与相对变形间的关系可用幂函数来表示：

$$\sigma_s=\sigma_0+a_1\varepsilon^{a_2} \tag{1-1}$$

式中 σ_s——变形抗力，MPa；

σ_0——$\varepsilon=0$ 时的变形抗力，MPa；

a_n——与金属性质有关的常数。

变形速度对变形抗力有很大影响，通常随着变形速度的提高，变形抗力增大。而关于变形速度对变形抗力的影响的物理本质研究还不是很透彻。通常认为，位错滑移式塑性变形的主要机制是塑性变形的变形速率与位错密度、位错运动速率成正比。变形速度的增加要求有较快的位错运动速率，因而需要较大的应力及变形抗力增加。变形抗力随变形速度的增加而增加的另一个原因是变形时间的缩短使软化过程来不及充分进行，加工硬化程度加剧。但是在变形速度非常大的时候，由于塑性变形功转变而来的热量来不及向周围介质传导，因此金属产生绝热升温效应，从而使变形抗力有所下降。变形速度对变形抗力的影响还与温度有关。在冷变形的温度范围内，变形速度的影响比较小，而在热变形温度范围内，变形速度的影响比较大。相对变形对于时间的导数称为变形速度[9]，表示为：

$$\dot{\varepsilon}=\frac{\mathrm{d}\varepsilon}{\mathrm{d}t} \tag{1-2}$$

轧制时平均变形速度一般为 $10^{-1}\sim10^{2}\mathrm{s}^{-1}$。

1.5.1.2 金属变形抗力测量方法及相关实验

(1) 热轧变形抗力测量方法

热轧变形抗力一般采用单轴压缩法进行测量，早期测量金属高温变形抗力一般采用 MTS 实验机和凸轮塑度计。但这两种实验机在变形速度、变形量以及实验精度上都受到很大限制，所以目前广泛用于测量金属高温变形抗力的设备是热模拟实验机。热模拟实验机可以对试样进行加热和变形，而且可以精确记录加热及变形过程的各种参数。

利用热模拟实验机开展圆柱体单轴压缩实验，实验一般采用 ϕ10mm×12mm 和 ϕ8mm×15mm 两种尺寸的试样。试样两个端部要求平行且光滑。同时为了减少端部和压头之间的摩擦，一般在试样和压头之间要采取润滑措施。假设端部和压头接触面润滑充分无摩擦，则两个主应力 $\sigma_1=\sigma_2=0$，而 $\sigma_3<0$。主应变增量 $\mathrm{d}\varepsilon_1=\mathrm{d}\varepsilon_2=-\mathrm{d}\varepsilon_3/2$，根据等效应力和等效应变的关系，可以得到单向压缩时等效应力和等效应变的表达式：

$$\sigma_e=\frac{1}{\sqrt{2}}\sqrt{(\sigma_1-\sigma_2)^2+(\sigma_2-\sigma_3)^2+(\sigma_3-\sigma_1)^2}=\sigma_3=\sigma_s \tag{1-3}$$

$$\mathrm{d}\varepsilon_e=\frac{\sqrt{2}}{3}\sqrt{(\mathrm{d}\varepsilon_1-\mathrm{d}\varepsilon_2)^2+(\mathrm{d}\varepsilon_2-\mathrm{d}\varepsilon_3)^2+(\mathrm{d}\varepsilon_3-\mathrm{d}\varepsilon_1)^2}=\mathrm{d}\varepsilon_3 \tag{1-4}$$

则

$$\varepsilon_e=\varepsilon_3=-\varepsilon \tag{1-5}$$

可见，单轴压缩时等效应力等于金属变形抗力，等效应变等于绝对值最大的主应变。通常情况下，利用热模拟实验机在实验过程中记录的真应力-应变曲线即为变形抗力曲线。

(2) 冷轧变形抗力测量方法

冷轧变形抗力一般采用单向拉伸实验进行测量。单向拉伸时的应力状态为主应力 $\sigma_1>0$，$\sigma_2=\sigma_3=0$，主应变增量 $\mathrm{d}\varepsilon_2=\mathrm{d}\varepsilon_3=-\mathrm{d}\varepsilon_1/2$，根据等效应力和等效应变的表达式，单向拉伸时的等效应力和等效应变为：

$$\sigma_e=\sigma_1=\sigma_s \tag{1-6}$$

$$\varepsilon_e=\varepsilon_1=\int_{l_0}^{l_1}\mathrm{d}\varepsilon_1=\int_{l_0}^{l_1}\frac{\mathrm{d}l}{l}=\ln\frac{l_1}{l_0} \tag{1-7}$$

由于单向拉伸试样的均匀应变比较小，因此难以测定变形量较大时的变形抗力。所以在进行冷轧变形抗力测定时，常常采用如下方法：首先在冷轧实验机上对退火态的试样进行不同压下量的冷轧；然后从这些经过不同压下量冷轧的冷轧板上取标准拉伸试样，分别进行拉伸实验，测量屈服应力 $\sigma_{0.2}$。此时的屈服应力即为对应的冷轧压下量的变形抗力，将测量的屈服应力与对应的冷轧变形量绘制成曲线即为冷轧变形抗力曲线。

1.5.1.3 热轧变形抗力模型

利用圆柱体单轴压缩实验测量的应力应变曲线即为金属变形抗力曲线。热轧变形抗力曲线具有显著特征，主要有两种类型，分别是动态回复型和动态再结晶型。

在一般的工程计算中，可利用实验曲线查得金属变形抗力。但采用查曲线方法得到的数据容易产生偏差，而且查曲线方法对于采用计算机控制的在线轧制过程来说极为不便，为了解决这一问题，把金属在高温下测定得到的变形温度、变形速度和变形程度对变形抗力的影响，回归成一定结构的变形抗力数学模型，针对不同钢种采用非线性回归，得到各自回归参数值。

变形温度、变形速度和变形程度对金属变形抗力影响的定性关系，已为各国学者所共识，但在定量上和数学模型的构造上却存在较大的差别。

热轧变形抗力数学模型及其开发是研究钢材变形抗力非常重要的一个组成。经过许多学者的研究，提出了不少热变形抗力模型。

(1) 周纪华提出的变形抗力模型[10]

$$\sigma_s=\sigma_0\exp(a_1T+a_2)\left(\frac{\dot{\varepsilon}}{10}\right)^{a_3T+a_4}\left[a_6\left(\frac{\varepsilon}{0.4}\right)^{a_5}-(a_6-1)\frac{\varepsilon}{0.4}\right] \tag{1-8}$$

式中 σ_s——变形抗力，MPa；

T——热力学温度，$T=\dfrac{t+273}{1000}$；

t——变形温度，℃；

a_n——回归系数；

ε——真应变；

$\dot{\varepsilon}$——变形速度，s^{-1}。

该模型应用较为广泛。与其他模型相比，其主要有两个优点：一是模型中反映了变形速度指数与变形温度的关系；二是对变形程度影响项进行了修正。考虑到不同钢种在相应的变形范围内具有不同的变形抗力曲线，故使用了一个非线性函数去拟合变形程度影响项，因此具有较高的精度。

(2) 日本学者开发的模型[9]

$$\sigma_s=A\varepsilon^n\dot{\varepsilon}^m e^{B/T} \tag{1-9}$$

式中 A、n、m、B——回归系数。

(3) 刘云飞等人开发的模型[11]

其采用 Gleeble3500，测定了 X80 管线钢在 900～1100℃范围内的变形抗力，如下所示：

$$\sigma_s = 6.57547\exp\left(\frac{4166.31}{T}\right)\dot{\varepsilon}^{0.113202}\varepsilon^{0.20828} \tag{1-10}$$

(4) 马博开发的模型[12]

其研究了低合金钢 Q345B 的变形抗力模型，在 Gleeble3500 上进行了单道次压缩试验，分别建立了动态回复型变形抗力模型和动态再结晶型变形抗力模型，并确立了两种模型使用的判别方法，模型如下所示：

$$\sigma_s = 17.3367\exp\left(\frac{2168.36}{T}\right)\varepsilon^{0.218268}\dot{\varepsilon}^{0.127633} \tag{1-11}$$

$$\sigma_s = 2.55\times10^3\exp\left(\frac{2168.36}{T}\right)\dot{\varepsilon}^{0.127633}\times(1.44\times10^{-4}+8.05\times10^{-2}\varepsilon-0.5428\varepsilon^2+1.57\varepsilon^3-2.0655\varepsilon^4+1.0131\varepsilon^5) \tag{1-12}$$

1.5.1.4 冷轧变形抗力模型

与热轧变形抗力曲线不同，钢材冷变形过程中，由于加工硬化的作用，变形抗力随变形程度的增加而强烈增加。

在钢材冷轧生产实践中发现，轧制速度由很低增加到很高，轧制平均单位压力也不变，甚至还有所降低。这可能是由于轧件温度升高，变形抗力下降，或在高速变形条件下润滑条件得到改善，从而降低了外摩擦。因此，在冷轧时，通常可以不考虑变形速度对变形抗力的影响。

根据冷轧过程的特点，低碳钢的静态变形抗力主要与相应的累积变形程度有关。通常情况下，有关冷轧钢材的变形抗力模型，可以用以下几种模型结构来拟合静态实验数据：

$$\sigma_s = \sigma_0 + a_0\varepsilon^{a_1} \tag{1-13}$$

$$\sigma_s = a_0(a_1+\varepsilon_\Sigma) \tag{1-14}$$

$$\sigma_s = \sigma_{s0} + a_0\varepsilon_\Sigma^{a_1} \tag{1-15}$$

$$\sigma_s = a_0\varepsilon_\Sigma^{a_1} \tag{1-16}$$

$$\sigma_s = a_0 + a_1\varepsilon_\Sigma + a_2\varepsilon_\Sigma^2 + a_3\varepsilon_\Sigma^3 \tag{1-17}$$

$$\varepsilon_\Sigma = a_0\varepsilon_0 + (1-a)\varepsilon_1 \tag{1-18}$$

式中 a——加权系数；

ε_0——机架入口处总变形程度，$\varepsilon_0=\dfrac{H-h_0}{H}$；

ε_1——机架出口处总变形程度，$\varepsilon_1=\dfrac{H-h_1}{H}$；

H——退火状态下带钢厚度；

h_0——机架入口处带钢厚度；

h_1——机架出口处带钢厚度；

ε_Σ——累积变形程度；

ε——变形程度，真应变或者工程应变；

σ_s——材料单向拉伸屈服应力，MPa。

(1) 赵德文等开发的变形抗力模型[13]

其采用轧制拉伸法测量了耐候钢 09CuPCrNi 的冷轧变形抗力，化学成分见表 1-2。热轧原料钢板，用再剪床沿轧制方向剪成适合冷轧的实验用料，按国标制成标准试样，采用电子万能材料试验机进行拉伸实验。通过相关实验数据回归，得到以下冷轧变形抗力模型。

表 1-2　09CuPCrNi 钢的化学成分

ω(C)	ω(Si)	ω(Mn)	ω(P)	ω(S)	ω(Ni)	ω(Cr)	ω(Cu)
＜0.09	0.25～0.5	0.2～0.5	0.07～0.12	＜0.03	0.12～0.65	0.3～1.25	0.25～0.5

$$\sigma_s=363.26+450.97\varepsilon^{0.47885}$$
$$\varepsilon=\ln\frac{H}{h_1} \tag{1-19}$$

式中　H——来料钢板厚度。

(2) 张大志等开发的变形抗力模型[14]

其通过相关实验数据回归，建立了 Q195 钢的冷轧变形抗力模型：

$$\sigma_s=842.2(0.0114+\varepsilon_\Sigma)^{0.206}$$
$$\varepsilon_\Sigma=0.995\varepsilon_0+(1-0.995)\varepsilon_1 \tag{1-20}$$

1.5.2　热轧过程轧制力模型

1.5.2.1　轧制力影响因素及单位轧制力微分方程

板带材热轧轧制力计算模型一般可写成下列形式：

$$P=B_0 lQ_p\sigma$$
$$p=Q_p\sigma \tag{1-21}$$

式中 P——总轧制力；

B_0——板带宽度；

l——变形区长度；

Q_p——应力状态影响系数；

σ——平面变形抗力；

p——单位轧制压力。

由此可见，板带材热轧轧制力的大小主要取决于材料的变形抗力和应力状态影响系数这两个因素。材料的变形抗力与材料的材质、变形温度、变形速度以及变形程度有关，而应力状态影响系数与轧制变形区形状、表面摩擦条件等因素有关。

建立轧制力模型经常采用卡尔曼微分方程和奥洛万微分方程，下面分别进行介绍。

(1) 卡尔曼微分方程

卡尔曼微分方程建立了轧制变形区内微元体上的力平衡关系。许多轧制力模型是以它为基础推导出来的。卡尔曼按干摩擦滑动的条件进行推导，该方程式是在下述假设条件下推导的：

① 假设轧件的宽度与厚度及变形区长度的比值很大，宽展可以忽略不计，认为轧件产生平面变形。

② 轧制前轧件中的垂直横断面，在通过变形区产生塑性变形的过程中仍保持为一平面，即沿断面高度均匀变形。

③ 在横断面上没有剪应力作用，水平法应力 σ_x 沿断面高度均匀分布。

④ 轧辊没有弹性变形，轧件为刚塑性体，只有塑性变形而无弹性变形发生。

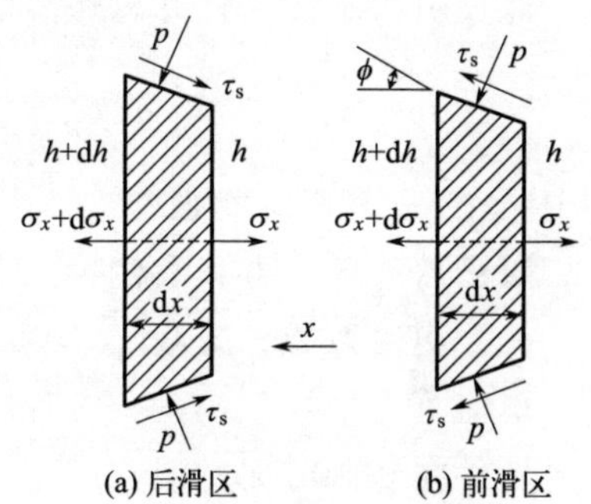

图 1-15 后滑区、前滑区中的单元体受力图

在变形区内取单位宽度的轧件进行研究，如图 1-15 所示。以后滑区为例，轧辊作用在单元体上的径向压力和切向摩擦力的水平投影分别为：

$$
\begin{aligned}
& p_x \frac{\mathrm{d}x}{\cos\alpha_x}\sin\alpha_x = p_x \tan\alpha_x \mathrm{d}x \\
& \tau \frac{\mathrm{d}x}{\cos\alpha_x}\cos\alpha_x = \tau \mathrm{d}x
\end{aligned}
\tag{1-22}
$$

根据单元体处于平衡的条件，作用在单元体上所有力的水平投影和应等于零：

$$-\mathrm{d}(\sigma_x h_x)+2p_x\tan\alpha_x\mathrm{d}x-2\tau\mathrm{d}x=0 \tag{1-23}$$

根据几何关系，进一步可得：

$$\mathrm{d}(\sigma_x h_x)=\left(p_x-\frac{\tau}{\tan\alpha_x}\right)\mathrm{d}h_x \tag{1-24}$$

前滑区内单元体的受力条件和后滑区内相比，仅是摩擦力的方向不同。因此，前滑区的平衡微分方程具有如下的形式：

$$\mathrm{d}(\sigma_x h_x)=\left(p_x+\frac{\tau}{\tan\alpha_x}\right)\mathrm{d}h_x \tag{1-25}$$

如果将摩擦力按照干摩擦定律计算：

$$\tau=\mu p_x \tag{1-26}$$

代入式(1-25)，便得到卡尔曼方程式：

$$\mathrm{d}(\sigma_x h_x)=p_x\left(1\mp\frac{\mu}{\tan\alpha_x}\right)\mathrm{d}h_x \tag{1-27}$$

式中　p_x——在 x 处轧辊对轧件的单位压力；

σ_x——在 x 处轧制所受水平法应力；

τ——单位摩擦力；

μ——摩擦系数；

h_x——x 处轧件厚度。

通过引入塑性条件并忽略高阶小量，最终可得单位压力基本平衡微分方程：

$$\mathrm{d}(p_x-2k)=\left(2k\mp\frac{\tau}{\tan\alpha_x}\right)\frac{\mathrm{d}h_x}{h_x} \tag{1-28}$$

式中　k——剪切应变强度。

对于后滑区，方程右侧第二项为负；对于前滑区，方程右侧第二项为正。

(2) 奥洛万微分方程

奥洛万在推导平衡微分方程时，采用了卡尔曼所作的某些假设。其主要的假设是轧件在轧制时无宽展并产生平面变形。奥洛万的假设与卡尔曼假设最重要的区别是不认为水平法应力沿断面高度均匀分布，并且认为在垂直横断面方向上有剪应力存在，故有剪应变发生，此时轧件的变形将为不均匀的。

同样，奥洛万根据单元体处于平衡的条件，得到了奥洛万微分方程：

$$\mathrm{d}Q=2R(p_x\sin\alpha_x\mp\tau\cos\alpha_x)\mathrm{d}\alpha_x \tag{1-29}$$

式中　Q——单元体水平力；

R——轧辊半径。

1.5.2.2 热轧轧制力模型

(1) 西姆斯轧制力模型

西姆斯模型是目前应用最为广泛的板带材热轧轧制理论计算公式。以奥罗万微分方程为基础，假设整个接触弧均为黏着区，摩擦力大小等于剪切应变强度。其采用塑性条件：

$$Q=h_x\left(p_x-\frac{\pi}{4}2k\right) \tag{1-30}$$

同时，其做出如下假设：

$$\begin{aligned}\sin\alpha_x &\approx \alpha_x \\ \cos\alpha_x &\approx 1\end{aligned} \tag{1-31}$$

最终推出单位平均压力表达式为：

$$\overline{p}=2kn'_\sigma$$

$$n'_\sigma=\frac{\pi}{2}\sqrt{\frac{1-\varepsilon}{\varepsilon}}\arctan\sqrt{\frac{\varepsilon}{1-\varepsilon}}-\frac{\pi}{4}-\sqrt{\frac{1-\varepsilon}{\varepsilon}}\sqrt{\frac{R}{h_1}}\ln\frac{h_n}{h_1}+\frac{1}{2}\sqrt{\frac{1-\varepsilon}{\varepsilon}}\sqrt{\frac{R}{h_1}}\ln\frac{\varepsilon}{1-\varepsilon} \tag{1-32}$$

式中　$\overline{p}$——平均单位压力；

h_n——中性点厚度；

n'_σ——应力状态系数；

R——轧辊半径；

h_1——出口厚度。

从而有：

$$\begin{aligned}P&=\overline{p}l'B_0 \\ l'&=\left(1+1.15\times10^{-4}\ \frac{\overline{p}}{\alpha}\right)\sqrt{R\Delta h}\end{aligned} \tag{1-33}$$

式中　$\overline{p}$——平均单位压力；

R——轧辊半径；

B_0——板带宽度；

l'——考虑轧辊压扁后变形区长度；

α——咬入角；

Δh——压下量。

西姆斯模型从理论上和实际计算结果上都比较符合热轧情况，因此目前应用较为广泛。

（2）埃克隆德热轧轧制力模型

其在推导轧制力公式的时候，采用了平面断面假设，模型如下：

$$\overline{P}=(1+m)(K+\eta\overline{\dot{\varepsilon}}) \tag{1-34}$$

$$m=\frac{1.6\mu\sqrt{R\Delta h}-1.2\Delta h}{h_0+h_1} \tag{1-35}$$

$$\bar{\dot{\varepsilon}}=\frac{2v\sqrt{\frac{\Delta h}{R}}}{h_0+h_1} \tag{1-36}$$

式中 $\bar{\dot{\varepsilon}}$——轧件平均变形速度；

η——黏性系数；

m——外摩擦对单位压力影响系数；

$\bar{\dot{\varepsilon}}$——轧件平均变形速度；

h_0——轧件入口厚度；

v——轧制速度。

以下两式适用于轧制温度大于 800℃且材料的锰含量小于 1%的情况：

$$K=9.8(14-0.01t)[1.4+\omega(\mathrm{C})+\omega(\mathrm{Mn})] \tag{1-37}$$

$$\eta=0.1(14-0.01t) \tag{1-38}$$

式中 t——轧制温度；

$\omega(\mathrm{C})$——以百分比表示的碳含量；

$\omega(\mathrm{Mn})$——以百分比表示的锰含量。

$$f=a(1.05-0.0005t) \tag{1-39}$$

对于钢轧辊，$a=1$；对于铸铁轧辊，$a=0.8$。

1.5.2.3 冷轧轧制力模型

冷轧板带材轧制力模型采用的力平衡微分方程与热轧相同。但是冷轧轧制力计算与热轧轧制力计算相比，有以下几个特点。

首先，冷轧轧件几何形状更接近推导理论模型时所作的假设，即宽度比厚度大得多，宽展很小，可以认为是平面变形问题。

其次，冷轧时一般采用乳化液润滑，这是由于冷轧时轧辊和轧件接触面上的摩擦力对轧制力等工艺参数的影响较大。如何正确计算摩擦系数，对轧制力的精确计算至关重要。

此外，冷轧板带的一个重要条件是采用较大的前后张力，有利于冷轧的进行。由于轧件较薄、较硬，因此接触弧长中单位压力较大，使轧辊在接触弧处产生压扁现象，所以，冷轧时轧辊的压扁现象不容忽视，在计算轧制力时必须加以考虑。

(1) 斯通冷轧轧制力模型

斯通对轧制过程做了相应的简化：将轧制过程近似地看作平板间压缩；忽略宽窄，将轧制看作平面变形；假设整个接触表面都符合库仑摩擦定律；假设法应力沿高向、横向均匀分布。

$$\overline{P}=\left(K-\frac{\sigma_f+\sigma_b}{2}\right)\frac{e^x-1}{x} \tag{1-40}$$

$$P=\overline{P}lB \tag{1-41}$$

$$x=\frac{\mu l}{\overline{h}} \tag{1-42}$$

$$\overline{h}=\frac{h_0+h_1}{2} \tag{1-43}$$

式中 $\overline{h}$——平均厚度；

σ_f——前张力；

K——轧制时变形抗力；

σ_b——后张力。

斯通模型适用于摩擦系数较小的冷轧过程。

（2）Bland-Ford-Hill 冷轧轧制力模型

其采用如下假设：

① 轧辊弹性变形后仍保持圆弧状，即沿接触弧各点的曲率半径为常量；

② 沿接触弧摩擦系数为常数，且服从干摩擦定律；

③ 轧制过程中宽度变化很小，忽略宽窄，按平面变形处理；

④ 采用 Mises 塑性条件；

⑤ 服从平面断面假说，即垂直于轧制方向的截面变形后仍为一平面；

⑥ 单位压力分布方程采用奥罗万均匀压缩理论的变形区应力平衡方程。

其单位总轧制力为：

$$P=P_P+P_{e1}+P_{e2} \tag{1-44}$$

$$P_P=K_{fm}\sqrt{R'\Delta h}\,Q_p n_\tau \tag{1-45}$$

$$P_{e1}=\frac{(1-\nu^2)h_0}{4}\sqrt{\frac{R'}{\Delta h}}\frac{(K_{fm}-\sigma_b)^2}{E} \tag{1-46}$$

$$P_{e2}=\frac{2}{3}\sqrt{R'h_1}(K_{fm}-\sigma_f)^{1.5}\sqrt{\frac{1-\nu^2}{E}} \tag{1-47}$$

$$Q_P=1.08+1.79\varepsilon f\sqrt{\frac{R'}{h_0}}-1.02\varepsilon \tag{1-48}$$

$$n_\tau=1-\frac{0.7\tau_b+0.3\tau_f}{K_{fm}} \tag{1-49}$$

$$R'=R\left[1+\frac{C_0P}{(\sqrt{\Delta h'}+\sqrt{\Delta h_2})^2}\right] \tag{1-50}$$

$$\Delta h'=\Delta h+\frac{h_1(1-\nu^2)}{E}(k_h-\tau_f) \tag{1-51}$$

$$\Delta h_2 = \frac{h_1(1-\nu^2)}{E}(k_h - \tau_f) \tag{1-52}$$

$$C_0 = \frac{16(1-\nu_R^2)}{\pi E_R} \tag{1-53}$$

式中　P——单位宽总轧制力；
P_P——单位宽塑性变形区轧制力；
P_{e1}——入口处单位宽弹性压缩区轧制力；
P_{e2}——出口处单位宽弹性压缩区轧制力；
K_{fm}——平均变形抗力；
R'——轧辊压扁半径；
Q_P——外摩擦影响系数；
n_τ——张力影响系数；
E——轧件弹性模量；
ν——轧件泊松比；
C_0——轧辊压扁系数；
E_R——轧辊弹性模量；
ν_R——轧辊泊松比；
k_h——后轧件出口处变形抗力。

1.5.3 轧制力矩与功率载荷

1.5.3.1 轧机传动力矩的组成

轧制时电机输出的传动力矩主要用于克服以下四个方面的阻力矩：

① 轧制力矩：由金属对轧辊的作用力引起的阻力矩；

② 空转力矩：空转轧机时，轧辊轴承及传动装置中所产生的摩擦力矩；

③ 附加摩擦力矩：轧制时，轧辊轴承及传动装置中所增加的摩擦力矩；

④ 动力矩：轧机加速和减速时的惯性力矩。

由此，电机所输出的力矩为：

$$M_m = \frac{M}{i} + M_f + M_b + M_k \tag{1-54}$$

式中　M_m——电机力矩；
M——轧制力矩；
M_f——空转力矩；
M_b——附加摩擦力矩；
M_k——动力矩；

i——电机到轧辊的减速比。

1.5.3.2　按轧制压力确定轧制力矩

确定轧制力矩的方法有三种：

① 按金属作用在轧辊上的总压力计算轧制力矩，在实际计算中如何根据具体轧制条件确定合力作用角的数值，在下面详细讨论。

② 按金属作用在轧辊上的切向摩擦力计算轧制力矩，轧制力矩等于前滑区与后滑区的切向摩擦力与轧辊半径之乘积的代数和：

$$M=2R^2\left(-\int_0^{\gamma}\tau\,\mathrm{d}\alpha_x+\int_{\gamma}^{\alpha}\tau\,\mathrm{d}\alpha_x\right) \tag{1-55}$$

在轧辊不产生弹性压缩时上式是正确的，由于不能精确地确定摩擦力的分布及中性角，这种方法不便于实际应用。

③ 按轧制时的能量消耗确定轧制力矩。

对于轧制矩形断面轧件，按作用在轧辊上的总压力确定轧制力矩可以给出比较精确的结果。由于金属作用在轧辊上的合力在一般情况下相对垂直方向偏斜不大，因此其在数值上可以近似地认为等于其垂直分量。

在确定了金属作用在轧辊上的压力大小及方向后，欲计算轧制力矩需要知道合力作用角或合力作用点到轧辊中心连中线的距离。在实际中，通常借助力臂系数来确定合力作用角或合力作用点的位置：

$$\beta=\psi\alpha \tag{1-56}$$

式中　β——合力作用角；

α——咬入角；

ψ——力臂系数。

在简单轧制时，力臂系数可表示为：

$$\psi=\frac{\beta}{\alpha}\approx\frac{a}{l} \tag{1-57}$$

式中　a——力臂。

由此，在简单轧制时，转动两个轧辊所需的力矩为：

$$M\approx 2P\psi l=2P\psi\sqrt{R\Delta h} \tag{1-58}$$

对于轧制力臂系数 ψ，很多人进行了实验研究。他们在生产条件或实验室条件下，在不同的轧机上按照不同的轧制条件，测出金属对轧辊的轧制压力和轧制力矩，然后按下式计算轧制力臂系数：

$$\psi=\frac{M}{2P\sqrt{R\Delta h}} \tag{1-59}$$

洛克强在初轧机和板带轧机上进行了实验研究，结果表明，力臂系数取决于

比值 $l/\bar{h}$。随着 $l/\bar{h}$ 比值的增大，力臂系数减小，在轧制初轧坯时，由 0.55～0.5 减小到 0.35～0.3；在热轧铝合金板时，由 0.55 减小到 0.45。

瓦尔克维斯特在 340mm 实验轧机上，对热轧时的轧制力臂系数进行了详细的研究。研究结果表明，对于低碳钢，力臂系数在 0.34～0.47 范围内变化。在轧件比较厚时，力臂系数具有较大的数值。随着轧制温度的减小和压下量的增加，力臂系数有所降低。对于高碳钢及其他钢种，曲线的变化在性质上相似，但力臂系数变化范围较大。

1.5.3.3 按轧制能耗曲线确定轧制力矩

在许多情况下，按轧制时的能量消耗确定轧制力矩是比较方便的，因为在这方面积累了大量的实验资料。

在一定的轧机上由一定规格的坯料轧制产品时，随着轧制道次的增加，轧件的延伸系数增大，轧机消耗的总能量也不断增大。根据实测数据，按轧材在各轧制道次后得到的总延伸系数和一吨钢材由该道次轧出后累积消耗的轧制能量所建立的曲线，称为能耗曲线，可表示为：

$$\omega = f(\lambda) \tag{1-60}$$

式中　ω——一吨钢材由原断面 F_0 轧制到断面 F 时消耗的能量；

λ——变轧材在各轧制道次后的延伸系数。

在轧制板、带材时，轧件的宽展很小，可忽略不计，此时有 $\lambda = \frac{F_0}{F} = \frac{h_0}{h}$。所以在绘制钢板轧机的能耗曲线时，多数是作单位能耗与轧材厚度的关系曲线：

$$\omega = f(h) \tag{1-61}$$

式中　h——各道次后的轧件实际厚度。

假定轧件在某一轧制道次之前延伸系数为 λ_{n-1}，在该轧制道次之后延伸系数为 λ_n，在该轧制道次内轧制一吨轧材所消耗的能量可表示为：

$$\omega_n - \omega_{n-1} \tag{1-62}$$

于是求得该轧制道次所需的电机功率（kW）：

$$N = 1000 \frac{(\omega_n - \omega_{n-1})m}{T} \tag{1-63}$$

式中　m——轧件质量，t；

T——该轧制道次的轧制时间，s；

ω_n——该轧制道次后的累积单位能耗，MJ/t；

ω_{n-1}——该轧制道次前的累积单位能耗，MJ/t。

因为轧制时的能量消耗是按电机的负荷测量的，故按上式确定的能耗包括轧辊轴承及传动机构中的附加摩擦损耗，但已减去了轧机的空转损耗，并且不包括与动力矩相应的动负荷能耗。因此，按能量消耗确定的力矩是轧制力矩和附加摩擦力矩之和，于是有：

$$M+iM_f=\frac{N}{\omega_r}=1000\frac{(\omega_n-\omega_{n-1})m}{\omega_r T} \tag{1-64}$$

式中 ω_r——轧辊的角速度，rad/s。

由于轧制时间可表示为：

$$T=\frac{\dfrac{l_1}{1+s_1}}{\dfrac{D}{2}\omega_r}=\frac{2l_1}{(1+s_1)D\omega_r} \tag{1-65}$$

因此可得：

$$M+iM_f=500(\omega_n-\omega_{n-1})m\frac{D}{l_1}(1+s_1) \tag{1-66}$$

1.6 高精度板带连轧计算机智能控制技术

1.6.1 高精度板带连轧计算机控制系统概述

板带连轧过程是冶金行业中占主导地位的生产过程之一，它包含了许多生产环节和工艺流程，其中以热连轧过程和冷连轧过程为主导。为了对计算机系统有进一步的了解，下面将以热轧计算机控制系统为例介绍其基本情况。

一个现代化的高精度热连轧板带计算机一般分为四级：基础控制级（Level 1）、过程控制级（Level 2）、生产控制级（Level 3）、管理系统级（Level 4），分级示意如图 1-16 所示。

管理系统级：管理系统级由多台大型计算机组成，与生产控制级发生联系，发出生产计划等指令，同时与公司管理级计算机联网，提供数据。

生产控制级：生产控制级计算机通过通信网络与管理系统级及过程控制级计算机相连。生产控制级计算机系统的控制范围从热轧厂的板坯库入口开始，到成品库发货口为止，包括所有生产区域以及有关管理部门的生产管理控制。其主要功能包括：生产计划优化调整、带钢数据跟踪收集、质量控制、库房控制、磨辊间管理、实际数据收集等。

过程控制级：过程控制级位于生产控制级和基础控制级之间，也称二级控制系统，是生产线自动控制系统中用来管理生产过程数据的计算机系统。过程控制级的主要作用是通过数学模型的计算，完成各设备的参数设定，提高带钢成品头部的厚度、宽度、温度、凸度及平坦度等质量目标的命中率，为带钢全长质量控

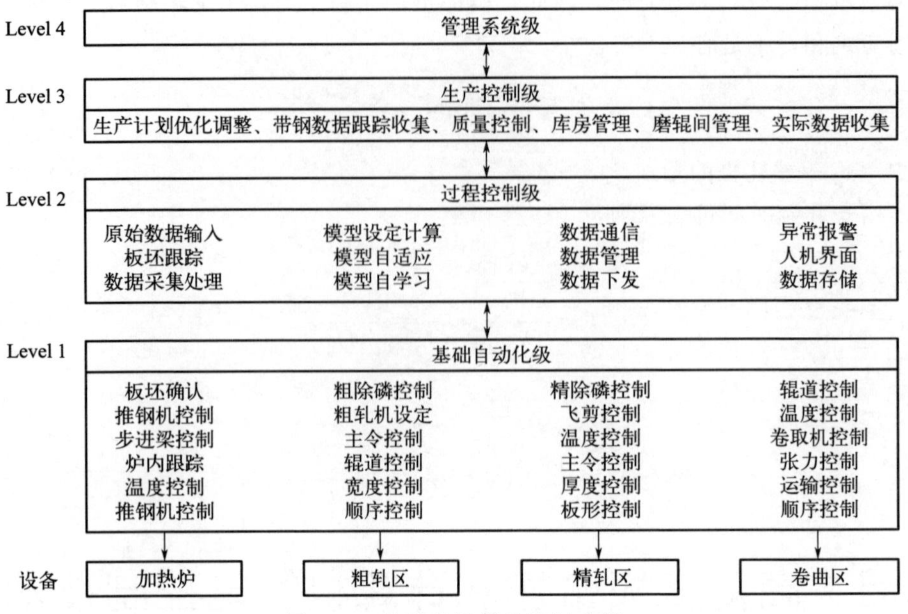

图 1-16　热连轧计算机控制功能

制提供良好的初始状态。其主要控制功能包括：加热炉燃烧控制、数据跟踪、轧制节奏控制、头尾宽度控制、精轧设定计算、终轧温度控制、板形控制、卷曲温度控制和卷取机设定计算等。

基础控制级：负责控制从板坯库入口到运输链末端，以及精整线和辅助设施，包括板坯库、加热炉、粗轧区、精轧区、卷取区、钢卷运输链、热轧平整分卷线、液压润滑站、地下油库的设备监视等。基础控制级的主要作用是在模型设定基准值的基础上进行自动厚度控制、自动宽度控制、板形控制，保证带钢全长的控制精度，另外其控制功能还包括活套张力位置控制、卷取机踏步控制、主令速度控制、电动和液压位置控制、传动控制、逻辑控制、顺序控制、数据采集、数据通信等。

1.6.2　高精度板带连轧基础自动化系统

1.6.2.1　自动位置控制系统

位置自动控制（automatic position control，APC）指在指定时刻将被控对象的位置自动地控制到预先给定的目标值上，使控制后的位置与目标位置之差保持在允许的偏差范围之内。在自动控制技术中，预设定位置自动控制是主要的控制方式之一。在轧制过程中，APC 设定占有极为重要的地位，如炉前钢坯定位、推钢机行程控制、出钢机行程控制、立辊开口度设定、侧导板开口度设定、压下位置设定、轧辊速度设定、宽度计开口度设定、夹送辊辊缝设定和助卷辊辊缝设定等都由 APC 系统来完成。

现以轧制过程中压下位置问题，说明压下位置自动控制系统的基本组成和结构。图 1-17 所示是计算机控制的压下位置自动控制系统。在压下位置控制过程中，压下位置的设定值可以在操作台上人工给定，也可以通过过程控制计算机（supervisory control computer，SCC）来给定。由于压下装置是通过电机传动，所以压下位置可以借助于与电机同轴传动的自整角机来检测。而新建的现代化轧机已广泛采用脉冲编码器进行压下位置检测，压下的实际位置可通过位置检测环节将位置信号反馈到计算机中（称为采样）。计算机周期性地根据位置设定值与当时的实际位置值进行计算，并算出把被控压下装置以最快速度调整到设定位置时，电机应该具有的速度的控制信号，然后将此控制信号通过模数子系统向拖动系统的速度控制装置输出，这个模数信号一直保持到在这一点有新的模数信号输出为止。计算机的控制算法能保证被控制的压下装置在接近设定位置的过程中，按照一定规律发出速度控制信号。当其位置进入规定的精度范围以后，便可以通过抱闸线圈进行制动。

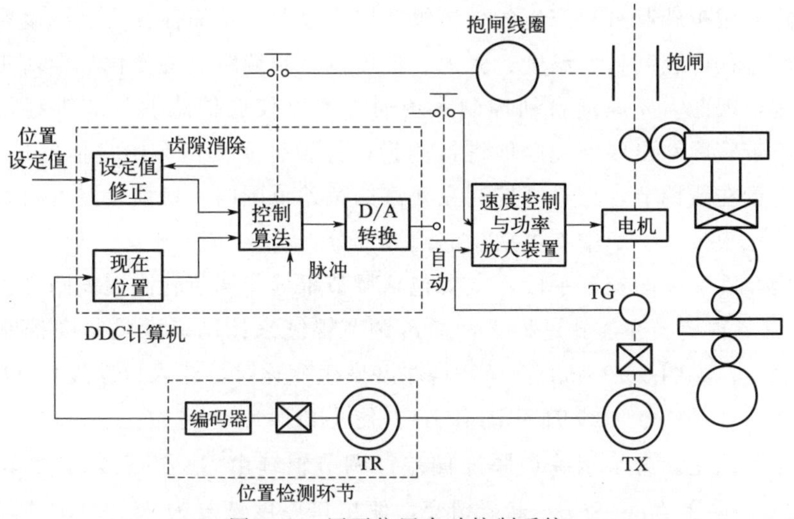

图 1-17　压下位置自动控制系统

由图 1-18 可知，位置自动控制系统是一个闭环控制系统，根据图 1-18 便可概括出位置自动控制过程输入装置系统的基本组成和结构，它具有普遍意义。在位置控制过程中，控制对象的位置信号可以通过位置检测装置和过程输入装置反馈到计算机中，与过程控制计算机的给定位置目标值进行比较，然后根据偏差信号大小，由数字控制计算机（digital control computer，DCC）通过过程输出装置给出速度控制信号，由速度调节回路驱动电机，对被控对象的位置进行调节，然后又将位置信号反馈到计算机中，再比较，再输出，如此循环直到达到目的为止。

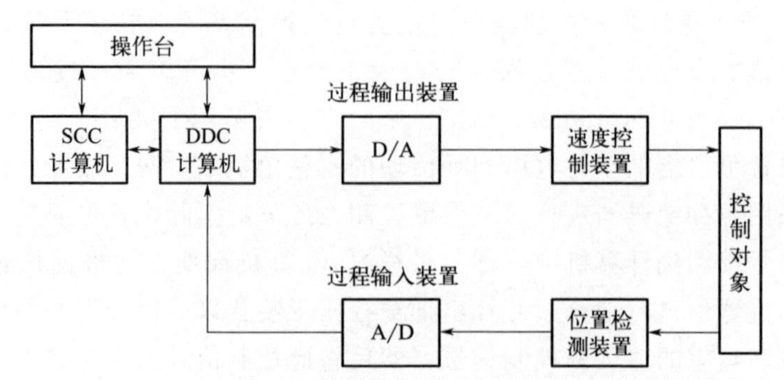

图 1-18 位置自动控制过程输入装置系统的基本组成和结构

1.6.2.2 自动厚度控制系统

自动厚度控制（automatic gauge control，AGC）系统在自动控制系统中，承担消除或减少轧制过程产生的带钢纵向厚度公差，从而保证产品厚度精度的任务。连轧过程中轧制力、温度、张力、速度以及辊缝距离的变化都会对带钢厚度产生影响，因此需要厚度自动控制系统通过测厚仪或传感器（如辊缝仪、压头等）对板带实际轧出厚度连续地进行测量，并根据实测值与给定值的偏差信号，对轧机进行在线调节，把厚度控制在允许的偏差范围内。目前，厚度自动控制已成为现代化板带材生产中不可缺少的组成部分。

带钢厚度变化的控制手段，主要包括调节辊缝与调节轧制速度两种。

① 调节辊缝。在连轧过程中，通过调节辊缝来控制厚度是厚度控制最基本的手段之一。如图 1-19 所示，当来料厚度发生变化时，即入口厚度由 $H_{en(0)}$ 变为 $H_{en(1)}$，轧件塑性曲线 B 移动到 B_1，使出口厚度变成 $H_{ex(1)}$，造成了ΔH_{ex} 的出口厚度偏差。为了消除该厚度偏差，调节辊缝由 S_0 至 S_1，于是轧机弹性曲线由 A 移动至 A_1，与 B_1 重新相交，使出口厚度恢复为 $H_{ex(0)}$，消除了厚度偏差。当轧件塑性曲线斜率发生变化时，轧件塑性曲线 B 变为 B_1，这时，出口厚度由 $H_{ex(0)}$ 变为 $H_{ex(1)}$，产生ΔH_{ex} 的厚度偏差。轧机弹跳曲线 A_1 与 B_1 相交于横坐标 $H_{ex(0)}$，消除出口厚度的偏差。

② 调节轧制速度。调节轧制速度是连轧过程中厚度控制的另一个基本手段。根据金属秒流量相等原理，轧机入口速度的变化可定量地影响轧机出口厚度。于是，该手段主要是通过调节机架主传动系统的速度，进而改变了工作辊的线速度，调节了带钢速度，最终实现对厚度的控制。

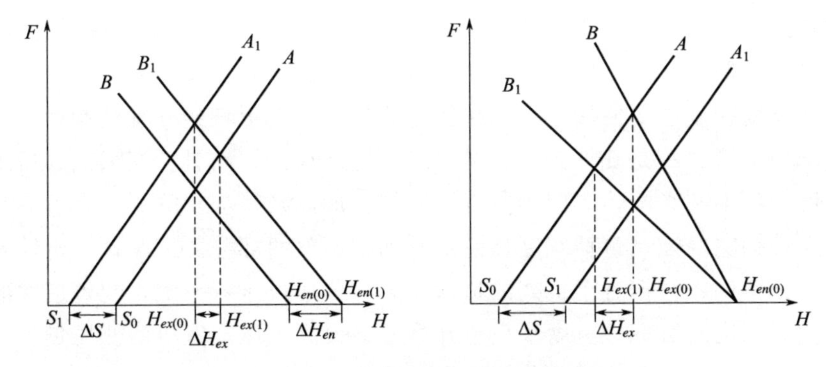

图1-19　调节辊缝对消除厚度偏差的作用

连轧厚度控制技术发展到现在，根据在线检测仪表、执行机构以及作用情况，AGC控制方法可以归纳为以下几种基本形式。

① 监控式AGC。监控式AGC是根据轧机出口测厚仪检测到的厚度偏差来调节辊缝或轧制速度以达到消除厚度偏差的目的。监控式AGC具有检测上的滞后，这就限制了其性能的提高，随着控制理论的发展、Smith预估器等消除大滞后环节的控制算法的使用，监控AGC成为厚度控制系统一个必不可少的组成部分。

② 前馈式AGC。前馈式AGC在控制段带钢的轧制尚未进行之前预先检测出来料厚度偏差，并前馈送给下一机架，在预定时间内调整执行机构，来保证获得所要求的出口厚度，避免了控制上的传递滞后或过渡过程的滞后。前馈式AGC控制手段有：调节本机架的辊缝、调节上游机架的速度、调节本机架的速度。

③ 秒流量AGC。秒流量AGC的原理是稳态轧制过程中各机架间秒流量应保持恒定，通过秒流量相等原则估算机架出口厚度，将该厚度与目标厚度进行比较得到出口厚度偏差，通过调整本机架辊缝、上游机架速度或本机架速度来消除厚度偏差。冷连轧机的厚度控制系统中，普遍应用秒流量AGC。

④ 压力AGC。在轧制过程中，可通过压头和位置传感器对任意时刻的轧制力和辊缝进行检测，压力AGC以弹跳方程为基础计算轧机出口实际厚度，通过调节本机架的辊缝来消除出口厚度偏差。

1.6.2.3　自动宽度控制系统

带钢生产过程除了要保证成品的厚度精度、凸度、平直度等，还需要保证带钢的宽度精度。随着用户对成材率的要求不断提高，宽度控制精度也在不断提升，一般认为宽度偏差减小1mm，成材率提高0.1%。因而自动宽度控制系统在自动控制系统中的作用越来越不容忽视。板坯在粗轧区轧制时，轧件的厚度与宽度比较大，金属可以横向流动，因此自动宽度控制系统也往往在粗轧区实现，只有准确地控制粗轧区带钢厚度，才能有效地控制精轧出口宽度。

连轧宽度控制主要使用立辊轧机侧压调宽，然而板坯经立辊轧制后，要产生两种不均匀变形：一是轧件头尾失宽，二是轧件局部“狗骨”变形。其后果会对宽度精度产生不利影响，需要用宽度控制技术加以减轻或消除。

热轧带钢宽度控制包括宽度预设定及动态调整两部分。宽度预设定计算是为了达到目标宽度，根据各个机架的负荷能力对各道次进行分配，使每道次的出入口宽度达到预定的目标。宽度预设定计算最终得到侧压定宽机的侧压量、立辊的辊缝值、轧制力等，并将这些值传送到基础自动化级。粗轧机组宽度预设定流程如图 1-20 所示。

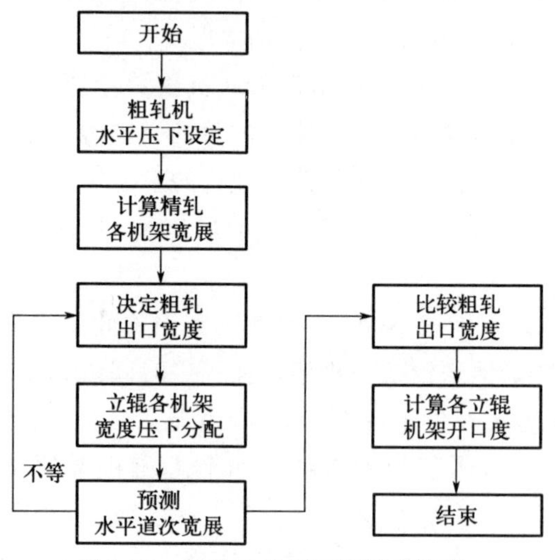

图 1-20 粗轧机组宽度预设定流程

动态调整是在带钢轧制过程中，根据收集到的实际值，对辊缝进行一定范围内的动态调节。带钢宽度的动态调整技术分以下五部分。

(1) 短行程控制 (SS-AWC)

短行程控制可以减少带钢头尾的失宽，提高带钢成材率。短行程控制就是按照立辊侧压调宽时板坯两端失宽的轮廓曲线，采用与该曲线对称的反函数曲线，即在板坯头部进入机架或在板坯尾部离开机架时，根据板坯的硬度、钢种、宽度等动态地修正立辊的开口度。

(2) 反馈自动宽度控制 (RF-AWC)

反馈自动宽度控制是根据实测立辊的轧制力来检测立辊出口的带钢宽度变化，并根据这个变化量来动态控制立辊的开度，消除粗轧立辊轧制时形成的“狗骨”变形在水平轧制中又有部分宽展。

(3) 前馈自动宽度控制(FF-AWC)

对于板坯上留有的火焰点及加热炉步进梁遗留在板坯上的水印，反馈控制效果并不理想，板坯上的火焰点或水印点经立辊轧制时，由于这些点的温度不同，必然会引起轧制力不同，使得轧出的宽度与平均宽度有偏差，前馈宽度控制能对这种偏差进行预先补偿。计算机通过控制算法对该控制点预先确定好一个工作点，自动对板坯上的火焰点或水印点放大或缩小辊缝，以保证轧机出口宽度均匀。

(4) 缩颈补偿(NEC-AWC)

缩颈(局部宽度变窄)是由精轧机组活套起套时对钢套冲击以及卷取机咬入带钢后由速度控制切换到张力控制时切换不当造成的。为解决这一问题，由粗轧过程计算机根据模型计算出产生瓶颈补偿的位置，对轧制节奏进行控制，实现立辊开口度修正。

(5) 动态设定(DSU)

动态设定功能仅用于粗轧区最后一道次轧制，即为了保证每一道次带钢出口宽度的精度，利用最后一道次轧制前实测的最末道次入口宽度值对立辊开口度重新设定。

1.6.2.4 板形控制系统

随着板厚控制系统及自动宽度控制在轧制设备应用中的日臻完善，板带材的尺寸精度已经能够达到相当高的技术水平，提高带钢产品质量的主攻方向已逐步转移到板形质量上来，板形及其控制技术成为板带生产中需要解决的关键点。板形控制系统是板形控制技术的集中体现，其组成为板形检测技术(设备)、板形调节技术(设备)和板形控制计算机(控制模型)。

(1) 板形检测技术

带钢板形检测仪分为接触式和非接触式两大类。作为所检测的内容，一种是测量带钢平直度(纤维长度)，以检测带钢的显性板形；另一种是检测带钢横向张应力的分布，以检测带钢的隐性板形。接触式板形仪通过内置传感器的板形辊测量带钢张力的横向分布，主要有分段式板形辊、整辊式板形辊，具有测量精度高、抗干扰能力强的特点，但会影响带钢表面质量。非接触式板形仪通过位移传感器测量带钢的浪形，主要有激光测幅仪、涡流测幅仪，不会影响带钢表面质量，但测量精度不高、抗干扰能力不足。

图1-21所示为我国燕山大学的板形测控系统采用的整辊压电式板形辊。板形辊由辊体和传感器组成，检测过程中一起旋转。辊体内部靠近辊面处，加工有4个沿周向均布的轴向精密通孔。每个通孔内部依次布置一系列的压电传感器，

可以同时检测带钢同一横截面上的板形。这种板形辊具有表面无缝的优点，可避免压伤和划伤带钢表面，适用于对带钢表面要求很高的场合。

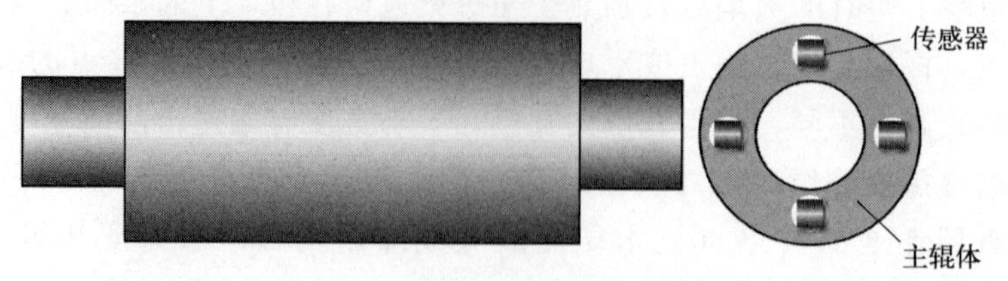

图 1-21　整辊压电式板形检测辊

(2) 板形调节技术

板形控制的实质是控制轧制过程中有载辊缝的形状，因此，凡是能改变轧辊弹性变形状态和改变轧辊凸度的方法，均可以用来作为改善板形的手段。板形调节技术包括板形控制装备技术与板形控制辊型技术。其中板形控制装备技术主要包括：压下倾斜技术、液压弯辊技术、轧辊横移技术、轧辊交叉技术以及轧辊液压胀形技术。其中轧辊横移技术在高性能辊型凸度控制轧机（high crown mill)、万能凸度轧机（universal crown mill)、连续可变凸度轧机（continuous variable crown mill）中得到了一定程度的应用。轧辊交叉技术在四辊成对交叉辊轧机(pair cross mill)、6H3C 轧机以及 f^2CR 轧机中得到了一定程度的应用。板形控制辊型技术包括：变接触轧制支承辊辊型技术、连续变凸度工作辊辊型技术以及硅钢横向厚差控制专用辊型技术。其中变接触轧制支承辊辊型技术、连续变凸度工作辊辊型技术在许多热连轧产线上得到了广泛应用。

(3) 板形控制模型

板形控制数学模型可分为机理模型和智能模型。机理模型根据带钢轧辊的变形机制建立数学模型，分析预报能力强，但结构复杂、计算量大，适合离线的工艺设备设计。智能模型根据经验数据建立模拟人脑思维的数学模型和算法，结构简单、计算量小，适合在线的控制计算。根据模型的性质和作用，板形控制数学模型可分为板形调节的分析预测模型和控制设计的判断控制模型。分析预测模型即控制对象的数学物理模型，包括带钢塑性变形模型、轧辊弹性变形模型、轧辊带钢温度模型、轧辊摩擦磨损模型 4 个模型。判断控制模型即控制器设计的数学物理模型，包括板形良好判别（带钢失稳判别）模型、板形分量识别模型、板形目标曲线模型、板形反馈控制模型 4 个模型。这 8 个模型的相互关系如图 1-22 所示，它们构成板形分析和控制的基础理论模型体系。

板形控制智能模型主要包括：①轧制力、变形抗力和摩擦因数的神经网络模型；②轧制过程传热系数和轧辊磨损系数的遗传算法与神经网络模型；③板形调节影响系数的神经网络模型；④板形分量识别的神经网络模型和模糊分类方法；

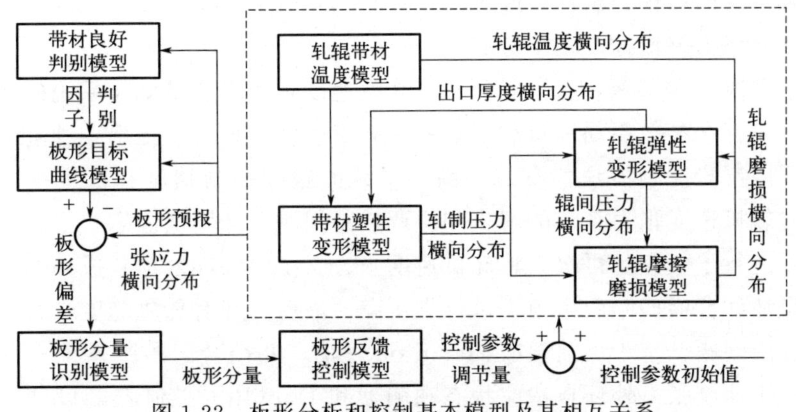

图1-22　板形分析和控制基本模型及其相互关系

⑤板形控制设计的模糊方法和神经网络模型等。

为了提高板形控制系统性能，研究机理模型与智能模型协同控制方法，动态分析预报和解耦控制模型，多种手段和方法协同控制的综合优化模型成为未来的发展方向。特别是由于目前的板形调控基本依靠静态模型，数据驱动的智能程度和计算精度不高，因此研究动态分析预报和解耦控制模型，数据驱动的高精度智能建模方法，成为需要研究解决的新问题。

1.6.2.5　速度与张力控制系统

由于轧机速度张力系统自身的特点（多变量、非线性、强耦合、不确定性和时变性），维持带钢张力的恒定始终是轧机控制的重点、难点。在轧制过程中，张力的作用直接影响成品的厚度精度、板形和表面质量，为了使轧机能正常地轧制出质量良好的带钢，必须对张力进行控制和利用。

在连轧过程中，张力主要有五方面的作用：防止轧件跑偏；使所轧的带钢板形平直；降低变形抗力和变形功；适当调节主电机的负荷；适当地调节带钢厚度。从轧制生产的实际情况来看，轧制过程中张力的控制方法一般可分为间接法与直接法两种，即基于张力计反馈的直接张力控制方法、基于转矩控制和补偿控制的间接张力控制方法。

轧机速度张力系统是保证轧机系统安全、高效轧制的基础，其中维持轧机张力的恒定是保证带钢产品质量的有效手段。带钢张力波动太大不仅影响板形板厚精度，甚至会造成断带。在轧机的实际轧制生产过程中，其卷取机张力和主轧机速度之间构成了一个多变量、非线性、强耦合和不确定的复杂时变系统。常规的速度张力控制方法多采用单变量控制原则，即主观上忽略速度和张力间的耦合关系来分别设计速度控制系统和张力控制系统，但这在一定程度上影响了速度张力系统的控制精度和带钢产品质量的进一步提高。因此为了提高系统的跟踪控制精度，增强系统的鲁棒稳定性，改善系统的协调控制性能，降低控制系统的成本，进行速度与张力解耦控制是十分必要的。

为了解决上述问题，有学者研究了轧机速度张力多变量耦合系统的状态空间模型；针对存在参数摄动和负载扰动的主轧机速度子系统，提出一种基于积分滑模的自适应反步控制方法，有效提高了系统的跟踪控制精度和抗干扰能力。其次，针对轧机速度张力系统的解耦和协调控制问题，分别从静态解耦和动态解耦两个角度进行了研究。再次，将轧机速度张力系统中的耦合项看成外扰，分别从观测器设计和鲁棒抑制两个角度进行了研究。最后，针对轧机速度张力系统的无张力计控制问题，基于反馈耗散 Hamilton 理论，并结合“扩张系统＋反馈”方法完成系统速度张力外环自适应状态观测器和 Hamilton 控制器的设计，实现了系统的无张力计控制，降低了控制系统的成本；设计的系统电流内环鲁棒控制器实现了轧机速度和张力间的协调控制及对不确定项的干扰抑制。

1.6.2.6 活套控制系统

在现代轧机中，活套控制是一个非常重要的系统，主要包括活套高度控制与带钢张力控制两个方面，是一个典型的双输入双输出耦合系统，其性能的优劣将直接反映在生产稳定性和带钢的产品质量上。

活套控制方式包括传统活套控制方式、活套互不相关控制方式、活套多变量最优控制、具有扰动补偿器的活套互不相关控制等，经历了由张力、高度分别控制向耦合控制的转变。

传统活套控制方式在我国大部分钢铁厂得到广泛应用，其特点是未考虑系统多变量输入输出耦合因素的存在，将张力控制和高度控制作为两个单独的子系统研究，构成两个单回路控制系统，不能满足生产过程对于控制系统高精度的要求。其中活套张力控制系统原理框图如图 1-23 所示，并且张力控制系统为开环控制，而且只纯粹依靠活套电机转矩来控制轧件张力，因此很难保证控制精度。

活套互不相关控制方式相比于传统方法，主要有以下几点改进：①实际张力值可通过张力检测装置测量，并及时反馈给控制器，使轧件张力控制由传统开环控制变为闭环控制；②通过调节活套电机转矩控制活套高度，调节机架主传动速度来控制轧件张力；③在传统活套高度和轧件张力耦合模型基础上，设计了互不相关解耦控制器，使活套高度和张力的耦合通道对主通道的影响得以减轻或消除。尽管其在控制稳定性和响应时间上获得了很大成功，但张力控制仍受到主电机速度控制器响应的影响，控制性能还不够理想；由于受到张力控制系统响应时间的限制，生产中的干扰问题不能得到解决，而张力的波动会导致运行的稳定性与产品质量问题。

活套多变量最优控制的特点是最优多变量控制器在实现解耦的同时，也使活

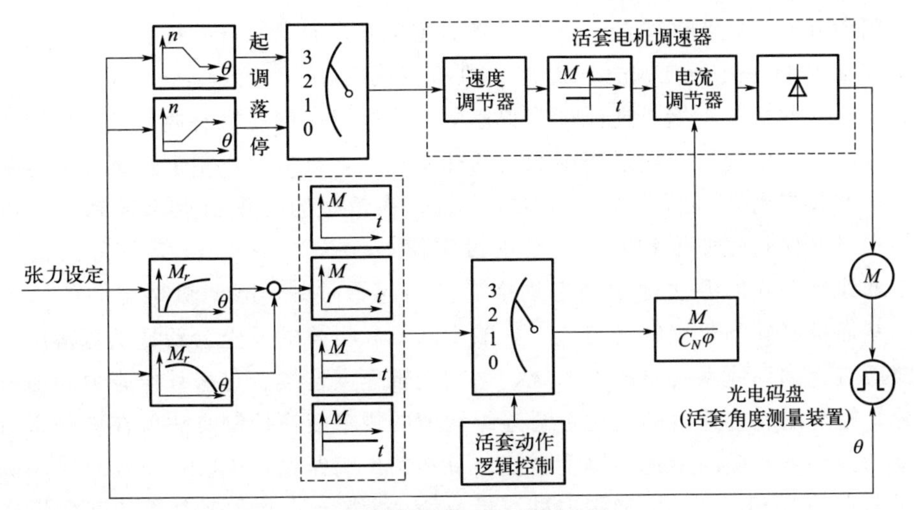

M：活套力矩；M_r：张力力矩

图 1-23　活套张力控制系统原理框图

套电机与主传动电机得到充分利用，通过调节主传动速度和活套电机力矩来实现控制目标。相比于传统控制与互不相关控制，其张力波动、角度波动有了显著提高。但是最优控制器的增益通过被控对象的模型参数及要求的性能指标来计算，控制器的精确程度受到模型参数的精确程度和状态反馈矩阵选择好坏的制约，从而影响了控制性能。

具有扰动补偿器的活套互不相关控制，通过把活套系统作为单输入单输出系统，易于控制性能的设计及调整；系统被非干扰化，即使活套高度的目标值改变，机架间张力也不变化。但其在张力、活套高度的变动被充分满足时，PI 控制器的增益不能提高。由于张力的变动通过主电机速度来改变，所以活套电机设备得不到充分利用。最优多变量控制中的被控对象为多变量系统，主电机和活套电机两方面可得到充分协调运用。但在最优多变量控制系统的设计中，状态反馈矩阵的选择与控制性能是相互对应的，所以控制性能设计及现场的调试很困难。然而此方法目前还只局限于仿真阶段，未能应用到实际生产中。

1.6.2.7　动态变规格控制系统

目前，动态规格变换有顺流调节和逆流调节两种方式。顺流调节方式就是顺着轧制线变换各机架设定的辊速和辊缝值，当变规格点进入某机架时，除了要调节该机架轧制参数设定值使上游机架过渡到新的轧制规程，还要同时调节下游各机架的轧制参数设定值。逆流调节是指变规格点到达某机架时，一方面要调节该机架轧制参数来保证下游机架对前一卷带钢的稳定轧制，同时还需要调节上游机架的轧制参数设定值，使上游的机架切换到后一卷带钢的轧制规程上。

国内外冷连轧生产机组动态变规格的控制方式拥有各自的特点。

加拿大 Hamilton Dofasco 冷连轧机组应用 TGI（target gauge increase）技术，实行一次变化辊缝，逆流调节辊速的方式进行带钢规格变换，采用控制秒流量的方法来保持规格变换过程中稳定的轧制状态。日本神户制钢厂 Kakogawa 冷连轧生产线应用高速的动态规格变换系统，在带材的变规格点未来到后一机架时，提早变换轧辊速度和轧辊辊缝的设定值。日本 Wakayama 冷连轧机组通过求解非线性公式的办法优化动态规格变换的起始时刻，减弱机架之间的张力波动，从而提高轧制过程的稳定状态，减少断带和折叠的发生。新日铁八幡厂采用高响应特点的调速系统与压下系统，采用轧辊速度连续变化来补偿张力和前滑的变化，辊缝随轧辊速度的变化进行连续调节的规格变换控制方法，在减弱张力的波动的条件下，提高带钢的厚度精度。日本的川崎制铁厂 Chiba 3 号冷连轧机组通过改良的 BISRA-AGC 和张力秒流量 AGC 相结合的方法来改善动态变规格后的带材的轧制厚度精度。本钢浦项 1700 冷连轧机组规格变换的时候，依据 PLC 的信号对轧辊的位置进行控制，同时也控制轧制的速度以保证机架之间的带钢张力的恒定。

伴随着冷连轧生产线向高速化和大型化发展，动态变规格的速度也跟着提高。当前，冷连轧生产线带材的入口速度能够达到 500m/min，但动态变规格的速度通常不到 400m/min。随着 EIC 整合水平的不断提高和冷连轧技术的发展，动态变规格控制将和 AGC 结合，在提高变规格速度的同时改善带材的厚度精度。

伴随着薄板坯连铸连轧水平的不断提高，动态规格变换的控制技术在热连轧带材的生产中逐步应用。意大利的达涅利公司已经在薄板材连铸连轧机组上应用动态规格变换技术，并顺利轧制出了 0.7～1.0mm 的热轧板卷。本钢薄板坯连铸连轧机组对半无头轧制技术进行了在线试验，提高了带材的平直度，改善了厚度精度，还能够轧制出极薄的带材和具有高深冲特性的产品种类。

连轧过程是一个多变量耦合的系统，张力、速度、厚度等的极强耦合性给动态规格变换带来困难，现有多种方法可以实现多变量解耦，常用的有对角矩阵法、状态向量法及特征曲线法等，神经网络和多变量模糊解耦方法是当前主要的研究方法。

1.6.3 高精度板带连轧过程自动化系统

轧制过程自动化就是在轧制过程中，通过采用反映轧制过程变化规律的数学模型、自动控制装置、计算机及其控制程序等，使各种过程变量（如成分、流量、温度、压力、张力和速度等）保持在所要求的给定值上，并合理地协调全部轧制过程以实现自动化操作的一种先进技术。

连轧在线数学模型是轧制规程制定、轧机参数设定以及负荷分配计算的前提，根据轧件和设备参数等计算过程自动化系统所需的设定值及轧制参数。轧制规程的制定是一项最基本的工作，是生产工艺的核心内容。轧制规程设计合理与否直接影响成品钢材的产量与质量，而对制定出的轧制规程进行多目标的智能优化设计是生产出尺寸精度更高、力学性能更好的产品的基础。

1.6.3.1 负荷分配与轧制规程计算

连轧机组设定计算主要用到的数学模型及其相互调用关系如图1-24所示。

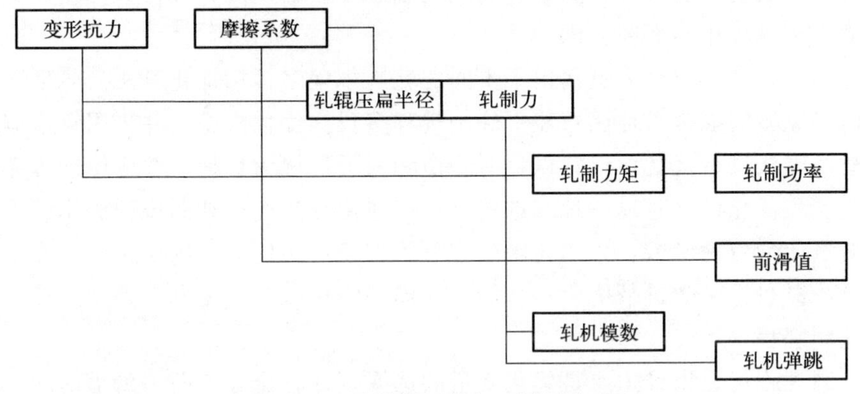

图1-24 数学模型间相互调用关系

连轧数学模型是一组描述生产工艺操作与控制规律的方程，是控制理论、轧制理论与实践经验相结合的产物，但这些模型也是在一定假定条件下推导出来的，与生产实际存在一定的出入。同时轧制一卷带钢的时间长达十几分钟，在此过程中，环境、材料、人为等因素对工艺参数的影响是随时间变化的，因此模型的精度也是有限的。

基于以上原因，为了提高数学模型的设定精度，必须运用生产过程实际测量数据对模型进行修正，即模型自适应。模型自适应的任务是采集轧制过程中的实测数据并进行必要的数据处理，根据实测值与理论值的偏差，不断修正模型，使其逼近当前的实际情况，从而提高模型的设定精度，使产品质量达到预期要求。模型自适应一般的方法是在模型中加入自适应系数，通过对自适应系数的修正来提高模型在当时环境下的精度。修正模型的方法包括直接法自适应与间接法自适应。

直接法即对模型本身进行修正来提高其计算精度，即模型的自适应。根据自适应系数在模型中位置的不同，分为加法自适应、乘法自适应、指数自适应以及混合自适应。

间接法是指通过提高模型主要影响因素的计算精度来提高模型的设定精度。

在轧制力和前滑模型中，变形抗力和摩擦系数是影响其精度的主要因素，但这些因素无法通过在线仪表直接检测出来。有学者利用自适应算法对变形抗力和摩擦系数进行计算，进而提高轧制力模型和前滑模型的计算精度。

1.6.3.2 轧制规程智能优化

在连轧过程控制系统中，轧制规程的制定是一项最基本的工作，是生产工艺的核心内容，轧制规程设计的合理与否直接影响成品钢材的质量与产量。轧制规程与负荷分配计算方法，经历了由经验分配法，到轧制理论法，再到多目标智能优化计算方法的发展过程。随着轧制规程制定方法的发展，多目标优化计算方法已经成为主流应用与研究方向。

近年来，许多研究人员提出了不同的轧制规程多目标优化算法，包括以等功率裕度和克服划痕为目标函数建立轧制规程多目标优化模型，并采用自适应混沌变异蛙跳算法进行优化设计；以负荷均衡和板形良好为目标，并应用遗传算法进行轧制规程优化设计；以一种改进的自适应遗传算法进行轧制规程优化计算；选取相对负荷为目标函数，采用罚函数将有约束条件转化为无约束条件，并采用粒子群算法对目标函数进行优化；从能耗和损伤演化的观点出发，采用遗传算法来优化轧制规程。

轧制规程优化设计主要是优化变量的选择，计算流程如图 1-25 所示。

1.6.4 高精度板带连轧生产管理自动化系统

连轧计算机控制系统中管理系统级和生产控制系统级并称生产管理系统级，对下方过程控制系统级和基础自动化控制系统级进行任务分配。

1.6.4.1 管理系统级的系统架构和作业任务分配

(1) 系统架构

管理系统级是一个相当完整的生产管理系统，一般由两台大型计算机组成，一台在线运行，另一台作为备用机运行。平时在备用机上可进行功能开发、程序修改以及某些报表打印等工作。当在线机出故障时，备用机就自动切换成在线机。

该管理系统级的管理功能及其涉及范围是相当完备的。该级直接与生产控制级发生联系，向它们发出生产计划等指令，同时与公司管理级计算机联网，向它们及时提供数据，并接收公司管理级计算机的数据与指令。

(2) 作业任务分配

管理系统级涉及面很广，管理范围从接受用户订单开始，然后进行合同处理、质量设计、制订生产计划、协调各生产工序、收集生产实绩、对库存和质量

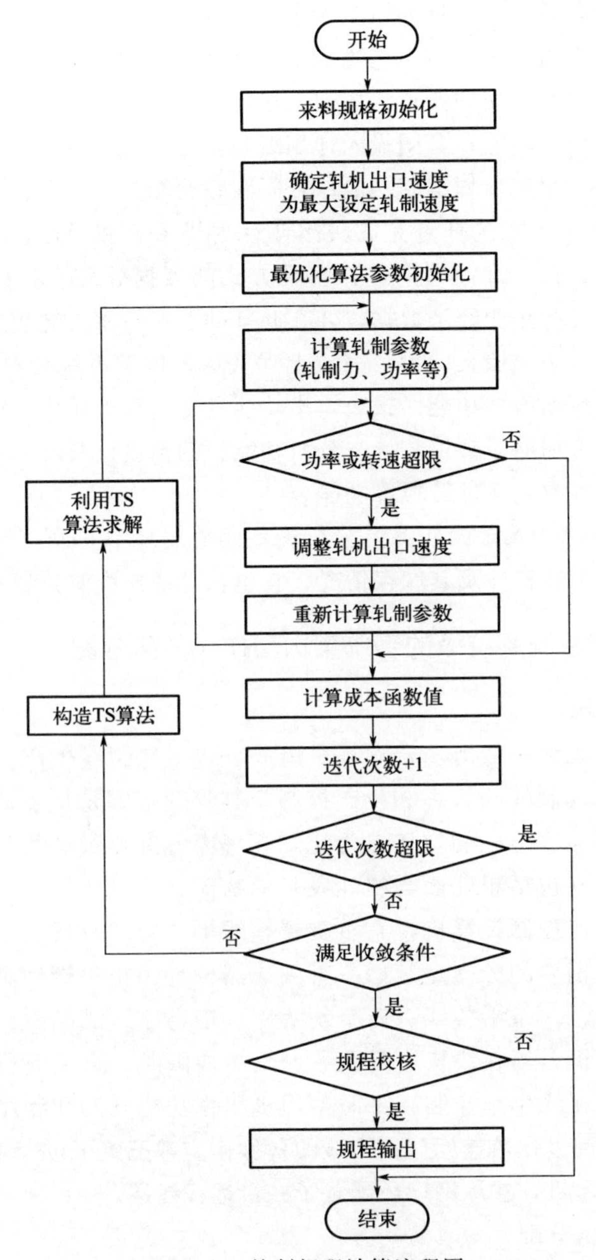

图 1-25　轧制规程计算流程图

进行管理、制定出厂计划、进行营销和生产活动全过程管理。在这一过程中，核心有生成生产计划（计划子系统）、收集生产控制级（FLS）信息来形成技术信息（技术信息子系统）、制定设备维修计划（设备预维修子系统）三项任务。

① 计划子系统的任务就是按合同组织生产，首先根据供货合同提出的要求，

按规格、品质、数量、交货日期组织生产。同时还要考虑到产品可能的最终要求与某些特殊要求去组织生产与工艺流程，对产品质量的控制贯穿在整个生产过程中，达到全过程质量管理的要求。根据上述任务，该系统有几项主要功能，包括订货合同输入与处理功能；合同投入计划编制功能；材料与合同的匹配功能；板坯申请计划功能；生产计划编制功能；合同跟踪功能。

② 技术信息子系统的任务是收集生产计划子系统和生产控制级（FLS）的全部信息，按日、旬、月等周期进行多种方式的数据处理、数据分析和数据评价，综合编制出各种企业经济数据，并在此基础上对技术工艺规程进行优化，并存储各种数据作为历史档案。为了完成上述任务，该子系统具有以下一些功能：构造信息空间（数据库）功能、报表输出功能、专门数据输出功能、企业经济数据存取与管理评价功能、数据统计与分析功能、钢种设计及性能预测功能，此外还有查询、快速存取、文件转换等功能。

③ 设备预维修子系统的任务是分析设备的薄弱环节，制订维修计划并进行设备管理，掌握备品备件及其库存情况，它包含设备预维修计划和备件管理。

1.6.4.2 生产控制系统级的系统架构和作业任务分配

（1）系统架构

生产控制系统级一般由多台计算机组成，包括轧制线生产控制计算机，它负责从板坯库到轧制线的管理和生产控制，其管理范围是从连铸与热轧的接口点开始，一直到与冷连轧的交接点为止，管理内容有：板坯管理，磨辊车间管理，整个轧制线（包括粗轧段与精轧段）的物流、信息流控制，深冲用钢库管理等；精整线生产控制计算机，它负责精整线生产管理及成品发货管理，它所管理的范围是从钢卷的分支点开始一直到成品发货为止，管理对象是三条横切线、一条纵切线、一条平整线、两个发货库、钢卷库、成品库、铁路库中钢卷和捆包等；备用机，当在线机中任意一台发生故障时，可用此备用机替代发生故障的一台，作在线生产控制，平时备用机用作功能开发和程序修改。

生产控制系统级在热连轧厂生产线的各操作室都配置了过程终端，此外，还配备了数十台打印机，在炼钢厂还配备了一台远程终端。

（2）作业任务分配

生产控制级计算机系统的主要任务有两项：轧制线控制和精整线控制。

① 轧制线生产控制计算机任务与功能。该计算机的任务是接收、管理来自管理级计算机的轧制计划；传送生产指令；收集、存储、记录生产过程中出现的数据；从板坯库入口开始一直到钢卷小车的物流和信息流跟踪；对生产准备干预系统（主要是计划的调整）的支持；对调度人员和中央信息系统的支持（指热装和冷装方面的支持）；板坯库管理、轧辊管理；向管理计算机传送生产实绩；带

钢质量控制等。为完成上述任务，轧制线生产控制计算机的功能有以下几项：板坯库组织功能；板坯库吊车控制功能；热装支持功能；轧制计划优化处理功能；物流跟踪功能；深冲用钢库管理功能；磨辊管理功能；质量控制功能；通信功能。

② 精整线生产控制计算机的任务与功能。精整线生产控制计算机的任务是接收并管理来自管理计算机的精整计划、发货计划；收集、存储、记录生产过程的数据；跟踪从钢卷分流处开始到精整后发货的物流和信息流；对钢卷库和成品库的管理和发货提供支持；向管理计算机传送生产实绩；质量控制等。为了完成上述任务，对应的功能有：钢卷库的组织和管理功能；精整计划处理功能；精整线的生产控制功能（精整计划处理后，把计划分配给精整区作业线中的1条，然后按计划组织与控制生产）；成品库的组织与管理功能；物料跟踪功能；质量控制功能；数据通信功能。

第2章

高精度板带连轧稳定运行动力学建模技术

钢铁生产是工业和国防建设的基础，随着新材料研发和产品性能需求提高，带钢生产企业对设备生产稳定性提出了更高的要求。目前，国内板带生产企业加快行业整合和升级，促进设备智能化发展，提高产品质量，板带轧制生产线生产能力、板带强度和规格以及生产管控智能化水平得到大幅提升。同时，板带生产升级调整也面临着新的挑战，例如轧制过程高强度钢板生产工艺制定、轧机振动振源分析及调控（图 2-1）、设备-工艺-质量协同设计与控制以及轧制过程智能化管控和运维等问题，都是现在及未来很长一段时间内的研究重点和难点问题。其中，轧机振动问题作为困扰板带生产过程关键技术难题之一，面临着提升轧制速度、降低能耗、提高产品强度和质量等多方面要求，造成工艺控制和设备状态不

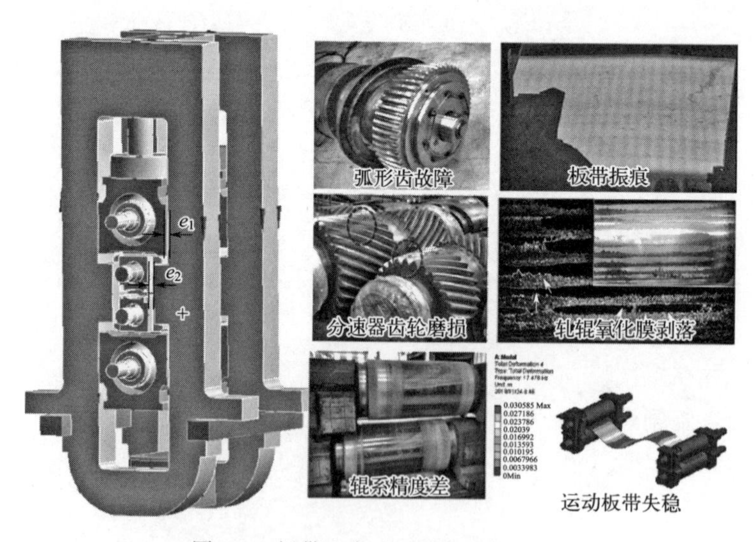

图 2-1　板带生产过程轧机振动问题

能同时兼顾而无法彻底解决的现状，这也是制约板带生产过程智能化发展的因素之一[5,15,16]。面向板带轧机振动问题，需要重视研究板带轧机高速稳定运行动力学建模技术，研究高速板带轧机系统非稳态轧制过程动特性，揭示板带生产过程动态行为机理，解决轧制过程轧机振动造成的产品质量下降、生产效率降低和设备运维困难等问题，这是现阶段钢铁行业亟待解决的共性技术课题。

轧机振动问题是具有复杂机理过程的系统动力学问题，是机-电-液多系统协同参与，板带变形、板带运动和轧机本体结构运动等多个子系统耦合作用，工艺参数设定和控制协同影响的高精度、重载荷、多变量复杂非线性物理变化过程。轧机传动系统、液压压下系统、辊系运动系统、电气系统、活套和导向辊等辅助系统以及机架间运动板带等子系统稳定性，共同决定轧制系统生产过程整体稳定性。不同子系统动态特性都将不同程度影响轧制变形区板带变形过程的能量转化过程和稳定性，使轧机系统表现出不同形式的振动行为特征。为准确、深入地揭示轧机和轧制过程的动态特性，本书作者团队较全面地构建了板带轧机高速稳定运行动力学模型体系，包括轧制变形区动力学模型、辊系刚柔耦合动力学模型、传动系统动力学模型、运动带钢动力学模型等子模型，以及轧机辊系-轧制变形区耦合动力学模型、轧机传动系统-辊系刚柔耦合动力学模型、轧机传动系统-轧制变形区耦合动力学模型、轧机液压AGC-辊系耦合动力学模型等耦合动力学模型。该模型体系的构建能够较系统地研究轧机动态行为特性，揭示轧机传动系统扭转振动、辊系振动、运动板带振动等多种振动形式的机理，为解决现场轧机振动问题提供了理论指导，保障了轧机高速稳定运行[17]。

由于篇幅所限，本节选取轧机传动系统动力学模型、轧机辊系动力学模型和轧机运动板带动力学模型三个模型，介绍其构建技术及工业应用。

2.1 轧机传动系统扭转振动建模技术

轧机传动系统扭转振动是轧制过程中常见的振动现象，严重影响轧制稳定性和生产效率。轧机传动系统是由电机、减速器、主轴、分速箱、圆弧齿轮轴、工作辊轴及其轴承等装配而成。在设备运行过程中，设备之间的磨损不可避免，造成装配间隙增大，一定时间后轧机传动系统出现轴线偏移问题，进而引起轧制过程不稳定，并在多次现场振动测试中都发现了该振动现象。因此，轴线偏移问题造成的传动系统剧烈扭转振动现象，是传动系统扭转主要表现形式之一。为探究其中的科学问题，本节就传动系统轴系偏差引起的周期性激励和扭转振动行为机理进行探究，基于轧制理论和传动系统结构特征，建立了相应的动力学模型，为控制轴线精度提出科学性指导意见。

2.1.1 轧机传动系统轴线偏移动力学模型

传动系统扭转振动往往与轧制界面的动态能量转换过程密切相关，导致轧制界面上带钢与工作辊之间的相对速度发生变化。根据以往的研究[8,18]，忽略支承辊结构的影响，考虑驱动系统的轴线偏移问题，建立了两自由度系统模型。

两自由度系统模型如图 2-2 所示，其中 k 和 c 分别为等效刚度和阻尼。本节根据主传动轴的轴线偏差，对轴线偏移问题进行了分析。轴线偏移引起的周期性变化相当于偏心质量的轴向偏移距离。因此，传动系统的质量偏心动力学方程为：

$$\begin{cases} J_1\ddot{\theta}_1+c(\dot{\theta}_1-\dot{\theta}_2)+k(\theta_1-\theta_2)=M_1 \\ J_2\ddot{\theta}_2-c(\dot{\theta}_1-\dot{\theta}_2)-k(\theta_1-\theta_2)=M_2 \end{cases} \tag{2-1}$$

式中 M_1，M_2——传动系统输入转矩和工作辊耗散转矩；

θ_1，θ_2——传动系统弧形齿接轴和工作辊的动态转角。

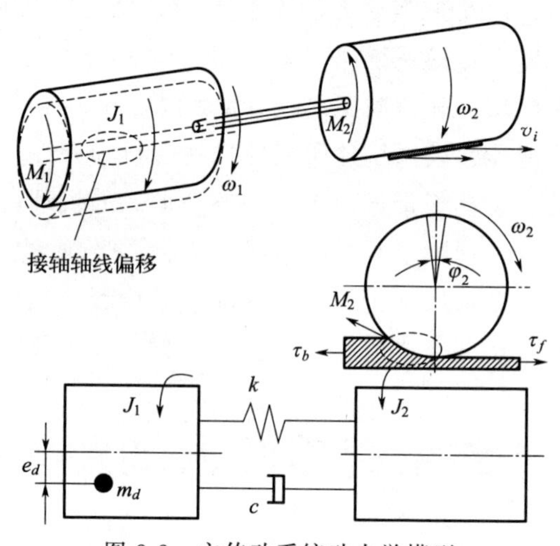

图 2-2 主传动系统动力学模型

轧制轴和工作辊的扭振角为 φ_1 和 φ_2。根据轧机扭转振动关系，传动系统接轴和工作辊的轴旋转角分别为：

$$\begin{cases} \theta_1=\theta_{10}+\varphi_1 \\ \theta_2=\theta_{20}+\varphi_2 \end{cases} \tag{2-2}$$

式中，θ_{10}，θ_{20} 表示动态扭转振动下弧形齿接轴和工作辊稳态转角；ω_0 为稳态传动系统转速，存在 $\theta_{10}=\theta_{20}=\omega_0 t$。

将式(2-2) 代入式(2-1) 中，得到传动系统扭转振动动力学方程为：

$$\begin{cases} J_1\ddot{\varphi}_1+c(\dot{\varphi}_1-\dot{\varphi}_2)+k(\varphi_1-\varphi_2)=\Delta M_1 \\ J_2\ddot{\varphi}_2+c(\dot{\varphi}_2-\dot{\varphi}_1)+k(\varphi_2-\varphi_1)=\Delta M_2 \end{cases} \tag{2-3}$$

2.1.2 传动系统动态转矩模型

轴偏心系统的等效偏心质量 m_d 随传动系统接轴轴线偏移量 e_d 变化。工作辊的扭转振动影响摩擦力矩和带钢张力。因此，等效转矩的变化等于稳态转矩和动态转矩之和，为：

$$\begin{cases} M_1=M_{10}+\Delta M_1 \\ M_2=M_{20}+\Delta M_2 \end{cases} \tag{2-4}$$

式中，ΔM_1 为传动系统中轴线偏心质量引起的动态扭转力矩；ΔM_2 为扭转振动造成板带速度变化引起的动态摩擦力矩。

由传动系统轴线偏移引起的动态输入转矩变化表示为：

$$\Delta M_1=m_d(\omega_0+\dot{\varphi}_1)^2 e_d\cos(\omega_0 t+\varphi_1) \tag{2-5}$$

式中　t——时间，s；

$\dot{\varphi}_1$——传动系统弧形齿接轴转角速度，rad/s。

在轧制过程中，扭转振动会改变工作辊和带钢之间的相对速度，从而影响带钢张力和轧制界面摩擦。工作辊扭转振动下的动态轧制界面如图 2-3 所示。工作辊的动态转矩与带钢张力和摩擦力有关，为：

$$M_2=P_0\mu_s R+(T_f-T_b)R \tag{2-6}$$

式中　P_0——稳态轧制力，N；

μ_s——轧制界面与轧制速度相关的摩擦系数；

T_f，T_b——板带的前张力和后张力，N；

R——轧辊半径，mm。

轧制界面动态摩擦力矩为：

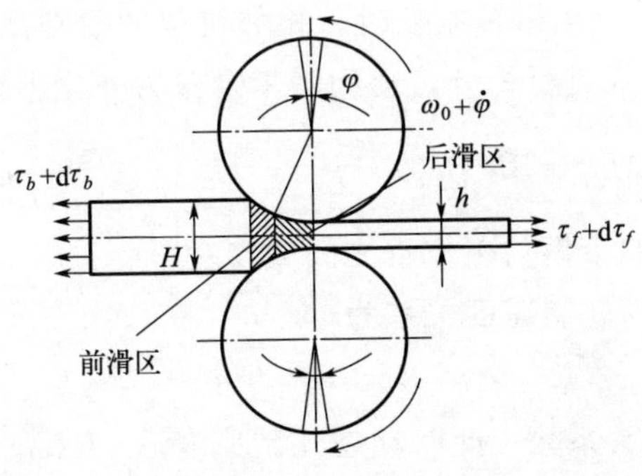

图 2-3　扭转振动对轧制界面力矩影响分析

$$\Delta M_2=\Delta M_{21}+\Delta M_{22}=\mu_s(\varphi_2,\dot{\varphi}_2,t) \tag{2-7}$$

式中　ΔM_{21}，ΔM_{22}——板带张力和摩擦系数影响的轧制力矩分量。

忽略活套系统调节带钢张力的时滞调节效应，带钢咬入速度和出口速度仅由设定值表示。以某热连轧机 F2 机架为研究对象，在主传动系统扭转振动作用下，带钢入口速度和出口速度分别为：

$$\begin{cases}v'_2=R(\omega_0-\dot{\varphi}_2)(1-\beta_2)\\v_2=R(\omega_0+\dot{\varphi}_2)(1+f_2)\end{cases} \tag{2-8}$$

式中　β_2，f_2——轧制界面后滑值和前滑值。

发生扭转振动时，工作辊的转速会发生变化。假设 F1 的出口带钢速度和 F3 的入口带钢速度保持不变，机架之间带钢的张应力为：

$$\begin{cases}\tau_b=\dfrac{E}{l}\displaystyle\int(v'_2-v_1)\mathrm{d}t=\dfrac{E}{l}\int[R(\omega_0-\dot{\varphi}_2)(1-\beta_2)-v_1]\,\mathrm{d}t\\\tau_f=\dfrac{E}{l}\displaystyle\int(v'_3-v_2)\mathrm{d}t=\dfrac{E}{l}\int[v'_3-R(\omega_0+\dot{\varphi}_2)(1+f_2)]\,\mathrm{d}t\end{cases} \tag{2-9}$$

带钢前、后张力和张力变化量分别为：

$$\begin{cases}T_b=BH\dfrac{E}{l}\displaystyle\int[R(\omega_0-\dot{\varphi}_2)(1-\beta_2)-v_1]\,\mathrm{d}t\\T_f=Bh\dfrac{E}{l}\displaystyle\int[\dot{v}_3-R(\omega_0+\dot{\varphi}_2)(1+f_2)]\,\mathrm{d}t\end{cases} \tag{2-10}$$

$$\begin{cases}\Delta T_b=-BH\dfrac{E}{l}\displaystyle\int[R\dot{\varphi}_2(1-\beta_2)]\,\mathrm{d}t\\\Delta T_f=Bh\dfrac{E}{l}\displaystyle\int[R\dot{\varphi}_2(1+f_2)]\,\mathrm{d}t\end{cases} \tag{2-11}$$

式中　H，h——带钢入口厚度和出口厚度，mm；

v'_i，v_i——第 i 机架板带入口速度和出口速度，m/s。

当张力动态变化时，带钢和工作辊的变形区参数周期性波动，导致接触界面上带钢的“向前”和“向后”拉拽趋势，这就是动态张力导致传动系统动态转矩的原因。假设 F2 机架发生扭转振动时，相邻机架的驱动系统是稳定的。通过对式(2-11) 的右边表达式进行积分，得到受带钢张力变化影响的动态轧制转矩为：

$$\Delta M_{21}=BR[h(1+f_2)-H(1-\beta_2)]\frac{E}{l}\varphi_2 \tag{2-12}$$

轧辊扭转振动影响带钢与工作辊之间的相对速度。摩擦系数与轧制速度密切相关，摩擦阻尼系数与轧制速度关系为[19]：

$$\mu_s=a_0+a_1v+a_2v^2 \tag{2-13}$$

式中，$a_0\sim a_2$ 为常系数；此时动态轧制速度 $v=R(\omega_0+\dot{\varphi}_2)$。

根据式(2-13)，由轧制界面阻尼引起的动态转矩为：

$$\Delta M_{22}=P_0R\Delta\mu_s=P_0R\left[(a_1+2a_2\omega_0)\dot{\varphi}_2+a_2\dot{\varphi}_2^2\right] \tag{2-14}$$

不考虑其他外部激励，轴线偏移下传动系统方程（2-3）可简化为：

$$\begin{cases}\ddot{\varphi}_1+\eta_{14}(\dot{\varphi}_1-\dot{\varphi}_2)+\omega_{10}^2(\varphi_1-\varphi_2)=\eta_{11}\cos(\omega_0t+\varphi_1)+\\ \quad\eta_{12}\cos(\omega_0t+\varphi_1)\dot{\varphi}_1+\eta_{13}\cos(\omega_0t+\varphi_1)\dot{\varphi}_1^2\\ \ddot{\varphi}_2+\eta_{24}(\dot{\varphi}_2-\dot{\varphi}_1)+\omega_{20}^2(\varphi_2-\varphi_1)=\eta_{21}\varphi_2+\eta_{22}\dot{\varphi}_2+\eta_{23}\dot{\varphi}_2^2\end{cases} \tag{2-15}$$

式中，$\eta_{11}=\dfrac{m_d}{J_1}e_d\omega_0^3$，$\eta_{12}=2\dfrac{m_d}{J_1}e_d\omega_0$，$\eta_{13}=\dfrac{m_d}{J_1}e_d$，$\eta_{14}=\dfrac{c}{J_1}$，$\omega_{10}^2=\dfrac{k}{J_1}$，$\omega_{20}^2=\dfrac{k}{J_2}$，$\eta_{21}=\dfrac{1}{J_2}BR\left[h(1+f_2)-H(1-\beta_2)\right]\dfrac{E}{l}$，$\eta_{22}=\dfrac{a_2}{J_2}F_0R$，$\eta_{23}=\dfrac{a_1+2a_2\omega_0}{J_2}F_0R$，$\eta_{24}=\dfrac{c}{J_2}$。

轧机传动系统质量偏心产生振动能量，传入传动系统中，引起轧机扭振，改变轧机传动系统运行状态。通过轧制界面板带变形过程影响系统扭转力矩，形成轧机传动系统带有受迫振动和自激振动特征的失稳问题。然而，扭转振动改变系统的动态结构特性，使系统的振动周期发生微弱变化。根据式(2-15)，主传动系统的扭振角和角速度与偏心质量引起的动态转矩耦合，使能量转换过程表现出一定的缓慢特征。因此，动态系统处于缓慢变化状态，没有固定的周期。总的来说，动力系统能量取决于轧机轴线偏移距离和主传动系统的转速，也受轧制界面上能量转换特性影响。本节内容考虑了由主轴位置偏差引起的轧机主传动系统不稳定运行状态，忽略轧辊在水平和垂直方向运动影响。式(2-15) 所描绘的动力学系统具有多个耦合参数，传统解耦方法难以求解，本节应用 Runge-Kutta 法近似求解非线性耦合动力学模型，可满足本研究理论分析要求。通常非线性动力学中使用时域图、相位轨迹和庞加莱图等表征方法分析系统动态响应，揭示非线性动力学行为机理。

2.1.3 传动系统扭转振动仿真研究

(1) 模型参数设定

根据文献［20，21］，按照轧机系统结构参数计算方法可以确定两自由度动力学模型中的所有结构参数。表 2-1 所示为轧制过程相关结构和工艺参数。

表 2-1　F2 四辊轧机相关参数

参数名称	数值	参数名称	数值
接轴转动惯量 J_1/kg·m^2	27369.53	摩擦系数 μ_0	0.27
轧辊转动惯量 J_2/kg·m^2	12406.35	前张应力 τ_f/MPa	7.25
传动系统刚度 k/(Nm/rad)	4.67e6	后张应力 τ_b/MPa	4.38

续表

参数名称	数值	参数名称	数值
等效阻尼系数 $c/(\mathrm{Nm \cdot s/rad})$	6.25e3	板带宽度 B/mm	1250
等效偏移质量 m_d/kg	9364	板带入口厚度 H/mm	10.2
轴线偏移距 e_d/mm	9.7	板带出口厚度 h/mm	5.6
工作辊半径 R/mm	410	前张力系数 f_2	0.145
轧辊转速 $\omega_0/(\mathrm{rad/s})$	5.12	后张力系数 β_2	0.048
设定轧制力 P_0/kN	32000		

(2) 传动系统轴线偏移时系统扭转振动特征

按照表 2-1 参数，使用四阶 Runge-Kutta 法求解式(2-15)，并对结果进行仿真分析。图 2-4 所示为轴线偏移时接轴扭转振动特征。图 2-4(a) 中显示零初始条件下耦合轴扭转振动的时域图，表明系统在没有外部激励的情况下趋于稳定。图 2-4(b) 为弧形齿接轴扭转振动相图，可以看出，系统中不存在稳定周期，运动周期呈现缓慢变化现象。传动系统扭转振动在一定时域范围内稳定，表现出受迫振动的缓慢变化特性。通过 FFT 分析，传动系统扭转振动频率集中在低频部分，其中峰值频率为 0.81Hz，接近轧机的旋转频率。其他谐波频率为 1.62Hz 和 1.9Hz，如图 2-4(c) 所示。接轴扭转振动包含转频的倍频分量，呈现出非线性振动特性。图 2-4(d) 是系统稳定状态下的庞加莱图，可以看出，系统不具有

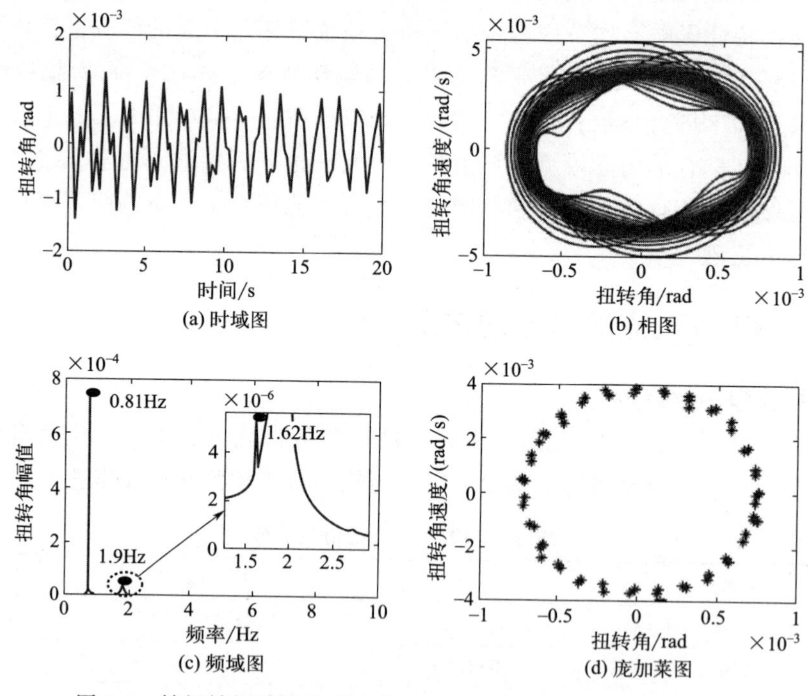

图 2-4 轴扭转振动的动态响应（$e_d=9.7\mathrm{mm}$，$\omega_0=5.12\mathrm{rad/s}$）

稳定的周期性，且振幅保持在一定的振动范围内。

工作辊扭转振动特性与主轴一致，如图 2-5 所示。扭转角度比传动接轴小 2rad。在零初始条件下，振幅在 20s 内逐渐趋于稳定，如图 2-5(a) 所示。图 2-5(b) 中的相图显示，工作辊扭转振动的相变范围大于传动轴，但总体上保持稳定。图 2-5(c) 分析了工作辊扭转振动频谱特征，频率分布结果与接轴相同。作为一个非线性系统的受迫振动问题，振动位移中的 1.61Hz 和 1.9Hz 频率成分存在不同的能量转换过程。如图 2-5(d) 所示，接轴扭转振动形成稳定的环形区域，表明系统不存在固定的运动周期。与偏心质量的输入能量相比，在扭转振动引起的缓慢变化下，动力系统的能量变化非常小，因此庞加莱图表现出的动态特性是稳定的。

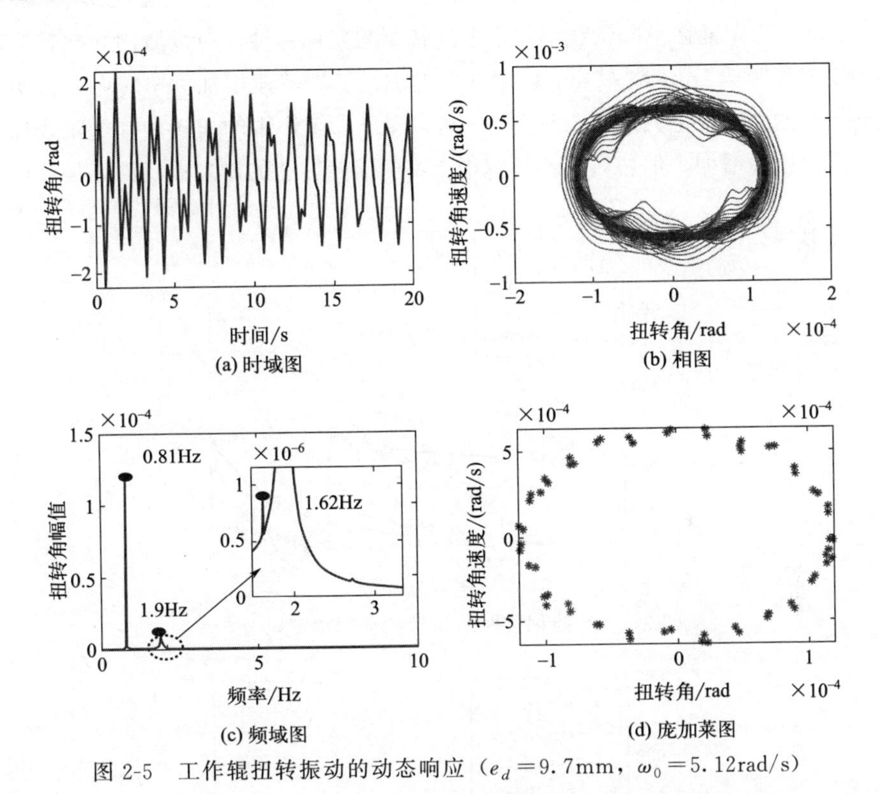

图 2-5　工作辊扭转振动的动态响应（$e_d=9.7\text{mm}$，$\omega_0=5.12\text{rad/s}$）

当轧机主传动系统存在轴线位置偏移时，等效的质量偏心会使系统出现周期性能量输入，系统发生受迫振动。同时，在轧制工艺参数的影响下，存在非线性刚度项和阻尼项，因此系统周期性存在缓慢变化。轧制界面处摩擦和张力的变化与系统的振动状态有关，导致扭转振动的混沌运行，因此，将进一步分析动力系统在不同张力和摩擦系数作用下的系统振动特征，以分析传动系统存在轴线位置偏移时的系统内部能量转化机制。

2.1.4 轴线偏移量对轧机扭转振动影响分析

接轴位置轴线精度差对接轴扭转振动稳定性影响较大，进而工作辊扭转振动破坏轧制界面工艺参数的稳定性，形成传动系统扭转振动状态。针对上述结果进一步分析了轴线偏移问题与轧制工艺参数对工作辊扭转振动特性的影响程度，以期为轴向精度控制提供参考。根据动力学系统模型［式(2-15)］，影响主传动系统扭转振动的主要因素是轴线偏移距和轧制速度。轴线偏移距影响能量输入是扭转振动的根源；轧制速度影响系统的能量转换过程，是影响轧机传动系统扭转振动的关键因素。为此，将轴线偏移距 0～10mm，转速 0～10rad/s 分别划分成 50 等份，代入式(2-15) 中并对方程求解，根据得到结果绘制二者对扭转振动幅值影响的曲线。图 2-6 所示为工作辊在不同轴线偏移距下随转速的变化特性。可以看出，扭转振动振幅随轴线偏移距从 1mm 到 10mm 的增加而增加；随着转速增加，扭转振动振幅呈现带微弱波动的非线性上升趋势。从图 2-7 可以看出，工作辊的扭转振幅随轴线偏移距的增加近似线性增加，但扭转振动振幅增长率的值随转速的增加非线性增加。

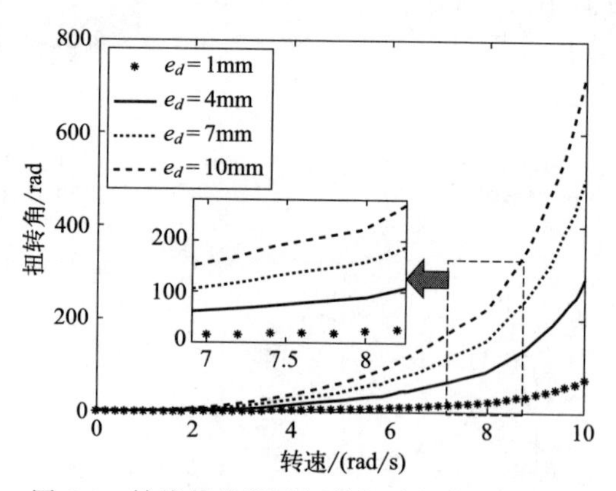

图 2-6 轴线偏移距对扭转振动幅值影响分析

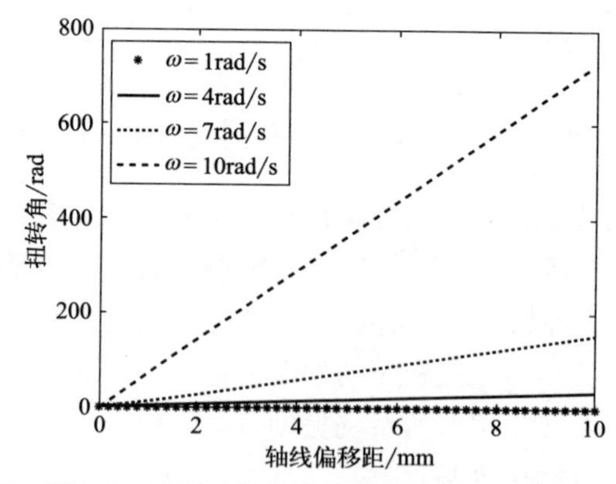

图 2-7 速度对扭转振动幅值影响因素分析

根据文献［22］，带钢张力的稳定性对机架间带钢的稳定性以及轧制界面处能量转换的稳定性具有重要影响，影响轧制过程的稳定性。为表征轧机扭转振动对带钢张力稳定性的影响，本书定义张力波动率为：

$$\eta=\frac{\left|\max(\tau_d)-\min(\tau_d)\right|}{\tau_0}\times 100\% \tag{2-16}$$

式中，$\max(\tau_d)$ 表示张力最大变化量；$\min(\tau_d)$ 表示张力最小变化量。

根据求解结果，绘出了 F2 机架在不同偏心率和轧制速度下的后张力波动率，如图 2-8 所示。可以看出，张力波动率随轴线偏移距和轧制速度的增加而增加。根据图中所示结果，考虑到 F2 机架的速度设计为 8rad/s，在带钢张力波动率不大于 50%的情况下，轧机的最大轴线偏移距应小于 2.2mm。

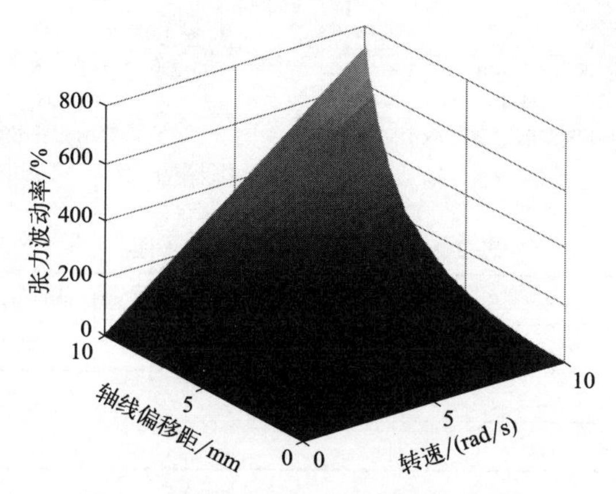

图 2-8　板带张力波动率影响因素分析

轧机传动系统轴线偏心问题引发的扭转振动问题研究结果表明：轧机传动系统扭转振动是传动系统自身结构与轧制过程工艺参数变化耦合作用的结果。传动系统的扭转振动，使系统获得周期性的能量输入。轴线偏移距和轧制速度对系统的稳定性起主要作用。能量转换慢效应是通过影响轧制界面的摩擦力和带钢的张力来实现的，使得动态系统没有稳定周期。考虑到 F2 机架的设计参数，驱动系统的轴线偏移距应小于 2.2mm，以确保轧制界面的稳定性。本部分的理论研究可用于指导工程中轧机传动系统运行维护，保障设备稳定运行。

2.1.5　轧机传动系统扭转振动现象

对某钢厂热轧机 F2 机架传动系统开展了振动测试，振动现象表现为轧机传动接轴出现了剧烈振动，振动幅值约为 90$\mu\varepsilon$，振动频率为 0.82Hz 和 1.62Hz，振动优势频率为轧辊转动频率（图 2-9）。经过多组振动实验分析对比，确定轧机传动系统扭转振动是由传动系统轴线对中偏差大引起的。现场对上下接轴进行了检修，发现确实存在较大偏差量。根据 2.1.4 节给出的“驱动系统的轴线偏移距应小于 2.2mm，以确保轧制界面的稳定性”的准则，对轧机进行了调整，调整前后的轴线偏移距如表 2-2 所示，满足设计准则。调整后，对轧机传动系统进行了跟踪测试，扭转振动问题得到明显改善，如图 2-10 所示。可看出通过提高传动系统轴向精度，轧机传动接轴扭转应变数值峰峰值从 90$\mu\varepsilon$ 下降至 20$\mu\varepsilon$，扭转振动得到抑制，传动系统稳定性增强。

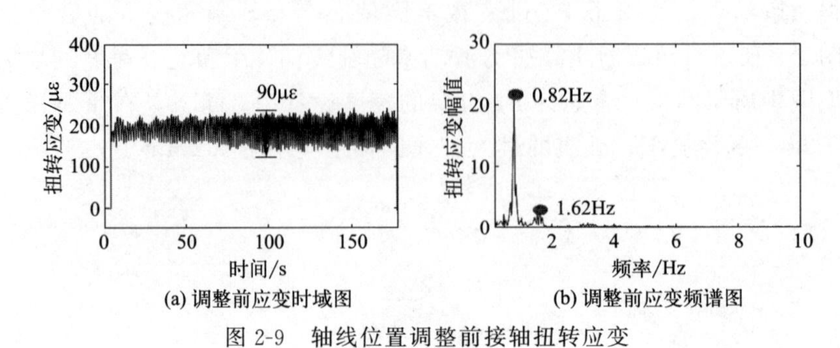

(a) 调整前应变时域图　(b) 调整前应变频谱图

图 2-9　轴线位置调整前接轴扭转应变

表 2-2　调整前后的轴线偏移距

	调整前偏移距/mm	调整后偏移距/mm
上传动系统接轴	9.7	0.3
下传动系统接轴	11	−1.0
齿轮座输入轴	10.9	−0.9

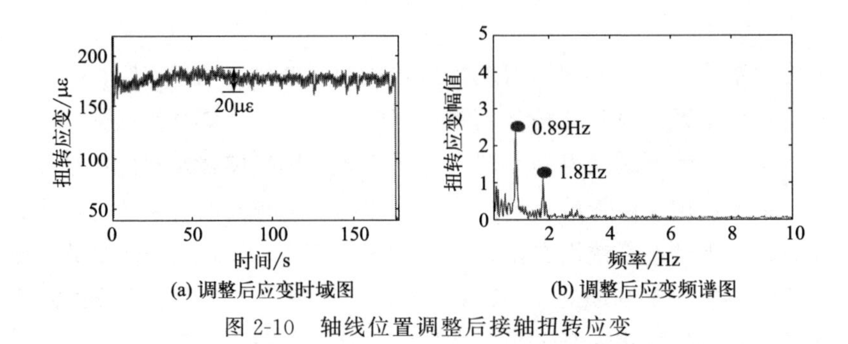

(a) 调整后应变时域图　(b) 调整后应变频谱图

图 2-10　轴线位置调整后接轴扭转应变

2.2　轧机辊系动力学建模技术

板带轧机由机架、平衡装置、辊系、传动系统等部件组成，轧制过程中不同部件之间相互耦合，使板带轧机成为一个多变量、多种运动形式、非线性的动态系统。随着板带产品的升级，轧机需要承受更高强度的轧制载荷，加之轧机的高速化、大型化发展，轧制过程的稳定性问题凸显出来。轧制过程发生振动现象越来越频繁，其中振动最为剧烈的部件往往是辊系。轧机的辊系是由支承辊、工作辊、轴承座等部件组成，其与轧件和传动系统直接接触。轧制过程的振动一般来源于辊缝或者传动系统中。辊系作为与振源直接接触的部件，其振动最为剧烈。而且，辊系的振动也将作用到轧件上，直接影响轧件的产品质量。因此，有必要对轧机辊系的动态行为特性进行研究。

辊系的主要振动形式为垂直振动和水平振动，且随着对轧机振动机理研究的深入和大量的现场振动测试进行，人们认识到轧机辊系振动并不是简单的垂直振动或者水平振动，而是两种或者多种运动形式相互共存、相互影响。在生产工程中，对轧机辊系来说，常见的引起轧制过程不稳定的因素有：轧辊磨削精度低引起的自身圆度差；轧辊轴承座衬板磨损引起的辊系与机架水平间隙增大。因此，为了分析辊系健康状态对生产稳定性的影响，本节建立了含轧辊精度偏差和含间隙的轧机辊系垂直-水平动力学模型，并对其动态特性进行了仿真分析。

2.2.1　辊系动力学模型

根据某热轧机精轧机结构，考虑工作辊结构间隙的影响，建立了轧机工作辊垂直-水平运动耦合动力学模型，如图 2-11 所示。动力学微分方程为：

$$\boldsymbol{M}\ddot{\boldsymbol{X}}+\boldsymbol{C}\dot{\boldsymbol{X}}+\boldsymbol{K}\boldsymbol{X}=\boldsymbol{F} \tag{2-17}$$

$$\boldsymbol{M}=\begin{bmatrix} m_1 & 0 & 0 & \\ 0 & m_1 & 0 & 0 \\ 0 & 0 & m_2 & 0 \\ 0 & 0 & 0 & m_2 \end{bmatrix};\ \boldsymbol{K}=\begin{bmatrix} k_1+k_{s1} & 0 & 0 & 0 \\ 0 & k_3+k_5 & 0 & -k_5 \\ 0 & 0 & k_2+k_{s2} & 0 \\ 0 & -k_5 & 0 & k_3+k_5 \end{bmatrix};$$

$$\boldsymbol{C}=\begin{bmatrix} c_1 & 0 & 0 & 0 \\ 0 & c_3+c_5+c_{s1} & 0 & -c_5 \\ 0 & 0 & c_2 & 0 \\ 0 & -c_5 & 0 & c_3+c_5+c_{s1} \end{bmatrix};\ \boldsymbol{F}=\begin{bmatrix} P_{x10}+\Delta P_{x1} \\ P_{y10}+\Delta P_{y1} \\ P_{x20}+\Delta P_{x2} \\ P_{y20}+\Delta P_{y2} \end{bmatrix};\ \boldsymbol{X}=\begin{bmatrix} x-x_1 \\ y-y_1 \\ x-x_2 \\ y-y_2 \end{bmatrix}$$

式中，m_1、m_2 分别为上、下轧辊等效质量；k_1、k_2 分别为上、下轧辊水平等效刚度；k_{s1}、k_{s2} 分别为上、下轧辊非线性水平等效刚度；k_3、k_4 分别为上、下轧辊垂直等效刚度；k_5 为轧制界面接触刚度；c_1、c_2 分别为上、下轧辊水平等效阻尼；c_{s1}、c_{s2} 分别为上、下轧辊非线性水平等效阻尼；c_3、c_4 分别为上、下轧辊垂直等效阻尼；c_5 为轧制界面接触阻尼；x_1、x_2 分别为上、下轧辊水平振动位移；y_1、y_2 分别为上、下轧辊垂直振动位移；P_{x10}、P_{x20} 分别为上、下轧辊稳态水平轧制力；P_{y10}、P_{y20} 分别为上、下轧辊稳态垂直轧制力；

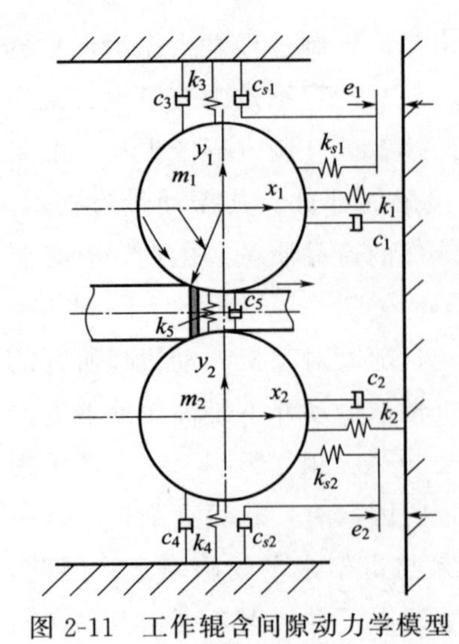

图 2-11 工作辊含间隙动力学模型

ΔP_{x1}、ΔP_{x2} 分别为上、下轧辊动态水平轧制力；ΔP_{y1}、ΔP_{y2} 分别为上、下轧辊动态垂直轧制力。

结构刚度和阻尼特性受工作辊水平位移的分段非线性影响。由间隙引起的分段弹性力和阻尼力系数写作函数形式为：

$$f_{ki}=\begin{cases}k_i x & x_i<e_i \\ k_i x+k_s(x-e_i) & x_i\geqslant e_i\end{cases}\quad(i=1,2) \tag{2-18}$$

$$f_{ci}=\begin{cases}c_3\dot{y} & x_i<e_i \\ (c_3+c_s)\dot{y} & x_i\geqslant e_i\end{cases}\quad(i=1,2) \tag{2-19}$$

式中，e_i 为轧辊轴承座与机架水平间隙，$i=1$，2。

方程式(2-17) 简化为：

$$\begin{cases}\ddot{x}_1+\dfrac{c_1}{m_1}\dot{x}_1+\dfrac{f_{k1}}{m_1}=\dfrac{\Delta P_{x1}}{m_1} \\ \ddot{y}_1+\dfrac{f_{c1}}{m_1}-\dfrac{c_5}{m_1}\dot{y}_2+\dfrac{k_3+k_5}{m_1}y_1-\dfrac{k_5}{m_1}y_2=\dfrac{\Delta P_{y2}}{m_1} \\ \ddot{x}_2+\dfrac{c_2}{m_2}\dot{x}_2+\dfrac{f_{k2}}{m_2}=\dfrac{\Delta P_{x2}}{m_2} \\ \ddot{y}_2+\dfrac{f_{c2}}{m_2}-\dfrac{c_5}{m_2}\dot{y}_1+\dfrac{k_4+k_5}{m_2}y_2-\dfrac{k_5}{m_2}y_1=\dfrac{\Delta P_{y2}}{m_2}\end{cases} \tag{2-20}$$

考虑轧机轧辊系统设计的对称性，结构参数之间的关系为：

$$\begin{cases}m_1=m_2 \\ c_1=c_2,k_1=k_2 \\ c_3=c_4,k_3=k_4 \\ f_c=f_{c1}=f_{c2},f_{k1}=f_{k1}=f_{k2}\end{cases} \tag{2-21}$$

该系统可简化为两自由度系统，为：

$$\begin{cases}\ddot{x}+\dfrac{c_1}{m}\dot{x}+\dfrac{f_k}{m}=\dfrac{\Delta P_x}{m} \\ \ddot{y}+\dfrac{f_c}{m}+\dfrac{k_3+k_5}{m}y=\dfrac{\Delta P_y}{m}\end{cases} \tag{2-22}$$

2.2.2　工作辊动态载荷模型

板带轧制变形过程是一个复杂的动态过程，主要受轧制界面稳定性的影响。除受来料板坯精度和微观结构的影响外，轧辊精度和运动引起的动态波动对轧制界面也有很大影响。本研究建立轧辊存在磨辊偏差和辊系振动耦合作用的轧制力模型。由于磨削过程定位精度差，磨辊精度出现偏差，如图 2-12 所示，实际辊缝偏差受轧辊精度影响，如图 2-13 所示。工作辊动态半径为：

$$R_d = R - R_e \tag{2-23}$$

式中　R_e——由磨辊造成的精度偏差，$R_e = e\sin(\omega t)$，e 为偏差幅值。

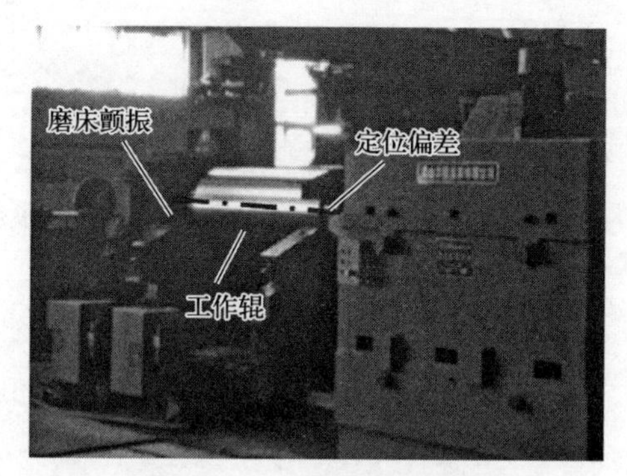

图 2-12　工作辊磨辊过程

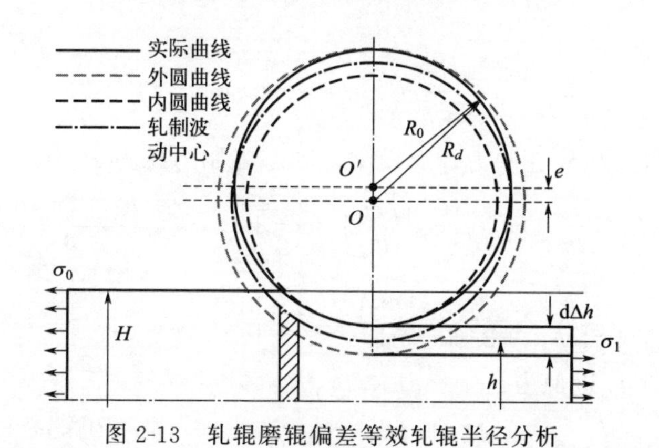

图 2-13　轧辊磨辊偏差等效轧辊半径分析

轧辊精度偏差是轧制界面的非稳态因素，其影响轧机辊缝发生周期性变化。

考虑上、下辊相对于轧制中心线对称分布，则考虑磨辊偏差的带钢出口厚度为：

$$h = h_0 + 2(R_d - R) + 2\zeta = h_0 + 2e\sin\theta + 2\zeta \tag{2-24}$$

式中　h_0——理想带钢出口厚度；

ζ——轧制界面载荷稳定性系数，$\zeta=\sqrt{a_1\left(\frac{\Delta P_x}{k_x}\right)+a_2\left(\frac{\Delta P_y}{k_y}\right)}$；

a_1，a_2——受装配偏移和结构参数影响的系数；

ΔP_x，ΔP_y——计算轧制力的水平分量和垂直分量。

轧制界面接触弧长 l_s 为：

$$l_s=\sqrt{\Delta h(R-e\sin(\omega t))} \tag{2-25}$$

考虑外摩擦、带钢张力和轧制变形强化的影响，轧制界面处的总平均单位轧制压力为：

$$\overline{p}=\frac{2\overline{k}}{\Delta h\delta}\left\{\int_{h_n}^{H}\left[(\xi_0\delta-1)\left(\frac{H}{h_x}\right)^{\delta}+1\right]+\int_{h}^{h_n}\left[(\xi_1\delta+1)\left(\frac{h_x}{h}\right)^{\delta}-1\right]\right\}\mathrm{d}h_x \tag{2-26}$$

式中 δ——摩擦影响系数，$\delta=\frac{2\mu_s l_s}{\Delta h}$。

带材在轧制界面变形时，带材张应力对轧制力的影响系数为：

$$\begin{cases}\xi_0=1-\dfrac{\tau_b}{2k}\\ \xi_1=1-\dfrac{\tau_f}{2k}\end{cases} \tag{2-27}$$

板带中性面厚度 h_n 可由前滑动区和后滑动区的轧制压力相等原则确定，为：

$$h_n=2\delta\sqrt{\frac{\xi_0}{\xi_1}H^{\delta-1}(h_0+2e\sin\theta+\zeta)^{\delta+1}} \tag{2-28}$$

根据采利科夫热轧轧制力计算模型，动态轧制力压力 $\overline{P}$ 为：

$$\overline{P}=\frac{1}{\Delta h}\left\{2\overline{k}\xi_0\frac{H}{\delta-2}\left[\left(\frac{H}{h_n}\right)^{\delta-2}-1\right]+2k\xi_1\frac{h_0+2e\sin\theta+\zeta}{\delta+2}\left[\left(\frac{h_n}{h_{10}+2e\sin\theta+\zeta}\right)^{\delta+2}-1\right]\right\} \tag{2-29}$$

动态轧制力 P 近似为：

$$P=Bl_s\overline{p}=\frac{Bl_s}{\Delta h}\left\{2\overline{k}\xi_0\frac{H}{\delta-2}\left[\left(\frac{H}{h_n}\right)^{\delta-2}-1\right]+2\overline{k}\xi_1\frac{h_0+2e\sin\theta+\zeta}{\delta+2}\left[\left(\frac{h_n}{h_0+2e\sin\theta+\zeta}\right)^{\delta+2}-1\right]\right\} \tag{2-30}$$

为了简化计算，轧制界面近似为楔形区，夹角 ϕ 近似等于中性角，为：

$$\phi=\gamma_d=\frac{1}{2}\sqrt{\frac{\Delta h}{R_d}}\left(1-\frac{1}{2\mu_s}\sqrt{\frac{\Delta h}{R_d}}\right) \tag{2-31}$$

动态轧制力水平分量 P_x 和垂直分量 P_y 分别为：

$$\begin{cases} P_x = P\tan\phi + \mu_s P\cot\phi \\ P_y = P\cot\phi + \mu_s P\tan\phi \end{cases} \tag{2-32}$$

动态轧制力波动量为：

$$\begin{cases} \Delta P_x = P_x - P_{x0} \\ \Delta P_y = P_y - P_{y0} \end{cases} \tag{2-33}$$

式中 P_{x0}，P_{y0}——稳态轧制力水平分量和垂直分量。

轧辊系统的振动能量来自轧制变形区的动态能量转换。当轧辊直径变化时，处于不稳定状态的轧制界面不断有动态能量输入辊系动力学系统，导致轧机系统的剧烈振动。

2.2.3 辊系动力学行为仿真分析

基于现场轧机振动特征，结合轧机设计参数和生产工艺参数，可获得非线性动态结构参数，如表 2-3 所示。以轧制板坯钢种 SPAH 的生产过程中 F2 机架为研究对象，其生产工艺参数见表 2-4。

表 2-3 辊系结构参数

参数	数值	参数	数值
质量 m/kg	18637	阻尼系数 c_5/(kN·s/m)	7.44×10^5
间隙 e_0/m	$0\sim2\times10^{-4}$	刚度 k_5/(kN/m)	8.19×10^9
磨辊偏差 e/mm	$0\sim6\times10^{-4}$	刚度 k_{s1}/(kN/m)	3.54×10^{10}
阻尼系数 c_{s1}/(kN·s/m)	6.40×10^5	R/m	0.41
刚度 k_1/(kN/m)	1.23×10^9	阻尼系数 c_1/(kN·s/m)	4.55×10^5
刚度 k_3/(kN/m)	7.51×10^{11}	阻尼系数 c_3/(kN·s/m)	5.71×10^5

表 2-4 轧制工艺参数

参数	数值	参数	数值
钢种	SPAH	板宽 v/mm	1250
入口厚度 H/mm	13.05	出口厚度 h/mm	6.1
温度 T/℃	920	$\overline{k}$/MPa	102
摩擦系数 μ_s	0.27	前张应力 τ_f/MPa	9.2
后张应力 τ_b/MPa	5.7	速度 v/(m/s)	2.4

取结构间隙 $e_0=3.8\times10^{-4}$m、轧辊磨削精度偏差 $e=1.4\times10^{-4}$m 和影响

补偿 $\zeta=8\times10^{-5}$，仿真分析了该工况下的轧辊的振动行为特征，如图 2-14 和图 2-15 所示。在图 2-14(a) 中，从时域图中可以看出，轧辊水平振动问题中存在明显削顶现象，此时轧辊与机架发生动态碰撞，存在类似于工作辊的转频的周期运动。从图 2-14(b) 可以看出，轧辊振动速度和位移之间存在两条动态变化的曲线，表明系统水平振动轨迹是动态变化的。从图 2-14(c) 频谱分布图可以看出，轧辊水平振动存在分别为 1Hz 低频和 48Hz 频率分量的主要振动分量，同时存在 26Hz、68Hz、86Hz 等谐波分量。轧机振动谐波分量的增加使系统发生共振的可能性增大。图 2-14(d) 庞加莱相图中，在多种耦合动态作用下，轧辊水平振动周期呈现周期性振动随时间变化的慢变现象。上述分析表明，轧辊的水平振动受磨辊偏差周期性和轧机结构间隙共同作用，在发生轧制界面动态波动的情况下，引起剧烈的水平振动现象。

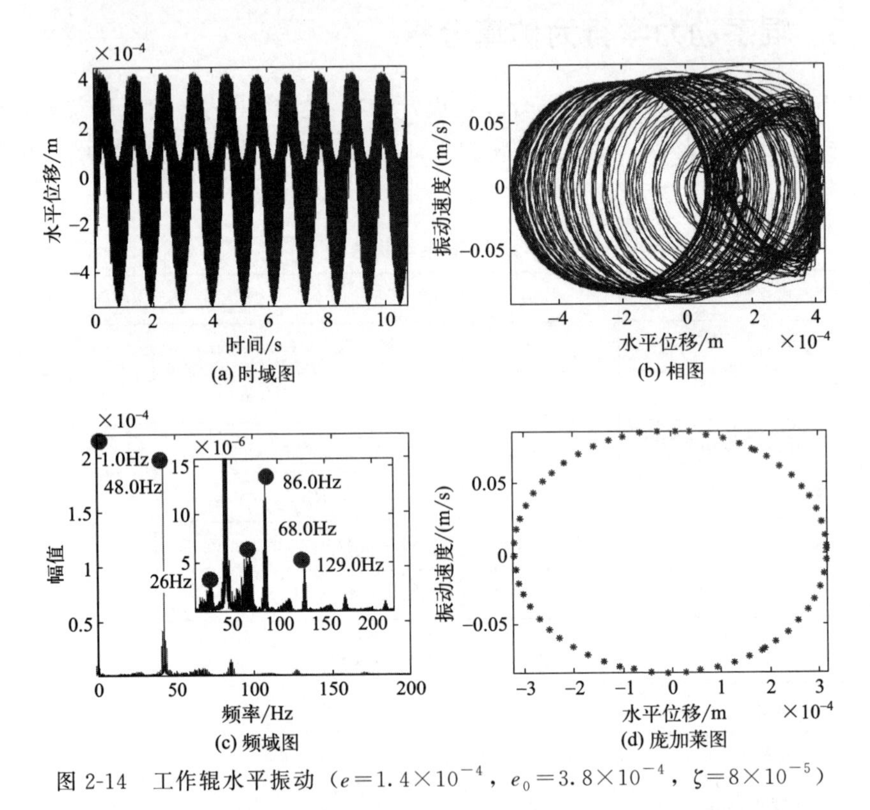

图 2-14　工作辊水平振动（$e=1.4\times10^{-4}$，$e_0=3.8\times10^{-4}$，$\zeta=8\times10^{-5}$）

图 2-15 所示为该工况下垂直振动动态特性。图 2-15(a) 为轧辊垂直振动时域图，从图中可以看出，垂直位移具有一个类似于轧辊转频的振动周期，其位移正方向和负方向的位移峰值差异不大。图 2-15(b) 为辊系运动相图，可以看出轧辊垂直运动不存在明显的运动规律，其复杂的运动现象是由非稳态轧制变形过程与工作辊运动变化耦合作用产生的。从图 2-15(c) 频谱图可以看出，该状态

下，工作辊垂直振动频率包括 1Hz、48Hz、78.89Hz 和 96Hz，其运动与系统固有频率和外界激励频率存在相关性，表明该系统呈现自激系统和非线性冲击动力运动系统叠加效应。图 2-15(d) 庞加莱相图显示，系统没有固定的周期。

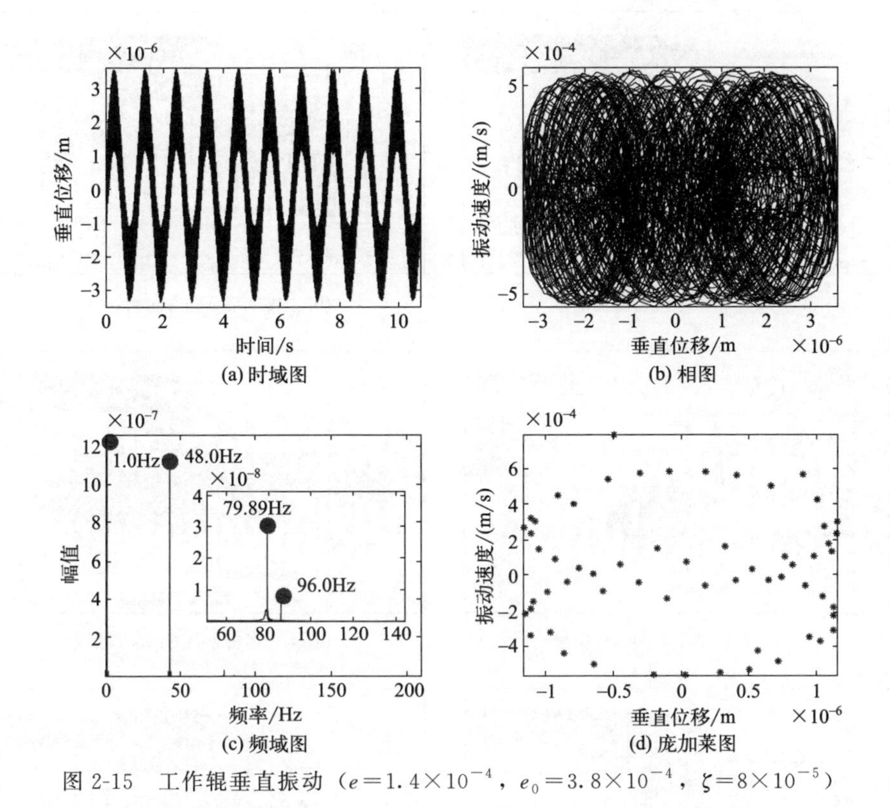

图 2-15　工作辊垂直振动（$e=1.4\times10^{-4}$，$e_0=3.8\times10^{-4}$，$\zeta=8\times10^{-5}$）

上述分析表明，轧机辊系稳定性取决于辊系精度和轧制界面稳定性。对于具有装配间隙的轧辊水平和垂直耦合动力系统，轧辊与机架的碰撞会导致现场剧烈振动。根据现有研究成果，通过使用液压衬套和调整结构间隙，控制轧机辊系和机架间结构不因间隙状态的改变发生系统振动冲击现象，可以提高辊系动力学系统的稳定性，进而确保轧制生产稳定，这些方法已通过实验和仿真分析得到验证。因此，实际生产中，注重轧辊磨削过程的精度控制，合理控制设备装配精度和工艺设计，可以提高带钢生产过程的整体稳定性。

2.2.4　轧辊含间隙振动冲击现象

如图 2-16 所示，根据现场对轧机辊系在轧制过程中的状态监测数据，发现轧机辊系振动行为发生时轧辊与轧机机架之间存在明显的冲击振动现象，此时装配间隙为 2.0mm。轧机工作辊的水平振动尤其剧烈，上工作辊水平振动加速度峰峰值达到 6.799g，下工作辊水平振动峰峰值可达 7.525g。根据上述对轧机振动特征的理论研究，可以判断轧机的装配结构间隙约束不足，轧机水平方向刚度不足。

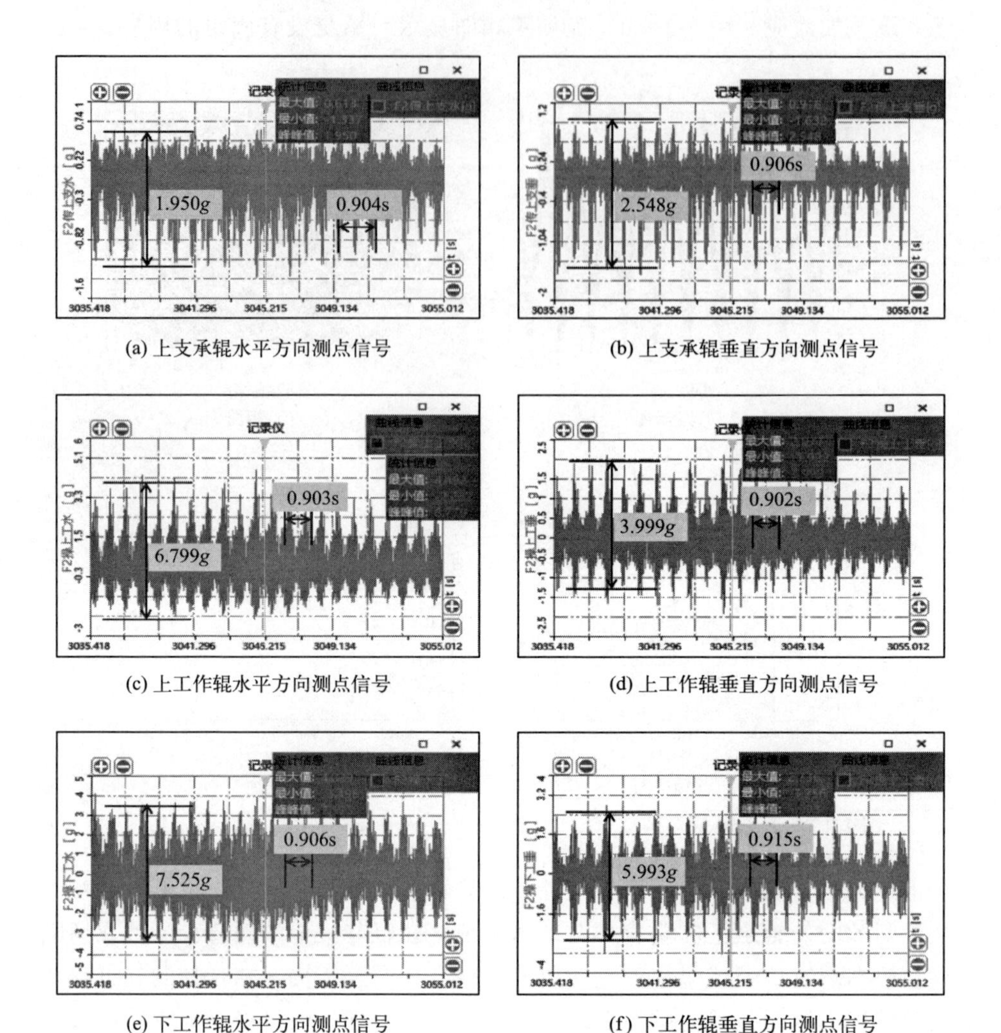

(a) 上支承辊水平方向测点信号　　(b) 上支承辊垂直方向测点信号

(c) 上工作辊水平方向测点信号　　(d) 上工作辊垂直方向测点信号

(e) 下工作辊水平方向测点信号　　(f) 下工作辊垂直方向测点信号

图 2-16　装配结构间隙调整前轧机辊系振动信号

通过对含装配间隙的轧机动力学系统的研究和对生产现场轧机振动监测数据的分析，可以判断轧机的异常振动与辊系装配间隙和轧辊磨削精度密切相关。据此，经过对某厂热轧机进行动态特性评估后，提出改善辊系装配间隙以抑制振动幅值的调整方案。图 2-17 为装配结构间隙调整后轧机辊系各测点的振动信号。经过对该热轧机的跟踪监测可以发现，对轧机装配结构间隙进行严格约束后（装配间隙由 2.0mm 调整至 1.2mm），轧机辊系各测点的振动幅值得到明显抑制，冲击性振动特征基本消失，轧机辊系的振动表现良好。

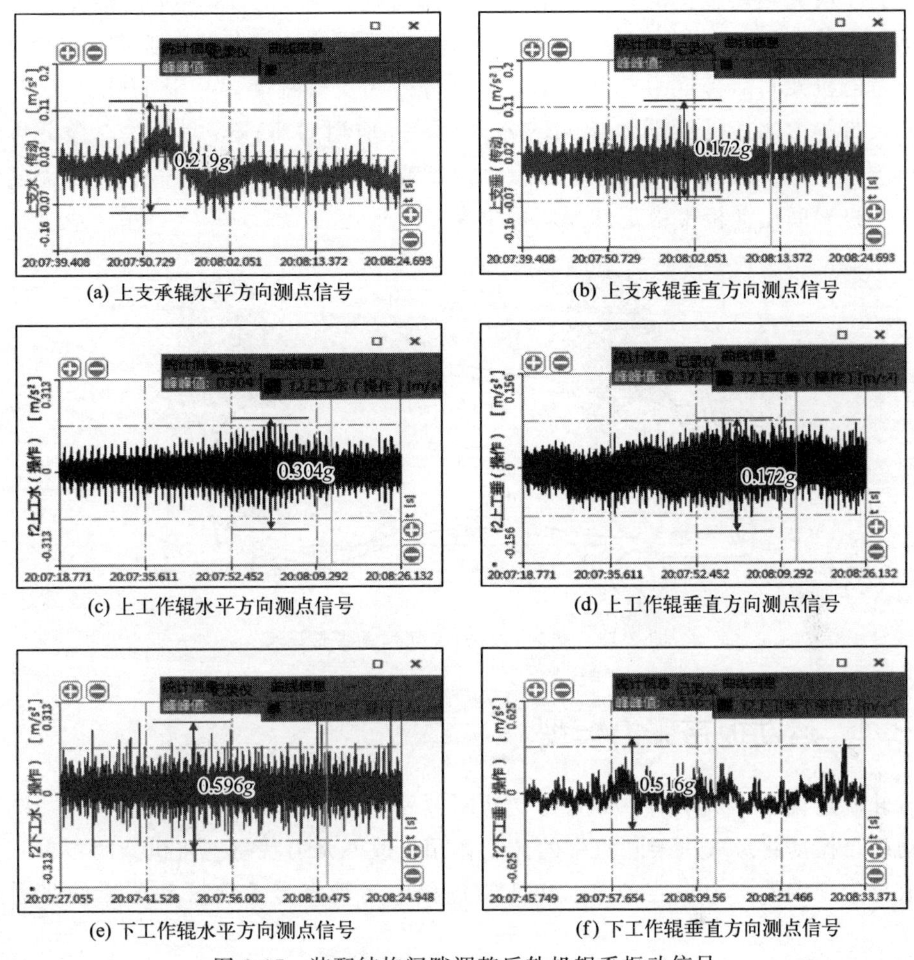

(a) 上支承辊水平方向测点信号　(b) 上支承辊垂直方向测点信号

(c) 上工作辊水平方向测点信号　(d) 上工作辊垂直方向测点信号

(e) 下工作辊水平方向测点信号　(f) 下工作辊垂直方向测点信号

图 2-17　装配结构间隙调整后轧机辊系振动信号

2.3　轧机运动板带动力学建模技术

运动梁和板基结构动力学特性研究近年来得到了广泛研究和讨论，而机架间运动板带动态特性恰是热连轧机生产过程中容易被忽视的难点问题。本节定义与运动板平面垂直的运动为板带垂向运动，并考虑轧辊振动影响的板带速度变化、活套张力波动等生产实际问题，研究运动板带垂向振动特性。根据测试过程分析，机架间运动板带受张力设定和速度影响，进而板带动力学特征将发生变化；同时，轧制界面非稳态轧制条件下，板带运动速度受轧制变形区金属流动速率变化的影响，发生机架间板带拉拽效应。板带的垂向振动进一步影响板带张力和轧制变形区接触状态，加剧轧制工艺参数动态变化。

为了研究热轧过程机架间运动板带动态特性，将图 2-18 所示的活套支撑的运动板带简化为具有刚性支撑作用的等效运动梁模型，分析运动板带动态特性。本节考虑机架间活套辊的支撑作用，将其等效为支撑刚度，基于 Hamilton 建立运动板带等效的运动梁动力学偏微分方程，并应用 Galerkin 截断法对微分方程进行求解，分析机架间运动板带在摄动速度影响下的动力学特性，为非稳态轧制条件下机架间运动板带稳定性控制提供参考[23]。

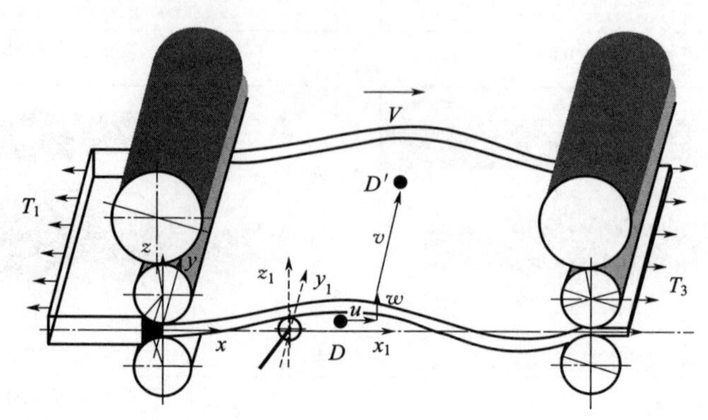

图 2-18　热轧过程机架间运动板带模型

2.3.1　运动板带张力模型

轧制过程中，机架间板带张力受轧制过程中轧制变形速度和活套控制，同时运动板带振动将形成机架间板带的拉长作用，改变张力状态。将机架间板带张力组成分为稳定的张力设定值 T_0 和轧制过程中运动板带垂向振动形成的张力变化 T_1。

(1) 热轧过程运动板带张力形成原理

轧制过程带钢张力形成的原因实际上是上、下游机架抛钢和咬钢存在速度差，使机架间板带存在弹性范围内的拉伸现象。如图 2-19 所示，以热连轧过程第 i 机架和第 $i+1$ 机架间的运动板带为例说明稳态张力 T_0 形成过程。

轧制稳定状态形成过程中，第 i 机架抛钢速度为 V_{hi}，而第 $i+1$ 机架咬钢时板带的速度为 $V_{H(i+1)}$，此时微小时间内机架间板带由速度差产生的拉伸量 ε_{s1} 为：

$$\varepsilon_{s1}=\frac{L-L_1}{L_1} \tag{2-34}$$

令 $\Delta L=L-L_1$，任意时间内运动板带拉伸量速度为：

$$\frac{\mathrm{d}\Delta L}{\mathrm{d}t}=V_{H(i+1)}-V_{hi} \tag{2-35}$$

机架间板带拉伸应变率为：

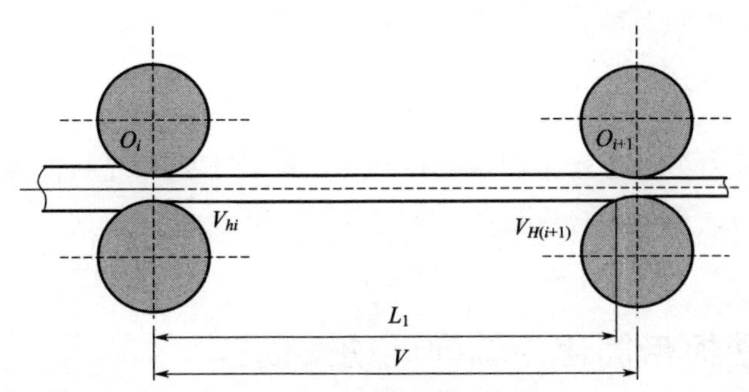

图 2-19　机架间板带张力分析

$$\frac{\mathrm{d}\varepsilon_{s1}}{\mathrm{d}t}=\frac{(V_{H(i+1)}-V_{hi})(1+\varepsilon_{s1})}{L} \tag{2-36}$$

忽略轧制变形区塑性变形的影响，机架间板带拉伸应力与应变之间满足胡克定律，因此有：

$$\frac{\mathrm{d}\sigma_{s1}}{\mathrm{d}t}=\frac{E}{L}(V_{H(i+1)}-V_{hi}) \tag{2-37}$$

稳态张力为：

$$T_0=\frac{EA}{L}\int_0^t(V_{H(i+1)}-V_{hi})\mathrm{d}t \tag{2-38}$$

按照式(2-38)，机架间张力将逐渐增大。而实际热轧过程中，在第 $i+1$ 机架咬钢之前，板带为无张力状态，当其咬钢后，前后机架轧制速度出现动态变化，形成板带张力建立过程，最终形成稳态张力 T_0，板带速度趋于稳定 $V_{H(i+1)}=V_{hi}=V$。根据轧制原理，板带张力对轧制界面前后滑状态产生影响，因此轧辊转速与机架板带速度并不一致，轧辊转速与机架间板带速度关系为：

$$V_{hi}=V_{Ri}(1+f_{f0}+\alpha_f\sigma) \tag{2-39a}$$

$$V_{H(i+1)}=V_{R(i+1)}(1-f_{b0}-\alpha_b\sigma) \tag{2-39b}$$

式中　V_{Ri}，$V_{R(i+1)}$——上、下游机架轧辊转速；

f_{f0}，f_{b0}——自由轧制状态下前滑系数和后滑系数；

α_f，α_b——张力对轧制前滑影响系数和对后滑影响系数。

因此，机架间运动板带稳态张力为：

$$T_0=\frac{A[(1-f_{b0})V_{R(i+1)}-V_{Ri}(1+f_{f0})]}{V_{Ri}+f_{b0}V_{R(i+1)}} \tag{2-40}$$

(2) 热轧过程板带运动张力

运动板带在机架间形成垂向振动，根据 Wickert 弹性梁简化模型中的准静态假设，梁轴向变化较小，此时板带应变量为：

$$\varepsilon_{s2}=\frac{1}{2L}\int_0^L w_{,x}^2\mathrm{d}x \tag{2-41}$$

因此，板带垂向振动引起的张力变化为：

$$T_1=\frac{EA}{2L}\int_0^L w_{,x}^2\,\mathrm{d}x \tag{2-42}$$

运动板带张力为稳态张力和板带运动引起的动态张力之和，为：

$$T=\frac{A\left[(1-f_{b0})V_{R(i+1)}-V_{Ri}(1+f_{f0})\right]}{V_{Ri}+f_{b0}V_{R(i+1)}}+\frac{EA}{2L}\int_0^L w_{,x}^2\,\mathrm{d}x \tag{2-43}$$

2.3.2 运动板带简化为轴向运动梁模型

机架间距为轧机工作辊轴线所在平面之间距离 L，不考虑轧辊振动影响的厚差，设定机架间板带厚度分布均匀为 h，板带弹性模量为 E，密度为 ρ，泊松比为 μ。板带在运动过程中发生振动，考虑活套对运动板带的支撑作用，得到如图 2-20 所示的等效运动梁模型。设初始状态板带沿 x 轴方向发生变化，动态状态下 u、w 为位置坐标 x 和时间 t 的函数，即：

$$\begin{cases}u=u(x,t)\\w=w(x,t)\end{cases} \tag{2-44}$$

轧制过程板带振动状态下，沿梁上任意一点 D 的位移可用位移向量为：

$$\boldsymbol{r}=(x+u)\boldsymbol{i}+w\boldsymbol{k} \tag{2-45}$$

对位移求导可以获得板带上任意位置得按 D 的速度，为：

$$\boldsymbol{v}=\left(V+\frac{\partial u}{\partial t}+V\frac{\partial u}{\partial x}\right)\boldsymbol{i}+\left(\frac{\partial w}{\partial t}+V\frac{\partial w}{\partial x}\right)\boldsymbol{k} \tag{2-46}$$

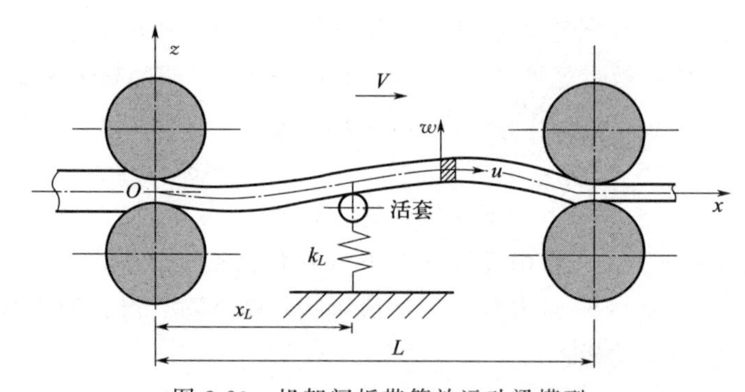

图 2-20　机架间板带等效运动梁模型

建立适合本书研究的活套作用下机架间运动板带动力学模型。活套控制过程沿板带运动方向位移变化不大，因此假设支撑点水平坐标为 x_L，支撑刚度为 k_L。由于板带内部刚度远大于外部刚度，可以假设板带内部沿宽度方向和运动方向上位移 $u=v=0$，板带在其自身动态作用和活套共同作用下，垂向振动 w 是主要的动态振动形式。根据 Hamilton 变分原理，应用弹性体能量表达式可建立弹性变形物体任意运动动力学模型。作为连续系统，通过采用 Hamilton 变分方法建立的板带动态特性微分方程为：

$$\int_0^t (\tilde{\delta}K - \tilde{\delta}U + \tilde{\delta}W_{nc})\mathrm{d}t = 0 \tag{2-47}$$

式中　$\tilde{\delta}$——变分符号；

K——板带在机架间的动能；

U——板带在机架间的势能；

W_{nc}——非保守力做功。

运动板带动力学的势能 U 不仅包括板带内部变形引发的应变 ζ_w，还包括活套辊支撑刚度作用下的支撑势能 ζ_L，可知板带内部应变势能为：

$$\zeta_w = \int_0^L F(\sqrt{(1+u_{,x})^2 + w_{,x}^2} - 1)\mathrm{d}x \tag{2-48}$$

F 表示运动梁轴向受力，按照轧制过程板带张力推导过程，轴向运动梁的纵向受力与稳态轧制力相等，即存在：

$$T_0 = F \tag{2-49}$$

轧机活套支撑作用引入的弹性势能为：

$$\zeta_L = \int_0^L \left(\frac{1}{2}k_L w^2\right)\bar{\delta}(x - x_L)\mathrm{d}x \tag{2-50}$$

式中　x_L——活套作用点所在的沿轧制方向的坐标；

$\bar{\delta}$——狄拉克函数。

此时，运动板带动力学系统势能为：

$$U = \zeta_w + \zeta_L = \int_0^L T(\sqrt{(1+u_{,x})^2 + w_{,x}^2} - 1)\mathrm{d}x + \int_0^L \left(\frac{1}{2}k_L w^2\right)\bar{\delta}(x - x_L)\mathrm{d}x \tag{2-51}$$

运动板带动能为：

$$K = \frac{1}{2}\rho A\int_0^L \boldsymbol{v}\cdot\boldsymbol{v}\mathrm{d}x = \frac{1}{2}\rho A\int_0^L [(V + u_{,t} + Vu_{,x})^2 + (w_{,t} + Vw_{,x})^2]\mathrm{d}x \tag{2-52}$$

式中，$V+u_{,t}+Vu_{,x}$ 和 $w_{,t}+Vw_{,x}$ 分别表示运动梁中性轴上速度沿轧制方向（纵向）和垂向振动的分量。

机架间板带受张力作用，同时受动态轧制界面振动状态影响，发生纵向上的上下波动，忽略变形区中塑性变形区的影响，可将其考虑为弹性变形问题。设材料为完全弹性材料，变形单元应力状态为：

$$\sigma_x = E\varepsilon_x \tag{2-53}$$

可将板带应力应变关系描述为：

$$\varepsilon_x=\sqrt{(1+u_{,x}^2)+w_{,x}^2}-1 \tag{2-54}$$

对式(2-54)进行泰勒展开，得到：

$$\varepsilon_x=u_{,x}+\frac{1}{2}w_{,x}^2 \tag{2-55}$$

板带厚度方向坐标为 z，则运动板带等效的运动梁内部变形能为：

$$\tilde{\delta}W=-\int_0^L\int_{-h/2}^{h/2}\sigma_x\tilde{\delta}\varepsilon_x\,\mathrm{d}z\,\mathrm{d}x \tag{2-56}$$

不考虑梁的黏性阻尼，将式(2-51)、式(2-52)和式(2-56)代入式(2-47)中，得到的轴向运动梁的耦合平面振动控制方程为：

$$\left.\begin{aligned}&\rho A(u_{,tt}+2Vu_{,xt}+\dot{V}+\dot{V}u_{,x}+V^2u_{,xx})-\frac{\partial}{\partial x}\left[\frac{(F+A\sigma_{xN})(1+u_{,x})}{u_{,x}+\frac{1}{2}w_{,x}^2}\right]=0\\&\rho A(w_{,tt}+2Vw_{,xt}+\dot{V}+\dot{V}w_{,x}+V^2w_{,xx})+IEw_{,xxxx}+\\&\quad k_Lw\bar{\delta}(x-x_L)-\frac{(F+A\sigma_{xN})(1+w_{,x})}{u_{,x}+\frac{1}{2}w_{,x}^2}=0\end{aligned}\right\} \tag{2-57}$$

式中　I——关于中性轴的转动惯量。

考虑板带振动对张力的影响，动态张应力为：

$$\sigma_{xN}=E\left(u_{,x}+\frac{1}{2}w_{,x}^2\right) \tag{2-58}$$

忽略纵向应变的影响，即式(2-57)中可以等效为板带垂向振动引起的张力变化。在板带非线性振动微小拉伸问题中，假设板带的垂向振动和纵向振动之间的耦合可以忽略，保留少数低阶非线性项。与梁支撑距离相比，其垂向振动的位移很小。只考虑式(2-57)中运动梁的垂向振动作用，等效为运动梁动力学方程：

$$\rho A(w_{,tt}+2Vw_{,xt}+\dot{V}w_{,x}+V^2w_{,xx})-Tw_{,xx}+IEw_{,xxxx}+k_Lw\bar{\delta}(x-x_L)=0 \tag{2-59}$$

将板带张力表达式代入式(2-59)中，得到热轧过程机架间板带简化二维运动梁模型，得：

$$\begin{aligned}&w_{,tt}+2Vw_{,xt}+\left[V^2-\frac{(1-f_{b0})V_{R(i+1)}-V_{Ri}(1+f_{f0})}{\rho(V_{Ri}+f_{b0}V_{R(i+1)})}\right]w_{,xx}\\&-\frac{EA}{2L}w_{,xx}\int_0^Lw_{,x}^2\,\mathrm{d}x+\frac{IE}{\rho A}w_{,xxxx}+k_Lw\bar{\delta}(x-x_L)=0\end{aligned} \tag{2-60}$$

通过下面符号代换，可将式(2-60)进行无量纲化处理，令：

$$x\leftrightarrow\frac{x}{L},\ w\leftrightarrow\frac{w}{L},\ t\leftrightarrow\frac{t}{L}\sqrt{\frac{(1-f_{b0})V_{R(i+1)}-V_{Ri}(1+f_{f0})}{\rho(V_{Ri}+f_{b0}V_{R(i+1)})}},$$

$$V \leftrightarrow V\sqrt{\frac{\rho(V_{Ri}+f_{b0}V_{R(i+1)})}{(1-f_{b0})V_{R(i+1)}-V_{Ri}(1+f_{f0})}},$$

$$\Gamma \leftrightarrow \sqrt{\frac{EI(V_{Ri}+f_{b0}V_{R(i+1)})}{AL^2[(1-f_{b0})V_{R(i+1)}-V_{Ri}(1+f_{f0})]}},$$

$$\Theta \leftrightarrow \sqrt{\frac{E(V_{Ri}+f_{b0}V_{R(i+1)})}{(1-f_{b0})V_{R(i+1)}-V_{Ri}(1+f_{f0})}},\ x_L \leftrightarrow \frac{x_L}{L},$$

$$k_L \leftrightarrow \frac{k_L L^2(V_{Ri}+f_{b0}V_{R(i+1)})}{A[(1-f_{b0})V_{R(i+1)}-V_{Ri}(1+f_{f0})]}。$$

$$w_{,tt}+2Vw_{,xt}+(V^2-1)w_{,xx}+\Gamma^2 w_{,xxxx}-\frac{\Theta}{2}w_{,xx}\int_0^1 w_{,x}^2\mathrm{d}x+k_L w\bar{\delta}(x-x_L)=0 \tag{2-61}$$

将热轧机架间运动板带等效为运动梁，其两端等效为简支梁边界条件：

$$w(0,t)=w(1,t)=0, w''(0,t)=w''(1,t)=0 \tag{2-62}$$

2.3.3 非稳态轧制下板带动力学模型

上述运动梁方程中未考虑轧制界面辊系、传动系统以及活套的动态作用对运动板带振动稳定性的影响。为了研究轧机振动状态下运动板带垂向振动动力学行为，分析影响板带振动行为的关键因素，在上述模型的基础上分析活套结构和轧制界面稳定性对板带动力学特征的影响，探究提升板带在机架间运动稳定性的方法。

(1) 时变因素下运动板带微分方程

轧机辊系振动状态下，板带出口速度发生动态变化，将轧机振动影响下的板带速度设定为 V，其表达式为：

$$V=V_0+V_1\sin(\Omega_1 t) \tag{2-63}$$

按照 Hamilton 建模方法，忽略轴向振动的影响，可得微分方程为：

$$\rho A(w_{,tt}+2Vw_{,xt}+\dot{V}w_{,x}+V^2 w_{,xx})-T_0 w_{,xx}+IEw_{,xxxx}+k_L w\bar{\delta}(x-x_L)=0 \tag{2-64}$$

通过下面的符号代换，可以将式(2-64) 进行无量纲化处理，即：

$$x \leftrightarrow \frac{x}{L},\ w \leftrightarrow \frac{w}{L},\ t \leftrightarrow \frac{t}{L}\sqrt{\frac{(1-f_{b0})V_{R(i+1)}-V_{Ri}(1+f_{f0})}{\rho(V_{Ri}+f_{b0}V_{R(i+1)})}},$$

$$V \leftrightarrow V\sqrt{\frac{\rho(V_{Ri}+f_{b0}V_{R(i+1)})}{(1-f_{b0})V_{R(i+1)}-V_{Ri}(1+f_{f0})}},$$

$$\Gamma \leftrightarrow \sqrt{\frac{EI(V_{Ri}+f_{b0}V_{R(i+1)})}{AL^2[(1-f_{b0})V_{R(i+1)}-V_{Ri}(1+f_{f0})]}},$$

$$\Theta \leftrightarrow \sqrt{\frac{E(V_{Ri}+f_{b0}V_{R(i+1)})}{(1-f_{b0})V_{R(i+1)}-V_{Ri}(1+f_{f0})}},\ x_L \leftrightarrow \frac{x_L}{L},$$

$$k_L \leftrightarrow \frac{k_L L^2(V_{Ri}+f_{b0}V_{R(i+1)})}{A\left[(1-f_{b0})V_{R(i+1)}-V_{Ri}(1+f_{f0})\right]}。$$

$$w_{,tt}+2Vw_{,xt}+\left[(V^2-1)+(1-x)\dot{V}\right]w_{,xx}+\Gamma^2 w_{,xxxx}-\frac{\Theta}{2}w_{,xx}\int_0^1 w_{,x}^2\,\mathrm{d}x+k_L w\bar{\delta}(x-x_L)=0 \tag{2-65}$$

同样，将热轧机架间运动板带两端等效为简支梁边界条件：

$$w(0,t)=w(1,t)=0,w''(0,t)=w''(1,t)=0 \tag{2-66}$$

（2）方程 Galerkin 截断

上述方程在复杂边界条件下难以求解，工程中应用等效积分方法近似求解。本节用加权残值法求解上述方程，其基本思路是使余量加权积分为 0，进而求得微分方程近似解。按照权函数不同，可以选择的加权方法主要有最小二乘法、Galerkin 法和配点法等。一般情况下，Galerkin 法得到的代数方程系数矩阵是对称的，具有较高精度，主要思路是将权函数选为近似解的试探函数，进而得到微分方程的数值解。对于非线性动力学偏微分方程，采用 Galerkin 截断法，基于分离变量的思想，因此，可以将运动梁的垂向振动位移表达式假设为：

$$w(x,t)=\sum_{n=1}^{N}q_n(t)\varphi_n(x) \tag{2-67}$$

式中，$\varphi_n(x)$，$n=1,2,\cdots,N$，表示满足式(2-62) 中所示边界条件的垂向振动形状函数。选取两端铰接静质量特征方程的解形式：

$$\varphi_n(x)=\sin(n\pi x) \tag{2-68}$$

作为本方程的构造方程，$n\pi$ 表示静质量的特征值，以满足边界条件。因此将式(2-68) 代入控制方程式(2-62) 中的变量，可得：

$$w_{,t}=\sum_{n=1}^{N}\dot{q}_n\sin(n\pi x);w_{,x}=\sum_{n=1}^{N}q_n n\pi\cos(n\pi x);w_{,tt}=\sum_{n=1}^{N}\ddot{q}_n\sin(n\pi x)$$

$$w_{,xt}=\sum_{n=1}^{N}\dot{q}_n n\pi\cos(n\pi x);w_{,xx}=\sum_{n=1}^{N}-q_n(n\pi)^2\sin(n\pi x)$$

$$w_{,xxxx}=\sum_{n=1}^{N}q_n(n\pi)^4\sin(n\pi x) \tag{2-69}$$

将式(2-69) 代入式(2-66) 中，得：

$$R_N(x,t)=\sum_{n=1}^{N}\ddot{q}_n\sin(n\pi x)+2V\sum_{n=1}^{N}\dot{q}_n n\pi\cos(n\pi x)+$$

$$[(V^2-1)+(1-x)\dot{V}]\sum_{n=1}^{N}q_n(n\pi)^2\sin(n\pi x)+ \tag{2-70}$$

$$\Gamma^2\sum_{n=1}^{N}q_n(n\pi)^4\sin(n\pi x)+\frac{\Theta}{4}\sum_{n=1}^{N}q_n^3(n\pi)^4\sin(n\pi x)+$$

$$k_L\sum_{n=1}^{N}q_n\sin(n\pi x_L)\bar{\delta}(x-x_L)=0$$

选取与构造方程相同的形式作为权函数，并在整个纵向区间 [0,1] 内积分，展开，可得：

$$\sum_{n=1}^{N}(\int_0^1\varphi_i\varphi_n\mathrm{d}x)\ddot{q}_n+2V\sum_{n=1}^{N}\left(\int_0^1\varphi_i\varphi'_n\mathrm{d}x\right)\dot{q}_n+$$

$$[(V^2-1)+(1-x)\dot{V}]\sum_{n=1}^{N}\left(\int_0^1\varphi_i\varphi''_n\mathrm{d}x\right)q_n+$$

$$\Gamma^2\sum_{n=1}^{N}\left(\int_0^1\varphi_i\varphi''''_n\mathrm{d}x\right)q_n+k_L\sum_{l=1}^{N}\left(\int_0^1\bar{\delta}(x-x_L)\varphi_i\varphi_n\mathrm{d}x\right)q_n-$$

$$\frac{1}{2}\Theta^2\sum_{n=1}^{N}\sum_{k=1}^{N}\sum_{l=1}^{N}\left(\int_0^1\varphi_i\varphi''_n\mathrm{d}x\int_0^1\varphi'_k\varphi'_l\mathrm{d}x\right)q_nq_kq_l=0 \tag{2-71}$$

(3) 方程转化为 *N* 阶常微分方程组

以轧制薄规格 Q235B 板带为例，F2 和 F3 机架间的板带动力学特性受轧制速度、板带张力和活套支撑刚度的影响。按照设备图纸，机架间距离 $L=6\mathrm{m}$，板带宽度范围 $B=1.25\mathrm{m}$，F2 轧机出口板带厚度 $h=0.0136\mathrm{m}$，板带张应力设定值 $\tau_0=5\mathrm{MPa}$，活套辊与工作辊的轴线水平距离 $x_L=1.8\mathrm{m}$。根据带钢参数，高温板带近似弹性模量 $E=8.65\times10^{10}\mathrm{Pa}$，密度 $\rho=7850\mathrm{kg/m^3}$，泊松比 $\mu=0.265$。考虑轧制界面动态变形过程对板带速度稳定性的影响，式(2-71) 展开为四阶常微分方程组，如式(2-72)～式(2-75) 所示：

$$\ddot{q}_1-\frac{16}{3}V\dot{q}_2-\frac{32}{15}V\dot{q}_4-\frac{64}{9}\dot{V}q_2-\frac{512}{225}\dot{V}q_4+1.54k_Lq_2+0.5k_Lq_3-$$

$$0.59k_Lq_4+\left[\pi^2(1-V^2)+1.31k_L+\pi^4\Gamma^2-\pi^2\frac{\dot{V}}{2}\right]q_1+$$

$$\frac{\pi^4\Theta^2}{4}q_1^3+\Theta^2\pi^4q_1q_2^2+\frac{9}{4}\Theta^2\pi^4q_1q_3^2+4\Theta^2\pi^4q_1q_4^2=0 \tag{2-72}$$

$$\ddot{q}_2+\frac{16}{3}V\dot{q}_1-\frac{48}{5}V\dot{q}_3+\frac{16}{9}\dot{V}q_1-\frac{432}{25}\dot{V}q_3+1.54k_Lq_1+0.59k_Lq_3-$$

$$1.12k_Lq_4+[4\pi^2(1-V^2)+1.81k_L+16\pi^4\Gamma^2-2\pi^2\dot{V}]q_2+$$

$$4\pi^4\Theta^2q_2^3+\Theta^2\pi^4q_1^2q_2+9\Theta^2\pi^4q_2q_3^2+16\Theta^2\pi^4q_2q_4^2=0 \tag{2-73}$$

$$\ddot{q}_3+\frac{48}{5}V\dot{q}_2-\frac{96}{7}V\dot{q}_4-\frac{192}{25}\dot{V}q_2-\frac{1536}{49}\dot{V}q_4+0.5k_Lq_1+0.59k_Lq_2-$$

$$0.36k_L q_4+\left[9\pi^2(1-V^2)+0.19k_L+81\pi^4\Gamma^2-\frac{9}{2}\pi^2\dot{V}\right]q_3+$$

$$\frac{81\pi^4\Theta^2}{4}q_3^3+9\Theta^2\pi^4q_2^2q_3+\frac{9}{4}\Theta^2\pi^4q_1^2q_3+36\Theta^2\pi^4q_3q_4^2=0 \tag{2-74}$$

$$\ddot{q}_4+\frac{32}{15}V\dot{q}_1+\frac{96}{7}V\dot{q}_3-\frac{32}{225}\dot{V}q_1-\frac{864}{49}\dot{V}q_3-0.95k_Lq_1-1.12k_Lq_2-$$

$$0.36k_Lq_3+[16\pi^2(1-V^2)+0.69k_L+196\pi^4\Gamma^2-8\pi^2\dot{V}]q_4+$$

$$64\pi^4\Theta^2q_4^3+16\Theta^2\pi^4q_2^2q_4+36\Theta^2\pi^4q_3^2q_4+4\Theta^2\pi^4q_1^2q_4=0 \tag{2-75}$$

按照四阶 Runge-Kutta 法求解上述方程，分析轧制界面稳定性对板带运动稳定性的影响。

2.3.4 非稳态轧制下板带动特性仿真

非稳态轧制过程中，辊系扭转、垂直和水平振动均会改变轧制界面金属流动关系，进而直接改变板带速度。速度的变化使运动板带系统形成参激振动，本书中将板带运行速度假定为稳态值和与轧机振动相近的速度摄动值，进而分析热轧机振动行为对机架间运动板带动力学特征的影响。

运动板带速度周期性变化作为典型的参激振动系统，重点需要研究速度变化参数对系统的影响。速度摄动幅值大小反映板带运动速度变化量，影响系统动态特征。本部分设定对轧机传动系统和辊系影响较大的 17Hz 和 45Hz 两种不同频率为速度摄动频率，研究速度摄动幅值变化对板带稳定性的影响，如图 2-21 所示。图 2-21(a) 所示为 17Hz 条件下板带垂向振动状态随速度摄动幅值发生变化，当速度摄动幅值到达 A 点，即 $V_1\leqslant 0.022$ 时，板带振动位移形成局部较小位移状态，随着速度摄动幅值进一步增大，系统进入全局运动状态，并开始发生混沌运动现象。图 2-21(b) 为 45Hz 摄动频率下板带振动状态随速度摄动幅值变化示意图。图中所示运动梁中间位置点位移随着速度摄动幅值增大，由局部运动

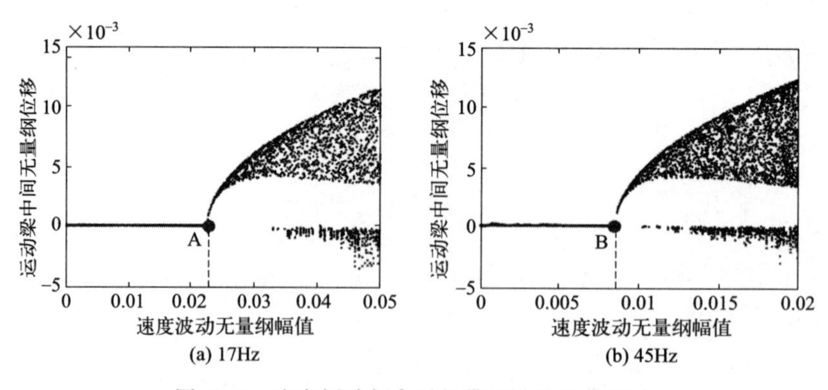

(a) 17Hz　　(b) 45Hz

图 2-21　速度摄动频率对板带运动行为的影响

状态逐渐进入全局混沌状态，其进入全局运动的分界点 B 的速度摄动幅值约为 0.0085。对比图 2-21(a) 和图 2-21(b)，45Hz 的频率时运动板带进入全局运动和混沌运动的速度摄动幅值较 17Hz 时小，可以据此推断在一定范围内，速度摄动频率越高，板带出现垂向振动混沌状态的摄动幅值越小。根据测试和分析，轧机振动问题造成系统 45Hz 左右的振动，进而可以推断生产过程轧机振动问题可能进一步引发机架间运动板带振动问题。

根据实验过程发现，热连轧过程中，为了保证板带张力恒定，活套系统动态调节活套角度。在稳定轧制条件下，活套进行了小套量控制，板带稳定性良好；一旦轧机处于剧烈振动状态，活套调整范围增大，板带振动剧烈。现阶段活套控制系统忽略了轧机辊系剧烈振动问题。轧机系统的剧烈振动使张力控制调整存在滞后性，为此有必要分析非稳态轧制过程存在摄动速度时板带振动行为特征。

为研究速度摄动频率对系统稳定性的影响，设定板带运动速度无量纲摄动幅值为 $V_1=0.01$，分析速度摄动频率对机架间运动板带的影响，如图 2-22 所示。可以看出，开始时系统随速度摄动频率的增大发生局部振动增大，系统局部振动幅值并未发生较大变化，系统稳定性较好；当频率 $\Omega_1>39.7$Hz 时，进入全局混沌运动状态。随着速度摄动频率的增加，运动逐渐从准周期运动进入混沌运动状态。分析结果表明，当系统发生 45Hz 左右的速度摄动时，板带将进入混沌运动状态。

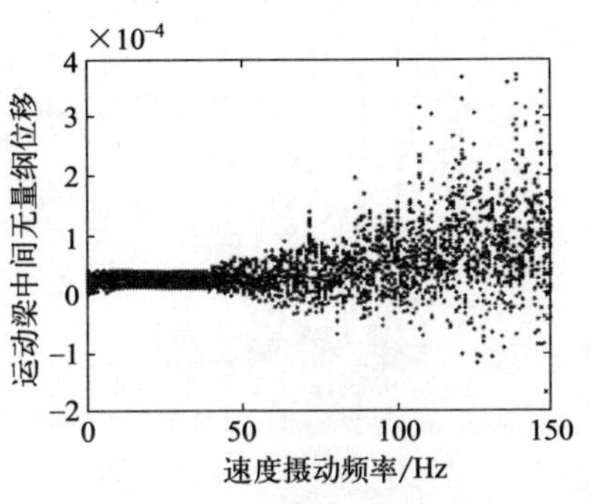

图 2-22 速度摄动幅值对板带动特征的影响

上述分析表明，轧机辊系产生剧烈振动，且机架间板带速度摄动幅值较大时，等效的运动梁系统发生较大振动幅值现象。为此，分析了板带速度摄动频率为 45Hz，无量纲速度摄动幅值为 0.01 时板带中间位置的振动状态，如图 2-23 所示。对照分析图 2-21 和图 2-22 所示结果，可知板带在该速度摄动条件下，系统发生混沌运动。其中图 2-23(a) 表示板带振动时域图，从图中可以看出，在非稳态轧制条件下，板带在机架间发生垂向振动不存在明显的周期性振动特征。从图 2-23(b) 运动板带相图可以看出，该条件下板带振动并不是简单的周期或倍周期运动。图 2-23(c) 中给出了系统在该条件下振动的振动频率为 0.55Hz、1Hz 和 1.55Hz，振动频率较低。图 2-23(d) 表示该速度摄动条件下运动板带处于混沌运动状态，这与上述分析结果一致。

上述分析表明，热轧过程机架间板带运动受轧机振动幅值的影响，轧制速度动态变化将影响板带垂向振动稳定性，进而使板带张力发生变化。机架间板带振

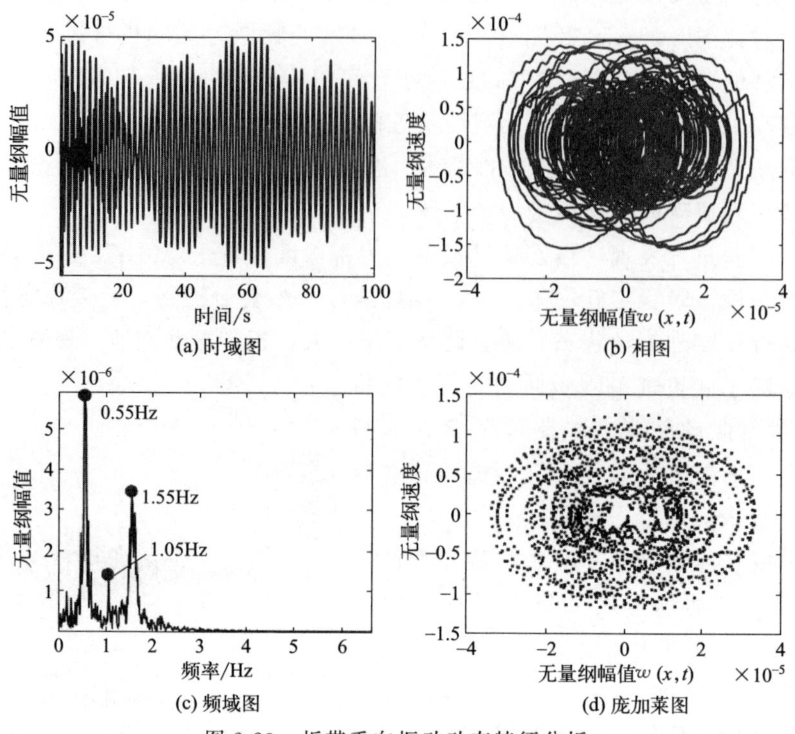

图 2-23　板带垂向振动动态特征分析

动行为特征与活套控制、辊系振动和轧制工艺等息息相关，研究结果表明，保证轧机辊系稳定对保证机架间运动板带稳定性也具有重要意义。然而，轧制过程是包括运动板带、轧机系统、轧制工艺设定以及现场操作人员控制的复杂过程，机架间板带振动与轧机本体结构振动、轧制界面工艺参数稳定性之间是动态耦合的，运动板带动力学模型将为动态轧制过程系统振动行为研究和板带稳定性控制提供参考。

第3章

高精度板带连轧产品组织性能控制技术

3.1 高精度板带连轧产品组织性能控制概述

高精度板带连轧产品组织性能控制技术是一门跨学科的实用技术，其基本思想是深入考察各工序之间可控工艺参数与产品组织演变之间的关系，从而确立各可控工艺参数与产品组织性能之间的定量关系[24-31]。它涉及的主要技术领域有传热学、压力加工、金属组织工程学、数值分析、人工智能技术和计算机语言等，其与现代信息技术的完美结合使定量、可控和柔性冶金生产成为可能，并且不断发展。高精度板带连轧产品组织性能控制技术作为一种应用型技术，以服务生产、指导生产为最终目的，在实际生产中主要通过控制轧制和控制冷却两种方式，对连轧产品组织性能进行控制。控制轧制是在连轧过程中通过对金属加热机制、变形机制、温度制度的合理控制，使热塑性变形与固态相变结合，以获得细小晶粒组织，使钢材具有优异的综合力学性能的轧制新工艺[30,32]。对于低碳钢、低合金钢来说，采用控制轧制工艺主要是通过控制轧制工艺参数，细化变形奥氏体晶粒，经过奥氏体向铁素体和珠光体的相变，形成细化的铁素体晶粒和较为细小的珠光体球团，从而达到提高钢的强度、韧性和焊接性能的目的。控制冷却是控制轧制后钢材的冷却速度达到改善钢材组织和性能的目的。例如钢材轧制后常处于奥氏体完全再结晶状态，如果轧制后空冷，则变形奥氏体晶粒将在冷却过程中长大，相变后得到粗大的铁素体组织，使产品力学性能下降。热轧钢材轧制后控制冷却的目的是改善钢材的组织状态，提高钢材性能，缩短热轧钢材的冷却时间，提高轧机的生产能力。其冷却机理实质就是轧后细化了的变形奥氏体组织经过快速冷却，相变组织相应变化，钢中析出物的大小、数量、析出部位发生变化，从而使钢材的强韧性得以提高。此外由于轧制后控制冷却，钢中碳原子来不及扩散，仍固溶在奥氏体中，相变后铁素体中碳含量较高，在低温条件下碳从铁素体中弥散析出，从而影响材料的性能。

对生产过程中组织演变及组织性能关系等冶金现象的数学模型的准确描述是实现高精度板带连轧产品组织性能精确控制的关键所在。20 世纪 50 年代以来，世界各国冶金工作者在热轧过程中显微组织的演变规律方面都做了很多工作，并以此为基础考虑变形条件、温度等影响因素，对热轧过程显微组织演变和析出行为进行分析，而这种利用数学模型来预测钢的组织演变以及力学性能的方法是由 Irvine 和 Pickering 首先提出的。目前，已开发出的模型有：奥氏体动态、静态、亚动态再结晶模型，晶粒长大模型，轧后冷却相变模型[32]。在此基础上，也开发出了产品组织性能预测和控制的计算机系统，并成功地用于连轧生产组织性能在线控制[33,34]。

在高精度板带连轧生产中，组织性能控制和预测的基本思路是利用物理冶金学模型对再结晶、组织相变（铁素体、珠光体和贝氏体相变等）以及析出等金属现象进行计算机模拟。通过对轧制产品组织状态和力学性能的预测进而实现对产品质量的控制以及对工艺和组分进行优化的目的。目前组织性能控制模型一般分为两大部分：物理冶金模型和人工智能模型。而物理冶金模型又包括很多子模型，包括温度场模型、流变应力模型、再结晶模型、析出模型以及相变模型等，而温度场模型是整个预测模型的基础。

3.2 高精度板带连轧温度场模型

高精度板带连轧过程温度的高低对产品质量和轧机负荷具有重要影响。对轧制过程进行计算时，轧制区和非轧制区所考虑的影响因素略有不同。在轧制区主要考虑轧辊与轧件的摩擦热、轧制过程的变形热、轧件与轧辊的接触导热、连轧机组内部的辐射换热等。在非轧制区，主要考虑轧件与除鳞水的对流换热、轧件表面与冷却水的热交换、辐射散热、感应加热等[35]。对于辐射散热使用的数学模型，在整个轧制计算过程中通常可以使用同一模型。

3.2.1 高精度板带连轧温度场基本理论

3.2.1.1 传热理论介绍

在进行传热计算时，对温度场的定义指的是在同一时刻内温度在物体内的分布情况。凡是物体各点温度不随时间改变的热传递过程，称为稳态热传递过程，反之则称为非稳态热传递过程[36]。

对于物体导热的求解主要可视为对热传导方程的求解。在进行推导计算时，先假定物质为各向同性的均质材料，取各边长度为 dx、dy、dz 的微元体，在傅里叶定律的基础上由热力学第一定律推导单位体积下物质的导热情况。具体求解时则需根据情况选择不同坐标系下的求解方式[37]。

在直角坐标系下的导热方程为

$$\frac{\partial}{\partial x}\left(\lambda\frac{\partial t}{\partial x}\right)+\frac{\partial}{\partial y}\left(\lambda\frac{\partial t}{\partial y}\right)+\frac{\partial}{\partial z}\left(\lambda\frac{\partial t}{\partial z}\right)+q_v=\frac{\partial}{\partial \tau}\left(c_p\rho\frac{\partial t}{\partial \tau}\right) \tag{3-1}$$

式中　q_v——热源强度，W/m^3；

c_p——微元体定压比热容，J/(kg·K)；

ρ——密度，kg/m^3；

λ——导热系数，W/(m·K)；

t——温度，K。

导热微分方程及定解条件是对导热体的数学描述，同样也是求解导热体温度分布情况主要的理论依据。物体实际传热时边界情况比较复杂，常见的边界条件可归纳为三类。

第一类边界条件，已知物体表面的温度分布情况，对于非稳态导热：

$$当\ \tau>0\ 时, t_w=f_1(\tau) \tag{3-2}$$

在特殊情况下，物体表面各处温度相同，并且不随时间变化，则：

$$t_w=常数 \tag{3-3}$$

第二类边界条件，给定物体表面的热流密度的分布随时间的变化，对于非稳态导热：

$$当\ \tau>0\ 时, q_w=-\lambda\left(\frac{\partial t}{\partial n}\right)_w=f_2(\tau) \tag{3-4}$$

式中　n——换热表面的外法线方向。

第三类边界条件，给定物体边界上的对流换热系数 α 和周围流体温度 t_f、物体表面温度 t_w，根据傅里叶定律和热平衡原理有：

$$\alpha(t_w-t_f)=-\lambda\left(\frac{\partial t}{\partial n}\right)_w \tag{3-5}$$

3.2.1.2　变形热和摩擦热模型

轧制过程中，板带塑性变形产生的变形热，板带和轧辊相对滑动产生的摩擦热，以及板带与轧辊接触发生的热传导，都会影响板带和轧辊的瞬态温度变化。假设轧制过程为稳态轧制，板带全部吸收其塑性变形热，摩擦热按比例传给板带和轧辊。

单位时间内轧件单位体积产生的塑性变形热 q_p 为：

$$q_p=\frac{2A\overline{k_s}\,\overline{h_1}v_r(1+s)\ln\left(\frac{\overline{h_0}}{\overline{h_1}}\right)}{l(\overline{h_0}+\overline{h_1})} \tag{3-6}$$

式中 A、s、l、v_r——热功当量、前滑系数、变形区长度（m）、轧辊圆周速度（m/s）；

k_s——平均变形抗力，MPa；

$\overline{h_0}$、$\overline{h_1}$——入口和出口板厚的平均值，m。

单位时间内辊缝产生的摩擦热 q_f 为：

$$q_f=\frac{\overline{h_0}-\overline{h_1}}{3\overline{h_0}}A\mu v_r Bl\left(1-\gamma-\gamma^2+\frac{\overline{h_0}+\overline{h_1}}{\overline{h_1}}\gamma^3\right)\left(\frac{p_m}{l}+\frac{\overline{k_s}}{2}\right) \tag{3-7}$$

式中 μ、γ——摩擦系数、中性角和咬入角之比（0.5）；

p_m——单位宽度轧制压力，MPa；

B——板宽，m。

设摩擦热的分配比例系数为 ζ，则单位时间内轧辊单位面积吸收的摩擦热 q_{fr} 为

$$q_{fr}=\frac{\zeta q_f}{2\pi RB} \tag{3-8}$$

式中 R——轧辊半径。

单位时间内轧件单位面积吸收的摩擦热 q_{fs} 为：

$$q_{fs}=\frac{(1-\zeta)q_f}{Bl} \tag{3-9}$$

3.2.1.3 接触温降模型

在轧件和轧辊的接触面上，热量由轧件传向轧辊，此为热流连续、温度不连续的热阻问题，热交换系数可按下式进行处理：

$$\begin{aligned} h_r&=k/\sqrt{\pi at}\\ t&=\sqrt{\Delta HR}/v\\ a&=k/\rho c \end{aligned} \tag{3-10}$$

式中 h_r——接触换热系数，W/(m^2·℃)；

a——轧件的热扩散系数；

t——接触时间，s；

ΔH——压下量，m；

t——接触时间，s；

v——轧制速度，m/s。

3.2.2　轧件非轧制过程传热分析

在非轧制过程中轧件与外界的热交换形式主要为辐射散热、与空气的对流换热和与水的对流换热。当轧件在辊道上运行，温度很高（>800℃）时，与空气对流换热引起的温降仅为辐射温降的 0.01[38]。因此，在计算轧件在非轧制过程中的温度变化时，仅需考虑辐射散热和与水的对流换热即可。

3.2.2.1　辐射温降模型

当轧件处于空冷状态下，辐射散热为主要的温降方式。根据斯蒂芬-玻尔兹曼定律，轧件表面热辐射产生的热流密度 q_r 与换热系数 h_r 分别为：

$$q_r = \varepsilon\sigma\left[\left(\frac{T_f+273}{100}\right)^4-\left(\frac{T_0+273}{100}\right)^4\right] \tag{3-11}$$

$$h_r = \frac{q_r}{T_f-T_0} \tag{3-12}$$

式中　ε——轧件黑度；

σ——玻尔兹曼常数，$5.768\times10^{-8}\,\mathrm{W/(m^2\cdot K^4)}$；

T_f——轧件表面温度，℃；

T_0——环境温度，℃。

假设轧件在进行辐射温降时的散热面积为 $2S$、体积为 V，那么在 $\mathrm{d}\tau$ 时间内散失的热量 $\mathrm{d}Q$ 可表述为：

$$\mathrm{d}Q = 2q_r S\,\mathrm{d}\tau = 2S\varepsilon\sigma\left[\left(\frac{T_f+273}{100}\right)^4-\left(\frac{T_0+273}{100}\right)^4\right]\mathrm{d}\tau \tag{3-13}$$

因 $\mathrm{d}Q$ 散失引起的温降 $\mathrm{d}t$ 可表述为：

$$\mathrm{d}Q = p(t)c_p(t)V\mathrm{d}t \tag{3-14}$$

式中　$p(t)$——轧件密度，kg/m^3；

$c_p(t)$——轧件比热容，kcal/(kg·℃)。

将式(3-11)、式(3-13) 和式(3-14) 结合，可以得到：

$$\frac{\mathrm{d}t}{\mathrm{d}\tau} = \frac{2S\varepsilon\sigma}{\rho(t)c_p(t)V}\times\left[\left(\frac{T_f+273}{100}\right)^4-\left(\frac{T_0+273}{100}\right)^4\right] \tag{3-15}$$

由于热连轧轧件温度 T_f 远大于环境温度 T_0，因此 T_0 可以忽略。此外由于轧件宽度和长度远大于厚度，可以认为 T_f 为轧件的平均温度 t_0。假设密度和比热容取平均值并与温度无关，可以得到：

$$\frac{dT}{d\tau}=\frac{2\varepsilon\sigma}{\rho c_p h}\left(\frac{t_0+273}{100}\right)^4 \tag{3-16}$$

在 τ 时间内，轧件平均温度由 t_1 下降至 t_2，对上式进行积分，可以得到：

$$t_2=100\times\left[\left(\frac{t_1+273}{100}\right)^{-3}+\frac{6\varepsilon\sigma\tau}{100\rho c_p h}\right]^{-\frac{1}{3}}-273 \tag{3-17}$$

式(3-16)、式(3-17)是在宽度和长度远大于厚度的基本假设上推导出来的。在实际生产情况下的热辐射并非严格地与温度成四次方的正比关系，但如果对不同生产情况采用不同的计算方法，则缺少实用性，因此在工程计算中通过对黑度进行修正来减少偏差。

影响轧件黑度的因素主要有氧化铁皮、表面温度以及表面粗糙度。当氧化铁皮较多时黑度取 0.8，当轧件表面平滑时黑度取 0.55～0.6。轧件厚度 h 与黑度 ε 的关系式为：

$$\varepsilon=ah+b \tag{3-18}$$

式中 a、b——空冷回归系数。

3.2.2.2 水冷温降模型

在高精度板带连轧板带材生产过程中，水冷为主要的冷却方式，有水参与的板带冷却过程主要包括层流冷却、高压水除鳞、机架间水冷等喷水冷却过程，水的对流换热是一个复杂的过程，对换热系数影响较大的主要有轧件表面温度、水压及水量密度等。根据大量数据回归出喷水冷却在各区间的热交换系数 α[W/(m^2·℃)]：

$$\alpha=r\times107.2\omega^{0.663}\times10^{-0.00147T_f}\times1.163 \tag{3-19}$$

式中 r——水压影响系数，高压水除鳞时 $r>1$，机架间喷水时 $r=1$。

层流冷却时的热交换系数受水压、水量、水温等供水条件的影响较大，此时板带的温度变化也最为剧烈。层流冷却的热交换系数可由下式确定[39]：

$$\alpha=\frac{9.72\times10^5\omega^{0.355}}{(T_f-T_w)}\left(\frac{(2.5-1.5\lg T_f)D}{P_L P_C}\right)^{0.645}\times1.163 \tag{3-20}$$

式中 T_f——轧件表面温度，℃；

T_w——水温，℃；

ω——水流密度，m^3/(min·m^2)；

D——喷嘴直径，m；

P_L——轧线喷嘴水平间距，m；

P_C——轧线喷嘴垂直间距，m。

3.2.3　轧件温度计算模型

3.2.3.1　轧制区温度场计算模型

在高精度板带连轧板带材轧制区，影响温度变化的主要因素为变形热、摩擦热以及板带与低温轧辊接触发生的热传导等。考虑动态的热交换边界条件，将变形热和摩擦热视为内热源，根据热传导平衡方程，建立轧制区板带三维瞬态温度场模型。其中，包含内热源的三维平衡方程式为：

$$\frac{\rho c_p}{\lambda_s}\frac{\partial T}{\partial t}=\frac{\partial^2 T}{\partial x^2}+\frac{\partial^2 T}{\partial y^2}+\frac{\partial^2 T}{\partial z^2}+\frac{q_s}{\lambda_s} \tag{3-21}$$

式中　q_s——单位时间内带材单位体积吸收的热量，对于带材内部 $q_s=q_p$，对于带材表层 $q_s=q_p+q_{fs}$；

T——温度，℃；

λ_s——导热系数，W/(m・K)；

ρ——密度，kg/m^3；

c_p——比热容，J/(kg・K)。

假设板带关于 xoy 面对称，现将 xyz 坐标系映射为 $\xi\eta\lambda$ 坐标系，如图 3-1 所示，两坐标系之间的映射关系为：

$$x=\xi, y=\eta, z=g(\xi)\lambda \tag{3-22}$$

式中，$g(\xi)$ 为高向位移的纵向分布曲线，根据几何条件和假设可推导出 $g(\xi)$ 的表达式：

$$g(\xi)=1+\left(1-\frac{\overline{h_1}}{\overline{h_0}}\right)\frac{\xi-2l}{l^2}\xi \tag{3-23}$$

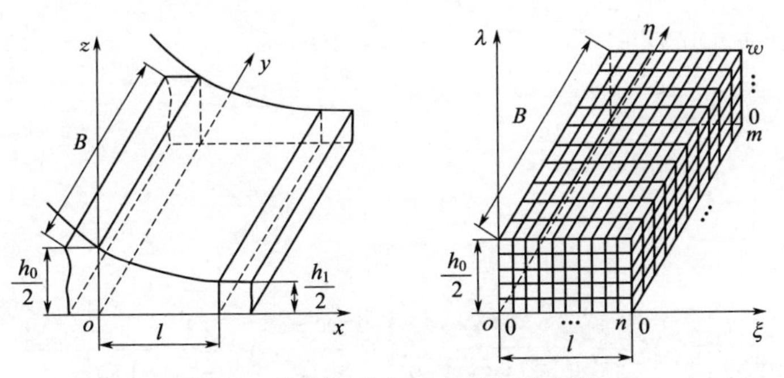

图 3-1　轧制区坐标映射及网格划分

在变形区入口处，其边界条件为：

$$\lambda=\frac{\overline{h_0}}{2},\eta=y,\lambda=z(x=\xi=0) \tag{3-24}$$

其雅可比矩阵$\boldsymbol{J}$的逆矩阵$\boldsymbol{J}^{-1}$为：

$$\boldsymbol{J}^{-1}=\begin{bmatrix}1 & 0 & \frac{-\lambda g'(\xi)}{g(\xi)}\\ 0 & 1 & 0\\ 0 & 0 & \frac{1}{g(\xi)}\end{bmatrix} \tag{3-25}$$

根据式(3-22) 及式(3-25)，可得到：

$$\frac{\partial T}{\partial x}=\frac{\partial T}{\partial \xi}+\frac{\partial T}{\partial \lambda}\left[\frac{-\lambda g'(\xi)}{g(\xi)}\right],\frac{\partial T}{\partial y}=\frac{\partial T}{\partial \eta},\ \frac{\partial T}{\partial z}=\frac{\partial T}{\partial \lambda}\frac{1}{g(\xi)},$$

$$\frac{\partial^2 T}{\partial x^2}=\frac{\partial^2 T}{\partial \xi^2}-\frac{-2\lambda g'(\xi)}{g(\xi)}\frac{\partial^2 T}{\partial \xi\partial \lambda}+\left[\frac{\lambda g'(\xi)}{g(\xi)}\right]^2\frac{\partial^2 T}{\partial \lambda^2}+$$

$$\frac{\partial T}{\partial \lambda}\left\{\frac{2\lambda[g'(\xi)]^2-\lambda g''(\xi)g'(\xi)}{g^2(\xi)}\right\}\frac{\partial^2 T}{\partial y^2}=\frac{\partial^2 T}{\partial \eta^2}\frac{\partial^2 T}{\partial z^2}=\frac{\partial^2 T}{\partial \lambda^2}\frac{1}{g^2(\xi)} \tag{3-26}$$

将上式代入式(3-21)，则可得到 $\xi\eta\lambda$ 坐标下的热平衡方程：

$$\begin{aligned}\frac{\rho c_p}{\lambda_s}\frac{\partial T}{\partial t}=&\frac{\partial^2 T}{\partial \xi^2}-\frac{-2\lambda g'(\xi)}{g(\xi)}\frac{\partial^2 T}{\partial \xi\partial \lambda}+\frac{\partial^2 T}{\partial \lambda^2}\left[\frac{\lambda g'(\xi)}{g(\xi)}\right]^2+\\&\frac{\partial T}{\partial \lambda}\left\{\frac{2\lambda[g'(\xi)]^2-\lambda g''(\xi)g'(\xi)}{g^2(\xi)}\right\}+\frac{\partial^2 T}{\partial \lambda^2}\frac{1}{g^2(\xi)}+\frac{q_s}{\lambda_s}\end{aligned} \tag{3-27}$$

整理得其差分式为：

$$\begin{aligned}\frac{\rho c_p}{\lambda_s \Delta t}T_{i,k}^{t-\Delta t}=&2\left\{\frac{1}{(\Delta\xi)^2}+\frac{1+[\lambda g'(\xi)]^2}{[g(\xi)\Delta\lambda]^2}+\frac{\rho_s c_s}{2\lambda_s\Delta t}\right\}T_{i,k}^t-\frac{1}{(\Delta\xi)^2}(T_{i+1,k}^t+T_{i-1,k}^t)-\\&\left\{\frac{1+[\lambda g'(\xi)]^2}{[g(\xi)\Delta\lambda]^2}-\frac{1}{2\Delta\lambda}\frac{2\lambda[g'(\xi)]^2-\lambda g''(\xi)g'(\xi)}{g^2(\xi)}\right\}T_{i,k+1}^t-\\&\left\{\frac{1+[\lambda g'(\xi)]^2}{[g(\xi)\Delta\lambda]^2}+\frac{1}{2\Delta\lambda}\frac{2\lambda[g'(\xi)]^2-\lambda g''(\xi)g'(\xi)}{g^2(\xi)}\right\}T_{i,k-1}^t+\\&\frac{\lambda g'(\xi)}{2g(\xi)\Delta\xi\Delta\lambda}(T_{i-1,k-1}^t+T_{i+1,k+1}^t)-\\&\frac{\lambda g'(\xi)}{2g(\xi)\Delta\xi\Delta\lambda}(T_{i-1,k+1}^t+T_{i+1,k-1}^t)-\frac{q_s}{\lambda_s}\end{aligned} \tag{3-28}$$

整合上式，令：

$$A_2=-\frac{1}{(\Delta\xi)^2},A_5=\frac{\lambda g'(\xi)}{2g(\xi)\Delta\xi\Delta\lambda},A_6=\frac{\rho c_p}{\lambda_s\Delta t},A_7=\frac{1+[\lambda g'(\xi)]^2}{[g(\xi)\Delta\lambda]^2},$$

$$A_8=\frac{1}{2\Delta\lambda}\frac{2\lambda[g'(\xi)]^2-\lambda g''(\xi)g'(\xi)}{g^2(\xi)},A_3=A_7-A_8,$$

$$A_4=A_7+A_8, A_1=A_6-2A_2+2A_7 \tag{3-29}$$

则式(3-28) 可变成：

$$A_1T_{i,k}^t+A_2(T_{i+1,k}^t+T_{i-1,k}^t)-A_3T_{i,k+1}^t-A_4T_{i,k-1}^t+$$

$$A_5(T_{i-1,k-1}^t+T_{i+1,k+1}^t)-A_5(T_{i-1,k+1}^t+T_{i+1,k-1}^t)=\frac{q_s}{\lambda_s}+A_6T_{i,k}^{t-\Delta t} \tag{3-30}$$

3.2.3.2　非轧制区温度场计算模型

在高精度板带连轧板带材生产中，相对于轧制区，在非轧制区板带的温度主要受空冷、水冷和除鳞的影响。对于较先进的高精度板带连轧产线，例如ESP生产线，粗轧线、精轧线之间设有感应加热设备，进入精轧前需要对板带进行高压水除鳞。由于氧化铁皮的厚度和换热系数不易确定，一般除鳞水直接冲刷的地方取1100 W/(m^2·℃)，溅到的地方可以取200 W/(m^2·℃)[40]。

在非轧制区，假设板带关于xoy面对称，$z=0$面绝热，由于没有塑性变形，不需要对其进行坐标转换，因此不含内热源的二维热平衡方程表达式为：

$$\frac{\rho c_p}{\lambda_s}\frac{\partial T}{\partial t}=\frac{\partial^2 T}{\partial y^2}+\frac{\partial^2 T}{\partial z^2} \tag{3-31}$$

差分式为：

$$2\left[\frac{1}{(\Delta y)^2}+\frac{1}{(\Delta z)^2}+\frac{\rho c_p}{2\lambda_s \Delta t}\right]T_{j,k}^t-\frac{1}{(\Delta y)^2}(T_{j+1,k}^t+T_{j-1,k}^t)-$$

$$\frac{1}{(\Delta z)^2}(T_{j,k+1}^t+T_{j,k+1}^t)=\frac{\rho c_p}{\lambda_s \Delta t}T_{j,k}^{t-\Delta t} \tag{3-32}$$

整合上式，令：

$$a_2=-\frac{1}{(\Delta y)^2}, a_3=-\frac{1}{(\Delta z)^2}, a_4=\frac{\rho c_p}{\lambda_s \Delta t}, a_1=a_4-2a_2-2a_3 \tag{3-33}$$

则该差分式变为：

$$a_1T_{j,k}^t+a_2(T_{j+1,k}^t+T_{j-1,k}^t)+a_3(T_{j,k+1}^t+T_{j,k+1}^t)=a_4T_{j,k}^{t-\Delta t} \tag{3-34}$$

3.2.4　高精度板带连轧温度场模拟

3.2.4.1　粗轧温度场模拟及结果

本节以高精度板带连轧ESP无头轧制技术为例，连铸坯将直接进入粗轧机组，此时板带的心表温度是不均匀的，因此在进行模拟时，先将板带自然冷却，使板带表面和心部产生温差，达到接近生产的状态。为了方便提取温度信息，需要沿厚度方向在板带表面进行取点，如图3-2所示。

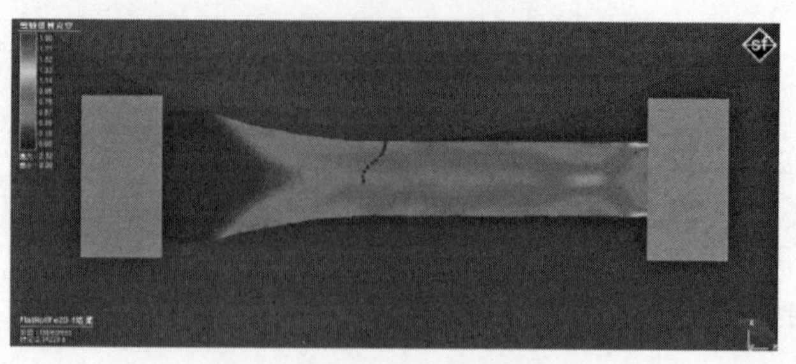

图 3-2　板带插入追踪点

由于高精度板带连轧 ESP 无头轧制技术粗轧机组是 3 道次连轧，需要考虑板带在机架间的冷却，由于粗轧后还需要进行感应加热升温，因此要求粗轧过程的温降尽可能小，一般不会布置机架间的喷水冷却。所以在粗轧段，板带在机架间的冷却主要是辐射温降以及轧辊冷却水的溅射。经过 3 道次粗轧，可以得到板带在轧制过程的温度变化情况。图 3-3 直观地反映出板带在粗轧过程中表面温度和心部温度的实时变化情况。通过采集数据并整理，可以统计出板带在轧制过程中的表面温度、心部温度以及平均温度，如图 3-4 所示。随着轧制的进行，板带的心表温差在不断减小，在粗轧出口，心表温差为 22℃，板带的平均温度为 981℃。

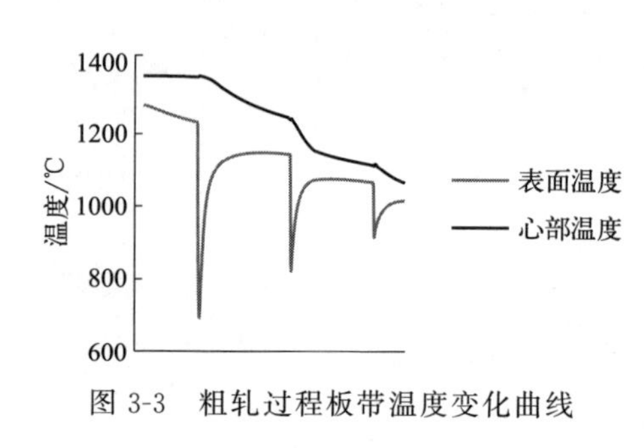

图 3-3　粗轧过程板带温度变化曲线

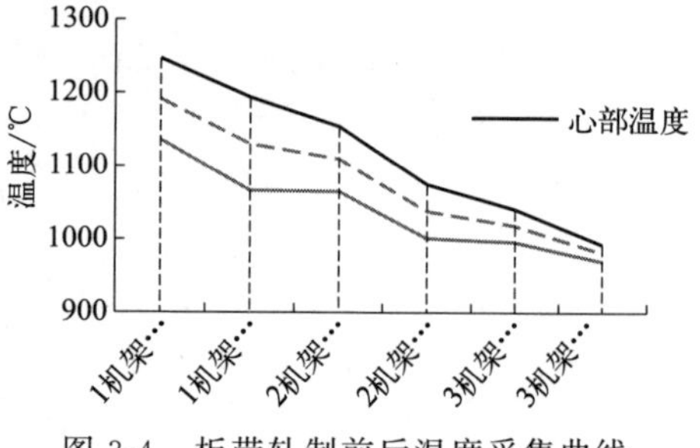

图 3-4　板带轧制前后温度采集曲线

高精度板带连轧 ESP 无头轧制技术的一个特点是通过粗轧可以使连铸坯的铸造组织转变为轧制组织，可以直接生产中厚板。粗轧时，板坯在奥氏体再结晶区进行轧制，得到细化的奥氏体组织，为精轧做准备。在粗轧过程中，各机架的轧制力如图 3-5 所示。由数值可看出，最大轧制力出现在 2 机架，并且各机架的轧制力大小都在允许的范围内。在粗轧段，由于板带的温度较高，因此可以在保证板形以及轧机自身性能的前提下

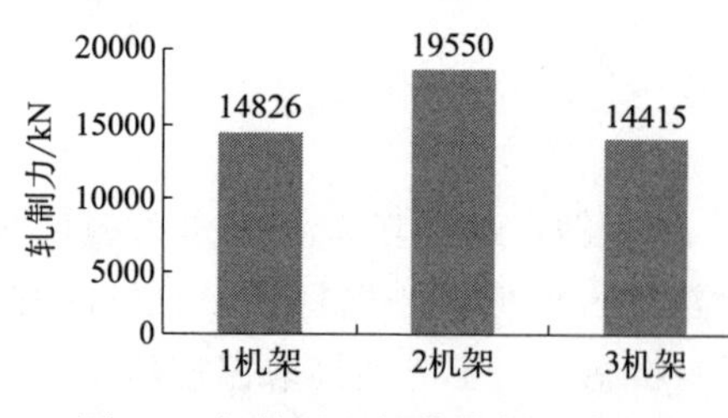

图 3-5　粗轧过程板带轧制力分布图

适度增大压下量，使粗轧后的中间坯厚度减小，降低后续精轧的压力。

3.2.4.2　精轧温度场模拟及结果

板带在进行感应加热后，经过高压水除鳞，随后进入精轧机组进行轧制。高压水除鳞对板带温度影响较大，一般会使板带温度降低 80～100℃。在精轧机组内部，一般都会布置喷水冷却装置用于控制板带的轧制温度，通过对温度的控制，从而控制板带的轧制组织，因此在进行模拟时，需要考虑冷却水给板带的冷却系数。板带经过高压水除鳞后进入精轧机组进行轧制，在进入精轧之前，板带的心表温差为 30℃，在精轧过程中，板带的实时温度变化如图 3-6 所示。整理数据，可得到板带的表面温度、心部温度以及平均温度的变化如图 3-7 所示。

由图 3-7 可知，板带在经过精轧之后，平均温度降为 865℃，高于终轧温度。除此之外还需要观察轧制力在各机架的分布情况。对于高精度板带连轧 ESP 技术的精轧段来说，轧制力的分布最大值将出现在 2 机架，如图 3-8 所示。若要实现以降低感应加热对轧件的加热温升，从而降低感应加热能耗的目标，则需要考虑轧制力最大的机架的轧制力是否超过了允许范围。

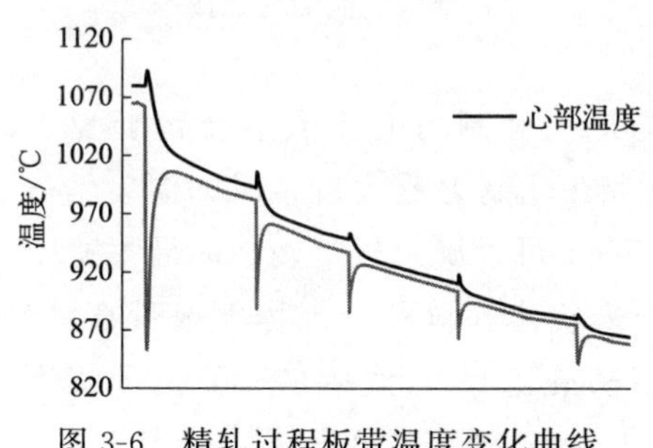

图 3-6　精轧过程板带温度变化曲线

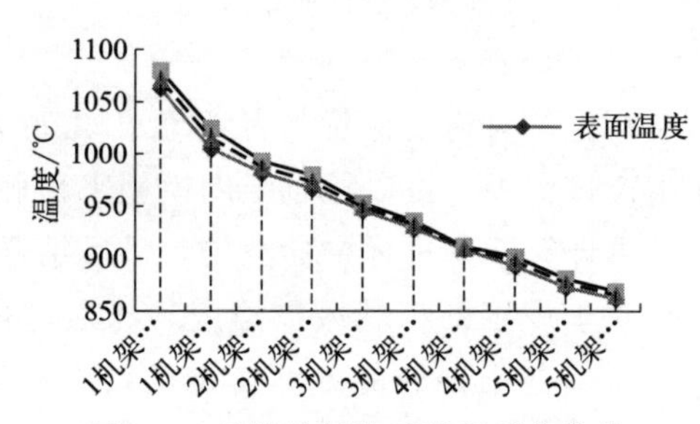

图 3-7　板带轧制前后温度采集曲线

图 3-9 为第二道次机架在同一压下率不同温度下轧制力的变化图，可以清楚地看出，轧制力随温度的升高而降低，当温度为 940℃时，轧制力已接近轧机最大轧制能力。

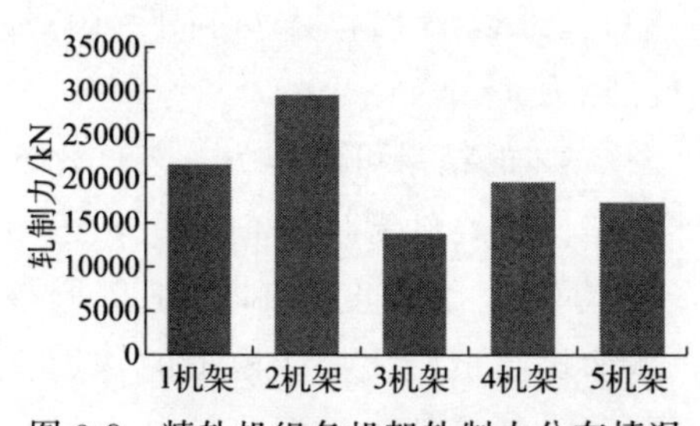

图 3-8　精轧机组各机架轧制力分布情况

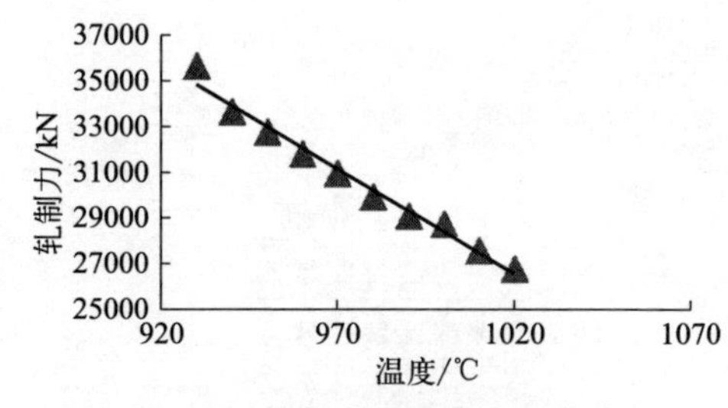

图 3-9　轧制力随温度变化曲线

在模拟时，设定的板宽为1600mm，但在实际生产过程中，考虑宽展及产品质量等因素，1600mm生产线生产的产品板宽将小于1600mm。模拟设定的板宽为极限值，在轧制过程中，随着板宽的增加，轧制力也将增加，因此在进行模拟时，模拟了两个不同板宽条件下的轧制过程，如图3-10所示，用于对比轧制的变化情况。

由图3-10可以明显地看出，在不同板宽条件下，轧制力和板宽成正比关系。图3-11更直观地表述了模拟轧制力与轧机允许的最大轧制力的比值。

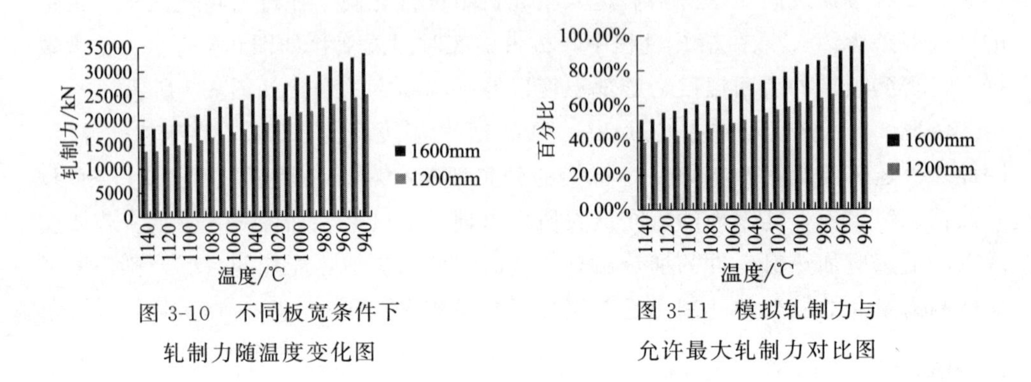

图3-10　不同板宽条件下轧制力随温度变化图

图3-11　模拟轧制力与允许最大轧制力对比图

在生产时为了保证产品质量，轧制力与最大轧制力的比值不会高于80%。在生产过程中，可以通过温度模型来预测板带在轧制力最大机架时的温度情况，随后可计算轧制过程中的宽展，最后结合图3-11可以确定板带轧制的最大宽度。

对于设定的精轧入口温度，将通过模拟来确定在该轧制规程下板带在精轧过程入口与出口处的温度变化关系。在设定精轧入口温度为1080℃的前提下，对入口温度进行适当的降低，通过观察精轧出口的平均温度得出精轧过程的入、出口温度的关系。图3-12所示为改变精轧入口温度时精轧过程的温度变化曲线，由于模拟时先将轧件精轧入口温度设定为1080℃，现在将精轧入口温度分别降低为1070℃和1060℃，模拟出轧件在精轧过程的温度变化。精轧结束时，轧件温度分别为861℃和856.5℃。可以看出，入口降低10℃，出口温降为4～6℃。

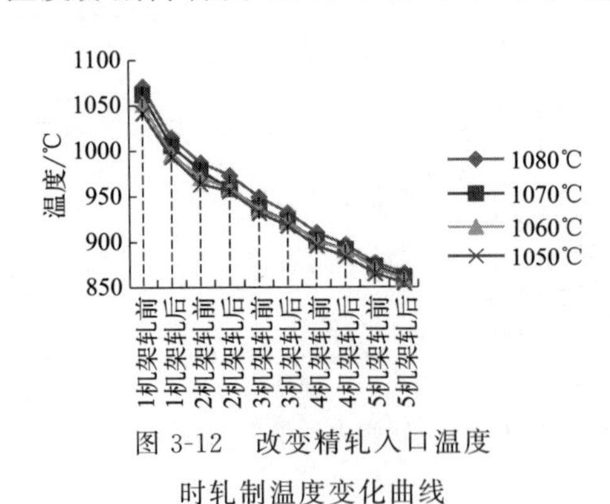

图3-12　改变精轧入口温度时轧制温度变化曲线

图3-12的结果可以作为工艺优化的基础。在保证终轧温度的前提下，适当地降低精轧入口温度有利于提高形核率，从而提高板带质量。模拟的作用主要是证明降低精轧入口温度轧制的可行性，同时，降低精轧入口温度，也就是

减少了中间段感应加热的温升，从而实现了对中间段加热能耗的合理优化。

3.3　高精度板带连轧强化机制与轧后冷却

对于传统的高强度钢，大部分钢在提高强度的同时，延伸率却降低了。钢合理的综合力学性能应该既具有高的强度又兼具良好的塑性。在钢的强化过程中会引入很多的缺陷，如点缺陷、位错、沉淀相和各种亚结构等。通常情况下钢的强度提高的同时韧性却降低了，因此需要结合钢的强化机制来合理地设计轧后冷却。

3.3.1　高精度板带连轧强化机制

钢的强度和塑性是钢铁材料的基本性能指标，钢的强化机制主要有固溶强化、细晶强化、析出强化、位错强化、相变强化[41]。

3.3.1.1　固溶强化

固溶强化也是人们最早研究的强化方式之一，碳原子的间隙固溶强化是钢中最经济、最有效的强化方式，而置换固溶强化在很多合金钢中也是相当重要的强化方式。但在一般的正火态或热轧态使用的结构钢中，碳原子的固溶强化并不能成为主要的强化方式，因为高的碳含量将极大地损坏钢的韧性和可焊性，因此微合金钢要控制碳含量，尽量避免采用间隙固溶强化方法。室温下一般的置换固溶强化效果都很弱（P 除外），添加的合金元素仅能得到数十兆帕的强度增量，而且随着添加量的增加，强化效果还要减弱。因此置换固溶强化成本很高，此外置换固溶强化效果大的元素（如 P、Si 等）对韧性危害作用也很大，因此一般并不有意采用固溶强化方式，但是为了弥补由于降低碳含量而造成的强度损失，微合金钢中加入较高含量的 Mn 元素，通过 Mn 的固溶强化来提高钢的强度。

固溶强化的主要出发点是提高基体金属的原子间结合力、降低固溶体的扩散过程。研究表明，从钢的化学成分来说，凡是熔点高、自扩散系数小并且能提高钢的再结晶温度的合金元素固溶于基体后都能提高钢的热强性，如高温合金中主要的固溶强化元素有 Mo、W、Co 和 Cr 等。对于耐火钢，固溶强化主要是 Cr、Mn、Mo 等原子置换 Fe 原子引起晶格畸变造成的置换固溶强化。同时，耐火钢中存在的 C、N 等间隙原子与置换原子间的化学亲和力（即交互强化作用），也能显著提高固溶强化效果，即间隙固溶强化。二者的交互强化作用比任何一种强化作用效果都要大得多，固溶原子与溶剂原子的尺寸相差愈大，导致的晶格畸变也愈大，因而产生的强化效果也愈大。而固溶原子不但能与位错形成柯氏气团，钉扎位错的运动，还能改变材料本身的其他性能，如材料本身的抗腐蚀性能、磁性能和本身扩散激活能。

影响固溶强化的因素：一是溶质原子的原子数量，当溶质原子的数量很多时，强化作用会很显著；二是溶质原子与基体金属原子尺寸之间的差距，其差距越大越能起到强化作用；三是在固溶强化中起强化作用的有间隙型溶质原子和置换型原子，由于间隙型溶质原子在体心立方晶体中的点阵畸变是不对称的，所以间隙型溶质原子比置换型原子的固溶强化作用大。

3.3.1.2 细晶强化

若要同时提高微合金钢的强度和韧性，就应该将晶粒尽量细化，根据 Hall-Petch 公式可以看出，多晶体金属材料的屈服强度与晶粒直径的关系：

$$\sigma_s=\sigma_0+kd^{-1/2} \tag{3-35}$$

式中　k——系数，微合金钢取 17.5N/mm$^{3/2}$；

σ_s——屈服强度，MPa；

σ_0——摩擦阻力，MPa；

d——平均晶粒直径，μm。

在强化机制中，细晶强化既能够提高材料的强度又能够提高材料的韧性，是强化机制中唯一能达到这种强化效果的方法。在常温下，细晶粒的金属具有更高的强度、硬度、塑性和韧性。晶粒越细小，晶界的面积越大，晶界越曲折，越不利于裂纹扩展。目前在钢铁材料中添加微量的合金元素 Nb、V 和 Ti 等，这些元素能够起到细化晶粒的作用。微合金元素对晶粒的细化作用的机制主要是：一是在固溶体中的溶质拖曳作用；二是细小析出物在 γ 晶界的钉扎作用；三是在变形晶粒内的位错钉扎作用。这些作用的结果推迟了奥氏体再结晶，大大提高了 γ 再结晶开始所要求的临界变形量和形核率，得到细小的晶粒尺寸。晶粒的大小可以用单位体积内晶粒的数目来表示，数目越多，晶粒越细。所以工业上通过细化晶粒以提高材料强度的方法称为细晶强化。

3.3.1.3 析出强化

析出强化又称为沉淀强化，微合金元素的碳氮化物的沉淀强化是微合金钢中最重要的强化方式之一，其强化作用主要是通过微合金碳、氮化物在铁素体中沉淀析出而产生的。Nb、V、Ti 等微合金元素在钢中形成的细小碳、氮化物能阻碍 γ 晶粒长大，抑制再结晶及在 γ 未再结晶区形变时富化生核，同时又具有很强的沉淀强化作用。含 Nb 钢主要是通过 NbC 在铁素体中的沉淀强化来提高钢的高温强度。如果 Nb 与 Ti 复合微合金化，则 TiN 就成为了 NbN 或 Nb(C,N) 的形核点，提高了 Nb 的沉淀强化作用。一般来说，微合金碳、氮化物的沉淀强化潜能随其在奥氏体中溶解度的提高而增强，在其他条件相同时，沉淀强化的作用随析出物体积分数增加和质点尺寸减小而增高，如图 3-13 所示。

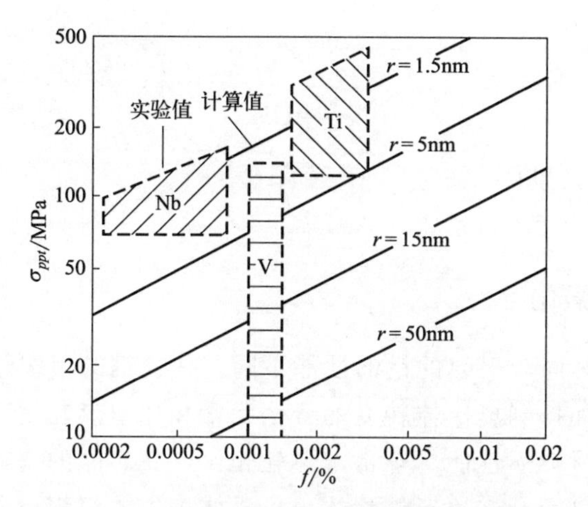

图 3-13　析出粒子体积分数与沉淀强化之间的关系

微合金碳、氮化物析出机制和效果，取决于晶体结构的类型、析出相的尺寸和分布，还视具体的加工条件而定。微合金元素原子在基体中的扩散控制着析出速率。按 Ashby-Orowan 的第二相强化模型，沉淀强化的作用可用式(3-36)计算：

$$\sigma_{ppt}=\frac{10Gb\sqrt{f}\ln\frac{r}{b}}{5.72\pi^{\frac{3}{2}}r} \tag{3-36}$$

式中　f——析出粒子体积分数，%；

r——析出粒子的平均截线半径，nm；

G——剪切模量，室温下对于钢材其值为 80.26GPa；

b——伯氏矢量。

可以看出，强化效果与析出粒子的平均半径成反比，与析出粒子体积分数 f 的平方根成正比。

3.3.1.4　位错强化

金属基体中的位错在运动过程中彼此交截，形成割阶，使位错的可动性降低。大量位错经交互作用后纠缠在一起，形成位错缠结，使位错运动变得十分困难。此时需要更大的流变应力才能使位错克服障碍而产生运动，因而材料的变形阻力增大，强度得以提高。高位错密度提高了材料抗塑性变形的能力，从而实现强化，可按式(3-37) 进行计算。通过变形在组织中产生大量的位错，一方面变形过程中大量的位错会出现合并和塞积，这样会产生裂纹，大大降低了材料的塑性；另一方面位错在移动过程中会缓解裂纹尖端的应力集中，这一点又提高了材料的韧性。

$$\sigma_d = Gb\rho^{\frac{1}{2}} \tag{3-37}$$

式中 b——伯氏矢量；

ρ——位错密度，cm^{-2}。

3.3.1.5 相变强化

钢组织构成不同，引起的钢的性能不同，并且钢的组织结构是由钢的相变过程决定的。添加抑制奥氏体转变的合金元素和加速热轧后冷却速度有利于相变强化，提高钢材力学性能。与常规热轧相比，其产品的室温组织将从多边形铁素体＋珠光体过渡为多边形铁素体＋贝氏体为主的组织。研究表明显微组织为铁素体＋珠光体＋少量贝氏体的耐火钢，显示了优良的高温力学性能指标。文献认为：Mo 能强烈抑制先共析铁素体的转变，促进贝氏体组织的形成。贝氏体的显微硬度值比珠光体的显微硬度值高，这是因为贝氏体中位错密度高，基体上又弥散分布着细小的碳化物。在相变时形成的贝氏体的百分含量增加，钢的整体强度因此增加。同时合理的控轧控冷工艺可以在降低微合金元素含量或碳含量的情况下，对钢起强化作用的同时又能保持较高的低温韧性。有研究表明，马氏体强化相体积分数在一定范围内对室温下抗拉强度影响趋势呈现线性关系，即随着强化相体积分数的上升，抗拉强度也相应上升，但其对屈服强度的影响不明显。而珠光体室温下的异质界面强化效果明显不如贝氏体和马氏体组织。

3.3.2 高精度板带连轧层流冷却工艺控制与组织连续冷却转变

3.3.2.1 层流冷却简介及工作原理

20 世纪 60 年代以来，采用层流冷却方式对带钢进行冷却的装备，已成为当前热连轧线上的重要设备之一，具有冷却能力强、可控性好、故障率低等一系列优点。层流冷却的工作原理，是一排整齐密集的倒 U 形管利用虹吸原理从水箱中吸出冷却水，垂直流向带钢上，使钢板的表面覆盖着有一定厚度的流动的冷却水，带钢与冷却水发生强烈的热传导。冷却水到达带钢表面随着带钢行进的方向而向前移动，大量冷却水流走带走热量。同时侧喷嘴喷出的高压水将滞留在带钢表面的冷却水吹走，新的冷却水马上补充，加快了冷却效果。带钢和冷却水刚接触时，由于冷却水与带钢之间存在较大的温度差，冷却水接触带钢后在带钢表面形成蒸汽膜层，称为膜状沸腾。热量的传递受到蒸汽膜的阻碍，其换热效率较低。但此时的膜状沸腾比较短暂，因为层流冷却水质量大，动量也大，能轻松冲破蒸汽膜层。冷却水完全到达带钢表面时，会向周围扩展，形成的扩展区域被称为单相强制对流区域，此时换热强度很高。随着冷却水不断增多和流动，带钢表面的冷却水从层流变成湍流，部分冷却水由于被加热而沸腾，形成核态沸腾和过度沸腾区。沸腾气泡不断带走大量热，换热强度也较高，图 3-14 是层流冷却设备的示意图[42]。

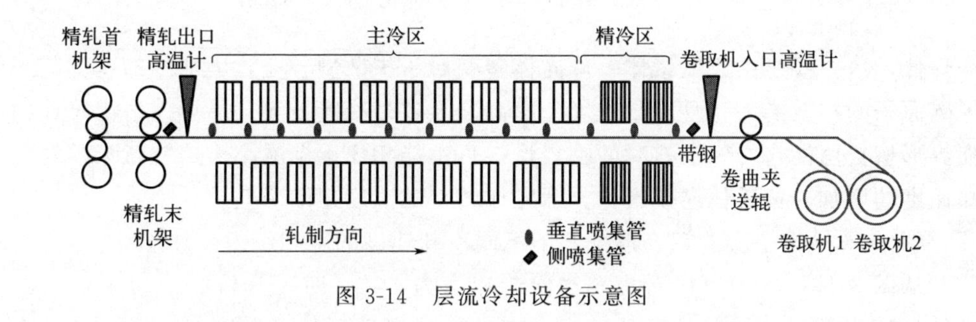

图 3-14　层流冷却设备示意图

3.3.2.2　层流冷却的冷却策略

为满足不同产品对于卷曲温度和冷却速度的要求，层流冷却系统分为以下三种冷却模式：前段主冷、后段主冷和稀疏冷却（按组稀疏、按管稀疏）。

前段主冷模式：主要应用于铁素体和珠光体为主要组成成分的普碳钢和其他合金钢。

后段主冷模式：主要应用于显微组织以针状铁素体和贝氏体为主的钢材。

稀疏冷却模式：采用按组水冷和按组空冷的交替冷却模式，要确定层流冷却主冷区的机关阀门开关顺序。

3.3.2.3　组织联系冷却转变

根据实验所得的热膨胀曲线，结合不同冷速下获得的金相显微组织，绘制出 X80 管线钢未变形和变形条件下的 CCT 曲线，如图 3-15 所示。从静态 CCT 曲线和动态 CCT 曲线中可以看出，相变区域主要有三部分：高温转变区的铁素体、珠光体相变和中温转变区的贝氏体相变。随着冷却速度的增加，珠光体转变区域逐渐消失，在高冷速状态下以铁素体相变和贝氏体相变为主。

从图 3-15 中可以看出，随着冷却速度的增加，铁素体、珠光体相变温度显

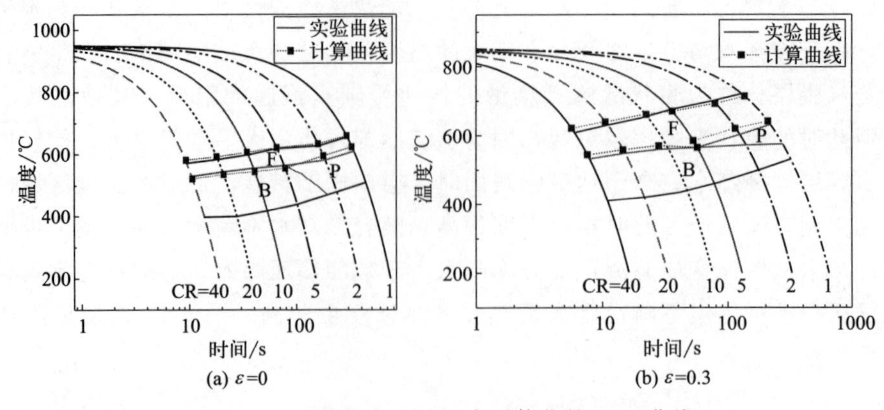

图 3-15　试验钢在 1200℃奥氏体化的 CCT 曲线

著降低，这主要是由于铁素体、珠光体转变属于扩散型转变，增加冷却速度制约了碳原子的扩散能力，且冷却速度的提高，导致过冷度增大，晶界、位错等处的临界形核自由能与均匀形核时的临界形核自由能相比逐渐减小。这就意味随着冷却速度的增加，奥氏体向铁素体、珠光体转变的温度逐渐降低。

图 3-16 给出了实验钢变形条件下不同冷却速度的金相组织照片。

从图 3-16(a) 中可以看出，当冷却速度为 1℃/s 时，其组织形貌主要由铁素体、珠光体以及微量贝氏体组成。其中，铁素体形貌具有以下特征：晶界高度不规则、不连续、凹凸不平。此种形貌的铁素体定义为准多边形铁素体。珠光体分布在准多边形铁素体的晶界上。而弥散分布在准多边形铁素体基体中及周围呈粒状任意分布的组织，称为粒状贝氏体。冷却速度为 2℃/s 时的组织形貌如图 3-16(b) 所示，珠光体数量减少，粒状贝氏体增加，组织形貌仍以准多边形铁素体为主，铁素体晶粒尺寸变小。随着冷却速度的增加，当冷却速度达到 5℃/s 时，通过图 3-16(c) 可见，珠光体完全消失，板条状贝氏体铁素体出现在组织形貌中，其组织主要是准多边形铁素体、粒状贝氏体和板条状贝氏体铁素体的混合组织。当冷却速度增加到 10℃/s 时，粒状贝氏体数量减少，组织中开始出现针状铁素体的形貌特征，见图 3-16(d)。到 20℃/s 时，由图 3-16(e) 可知，针状铁素体数量增加，其组织变成由针状铁素体和贝氏体组成。在更高的速度冷却（40℃/s）时，针状铁素体含量减少，组织分布以贝氏体为主。

综上所述可以看出，随着冷却速度的增加，铁素体数量明显减少，晶粒尺寸不断减小，铁素体形貌由准多边形向针状转变；其组织分布由低冷却速度下的准多边形铁素体、珠光体为主，转变为高冷却速度下的针状铁素体、贝氏体为主的多相共存组织，特别是在 20～40℃/s 冷却速度下得到的组织大多数为板条状的贝氏体铁素体和针状铁素体，这样有利于提高材料本身的韧性。

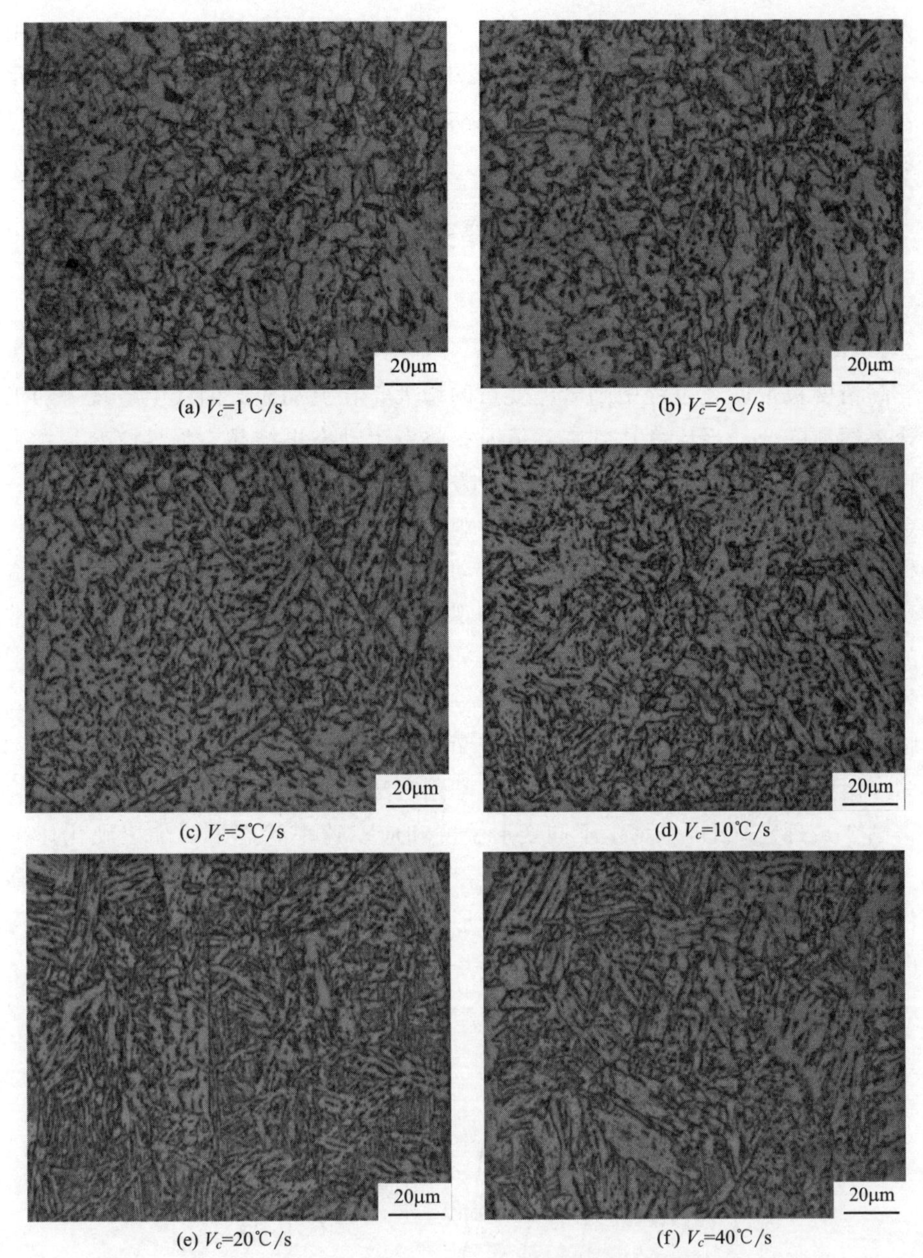

(a) V_c=1℃/s　(b) V_c=2℃/s
(c) V_c=5℃/s　(d) V_c=10℃/s
(e) V_c=20℃/s　(f) V_c=40℃/s

图 3-16　X80 管线钢在不同冷却速度下的显微组织（T_d＝850℃，ε＝0.3）

3.4　高精度板带连轧产品组织演变控制模型

高精度板带连轧过程中发生加工硬化和动态软化过程，加工硬化、动态回复和动态再结晶既是金属材料热加工普遍存在的过程，又是控制产品微观组织演变和力学性能变化非常重要的调控过程。一般情况下动态回复对材料软化作用有限，动态再结晶能够显著改善材料微观组织结构，如晶粒尺寸、形貌和分布状态，最终影响产品质量，因此金属材料动态再结晶行为对于精准控制热加工过程微观组织特征转变尤为重要。

3.4.1 高精度板带连轧再结晶控制模型

3.4.1.1 动态再结晶临界条件

高精度板带连轧过程中随着应变量的增大，在流动应力曲线上表现为加工硬化速率逐渐降低，当应变达到临界值时，将发生动态再结晶。临界应变是发生动态再结晶的一个关键参数，一般有两种方法可以得到动态再结晶临界应变：一种是金相观察法，通过观察淬火试样的微观晶粒结构确定动态再结晶临界应变；另一种是流动应力数学判定法，通过对流动应力进行数学演绎确定动态再结晶临界应变。相比流动应力数学判定法，金相观察法通常最为可靠，但这是一种非常复杂的方法，并且试样在淬火过程中存在相变过程，导致微观结构观察更为复杂。此外，实验过程中还需要准备大量试样进行淬火，试样变形量需要设置大于或小于临界应变，因此，金相观察法对于定量确定临界应变并不简单实用，近年来，最为广泛使用的方法是采用流动应力数学判定法确定动态再结晶临界应变[42]。

图 3-17(a)～(d) 显示了不同变形温度和应变速率状态下，加工硬化速率与流动应力对应的曲线，通过上述方法可以从流动应力曲线中确定动态再结晶临界条件。通过上述方法能够得到不同热变形工艺状态下动态再结晶临界条件，与流动应力曲线峰值应力相结合，判断材料是否发生动态再结晶。

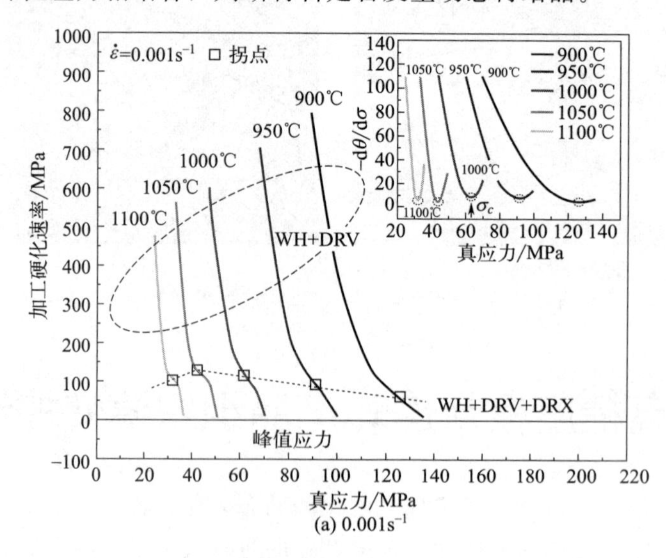

(a) 0.001s^{-1}

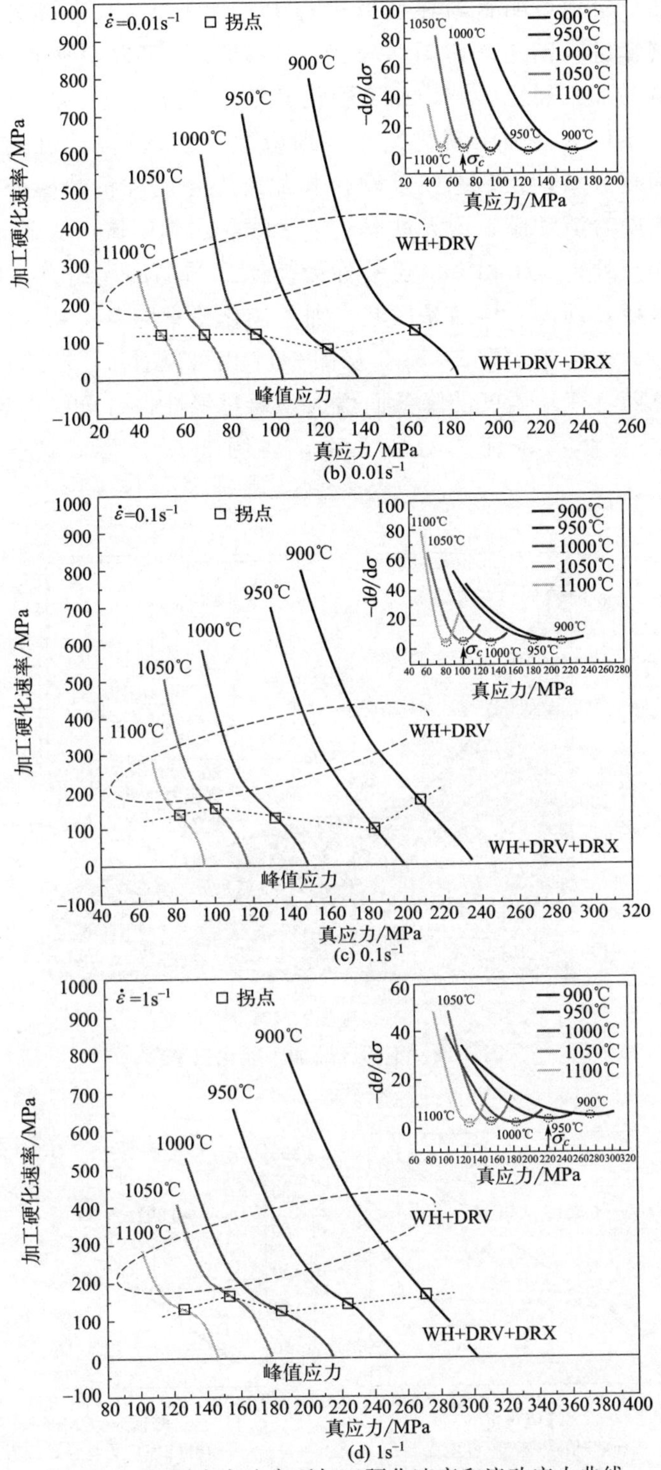

图 3-17　不同应变速率下加工硬化速率和流动应力曲线

为了更加形象地说明材料在变形过程中的加工状态，本章对加工硬化-应力曲线变化规律进行阐述，如图 3-18 所示，从图中可以明显看到存在三个区域：第一区域为加工硬化区域，加工硬化速率随着流动应力增大迅速降低，当流动应力进一步增大，加工硬化速率逐渐减缓并到达第一个拐点进入第二区域，即动态回复区域，在动态回复软化和加工硬化两种机制耦合交互作用下，加工硬化速率随着流动应力增大逐渐趋于平缓，在此区域一般形成亚结构，直到抵达第二拐点处，这个拐点也通常称为动态再结晶的起始点，即 $\sigma=\sigma_c$，随后进入第三区域，即动态再结晶区域，加工硬化速率随着流动应力增大迅速降低，到峰值应力处为零，即 $\sigma=\sigma_p$。从图 3-17 也可以看出，临界应力在恒定应变速率状态下随着变形温度的降低而增大，通过线性拟合可以得到不同变形状态下临界条件与峰值条件的对应关系，如图 3-19 所示，$\varepsilon_c/\varepsilon_p=0.361$ 和 $\sigma_c/\sigma_p=0.892$。

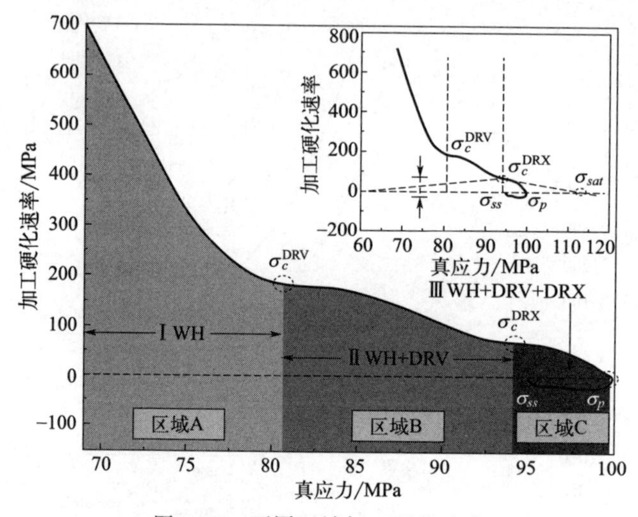

图 3-18　不同区域加工硬化速率

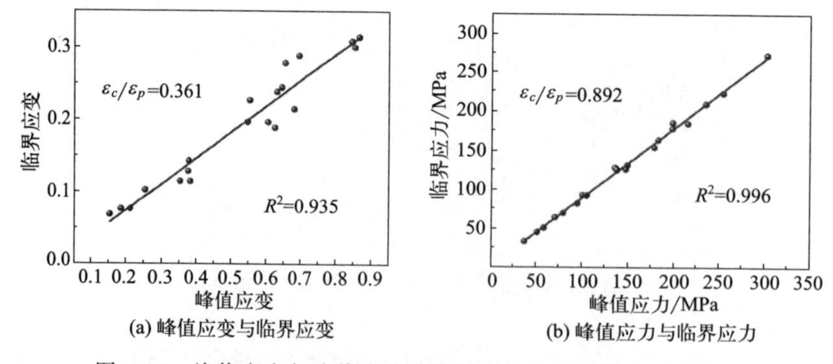

图 3-19　峰值应变与峰值应力及临界应变与临界应力对应关系

3.4.1.2 动态再结晶热变形激活能

动态再结晶是在应力、变形温度和应变速率三者耦合交互作用下的一种动态软化行为，因此需要建立描述材料高温塑性变形过程应力、变形温度和应变速率的本构模型，而在变形过程中产生的热激活能控制着材料的软化机制，从而引起不同加工硬化和软化行为。热激活能是诱发材料动态再结晶行为的一个关键参数，目前为止，已有很多用于描述金属材料高温变形热激活能和热变形行为的经验公式，在引用热激活能参数表征应力、温度和应变速率本构模型方面，最为常用的是 Sellars 和 Tegart 提出的双曲正弦 Arrhenius 模型[43]，如式(3-38) 所示。

$$\dot{\varepsilon}=\begin{cases}A_1\sigma^{n_1}\exp\left(-\dfrac{Q_{\mathrm{DRX}}}{RT}\right) & (\alpha\sigma<0.8,\text{低应力水平})\\ A_2\exp(\beta\alpha)\exp\left(-\dfrac{Q_{\mathrm{DRX}}}{RT}\right) & (\alpha\sigma>1.2,\text{高应力水平})\\ A[\sinh(\alpha\sigma)]^n\exp\left(-\dfrac{Q_{\mathrm{DRX}}}{RT}\right) & (\text{所有条件})\end{cases} \tag{3-38}$$

式中　A_1，A_2，A，n_1，n，β，α——材料常数；

Q_{DRX}——DRX 热变形激活能，kJ/mol；

$\dot{\varepsilon}$——应变速率，s^{-1}；

T——变形温度，K；

R——气体常数（8.314J/mol）；

σ——流动应力，MPa。

需要注意的是，为了数据获取的便捷性和准确性，一般采用峰值应力 σ_p 替代 σ，有研究资料表明峰值应力在金属材料实际生产中具有重要作用[44]。

根据 Zener-Hollomon 理论，金属和合金材料在高温塑性变形过程中应变速率受热激活能控制，应变速率和变形温度之间存在式(3-39) 所述关系[45]：

$$Z=\dot{\varepsilon}\exp\left(\frac{Q_{\mathrm{DRX}}}{RT}\right) \tag{3-39}$$

式中　Z——Zener-Hollomon 因子。

Zener-Hollomon 因子的物理意义是一个基于温度补偿的应变速率无量纲因子，为了建立应变速率、变形温度、应力三者之间的对应关系，将式(3-38) 与式(3-39) 结合，得到式(3-40)。

$$Z=\dot{\varepsilon}\exp\left(\frac{Q_{\mathrm{DRX}}}{RT}\right)=A\ [\sinh(\alpha\sigma)^n] \tag{3-40}$$

n 和 Q_{DRX} 的值可以通过式(3-41) 求得：

$$\begin{cases} n=\dfrac{\partial \ln \dot{\varepsilon}}{\partial \ln[\sinh(\alpha\sigma_p)]}\Bigg|_T \\ Q_{DRX}=nR\dfrac{\partial \ln[\sinh(\alpha\sigma_p)]}{\partial(1/T)}\Bigg|_{\dot{\varepsilon}} \end{cases} \tag{3-41}$$

可以看出，应力系数α是计算n和Q_{DRX}值的一个非常重要的参数，α值的计算一般有如下两种方法，一种为临界域法求解α值，通过线性拟合$\ln\dot{\varepsilon}$和$\ln\sigma_p$，$\ln\dot{\varepsilon}$和σ_p，斜率的平均值即为n_1值和β值，而$\alpha\approx\beta/n_1$，即可求出α值。另一种为全域法求解α值，优选金属材料在0.005～0.02变化区间获得n值的变化规律，在所有变形温度状态下n值标准偏差最小值所对应的α值即为最优解，通过计算，α值为0.008，这与一些文献针对不锈钢材料DRX研究得到α值在0.006～0.014范围内变化的结果非常吻合[46]。随后线性拟合$\ln[\sinh(\alpha\sigma_p)]$和$1/T$，$\ln\dot{\varepsilon}$和$\ln[\sinh(\alpha\sigma_p)]$，斜率的平均值即为$n$和$Q_{DRX}$值，最后计算各参数值如下：$A=3.296\times10^{14}$，$n=4.387$，$Q_{DRX}=401.43\text{kJ/mol}$。

式(3-38)与式(3-39)可以表述为式(3-42)和式(3-43)。

$$\dot{\varepsilon}=3.296\times10^{14}[\sinh(0.008\sigma)]^{4.387}\exp\left(-\frac{401430}{RT}\right) \tag{3-42}$$

$$Z=\dot{\varepsilon}\exp\left(\frac{401430}{RT}\right)=3.296\times10^{14}[\sinh(0.008\sigma)]^{4.387} \tag{3-43}$$

已有研究表明ε_c、σ_c、σ_p、ε_p和Z具有线性关系，如式(3-44)所示。

$$p=kZ^n \tag{3-44}$$

式中　p——性能参数；

　　　k——与材料化学成分相关的常数；

　　　n——与材料化学成分相关的常数。

对公式两边取对数可以得出Z与临界条件和峰值条件的对应关系，如图3-20所示，从图中可以得到ε_c、σ_c、σ_p、ε_p和Z的对应关系如式(3-45)、式(3-46)所示。

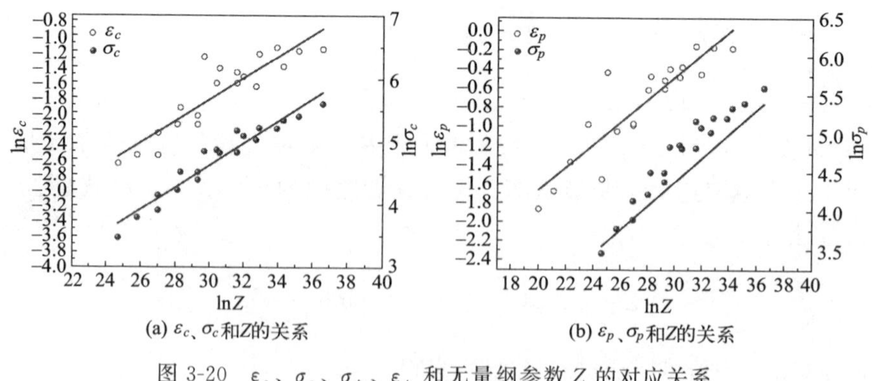

(a) ε_c、σ_c和Z的关系　　(b) ε_p、σ_p和Z的关系

图3-20　ε_c、σ_c、σ_p、ε_p和无量纲参数Z的对应关系

$$\begin{cases}\varepsilon_c=0.002Z^{0.139}\\ \sigma_c=0.515Z^{0.176}\end{cases}\tag{3-45}$$

$$\begin{cases}\varepsilon_p=0.018Z^{0.119}\\ \sigma_p=0.773Z^{0.155}\end{cases}\tag{3-46}$$

3.4.1.3　动态再结晶动力学模型

从上述研究中可以看出动态再结晶是高精度板带连轧塑性变形过程中非常重要的软化过程，本节重点介绍动态再结晶模型，已有研究提出了很多方法用于计算动态再结晶体积分数[47]，上述研究结果将有助于更好地理解不同动态再结晶模型参数所代表的物理意义。需要注意的是，一些研究将 σ_p 近似替代饱和应力 σ_{sat}，这种替代方法存在一定的局限性。由于动态再结晶开始于临界应变，高精度的动态再结晶模型取决于动态再结晶从起点到终点的全局变化过程，因此采用饱和应力与稳态应力差值作为驱动力计算较准确。本文首先采用 Zahiri 等人提出的方法确定动态回复应力[48]，进一步融合 Jonas 等人提出的动态再结晶动力学模型计算动态再结晶体积分数[49]，动态再结晶体积分数模型如式(3-47) 所示。

$$X_{\mathrm{DRX}}=\frac{\sigma_{recov}-\sigma}{\sigma_{sat}-\sigma_{ss}}\tag{3-47}$$

式中　σ_{recov}——动态回复应力；

σ——流动应力；

σ_{sat}——饱和应力；

σ_{ss}——稳态应力；

X_{DRX}——DRX 体积分数。

σ 和 σ_{ss} 可以从材料高温塑性变形流动应力曲线中获得，在这里需要描述动态回复应力 σ_{recov} 和饱和应力 σ_{sat} 的计算方式，如图 3-18 所示。从图可以看出，饱和应力 σ_{sat} 为加工硬化速率与应力拐点切线在 x 轴上的截距。

σ_{recov} 为材料在加工硬化及动态回复作用下的流动应力曲线，假设在临界应力前加工硬化速率均匀降低，根据式(3-48) 求解：

$$\theta=\mathrm{d}\sigma/\mathrm{d}\varepsilon=s\sigma+t\tag{3-48}$$

临界应力和临界应变是上述直线一个特殊解，s 和 t 可以通过式(3-49) 和式(3-50) 求解：

$$s=-\theta_c/(\sigma_{sat}-\sigma_c)\tag{3-49}$$

$$t=\theta_c\sigma_{sat}/(\sigma_{sat}-\sigma_c)\tag{3-50}$$

θ_c 为临界应变对应的临界加工硬化速率，因此动态回复应力可以通过式(3-51) 计算得到：

$$\sigma_{recov}=[(s\sigma_c+t)\exp(s\varepsilon-s\varepsilon_c)-t]/s \tag{3-51}$$

通过上述方法，可以得到实验状态下动态再结晶体积分数，为了建立动态再结晶预测模型，采用 Avrami 模型预测不同变形状态下的动态再结晶体积分数[50]，如式(3-52) 所示。

$$X_{\mathrm{DRX}}=1-\exp\left(-b\left(\frac{\varepsilon-\varepsilon_c}{\varepsilon_p}\right)^k\right) \tag{3-52}$$

k 和 b 是与材料化学成分和热变形条件相关的系数，将式(3-47) 与式(3-52) 结合并对两边取对数进行线性拟合即可计算 k 值和 b 值。

图 3-21 为不同变形状态下实验模型和预测模型动态再结晶体积分数对比，从图中可以看出动态再结晶的体积分数呈 S 形增长趋势，在动态再结晶体积分数 10%～90%区间内，实验模型和预测模型对比结果精度较高。从图 3-21(a) 中也可以看出实验钢在 $0.001\mathrm{s}^{-1}$ 低应变速率变形状态下经历了完全动态再结晶过程，这也与前文流动应力曲线分析相呼应，即在较低的应变速率状态下，材料具有充分的时间进行动态再结晶形核和长大，最后动态再结晶的体积分数达到 100%，表明动态再结晶完全发生。从图中也可以看出动态再结晶体积分数随着应变速率

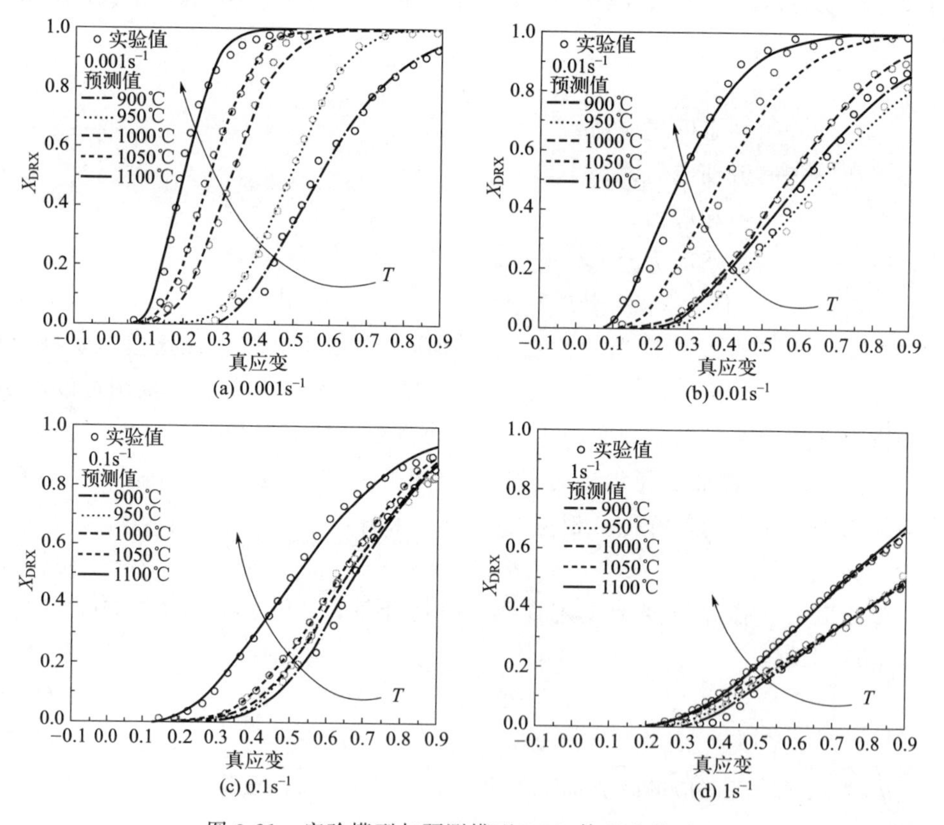

图 3-21 实验模型与预测模型 DRX 体积分数对比

的增大而降低，这表明材料在较高应变速率状态下不能发生完全动态再结晶，因此，k 和 b 的平均值可从完全动态再结晶状态确定[51]，分别为 2.406 和 1.35，因此动态再结晶预测模型可表示为式(3-53)：

$$X_{\mathrm{DRX}}=1-\exp\left[-1.35\left(\frac{\varepsilon-\varepsilon_c}{\varepsilon_p}\right)^{2.406}\right] \tag{3-53}$$

为了更加直观地验证预测模型的准确性，根据相关系数（R）和均方根误差（RMSE），进一步科学地评估模型的可靠性，其计算如下：

$$R=\frac{\sum_{i=1}^{n}(X_i-\overline{X})(Y_i-\overline{Y})}{\sqrt{\sum_{i=1}^{n}(X_i-\overline{X})^2}\sqrt{\sum_{i=1}^{n}(Y_i-\overline{Y})^2}} \tag{3-54}$$

$$\mathrm{RMSE}=\sqrt{\frac{1}{n}\sum_{i=1}^{n}(X_i-Y_i)^2} \tag{3-55}$$

式中　X_i——动态再结晶体积分数实验值；

Y_i——动态再结晶体积分数预测值；

$\overline{X}$——动态再结晶体积分数实验平均值；

$\overline{Y}$——动态再结晶体积分数预测平均值。

图 3-22 所示为不同变形工艺状态下动态再结晶预测模型精度，在应变速率为 $0.001\mathrm{s}^{-1}$、$0.01\mathrm{s}^{-1}$、$0.1\mathrm{s}^{-1}$ 和 $1\mathrm{s}^{-1}$ 状态下 R 值分别为 0.996、0.995、0.997 和 0.998，RMSE 值分别为 0.03、0.032、0.024 和 0.011。通过结果对比可知，所建立的动态再结晶模型精度较高，从图中也可以看出预测结果大多集中在 95%预测带范围内，因此所建立的动态再结晶模型可以用来预测实验钢在当前变形状态下的动态再结晶体积分数。

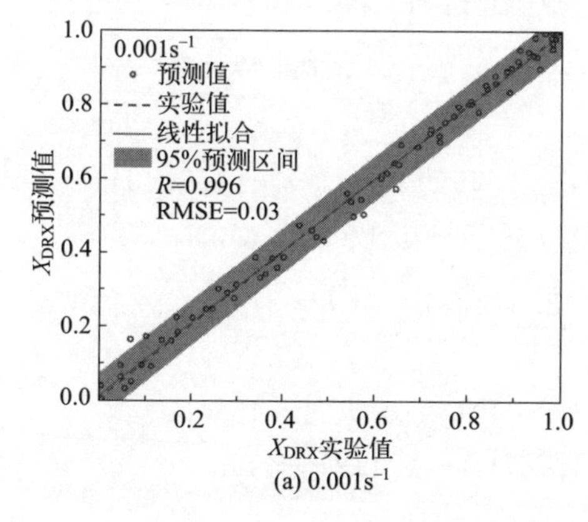

(a) $0.001\mathrm{s}^{-1}$

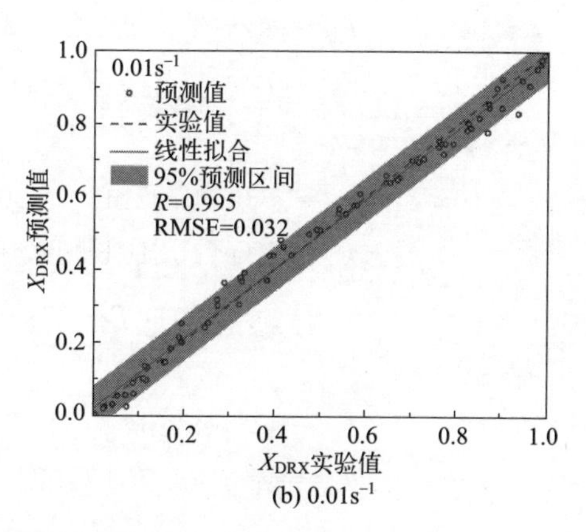

(b) $0.01\mathrm{s}^{-1}$

图 3-22

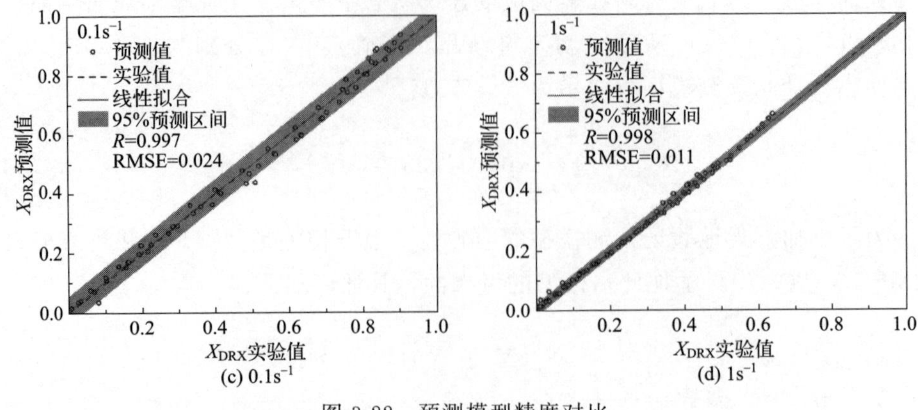

图 3-22 预测模型精度对比

3.4.2 高精度板带连轧相变控制理论

3.4.2.1 相变孕育期

相变孕育期即当温度低于热力学平衡温度时开始发生奥氏体向铁素体、珠光体和贝氏体相变所需要的时间。相变孕育期是可加性法则中的一个重要参数，它直接决定铁素体、珠光体和贝氏体实际转变温度。

由于高精度板带连轧相变过程中存在着相变孕育期，且相变孕育期直接决定着相变的开始温度，那么相变孕育期的计算就显得更为重要，下面分别给出了在连续冷却过程中奥氏体向铁素体、珠光体以及贝氏体相变时相变孕育期的计算模型：

$\gamma \rightarrow \alpha$：

$$\begin{aligned} \ln\tau_f &= -1.6454\ln k_f + 20T + 3.265\times10^4 T^{-1} - 173.89 \\ k_f &= \exp(4.7766 - 13.339[\%C] - 1.1922[\%Mn] + \\ &\quad 0.02505(T-273) - 3.5067\times10^{-5}(T-273)^2) \end{aligned} \tag{3-56}$$

$\gamma \rightarrow P$：

$$\begin{aligned} \ln\tau_p &= -0.91732\ln k_p + 20T + 1.9559\times10^4 T^{-1} - 157.45 \\ k_p &= \exp(10.164 - 16.002[\%C] - 0.9797[\%Mn] + \\ &\quad 0.00791(T-273) - 2.313\times10^{-5}(T-273)^2) \end{aligned} \tag{3-57}$$

$\gamma \rightarrow B$：

$$\begin{aligned} \ln\tau_b &= -0.68352\ln k_p + 20T + 1.6491\times10^4 T^{-1} - 155.30 \\ k_b &= \exp(28.784 - 11.484[\%C] - 1.1121[\%Mn] + \\ &\quad 0.13109(T-273) - 1.2077\times10^{-4}(T-273)^2) \end{aligned} \tag{3-58}$$

式中，k_f、k_p、k_b 为中间变量，T 为温度，[%C]、[%Mn] 分别为碳和锰的质量百分含量，τ_f、τ_p、τ_b 分别为奥氏体向铁素体、珠光体以及贝氏体相变的相变孕育期。从图 3-23 可以发现：铁素体相变孕育期随着温度的降低而不断降低。

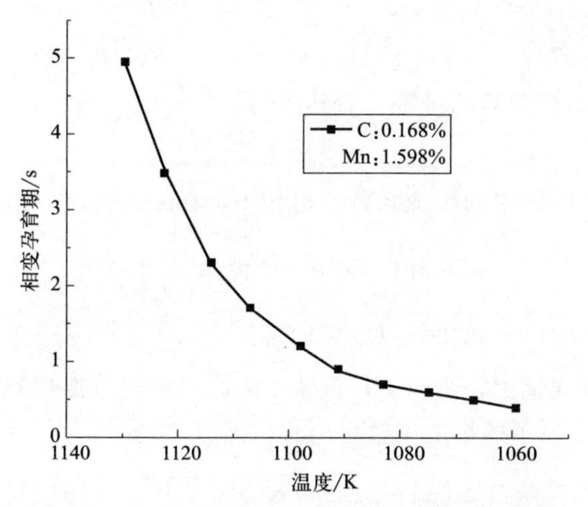

图 3-23　碳锰钢铁素体相变孕育期随温度的变化

当考虑微合金元素对相变的影响，以及变形对相变孕育期的影响时，上述经验模型就不能准确地计算各个相的相变孕育期。因此我们采用以下模型计算相变孕育期。

根据传统的形核理论，铁素体形核速率可由下式给出：

$$I = I_0 \exp\left(-\frac{\tau}{t}\right) \tag{3-59}$$

式中　I_0——稳定形核速率；

τ——铁素体相变孕育期，s；

t——等温时间，s。

Lange 等提出了一个计算形核速率的数学模型，认为铁素体的形核是以椭球形的方式形核的，并且给出了形核速率模型，如下式[52]：

$$I \propto \exp\left(-\frac{12k_B T a^4 \sigma_\alpha}{D_C x_C^\gamma v_\alpha^2 \Delta G_F^2}\right) \tag{3-60}$$

对比式(3-59)、式(3-60)，可以推导出铁素体相变孕育期计算公式如式(3-61)所示：

$$\tau = \frac{3(a_\alpha + a_\gamma)^4 k_B T \sigma_\alpha}{\Delta G_F^2 x_C^\gamma v_\alpha^2 D_C} \tag{3-61}$$

式中　k_B——玻尔兹曼常数（1.38×10^{-23} J/K）；

T——热力学温度，K；

σ_α——无序铁素体的界面能（0.705J/m^2）；

a_α、a_γ——铁素体和奥氏体晶格参数。

a_α、a_γ 由下式给出：

$$a_\alpha=2.8863\times[1+17.5\times10^{-6}(T-800)] \tag{3-62}$$

$$a_\gamma=(3.6306+0.78x_C^\gamma)[1+(24.9-50x_C^\gamma)\times10^{-6}(T-1000)] \tag{3-63}$$

v_α 为铁素体晶格参数的函数，表达式为：

$$v_\alpha=a_\alpha^3/2 \tag{3-64}$$

D_C^γ 为C在奥氏体中的扩散系数，可按 Kaufman 公式进行计算：

$$\begin{cases} D_C^\gamma=0.5\exp(-30x_C^\gamma)\exp\left(-\dfrac{Q_d}{RT}\right) \\ Q_d=38300-1.9\times10^5x_C^\gamma+5.5\times10^5(x_C^\gamma)^2 \end{cases} \tag{3-65}$$

在含 Nb 的管线钢中，由于 Nb 在晶界偏析产生溶质拖拽效应，影响了 C 原子的扩散，因此 C 原子的扩散系数可由式(3-66) 描述：

$$D_C^{Nb}=D_C^\gamma\exp\left[-5000\omega(Nb)\times\left(\frac{2750}{T}-1.851\right)\right] \tag{3-66}$$

3.4.2.2 相变实际转变温度

各个相的相变开始前对应各自的孕育期，当板带温度低于各个相的相平衡温度时，能否发生相变，就要看是否满足孕育期累加到实际相变的要求。对于等温相变，当等温时间达到相变孕育期时就开始发生相变；而对于连续冷却转变，有一个不同时间段的相变孕育期积累的过程，可以采用连续冷却逐温的孕育形核理论来进行计算。

Scheil 法则最初就是用来预测在非等温条件下各相的相变开始温度：

$$\int_0^t\frac{dt}{\tau(T)}=1 \tag{3-67}$$

当满足式(3-67) 时，达到非等温条件下相转变的开始温度。Scheil 法则又被称作“可加性原理”，提供了等温和非等温过程相变之间定量的数学关系。

在连续冷却过程中，各连续冷却的每一温度下都分别有短暂的孕育期，当冷到某一温度时，由于这些短暂孕育期的累积效果才完成孕育而实现形核，故奥氏体开始转变。图 3-24 表示：试样从平衡转变温度（$T_0=A_{e3}$）急速冷却到温度 T_1，需保温时间 Z_1 才能完成孕育而实现形核，奥氏体向铁素体转变开始。在连续冷却的情况下，在温度 T_1 下实际只能孕育短暂时间 $\Delta\tau_1$，便降温到 T_2，经过短暂孕育 $\Delta\tau_2$ 后，又降温到 T_3，孕育 $\Delta\tau_3$……直至降到温度 T_n。孕育期 $\Delta\tau_1$，孕育效果为 $\Delta\tau_1/Z_1$。由于 $\Delta\tau_1$ 远比 Z_1 小，$\Delta\tau_2$ 远比 Z_2 小，$\Delta\tau_3$ 远比 Z_3

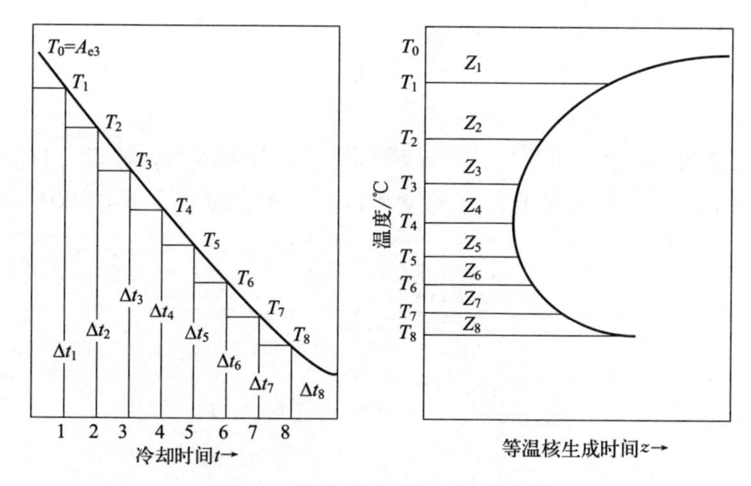

图 3-24　连续冷却逐温孕育示意图

小，这些短暂孕育期间的孕育程度，可用各温度下的整个孕育期的分数即 $\Delta\tau_1/Z_1$，$\Delta\tau_2/Z_2$，…，$\Delta\tau_n/Z_n$ 表示。当这些孕育时间分数叠加之和等于 1 时，意味着到达 T_n 温度时，各温度的短暂孕育效果的累积叠加达到了转变所需的孕育时间，即奥氏体向铁素体开始转变。

因此，奥氏体向铁素体转变的关键就是相变孕育期的叠加之和。由于相变孕育期是一个不断累积的过程，可采用 Scheil 叠加法则处理，将连续冷却过程中的温度分为无数个微小的等温段，当无数个微小的等温段的孕育期叠加满足式(3-68)时，则达到了未变形条件下连续冷却过程中铁素体实际转变温度。

$$\sum_i \frac{\Delta t_i}{\tau_i}=1 \tag{3-68}$$

式中　τ_i——不同温度下的铁素体相变孕育期；

Δt_i——时间步长。

通过热力学计算可以得到各个相的相平衡温度，然后采用上述的孕育期迭代算法，当满足要求时所对应的温度即是各个相的实际转变温度。

(1) 铁素体实际相变温度

当温度低于铁素体相平衡开始温度 A_{e3} 时，已经开始进入铁素体形核期间，此时采用式(3-61) 计算铁素体相变孕育期，当满足式(3-68) 时，对应的温度即为铁素体实际相变温度 A_{r3}。

当高精度轧制不同钢钟时，例如含 Nb 管线钢，固溶的 Nb 强烈地隔离了奥氏体和铁素体的相界，降低了铁素体长大的驱动力，导致了铁素体实际相变温度的降低。多数学者认为，固溶 Nb 含量每增加 0.01%，A_{r3} 就会降低 10℃[53]，因此在满足式(3-68)的基础上，考虑 Nb 元素的影响，含 Nb 管线钢铁素体实际相变温度可由下式得到：

$$A_{r3}=A'_{r3}-10\times([Nb]-0.014)/0.01 \tag{3-69}$$

式中 [Nb]——固溶 Nb 质量分数。

合金元素 Nb 主要以 NbC、NbN 形式固溶于奥氏体中，假设 NbC 在奥氏体中的活度为 x，则不同温度下合金元素 Nb 的固溶含量可由式(3-70)～式(3-73)联立求解：

$$\lg\frac{[Nb][C]}{x}=2.96-7510/T \tag{3-70}$$

$$\lg\frac{[Nb][N]}{1-x}=3.70-10800/T \tag{3-71}$$

$$\frac{Nb-[Nb]}{C-[C]}=\frac{92.9064}{x\times 12.011} \tag{3-72}$$

$$\frac{Nb-[Nb]}{N-[N]}=\frac{92.9064}{(1-x)\times 14.0067} \tag{3-73}$$

式中 [Nb]、[C]、[N]——合金元素 Nb、C、N 在奥氏体中的固溶量,%；

Nb、C、N——合金元素 Nb、C、N 质量分数,%。

轧制变形能够促进析出，增加析出量。B. Dutta 和 C. M. Sellars 提出了含 Nb 微合金钢中碳、氮化物析出开始时间计算模型：

$$t_{ps}=3\times10^{-6}Nb^{-1}\varepsilon^{-1}[\dot{\varepsilon}\exp(400000/RT_{pass})]^{-0.5}\exp(270000/RT_{pass})\exp[2.5\times10^{10}/T_{pass}^{3}(\ln K_s)^2] \tag{3-74}$$

式中 t_{ps}——析出开始时间，s；

T_{pass}——变形温度，K；

K_s——过饱和比，用下式表示。

$$K_s=\frac{10^{-6770/T_{RH}+2.26}}{10^{-6770/T_{pass}+2.26}} \tag{3-75}$$

式中 T_{RH}——加热温度，K。

对于 Si、Mn 含量较高的微合金钢，必须考虑 Si、Mn 对沉淀析出的影响，文献 [54] 对式(3-74)进行了修正，修正后得到下式：

$$t_{ps}^{DS}=\frac{t_{ps}}{10^{(-0.26-0.9Mn+2.85Si)}} \tag{3-76}$$

式中 Si、Mn——合金元素 Si、Mn 质量分数,%。

E. V. Pereloma 采用 Avrami 关系和叠加原则对该模型进行了拓展，提出了析出物体积分数随时间变化的关系式：

$$V_f = 1 - \exp\left[\ln(0.95)\left(\frac{t}{t_{ps}^{DS}}\right)^n\right] \tag{3-77}$$

式中　V_f——析出量占平衡状态时的百分数，%。

变形温度下合金元素 Nb 固溶量可由下式计算得到：

$$[\mathrm{Nb}]' = \mathrm{Nb} \cdot (1 - X_f) \tag{3-78}$$

以变形温度下残留在奥氏体中 Nb 的含量作为变形后 Nb 在奥氏体中析出的初始量，结合不考虑合金元素影响时计算所得的铁素体相变温度 A_{r3}，代入式(3-70)、式(3-71)、式(3-72)和式(3-73)联立求解，得到该温度下合金元素 Nb 的固溶质量分数，代入式(3-69)计算得到含 Nb 微合金钢的铁素体实际相变开始温度。图 3-25 为 A_{r3} 计算流程图。

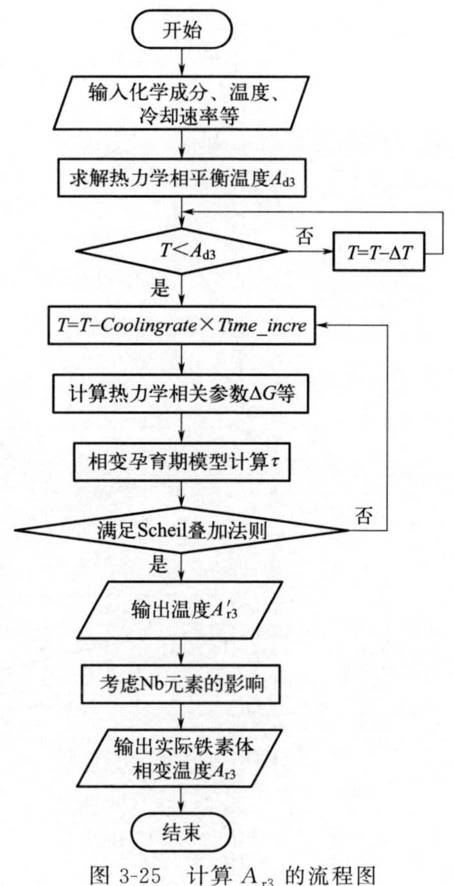

图 3-25　计算 A_{r3} 的流程图

(2) 珠光体相变温度

随着奥氏体向铁素体的转变的进行，温度不断下降，钢中的铁素体越来越多，由于铁素体的碳含量相对较低，多余的碳原子通过扩散的方式进入未转变的奥氏体中，使剩余奥氏体的碳含量不断上升。在发生先共析铁素体的相变过程中，奥氏体中平均碳含量由下式计算得到：

$$x_{\mathrm{C}}^{\gamma} = \frac{x_{\gamma}^{0}}{1 - X_{\mathrm{F}}} \tag{3-79}$$

式中　x_{γ}^{0}——相变前奥氏体的碳含量；

X_{F}——已转变的铁素体含量，%。

当剩余奥氏体中碳含量与 Fe-C 相图中的 A_{cm} 的外推线相交时，先共析铁素体相变停止，开始发生奥氏体向珠光体的转变，此时的温度称为珠光体转变温度，如图 3-26 所示。

通过图 3-27 将 A_{cm} 外推线上的碳浓度回归为下式求解出来：

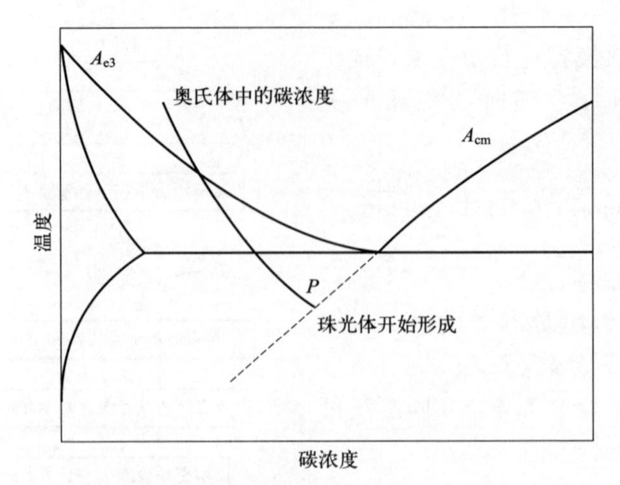

图 3-26 珠光体相变开始条件示意图

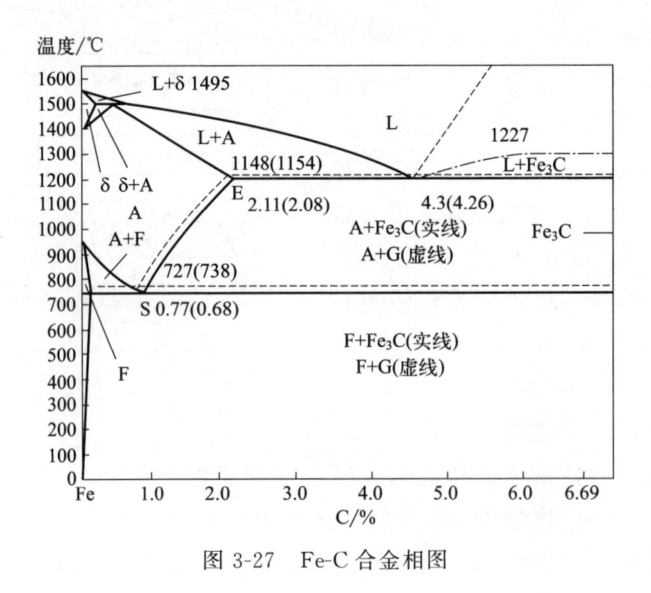

图 3-27 Fe-C 合金相图

$$x_{cem}=\frac{14\times[-0.01544+0.0000318(T-273)]}{3} \tag{3-80}$$

即当 $x_C^\gamma=x_{cem}$ 时，所对应的温度就是珠光体相变开始温度。

(3) 贝氏体相变温度

对于贝氏体相变，为了简化模型，对贝氏体相变作如下假设：忽略形核长大阶段；贝氏体相变只在奥氏体晶界发生；相变以相对稳定的速率发生，可采用铁素体相变孕育期模型进行计算，当满足 Scheil 法则时，对应的温度为贝氏体相变开始温度。

3.5 高精度板带连轧微观组织与宏观力学性能关系

3.5.1 硬度

硬度是衡量金属材料软硬程度的一项重要的性能指标，是材料抵抗弹性变形、塑性变形或断裂破坏的能力，是材料弹塑性和强韧性等力学性能的综合指标。材料的硬度除了与自身化学成分有关外，还受到加工、热处理工艺及内部组织结构等因素的影响。图3-28(a)和(b)所示分别为45钢、65Mn钢在不同应变速率下的显微硬度值。从图中可以看出，硬度与温度的曲线大体呈线性关系。

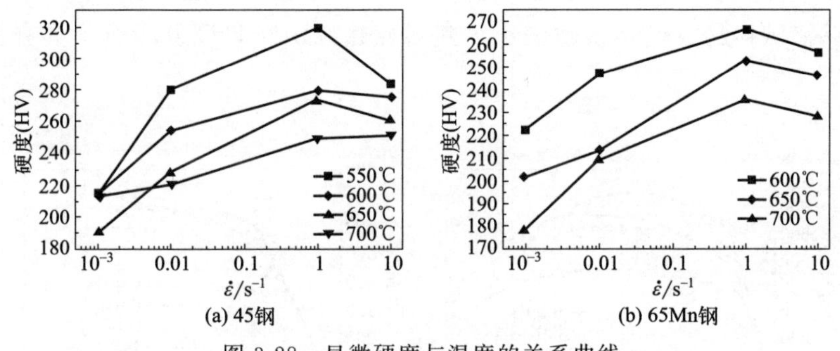

图3-28　显微硬度与温度的关系曲线

高精度板带连轧过程中不同应变速率下温变形后，材料的显微硬度值随着变形温度的升高而降低，这主要是由于温度升高降低了材料的过冷度，珠光体的含量降低，先共析铁素体的百分含量增加，而铁素体相是韧性相，因此材料的显微硬度值随着变形温度升高呈现下降趋势。根据Hofer和Hintermann提出的微观理论[55]，影响材料显微硬度的组织结构因素主要有位错移动性、位错密度和晶粒尺寸。温度升高使得原子振幅增大，从而降低了原子间的结合力，由变形所产生的位错移动和交滑移及亚结构重组等再结晶软化行为的发生，导致硬度值下降。另外结合对应变速率的分析可知，变形温度相同时，随着应变速率的增大，实验钢的显微硬度值增加。这是由于变形速率增大，变形过程中金属内部产生的畸变能来不及充分释放，再结晶等软化机制不能充分进行。此外，应变速率的增加，使得渗碳体球化的速度增大，渗碳体球细小，形成的大量细小的渗碳体颗粒弥散分布在铁素体基体上，产生弥散强化，因此硬度值增加。

3.5.2 强度

屈服强度是指金属材料发生屈服现象时的屈服极限，亦即抵抗微量塑性变形的应力，它是反映材料内在本质的一个性能指标。对于脆性材料和无明显屈服的金属材料，规定以产生0.2%残余变形的应力值为其屈服极限，称为条件屈服极限或屈服强度。抗拉强度是金属由均匀塑性变形向局部集中塑性变形过渡的临界值，也是金属在静拉伸条件下的最大承载能力。对于塑性材料，它表征材料最大均匀塑性变形的抗力，对于没有（或很小）均匀塑性变形的脆性材料，它反映了材料的断裂抗力。图3-29所示为45钢和65Mn钢的室温拉伸曲线，从图中曲线可以看出，实验钢有明显的屈服现象。根据多晶体的屈服理论[56]，这是由于位错在铁素体晶界塞积使得相邻铁素体的位错激活移动，从而产生明显的屈服点。晶界处出现粒状碳化物，材料在拉伸时就会表现出明显的屈服现象，室温变形过程中大部分片状渗碳体发生球化，弥散分布的球状渗碳体能显著地改善材料的塑性，球状渗碳体的数量越多越细小，其塑性越好，因此该复相组织具有良好的塑性。

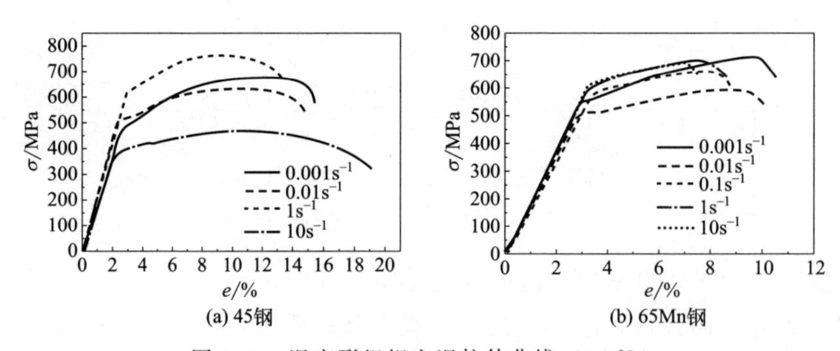

图3-29 温变形组织室温拉伸曲线（650℃）

45钢和65Mn钢经过常规热处理后的力学性能参数如表3-1所示。结合图3-28和图3-29可知，在变形速率为$0.01s^{-1}$和$0.001s^{-1}$，变形温度为700℃时，45钢的综合力学性能指标均达到了其常规热处理时的参数值，当变形温度为600℃和650℃时，延伸率在14%左右，未达到常规热处理的标准值（16%），但此时最大抗拉强度高达828MPa。65Mn钢在中温区变形时，抗拉强度没有明显变化，但其延伸率几乎都在常规热处理的标准值（9%）之上，最高延伸率高达19%，表现出良好的塑性。由于拉伸方向垂直于压缩方向，因此在实际轧制中沿轧向的力学性能较好，考虑到变形对组织性能取向的不利影响，需要对温变形后的组织进行热处理以改善性能。

表 3-1　45 钢和 65Mn 钢力学性能要求

材料	常规热处理工艺	σ_b/MPa	σ_s/MPa	δ/%	HV	σ_s/σ_b
45 钢	正火＋回火	598	353	16	≤240	0.59
65Mn 钢	正火	735	430	9	≤300	0.59

屈强比是指材料的屈服强度与抗拉强度的比值，是衡量钢材强度储备的一个系数。屈强比低表示材料的塑性较好，屈强比高表示材料的抗变形能力较强，不易发生塑性变形。一般碳钢的屈强比为 0.6～0.65，低合金结构钢的屈强比为 0.65～0.7，合金结构钢的屈强比为 0.84～0.86。机械零件的屈强比越大，材料强度的利用率越高，从而达到减重节材的目的。要求有尽可能高的弹性极限和屈强比的弹簧钢，一般是经调质处理后达到较高的屈强比（0.8～0.9）。根据拉伸实验数据，65Mn 钢经过温变形后的屈服强度大大提高，屈强比达到 0.8～0.9。

图 3-30 所示为 65Mn 钢不同应变速率下温变形组织的屈服强度和抗拉强度随温度的变化。屈服强度和抗拉强度均随着应变速率的增加而增大，随着变形温度的升高而降低，这是由于变形温度降低，金属内部生成的铁素体晶粒和渗碳体球状颗粒变细小而产生细晶强化效应使得材料强度升高。

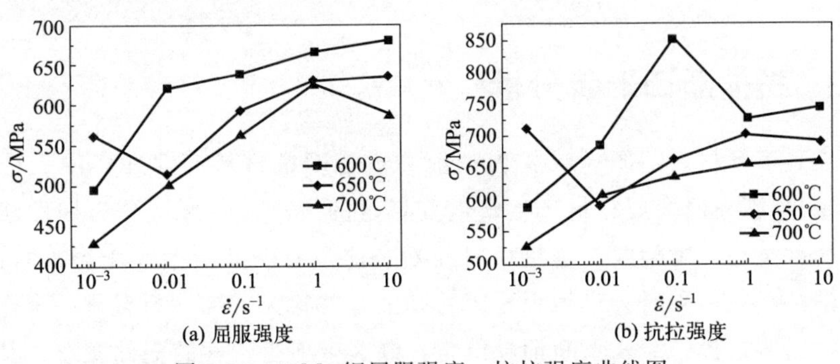

图 3-30　65Mn 钢屈服强度、抗拉强度曲线图

从图中还可以看到，变形速率降低到 $0.001s^{-1}$ 时，屈服强度和抗拉强度均在变形温度为 650℃时出现了峰值，这是由于此时变形速率很低，发生了时效，铁素体晶内碳原子扩散移动到晶界的位错处，对位错移动起钉扎作用，导致强度大幅度升高；当温度升高到 700℃时，碳原子的活性增加，扩散到晶界处的碳原子不稳定不足以产生钉扎作用，因此强度较低。

延伸率是指试样拉伸断裂后标距段的总变形 ΔL 与原标距长度 L 之比的百分数，是描述材料塑性性能的一项指标。温变形后组织的延伸率主要受钢中带状组织、Cottrel 气团及铁素体相含量等因素影响。在较低的温度下变形时，C 原子偏聚形成 Cottrel 气团，并且铁素体加工硬化严重，这使得材料延伸率下降。从图 3-31 可知，45 钢和 65Mn 钢的延伸率均随着变形温度的升高而增加。变形速率对上述因素的影响较为复杂，从图中看延伸率随速率变化的规律不明显。在变形速率分别为 $0.001s^{-1}$、$0.01s^{-1}$、$1s^{-1}$、$10s^{-1}$ 时，变形温度为 550℃，45 钢相应的延伸率分别为 12.12%、11.40%、15.86%、13%；变形温度为 700℃，对应的延伸率分别为 18.36%、17.0%、18.93%、18.21%，在低温变形时，45 钢的延伸率受变形速率影响比较大。这是由于在 700℃变形时，发生珠光体转变的孕育时间较长，先共析铁素体的含量增多，且高温下更易发生再结晶软化使得材料延伸率增加。

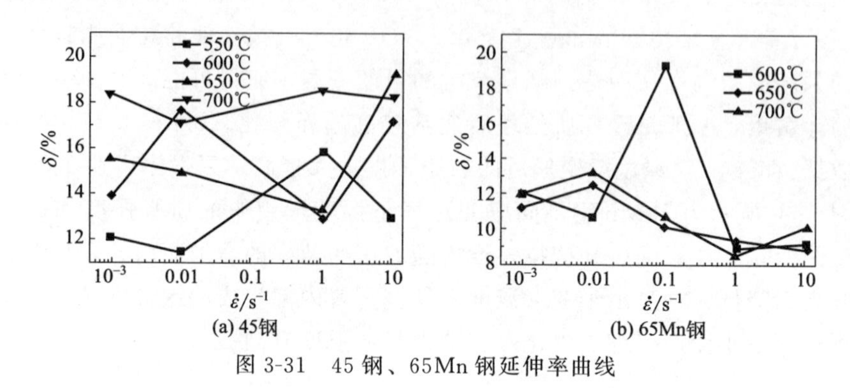

图 3-31　45 钢、65Mn 钢延伸率曲线

3.5.3 拉伸断口形貌分析

断裂是表征材料组织裂纹扩展的能力，是度量材料韧性好坏的一个定量指标[57]。根据断裂前金属材料产生塑性变形量的大小，断裂可分为韧性断裂和脆性断裂两种类型。脆性断裂是指材料在断裂前没有明显的塑性变形，断口平齐，呈光亮的结晶状，同时会产生很多碎片，危害性很大。韧性断裂是一个比较缓慢的过程，断裂过程中需要不断消耗能量，断裂前产生较大的塑性变形，其断口呈暗灰色的纤维状。

金属多晶体的断裂，根据断裂路径的走向，可分为穿晶断裂和晶间断裂两类。穿晶断裂是指裂纹穿过晶粒内部，晶间断裂是指裂纹沿晶界扩展。在室温条件下，大多数金属材料断裂属于韧性穿晶断裂。金属韧性断裂最主要的微观形貌特征就是韧窝，韧窝特征的形成机理为空洞聚集，即显微空洞生核、长大、聚集直至断裂。韧窝的形状主要取决于应力状态，其平均直径尺寸大小和深度受到第二相质点的尺寸、形状、分布，材料本身的相对塑性，外加应力和温度等因素影响。第二相质点的尺寸和分布对韧窝尺寸有很大的影响，质点越大，断裂形成的韧窝尺寸也越大，韧窝的直径尺寸越大，深度越深，材料的塑性越好。

图 3-32(a) 和 (b) 所示为 45 钢分别在 700℃和 650℃变形后，经过室温微拉伸后断口的扫描电子显微形貌，从图中可以看出 45 钢温变形后的断裂方式为

典型的穿晶韧性断裂。

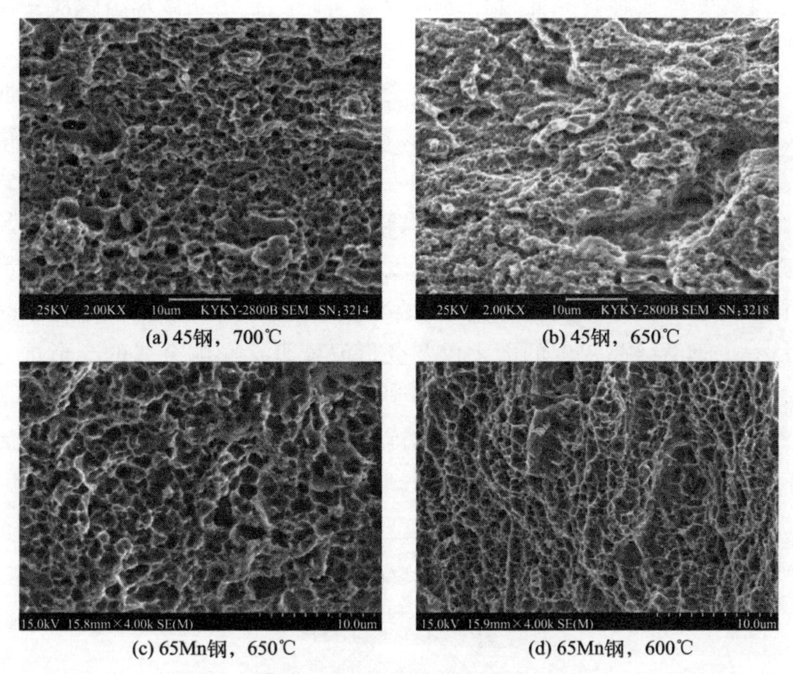

(a) 45钢，700℃　(b) 45钢，650℃

(c) 65Mn钢，650℃　(d) 65Mn钢，600℃

图 3-32　微拉伸断口形貌

当变形温度为 700℃时，断裂形成的韧窝直径尺寸较大，深度相对较大，且韧窝较均匀，这是由于变形温度越高，金属发生的再结晶过程比较充分，且第二相质点随着温度升高而长大，因此形成均匀且大而深的韧窝。在变形温度为 650℃变形时，由于发生部分再结晶和碳化物的不均匀分布，使得韧窝大小不均，呈现部分的椭圆状，因此 45 钢在 700℃变形时的塑性要优于其在 650℃变形时，这与拉伸实验结果得到的 700℃时的延伸率大于 650℃时的延伸率是一致的。图 3-32(c) 和 (d) 所示分别为 65Mn 钢在 650℃和 600℃变形时的室温拉伸断口扫描电子显微组织形貌，从图中可以看出 65Mn 钢在 650℃变形拉断后，形成的韧窝明显大且深，韧窝尺寸大小分布均匀，因此塑性较好，这也与拉伸所得延伸率的结论相符。

3.6　高精度板带连轧产品组织性能一体化多场耦合模拟技术

3.6.1　耦合模型组成

基于条元法多参数耦合仿真系统最终预测了热轧阶段奥氏体演变过程，包括板带内部奥氏体晶粒尺寸及其再结晶体积分数变化等情况。为对金属材料高精度板带连轧过程的奥氏体再结晶现象进行定量描述，需建立微观组织演变模型。而再结晶的发生受变形过程工艺参数的影响，重要的影响参数为变形程度、变形速度、变形温度和变形间隙时间等。其中变形程度与变形速度需由金属塑性变形模型得到，变形温度需由温度场模型得到。因此，对金属热变形过程进行精确描述需建立三大理论模型，即金属三维变形模型、温度场模型、微观组织演变模型。

如图 3-33 所示，热变形过程的三大理论模型是相互影响的。首先金属三维变形模型计算得到的变形程度与变形速度以及温度场模型计算得到的变形温度直接决定了热变形过程是否发生再结晶，发生再结晶程度的大小以及再结晶后晶粒尺寸的大小；而再结晶程度的大小以及变形温度直接影响金属的变形抗力，因此又会间接影响金属塑性变形模型计算得到的变形程度与变形速度；同时塑性变形过程所产生的变形热、摩擦热又会对温度场产生直接影响。因此，对金属热变形过程的精确描述需将三大理论模型进行耦合。

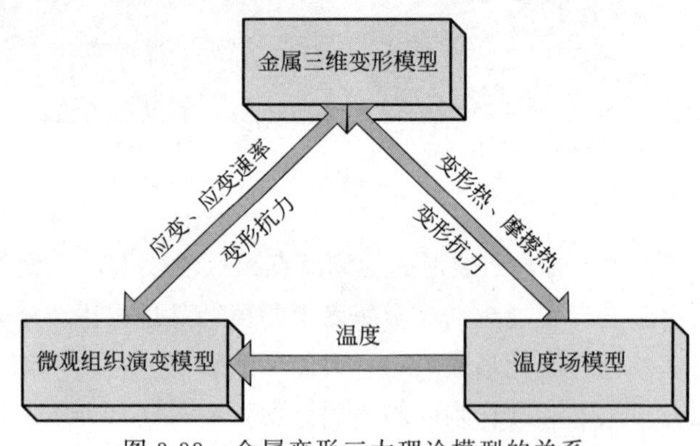

图 3-33　金属变形三大理论模型的关系

3.6.2　计算步骤及流程图

基于条元法多参数耦合计算流程图如图 3-34 所示，具体步骤如下：

① 输入轧制工艺参数和材质参数等，如变形抗力初始值、板带初始温度、轧辊温度和环境温度、换热系数、材料种类、初始奥氏体晶粒尺寸和奥氏体演变过程中各模型的系数等，并对板带和轧辊进行节点划分。

② 计算变形区内板带变形时的应力场和速度场，求解得到板带内部各节点处的变形热及表面各节点处的摩擦热。

③ 将金属三维变形模型的相应场量代入板带温度场模型中，计算变形区内板带的瞬态温度分布，得到各节点的温度值。

④ 更新各节点的应变、应变速度和温度，代入变形抗力模型中，计算各节

点处的变形抗力。

⑤ 重新计算变形区内的变形场和温度场，更新各节点处的相关场量，判断各场量是否收敛，如收敛则结束，如不收敛则转到第④步进行迭代计算。

⑥ 将金属变形模型和温度场模型计算得到的变形条件相关场量代入微观组织演变模型中，判断轧制阶段奥氏体是否发生动态再结晶，如果发生，计算各节点处的动态再结晶百分数、动态再结晶晶粒尺寸等。②～⑥步计算了轧制阶段板带热、力及微观组织演变各场量的变化情况。

⑦ 机架间的水冷和空冷使板带的温度发生变化，因此计算机架间板带温度场，更新各节点处的温度，为计算轧制间隙期间微观组织演变提供数据前提。

⑧ 结合温度场和轧制间隙时间等，计算机架间微观组织演变过程，并根据轧制阶段奥氏体是否发生了动态再结晶，判断机架间奥氏体再结晶的类型，最终计算得到再结晶晶粒尺寸、晶粒长大尺寸、再结晶百分数和残余应变等。②～⑧步计算了轧制间隙期间板带热及微观组织演变各场量的变化情况。

⑨ 判断轧制是否结束，如果否，则重复②～⑧步进行下一道次的计算。

上述轧制阶段及轧制间隙期间的微观组织演变计算流程如图 3-35 所示，具体步骤如下：

① 调用各节点变形场和温度场计算的有关参数，如应变、应变速率和温度等参数，为微观组织演变计算提供数据前提。

② 微观组织演变计算过程中有 5 个判断模块，分别是：

• 判断当前应变是否大于动态再结晶临界应变，如果是，则在轧制阶段发生动态再结晶；否则在轧制阶段不发生动态再结晶，从而在轧制间隙期间只发生静态再结晶。

• 判断动态再结晶发生是否完全，如果是，则在轧制间隙期间只发生亚动态再结晶；否则发生亚动态再结晶或静态和亚动态再结晶混合再结晶。

• 判断静态再结晶是否发生完全，如果是，计算静态再结晶晶粒尺寸 d_s；否则计算平均晶粒尺寸 $\overline{d}_s$。

$$\overline{d}_s = d_s X_s + d_{i-1}(1 - X_s) \tag{3-81}$$

式中，d_{i-1} 为第 $i-1$ 道次的晶粒尺寸，当 $i=1$ 时，为初始晶粒尺寸 d_0。

• 判断混合再结晶是否发生完全，如果是，计算混合再结晶晶粒尺寸 d_{smd}；否则计算平均晶粒尺寸 $\overline{d}_{smd}$。

$$\overline{d}_{smd} = d_{smd} X_{smd} + d_{i-1}(1 - X_{smd}) \tag{3-82}$$

• 判断亚动态再结晶是否发生完全，如果是，计算亚动态再结晶晶粒尺寸 d_{md}；否则计算平均晶粒尺寸 $\overline{d}_{md}$。

$$\overline{d}_{md} = d_{md} X_{md} + d_{i-1}(1 - X_{md}) \tag{3-83}$$

③ 计算晶粒长大尺寸和残余应变等。

④ 判断轧制是否结束，如果否，则计算累积应变，重复②～③步进行下一道次的计算。

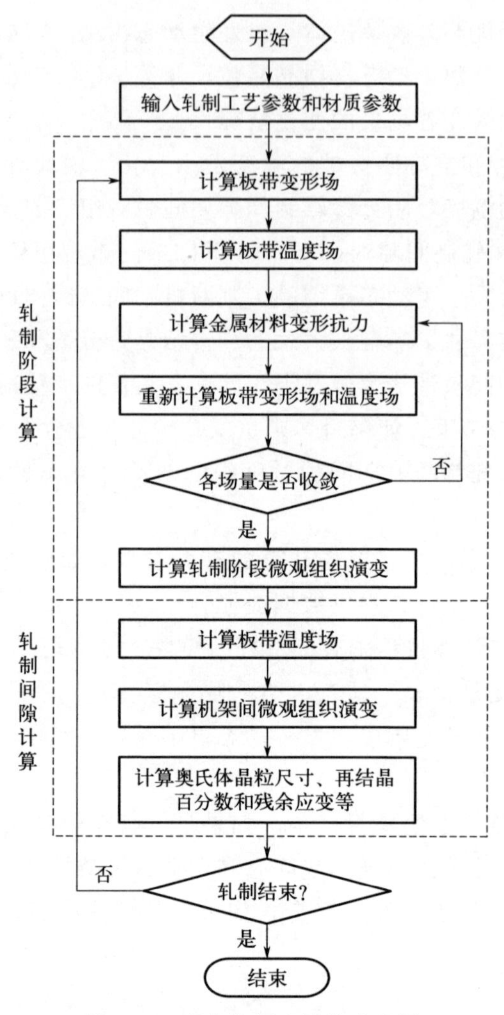

图 3-34　多参数耦合计算流程图

3.6.3　多参数耦合模型的仿真实例

对国内某钢厂 1750mm 六机架热连轧机进行多参数耦合仿真计算，钢卷号为 90499235010，来料板坯宽度为 1280mm，第一机架入口前测温点处温度为 950℃，终轧后测温点处温度为 881℃，材质为低合金钢 Q345B，现场轧制工况及轧机的主要技术参数如表 3-2 所示。

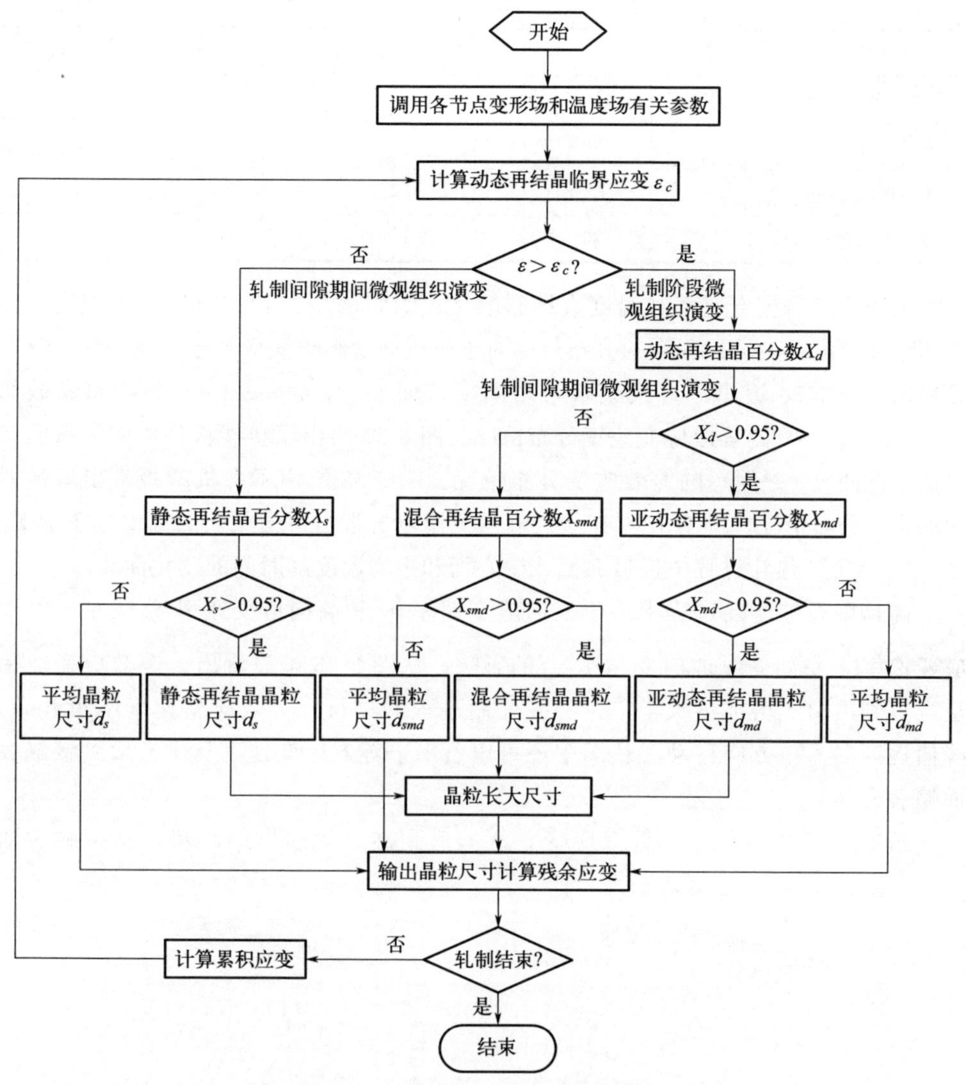

图 3-35　微观组织演变计算流程图

表 3-2　1750mm 热连轧机主要参数

机架	F1	F2	F3	F4	F5	F6
轧机类型	4Hi	4Hi	4Hi	4Hi	4Hi	4Hi
工作辊辊身长/mm	2000	2000	2000	2000	2000	2000
支承辊辊身长/mm	1750	1750	1750	1750	1750	1750
工作辊直径/mm	630～700	630～700	630～700	630～700	630～700	630～700
支承辊直径/mm	1370～1500	1370～1500	1370～1500	1370～1500	1370～1500	1370～1500

续表

机架	F1	F2	F3	F4	F5	F6
最大轧制力/kN	42000	42000	42000	42000	42000	42000
入口厚度/mm	48.6	29.2	19.1	14.4	12.1	10.4
出口厚度/mm	29.2	19.1	14.4	12.1	10.4	9.4
轧制速度/(mm/s)	1157.75	1775.38	2397.933	2929.682	3408.231	3818.511

由于应变、应变速率和温度直接影响微观组织演变过程，因此分析应变、应变速率和温度在热轧过程中的分布规律对于分析微观组织演变的分布规律是十分有必要的。图 3-36 给出了各机架板带中间横截面（x-y 面，$z=0$）和中间纵截面（x-z 面，$y=0$）的等效应变速率分布情况。图 3-37 给出了机架板带中间纵截面和出口横截面（y-z 面）的等效应变分布情况。图 3-38 给出了各机架板带出口横截面的温度分布情况。图 3-37 给出了终轧后测温点板带出口横截面的温度分布情况。图 3-38 示出了热轧过程中板带表面、中心面和平均温度随时间的变化曲线。

高精度板带连轧过程中由于横向应变速率 $\dot{\varepsilon}_y$ 和高向应变速率 $\dot{\varepsilon}_z$ 较小，等效应变速率 $\dot{\bar{\varepsilon}}$ 主要受纵向应变速率 $\dot{\varepsilon}_x$ 的影响，从图 3-36 可以看出，等效应变速率从入口到出口先增加再减小，且随着轧制过程的进行，等效应变速率不断升高，峰值逐渐向入口方向移动。从图中还可以看出，等效应变速率从中心面到接触表面略有升高。

从图 3-37 可以看出，等效应变 $\bar{\varepsilon}$ 从入口到出口呈递增的趋势，从接触表面

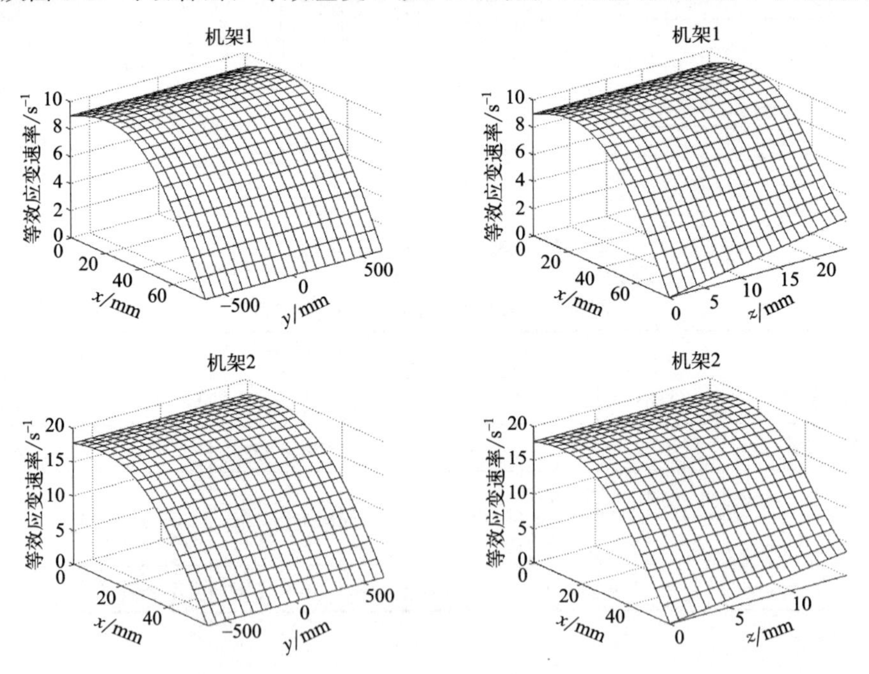

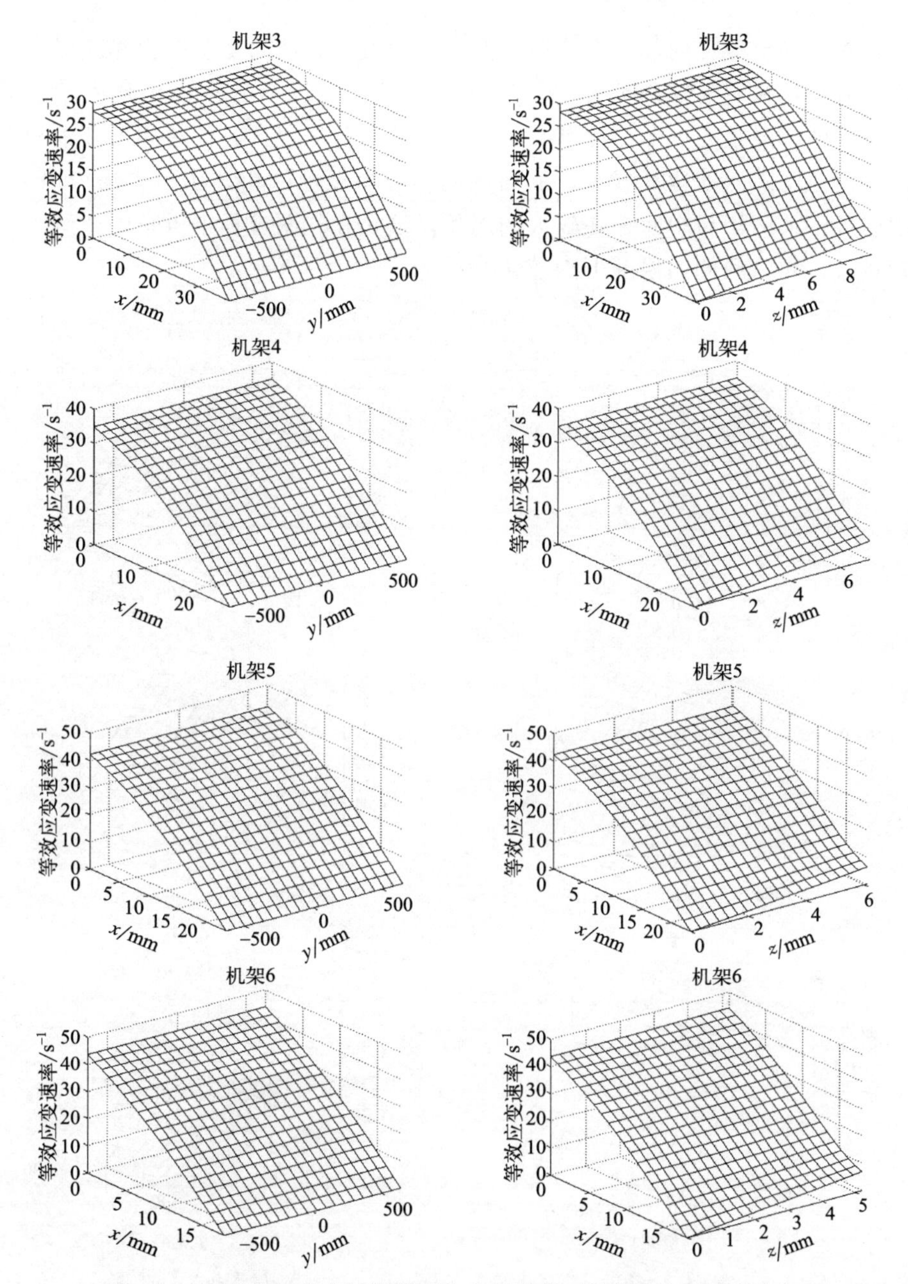

图 3-36　各机架板带中间横截面和中间纵截面的等效应变速率分布

到中心面、从中心面到两侧表面逐渐减小，但减小的程度很小。随着轧制过程的不断进行，压下率不断减小，各机架的等效应变也相应地减小，其中等效应变的最大值在各机架出口位置的板带接触表面处。

从图 3-38 和图 3-39 可以看出，在轧制过程中，沿板带高向存在一定的温差，随着轧制过程的进行，温差逐渐降低，这是由于在变形区板带内部吸收的变形热较多，导致板带内部的温度略有升高，而板带表面与低温轧辊相接触，表面温度降低得比较明显。随着轧制过程进行，压下量逐渐减小，轧制速度逐渐提高，板带内部吸收的变形热逐渐减小，板带表面与轧辊接触的时间逐渐缩短，使板带表面温度降低的幅度减小，从而高向的温差逐渐减小。从图中还可以看出，沿横向板带的两侧与中间存在较大的温差，这是在轧制过程中板带的两侧与冷却水相接触，导致两侧的温度下降较快。

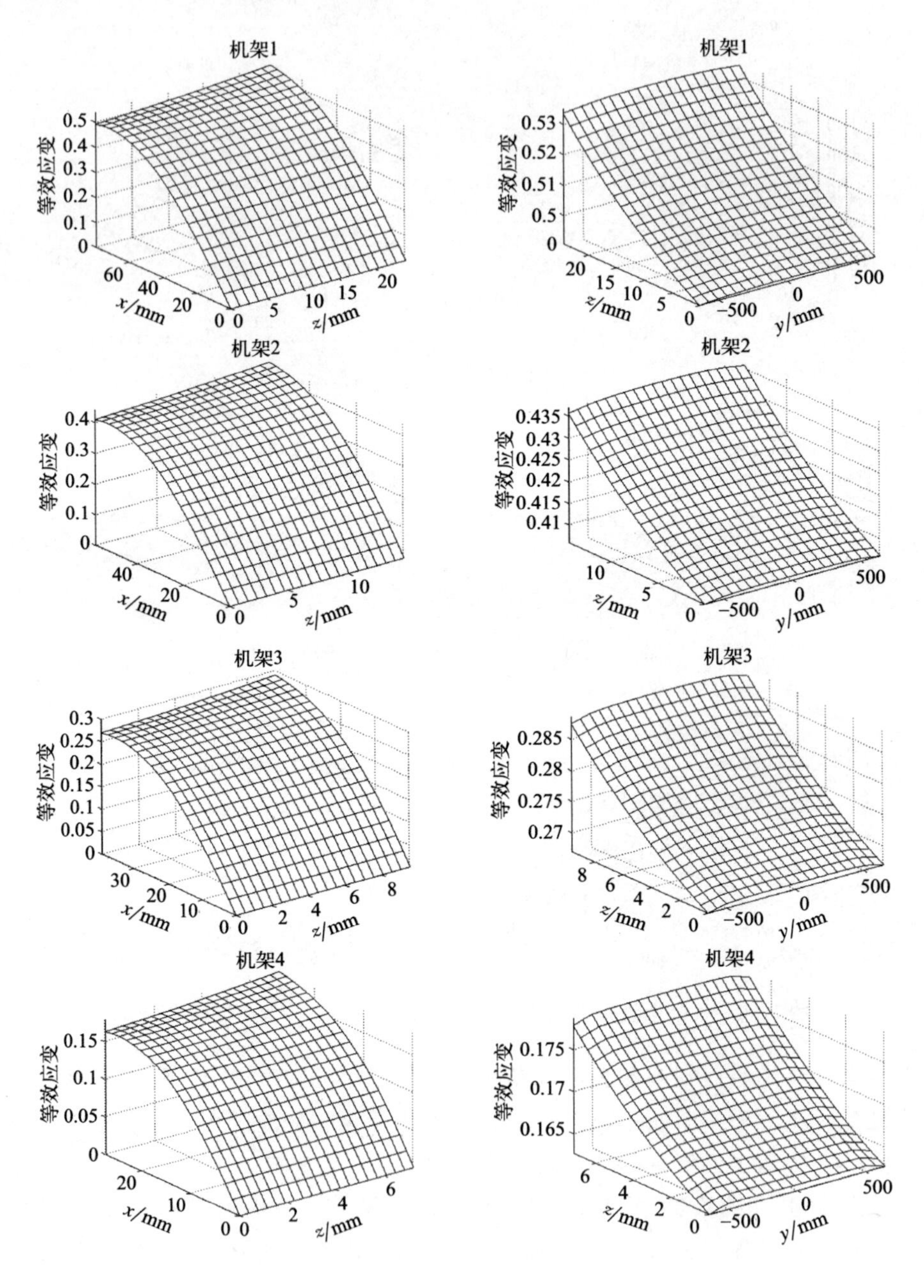

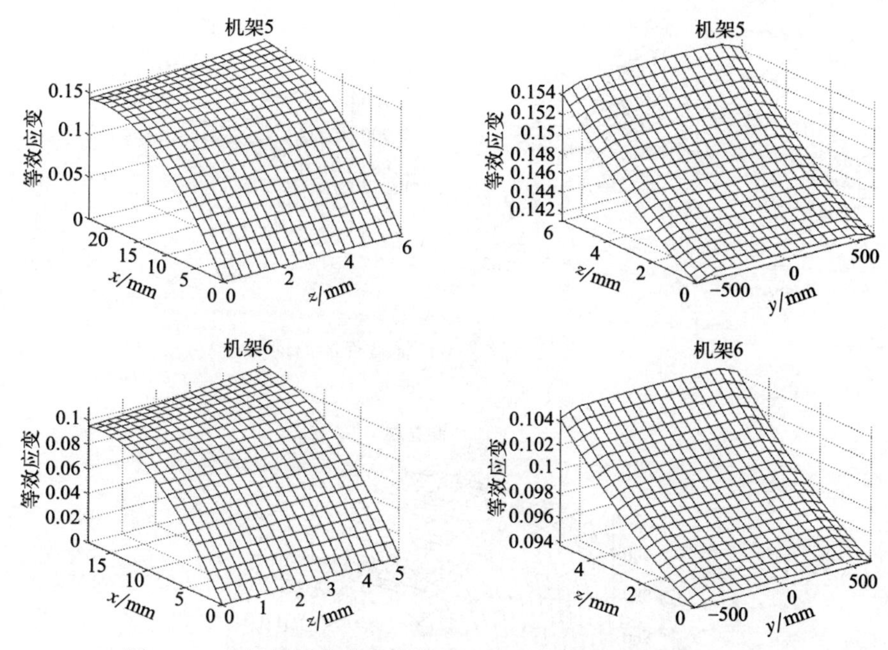

图 3-37 各机架板带中间纵截面和出口横截面的等效应变分布

从图 3-40 可以看出，板带在除鳞过程中，由于高压水的作用，板带表面温度下降得比较明显，除鳞水直接喷射的地方，温度下降了 40℃，除鳞水溅到的

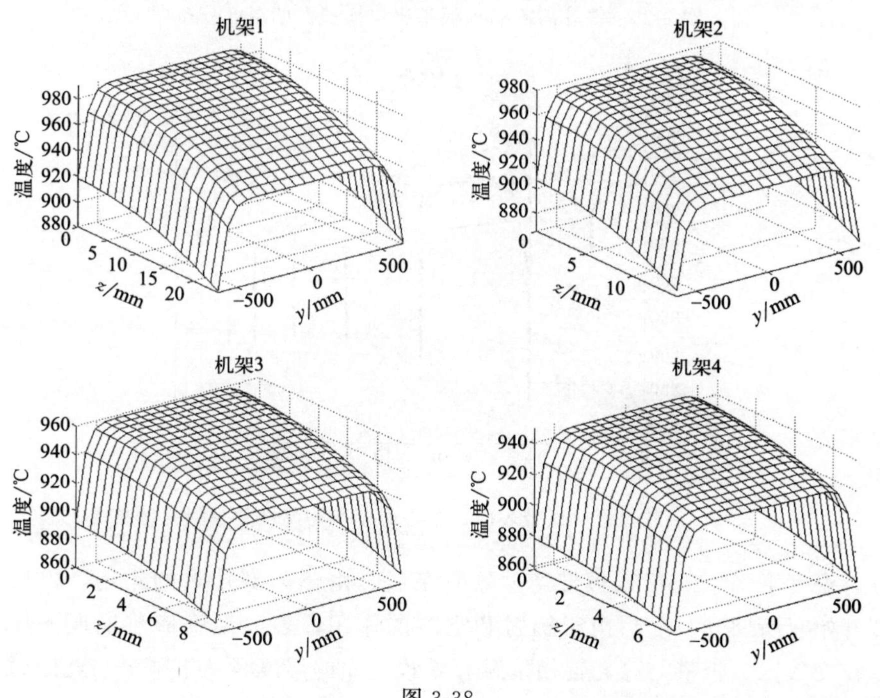

图 3-38

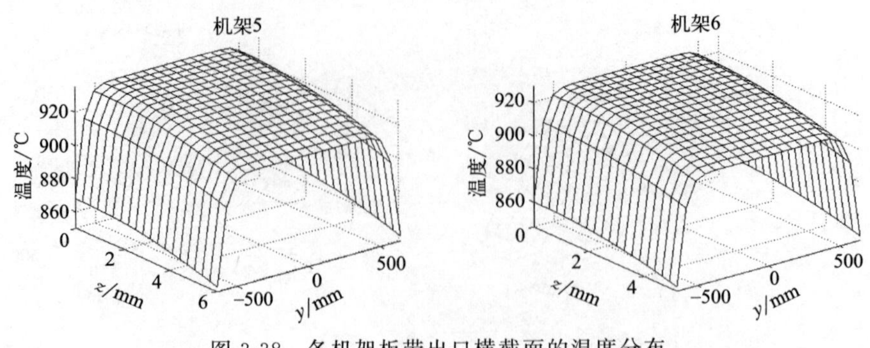

图 3-38　各机架板带出口横截面的温度分布

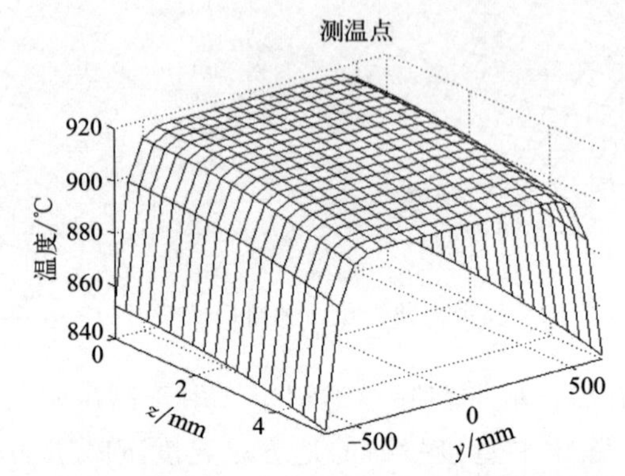

图 3-39　终轧后测温点板带出口横截面的温度分布

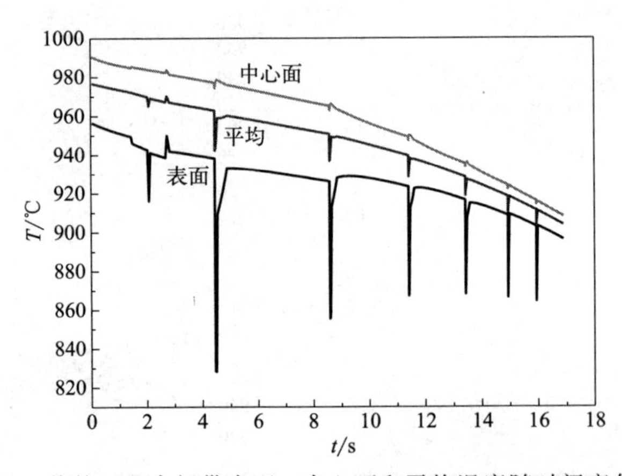

图 3-40　热轧过程中板带表面、中心面和平均温度随时间变化曲线

地方，温度下降了 15℃。板带经过除鳞箱后，由于内部传热的作用，板带表面温度开始有所回升。随后由于辐射和空冷的作用，表面温度依然呈现下降的趋势。在变形区，板带与冷轧辊相接触，导致表面的温度骤然下降。与此同时，板

带发生瞬间变形产生了大量的变形热，板带与轧辊相对滑动产生了摩擦热，板带吸收变形热和部分摩擦热后，导致板带内部温度有小幅度的升高。在机架间由于板带不再与轧辊接触，板带内部的传热作用导致板带表面温度有所升高，但是由于水冷的作用，板带表面依然散热较快。此外由于前面机架的轧制速度较低，板带与轧辊接触的时间较长，因此，前面机架的板带表面温降较大。可见，较高的轧制速度可以减小轧制过程中板带的热量损失。从图中还可以看出，板带中心面的温度基本呈下降趋势，仅在各机架变形区处，由于吸收变形热才有一定的温升，但随着压下量的降低，温升的幅度逐渐减小。在水冷和空冷阶段，温度基本呈线性降低的趋势。将计算值与给出的第一机架入口前测温点处和终轧后测温点处的温度相比较，说明计算精度较高，为微观组织演变过程的模拟提供了精确的温度场数据。

通过以上对热轧过程中的变形条件的分析可知，在精轧过程中，由于温度较低，应变速率较大，造成了动态再结晶临界应变 ε_c 较大，因此在精轧阶段动态再结晶很难发生，其中只在轧件的中心处发生了极小量的动态再结晶，对奥氏体的演变过程几乎不发生影响，故主要分析机架间（第二机架到第六机架入口处和测温点处）静态软化对奥氏体演变过程的影响。图 3-41 显示出了各机架间横截面静态软化率和奥氏体晶粒尺寸的分布情况。

由于粗轧到精轧之间的距离较大，因此精轧前的奥氏体晶粒尺寸分布较为均

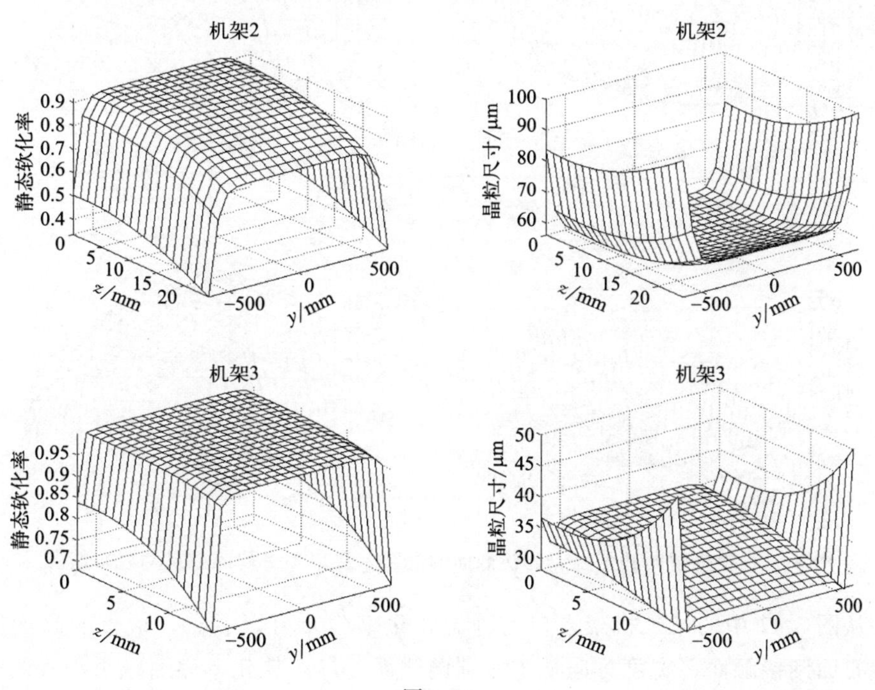

图 3-41

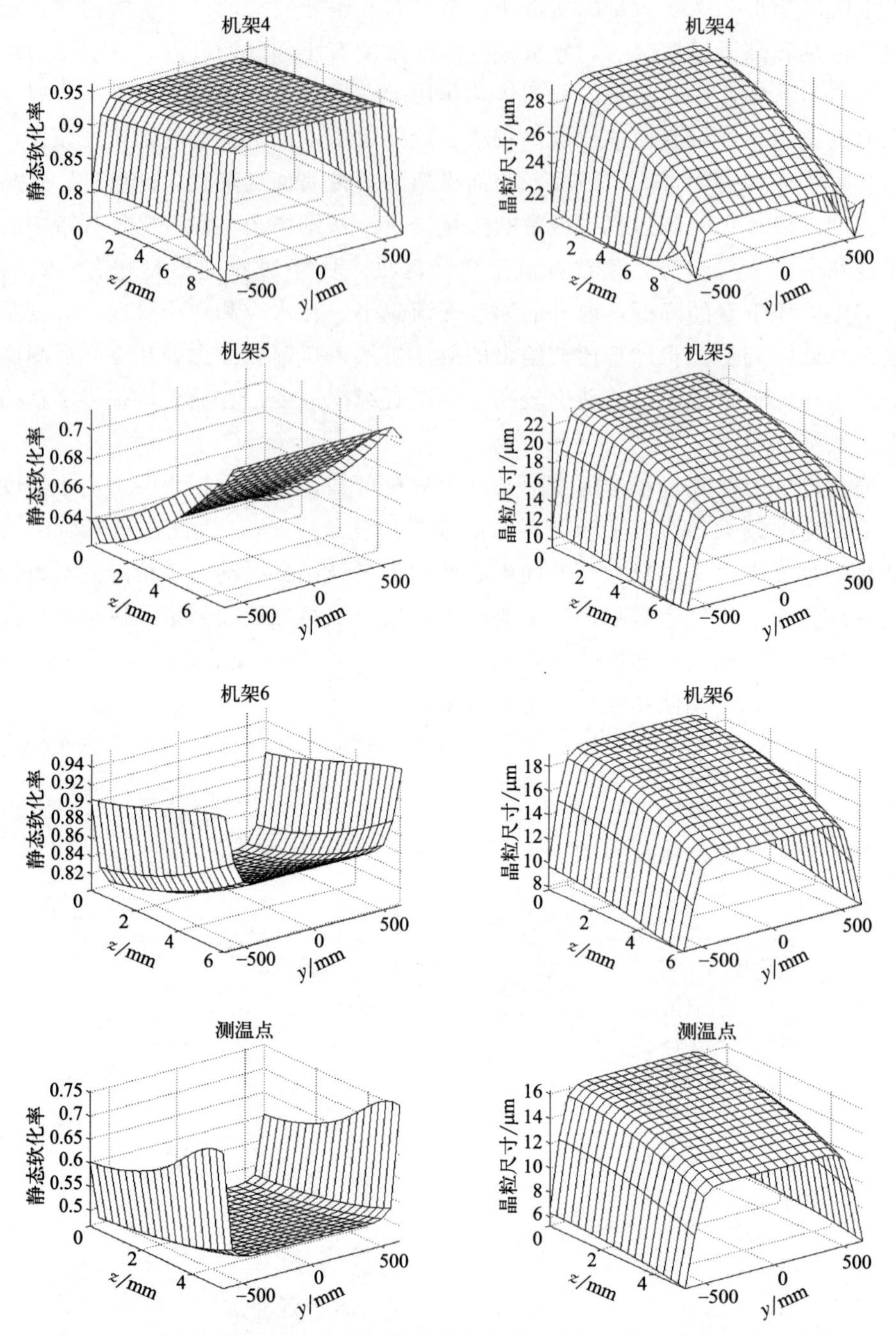

图 3-41 各机架间和测温点处横截面的静态软化率和平均晶粒尺寸分布情况

匀。从图 3-41 中的第二机架入口前静态软化率分布可以看出，板带的高度方向从中心面到接触面、宽度方向从中心到两侧面，静态软化率逐渐减小，且两侧面的静态软化率减小程度较大。这是由于应变和温度是影响静态软化的主要因素，温度和应变越大，静态软化程度越明显。从第二机架入口前平均晶粒尺寸分布可以看出，板带的高度方向从中心面到接触面、宽度方向从中心到两侧面，平均晶粒尺寸逐渐增大，且两侧面的平均晶粒尺寸最大。这是由于温度和应变也是影响再结晶晶粒尺寸的主要因素，温度越小和应变越大，再结晶晶粒尺寸越小，因此接触面和两侧面的再结晶晶粒尺寸较小，但是其静态软化程度很不充分，初始晶粒尺寸占主要成分，导致其平均晶粒尺寸较大。随着轧制过程的进行，平均晶粒尺寸逐渐减小，第三机架入口前接触面发生了完全再结晶，导致接触面的晶粒尺寸迅速下降，而两侧面只发生了部分再结晶，平均晶粒尺寸仍然受到初始晶粒尺寸的影响，导致两侧面的晶粒尺寸相对较大。由于两侧面存在较大的残余应变，第四机架入口前两侧面的静态软化率变大，因此再结晶晶粒尺寸占其主要成分，导致其平均晶粒尺寸下降较快。随着轧制过程的进行，温差逐渐减小，应变值相差很小，因此前一机架的晶粒尺寸（即下一机架的初始晶粒尺寸）是影响静态软化率的最主要的因素，导致板带接触面和两侧面的静态软化率相对较大，从而其平均晶粒尺寸相对较小。

由于在热轧现场很难测量奥氏体演变过程相关的场量，因此本章通过宏观验证基于条元法多参数耦合系统的计算精度。图 3-42 表示了考虑再结晶和未考虑再结晶时计算的平均变形抗力和轧制力与实测值的比较。通过比较可以看出，未考虑再结晶时的结果偏小，这是由于其没有考虑残余应变的影响。考虑再结晶的情况具有更高的计算精度，从侧面证明了奥氏体演变模型具有较高的计算精度。

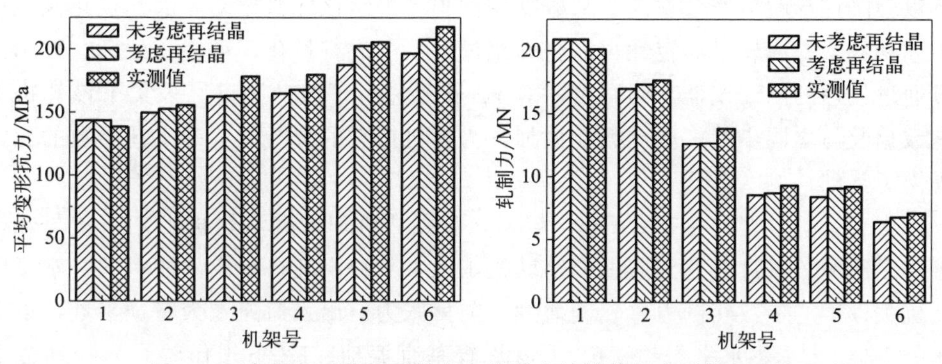

图 3-42　各机架平均变形抗力和轧制力计算值与实测值的比较

第4章

大数据驱动的高精度板带连轧工艺优化技术

4.1 高精度板带连轧工艺优化概述

经过在很多工厂的现场观察发现，轧机振动现象普遍存在。以某厂七机架(F1～F7)热连轧生产线为例，经过长期观察发现，热连轧生产过程中F2机架具有明显的振动现象，对应的轧制产品的表面会出现振纹、边浪等问题，成材率也会降低。因为依据传统的检查手段不能判断其致振原因，并且需要停机检查，所以会严重影响生产效率。为从数据挖掘角度揭示该轧机振动原因和优化该轧机工艺参数，提高轧机稳定性，需将轧机振动情况进行量化、可视化处理。技术人员通过先进的测试仪器与测试技术对F2轧机进行了振动测试，采集了该轧机工艺数据及与之同步的多测点振动数据，为轧机振动的分析与关键工艺参数的优化提供了基础。

由于轧机模型的机-电-液耦合较强，难以从机理上揭示轧机工艺参数与轧机振动之间的关系进而达到通过调整轧机工艺参数提高轧机稳定性的目的。本章以轧机关键工艺参数轧制力、轧制速度、前后张力、出入口速度为特征参数，以实测的F2上支承辊水平振动、F2上支承辊垂直振动、F2下工作辊垂直振动数据为目标向量，建立了轧机振动预测模型。

针对轧机振动问题，为使得数据挖掘结果具有准确性与应用性，对四辊轧机振动数据与工艺数据进行了现场跟踪测试。对采集的数据进行离线的数据集成、数据规约、数据异常值处理、数据聚类处理、数据归一化处理，以决定系数的高低作为评价模型优劣的指标，分别建立了BP预测模型、RBF预测模型、Kriging预测模型，通过比较三种模型的拟合度发现三种预测模型的预测效果都不是很理想，有过拟合现象。为了提高预测模型对振动数据预测的精确性，又建立了基于差分进化算法的 RBF-Kriging 预测模型。通过比较分析，RBF-Kriging 模型回归效果较好，因此将 RBF-Kriging 模型作为 NSGA-Ⅲ优化的适应度函数。最后通过 100 次迭代，得到了 Pareto 最优解集。

针对在板带材生产过程中经常出现的板形缺陷问题，尤其在热轧阶段，精轧工序轧后板形质量良好，在层流冷却后又出现的新的板形缺陷问题，根据质量特性传递理论，建立了以轧后板形标准偏差为中间量的多工序板形 ANFIS 预测模型。通过对某厂精轧机组 PDA 数据和层流冷却工程日志数据的采集与处理，利用 ANFIS 算法，分别建立单工序精轧工序板形 ANFIS 预测模型和单工序层流冷却工序板形 ANFIS 预测模型，由板形传递理论将两个单工序板形 ANFIS 预测模型结合在一起形成多工序板形 ANFIS 预测模型，通过调整减法聚类的邻域半径来改变训练集 RMSE，取 RMSE 最小从而获得最佳邻域半径，最终确定 ANFIS 算法结构。

4.2　高精度板带连轧机组运行过程数据采集

针对某厂热连轧生产线中两台机架轧制过程动态状态进行跟踪分析，完成了 F2 机架中传动系统、机座及减速器 20 个轧机结构测点和 2 个厚度数据的在线跟踪测试（11 天）；F3 机架相应结构测定 22 个测点和 2 个厚度参数测点共计 5 天的测试。在现场工作人员的协助支持下，进行了轧机振动测试数据和工艺参数分析，逐一排查各机架可能存在的故障，完成了对两机架的健康状态分析。根据轧机特征分析了轧机运行状态，对轧制生产过程提出了相关建议。

轧机设备运行状态不仅关系到轧机生产稳定性和安全性，也是影响板带生产质量的关键因素。轧机振动降低轧机使用寿命，严重时影响操作人员生命安全；同时轧机振动还影响轧制界面稳定性，造成轧制过程打滑、断带等生产事故，也是影响板带厚度波动和内部残余应力的关键因素。针对目标连轧机开展运行状态动态测试和健康状态评估，包括轧机主传动系统振动测试和稳定性分析，轧机机座系统振动测试和稳定性分析，以及分速箱振动测试和稳定性分析。

从机械系统动力学角度出发，采用振动测试和动态特性分析方法，对目标连轧机系统稳定性及关键零部件健康状态进行分析。结合轧机的振动测试和动态特性，从轧机设备结构参数、设备安装精度和轧机工艺参数等多个方面综合分析振动产生的原因，判断振源并提出解决方案，稳定轧机系统设备运行状态。

4.2.1 轧制设备运行过程测试原理

4.2.1.1 传动系统转矩测试原理

检测轧机主传动系统的转矩，是研究轧机动态特性的重要方法之一，其原理是通过测定扭转轴的剪切应变，再通过标定，建立应变与转矩变化之间的关系，从而确定轧机主传动系统转矩，并根据测试曲线求得转矩放大倍数。

作用于旋转轴上的力矩：

$$M=\tau w_n \tag{4-1}$$

式中 τ——旋转轴表面的剪应力；

w_n——抗扭截面模数$\frac{pd^3}{16}$，d 为旋转轴直径。

对于纯扭转状态：$\sigma_{45}=\tau$，$\varepsilon=\left(\frac{1+\mu}{E}\right)\sigma_{45}$。

$$M=\frac{E\varepsilon}{1+\mu}\left(\frac{\pi d^3}{16}\right) \tag{4-2}$$

式中 σ_{45}——接轴 45°方向主应力；

ε——旋转轴表面的剪应变值；

μ——材料的泊松比。

测试的主要内容为轧机主传动系统，主要包括电机转子、电机接轴、减速器齿轮、连接轴输入端接轴、连接轴输出端接轴、主轴、分速器齿轮、上接轴、下接轴、上下轧辊（包含支承辊），该系统的外载荷主要是轧制力矩、电机转矩等。因此，要弄清轧机主传动系统扭转振动特性，必须测量主要传动部件和轧制力、力矩、轧制速度、张力等工艺参数的振动响应，明确发生振动过程中轧机主要部件的时域、频域响应，振动发生、发展过程及轧机模态变化规律。

具体测试内容为：

① 转矩信号的测量：包括轧机传动主轴、上接轴、下接轴的转矩信号的测量。

② 工艺参数的测量：包括轧制力、轧制力矩、出口厚度、入口张力、出口张力、轧辊转速、轧件速度、轧件温度、前滑值等。这些参数从工艺报表和轧机自动记录文件中提取。

转矩信号测点布置：图 4-1 所示为轧机转矩信号的检测点，整个主传动系统的检测点为 3 个，一共有 3 个通道的信号。同理，在轧机传动侧相应位置布置了同样的 3 个检测点，检测传动轴上的转矩应变。

由式(4-2) 可见，只要能测得旋转轴表面的应变，则可确定转矩 M。旋转轴表面的剪应变采用电阻应变片进行检测，即在被测轴上按一定的规则粘贴应变片并组成电桥，由测量电桥输出电压的变化确定旋转轴转矩的变化情况。图 4-2 所示为应变片的粘贴情况。

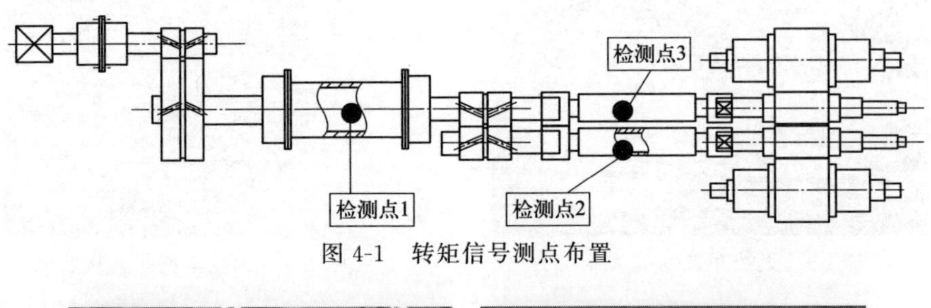

图 4-1　转矩信号测点布置

(a) 精轧机

(b) 粗轧机

图 4-2　传动系统应变片粘贴位置

转矩信号的传输方式有接触式和非接触式两种，接触式传输方法主要由滑环和电刷组成，其结构简单，制作方便，但是安装调试不方便，存在摩擦磨损，使用精度容易出现波动。非接触式集流装置采用无线数据传输，具有安装调试方便、性能可靠、数据传输稳定性高的优点，因此本次转矩测试试验采用非接触式集流装置。

图 4-3 所示为无线集流装置发射器。其工作原理为：由贴在轴上的应变片测得轴在扭转过程中的应变的变化，将其转化为电信号，该电信号被输送到固定在轴上一起转动的信号发射器，并由发射器将信号转化为无线信号发送出去。

图 4-4 所示为无线集流装置接收器。其工作原理为：接收来自信号发射器传输来的应变片应变信号，并且把信号通过导线传递给信号采集器，由信号采集器将应变电信号存储在采集器中。

信号输送器由蓄电池供电，信号接收器由信号采集器供电，信号输送器的电池可以连续供电 30h，信号采集器平时由外部电源供电，在外部电源断电的情况下信号采集器的自带电池可以保证供电 30h 以上。

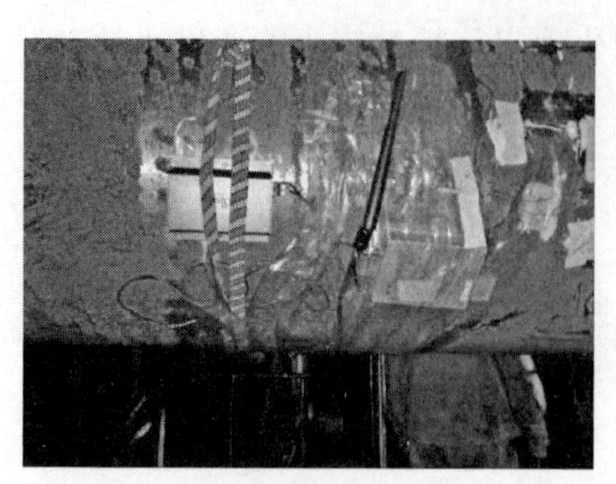

图 4-3 无线集流装置发射器

图 4-4 无线集流装置接收器

4.2.1.2 机座和分速箱测试内容及方法

测试原理为轧机垂直振动时最直观的物理量为垂直方向上的位移变化，但直接测量比较困难，而且振动测试想要获得的数据是振动频率及其变化规律，因此可以考虑能够同样表征频率且又便于测量的物理量。本测试采用加速度测量。

加速度的测量采用加速度传感器，其特点是灵敏、装卸方便，十分适合需要频繁换辊的精轧机振动测试。通过磁座吸附固定在被测部件上的加速度传感器将轧机振动的加速度信号转化为物理上可测的电荷信号，再将电荷信号通过低噪声电缆传送到电荷放大器转换成电压信号并放大，再经采集卡对应转换传输到 PC 中记录。

机座系统主要包括机架、轧辊、轴承座、液压压下油缸系统、弯辊装置等，该系统的外载荷主要是轧制力、弯辊力、平衡力等。因此，要弄清轧机的振动特性，必须测量机架牌坊、工作辊及其轴承座、支承辊及其轴承座、液压压下系统与轧制力、力矩、轧制速度、张力等工艺参数的振动响应，明确发生振动过程中轧机主要部件的时域、频域响应，振动发生、发展过程及轧机模态变化规律。

分速箱主要由一个输入轴（与主轴连接）和两个输出轴（与上、下接轴相连接）以及齿轮和轴承等部件组成。为掌握分速箱动态特性，研究轧机振动传递路径，需对分速箱三个轴进行检测。

具体测试内容为：

① 机架牌坊、压下油缸、上支承辊及其轴承座（垂直和水平方向）、上工作辊及其轴承座（垂直和水平方向）、下支承辊及其轴承座（垂直和水平方向）、下工作辊及其轴承座（垂直和水平方向）的测量。

② 分速箱振动的测量：分速箱输入轴和上、下输出轴横向的振动信号。

③ 工艺参数的测量：包括轧制力、轧制力矩、出口厚度、入口张力、出口张力、轧辊转度、轧件速度、轧件温度、前滑值等。这些参数能从工艺报表和轧机自动记录文件中提取。

轧机机座和分速箱振动测试测点的布置，如图 4-5 所示。图 4-6 为生产现场的传感器安装图。

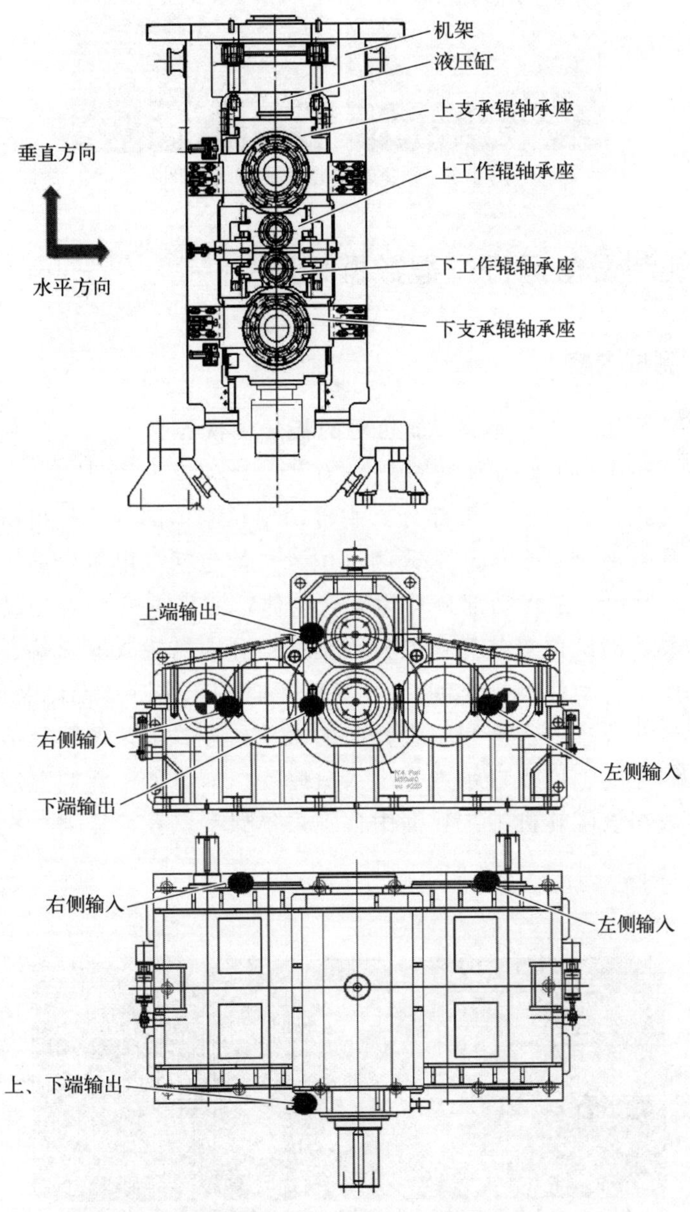

图 4-5　机座测点布置图和轧机分速箱测点布置图

图 4-6　分速箱测点传感器安装图

4.2.2　轧制设备运行过程数据采集

4.2.2.1　测试内容

连轧机简图如图 4-7 所示。加热后的板坯依次经过七机架的轧制，得到热轧产品。本章以 F2 机架为研究对象，为了对轧机运行数据进行有效的采集，本次采集将轧机系统分为三个部分：主传动旋转刚体部分、轧机机座固定刚体部分、工艺参数部分。主传动部分测试位置具体包括：电机传动主轴、上下接轴，如图 4-8 所示。主传动部分均为旋转刚体，测量这些位置的转矩信号。轧机机座部分具体测试位置包括：电机输出端、分速箱输入输出端、机架、上下工作辊轴承座（传动侧及操作侧）、上下支承辊轴承座（传动侧及操作侧）、液压缸。测量这些位置的水平和垂直方向的振动信号。工艺参数具体包括：轧机轧制力、轧制速度、出入口张力、出入口厚度、前滑值、轧制温度、轧制力矩等，这些参数在该厂轧机工艺数据中自动采集保存，我们无需二次测量，可直接提取。

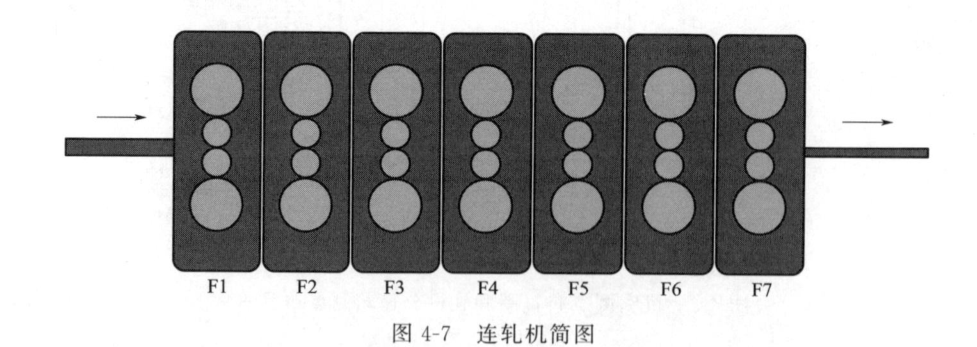

图 4-7　连轧机简图

4.2.2.2 测试原理与测试仪器

根据对测试位置的分类，测试信号主要分为旋转体扭转信号和固定刚体振动信号，下面针对这两种信号介绍其测试原理及测试仪器。

(1) 扭转信号测试原理及测试仪器

F2 机架扭转部分具体测点分布如图 4-8 所示，因传动主轴、上下接轴均为旋转件，因此考虑测试其旋转轴表面剪应变，根据式(4-3) 可知，对测得的应变与转矩进行标定，即可测得转矩信号。

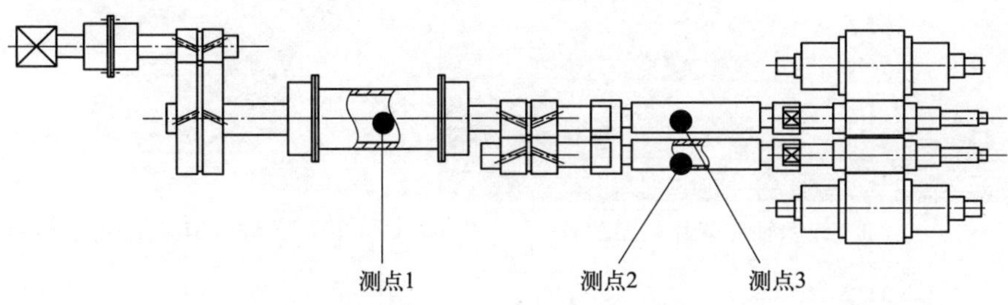

图 4-8 转矩信号测点分布示意图

旋转轴截面边缘处剪应力计算公式为：

$$M=\tau\omega_n \tag{4-3}$$

式中 τ——旋转轴截面边缘处的剪应力；

ω_n——抗扭截面模数$\frac{\pi d^3}{16}$；

d——旋转轴直径。

对于纯扭转状态有：$\sigma_{45}=\tau$；$\varepsilon=\left(\frac{1+\mu}{E}\right)\sigma_{45}$。

$$M=\frac{E\varepsilon}{1+\mu}\left(\frac{\pi d^3}{16}\right) \tag{4-4}$$

式中 σ_{45}——旋转轴 45°方向正应力；

ε——旋转轴截面边缘处的剪应变值；

μ——旋转轴的泊松比。

由式(4-4) 可知，测试转矩问题转化为测试旋转轴截面边缘处的剪应变值，将电阻应变片按照半桥或者全桥的方式粘贴在被测传动轴表面，通过转矩采集模块将电桥输出的电压转化为转矩信号。图 4-9 所示为传动轴应变片粘贴位置。

传动轴转矩信号传输方式总体可以分为两种，一种是采用接触式的集流环装置。一种是采用非接触式的无线装置。考虑接触式装置存在磨损，精度不能保证，选择非接触式的无线传输装置，将无线转矩采集模块固定在传动轴上并与应变片构成的电桥连接，通过可拆卸无线转矩电源模块为其供电，如图 4-10 所示，安装与更换电池较为方便，信号传输稳定。其原理是粘贴在传动轴表面的应变片通过电桥转化为电压信号，将电压信号通过无线转矩采集模块传输出去，再由无线接收装置接收信号，并把信号有线传输给数据采集系统，将其与其他测点信号同步储存在计算机中。

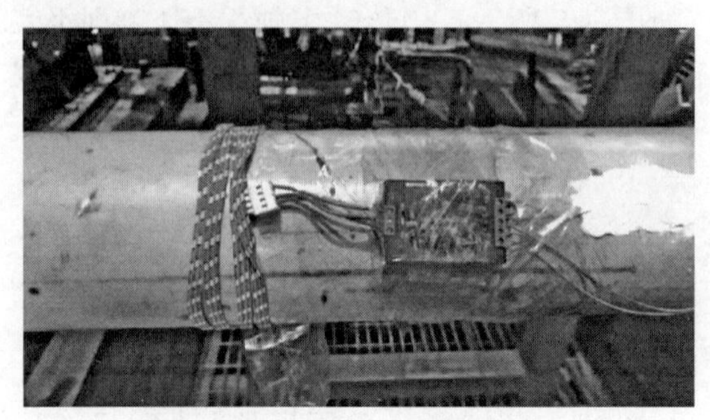

图 4-9 传动轴应变片粘贴位置

图 4-10 无线转矩采集模块及电源模块

(2) 振动信号测试原理及测试仪器

对于轧机测点位置的水平方向和垂直方向进行振动信号的测试，表征振动的参数主要有位移、速度、加速度。位移的峰峰值可以直观地表现振动的幅值，但其直接测量较为困难，且振动频率等无法获得。因此本次测试采用了可以表征振动频率的压电式加速度传感器进行测量，该传感器具有较高的灵敏度，如图 4-11 所示。其工作原理主要基于压电效应。在轧制生产时由于轧辊的磨损，需要定期换辊，并且生产过程中乳化液和冷却液的飞溅导致工作辊、支承辊、液压缸等位置难以固定传感器，这就要求传感器具有易拆装、固定牢、体积小、重量轻等特点。本次测试所用加速度传感器在底部吸附了强磁底座，完美地匹配了工作环境的要求。压电式加速度传感器在轧机振动时，会根据振动加速度的大小输出相应比例的电压信号，即转化为测量电荷量。

图 4-11 加速度传感器

由于轧机机座系统外载荷主要有轧制力、弯辊力、平衡力，因此，要明确轧制过程主要部件振动时频域响应及振动规律，必须获得这些部件的振动信号，具体测试位置有：电机输出轴、分速箱输入位置、分速箱输出位置、机架、液压缸、工作辊（操作侧和传动侧）、支承辊（操作侧和传动侧）。分速箱测点布置如图 4-12 所示，机座部分测点现场安装如图 4-13 所示。

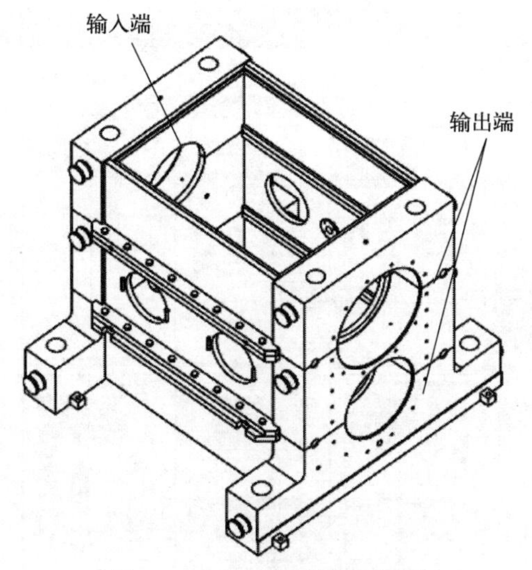

图 4-12　分速箱测点布置图

图 4-13　机座部分测点现场安装图

(3) 信号采集系统及数据传输架构

本次振动测试数据采集系统采用江苏东华 DHDAS 动态信号测试系统及软件，共有 23 个数据接收通道。该系统可以记录加速度信号、振动位移信号、轧制温度、速度值、压力值、应变等多种信号，即可以同时记录不同的信号。在测试前将在软件中进行参数设置和标定，其采样频率可调节至 2000Hz，测试过程中该软件可以进行在线傅里叶变换及其他模态分析，方便实时观察其时频域变化。测试完成后，该软件可以离线分析测试数据，并且支持多种数据导出格式。测试分析软件界面如图 4-14 所示。

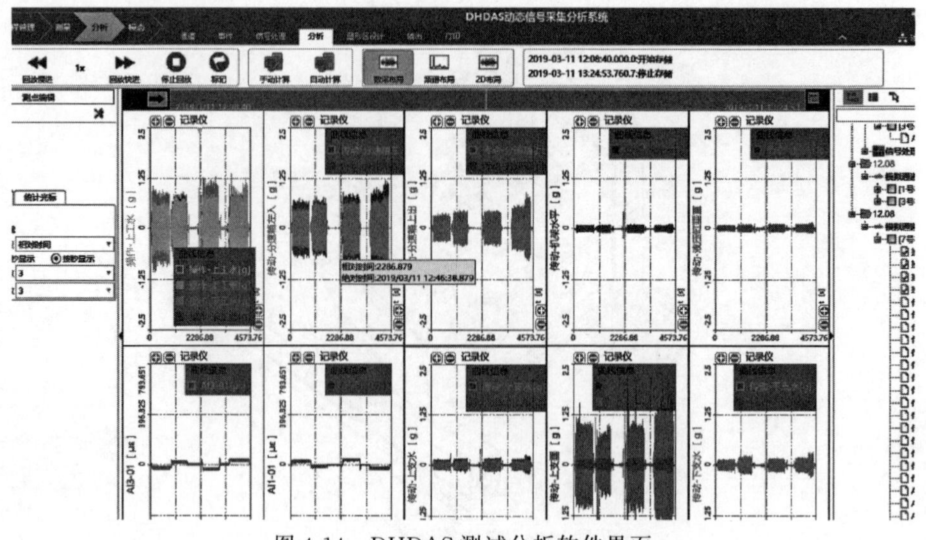

图 4-14　DHDAS 测试分析软件界面

为使转矩信号与振动信号同步采集，将转矩信号与振动信号的采集系统同时连接到交换机，交换机再将数据传输到 PC 端进行显示与存储，信号传输示意图如图 4-15 所示。

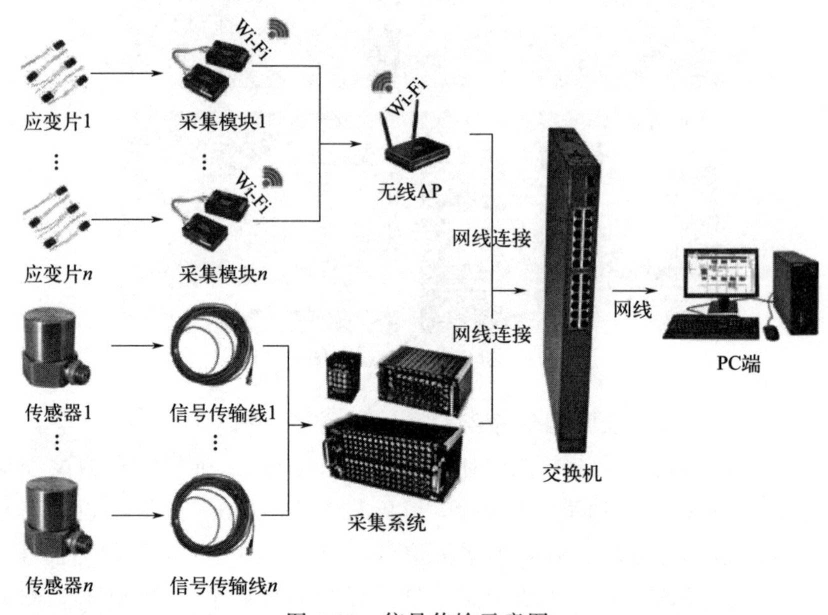

图 4-15　信号传输示意图

近些年，学者们建立了轧机动力学耦合模型。张明通过模型分析了入口厚度、出口厚度及轧制速度对轧机固有特性的影响，进而得出其对轧机振动的影响[58,59]。黄金磊通过所建模型分析了出入口厚度、前后张力、变形抗力、带钢与轧辊摩擦因数等参数对轧机系统固有频率的影响，给出了一些抑制轧机振动的建议。虽然他们都考虑了轧机水平、扭转、垂直方向的振动，但是由于耦合模型的复杂性，在建立模型时做了许多假设，不符合实际情况，对于其结果没有进行量化。本章将在前人机理模型分析的指导下选用 6 个热连轧工艺参数，选用 3 个振动测点数据，进行数据挖掘。工艺参数分别是 F2 轧制速度、F2 轧制力、F2 入口厚度、F2 出口厚度、F2 前张力、F2 后张力。振动测点数据，分别为 F2 上支承辊水平振动、F2 上支承辊垂直振动、F2 下工作辊垂直振动。数据挖掘流程如图 4-16 所示。

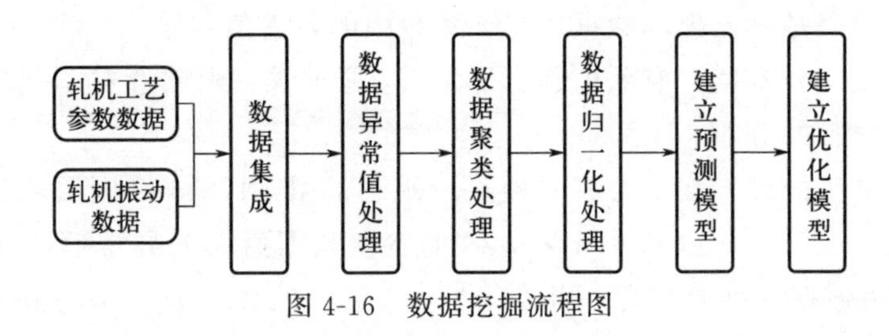

图 4-16　数据挖掘流程图

4.3 基于生产数据的高精度板带连轧过程关系模型构建方法

4.3.1 轧制设备运行数据预处理

数据预处理是数据挖掘的基础，如果把数据挖掘过程比作建楼房，那么数据预处理就是楼房的地基，只有地基建好才可以进行后续工作，因此数据预处理的好坏关乎模型建立是否准确。对于大数据时代的今天，为全面监控设备运行状态，监测参数较多，工厂一个小时就能产生上亿兆的数据，但是个别数据由于传感器故障、现场环境影响，采集数据有异常值，这就需要对异常值进行剔除。同时有些参数数据可能与其他数据表征特征相同，造成数据冗余，对后期数据信息的正确提取及运行计算造成不良影响，这就需要对其进行降维处理。这些问题普遍存在于视觉识别科学研究、智能制造工程实践、综合管理等领域。因此有必要对数据进行预处理。

针对四辊轧机运行存在的振动问题，先后采集了近 20 天的实际轧机运行数据及振动数据。由于轧机生产过程中环境较恶劣，以及采集过程的人为因素影响，实际振动数据的采集存在异常值或缺失值，工艺数据与振动数据采样频率不同等问题，需要对振动数据进行数据预处理，提高数据的有效性，进而提高工艺参数——振动数据模型准确性，使最终优化结果更加可靠。本章振动数据采样频率为 2000Hz，工艺参数采样频率是 100Hz，因此对振动数据进行降频处理，使其能与工艺数据相匹配。

4.3.1.1 数据异常值处理

将本次采集的数据作为研究对象，但现场环境恶劣，数据中掺杂了噪声数据，这些噪声数据相对具体的振动数据、工艺参数而言，幅值明显偏离，我们将这些数据定义为异常值。异常值会使数据整体损失大量的有用信息，改变数据的分布，会使数据挖掘过程陷入混乱，导致不可靠的结果。剔除异常值的步骤主要分为两步：第一是找出振动数据、工艺参数中的异常值；第二是将其剔除。但是有些值可能是伪异常值；有些值是真异常值并非正常工作产生的，是客观反映数据本身存在异常的分布。

数据异常值处理方法主要有两种。一种是 3δ 准则，3δ 准则要求数据服从正态分布，认为大于 $\mu+3\delta$ 或小于 $\mu-3\delta$ 的实验数据值作为异常值，其中 μ 为数据均值，δ 为数据标准差。另一种是箱型法，箱型法核心思想是将数据从小到大排列，之后取整体数据的四分之一处和四分之三处分别作为上四分位数 Q3 和下四分位数 Q1，一般将数值超出上、下四分位数距离 1.5 倍 QR 的认定为异常值，将其剔除。箱型法原理图如图 4-17 所示。本章对于工艺参数及振动数据异常值采用箱型法进行处理。

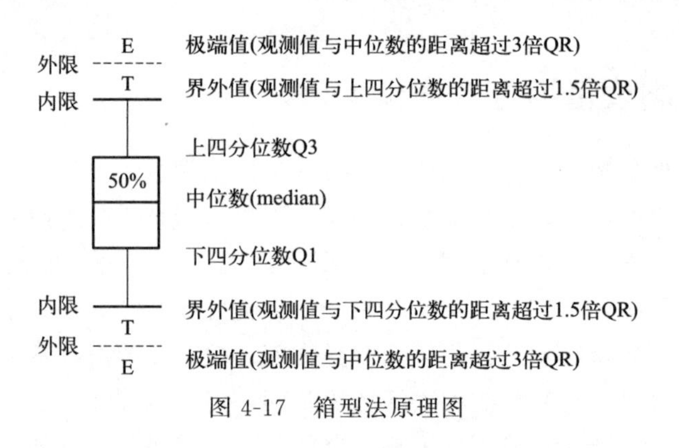

图 4-17　箱型法原理图

由原理图可知 QR＝Q3－Q1；min＝Q1－1.5×QR；max＝Q3＋1.5×QR。

本章所研究的轧制过程中，轧机有明显的振动现象。本章选取了轧制时轧机关键工艺参数的部分数据。其设定工艺参数如表 4-1 所示。

对于工艺参数与振动数据集成的 3000 组数据进行处理，为保证数据的有效性，若其中一个参数的一条数据异常，则同组的其他参数也一同剔除，处理后数据为 2500 组。图 4-18 所示为部分工艺参数与振动数据处理前后对比图。

表 4-1　工艺参数设定值

工艺参数	轧制速度/(m/s)	入口厚度/m	轧制力/N	出口厚度/m	后张力/N	前张力/N
设定值	0.25	0.0085	10314000	0.0058	234000	201000

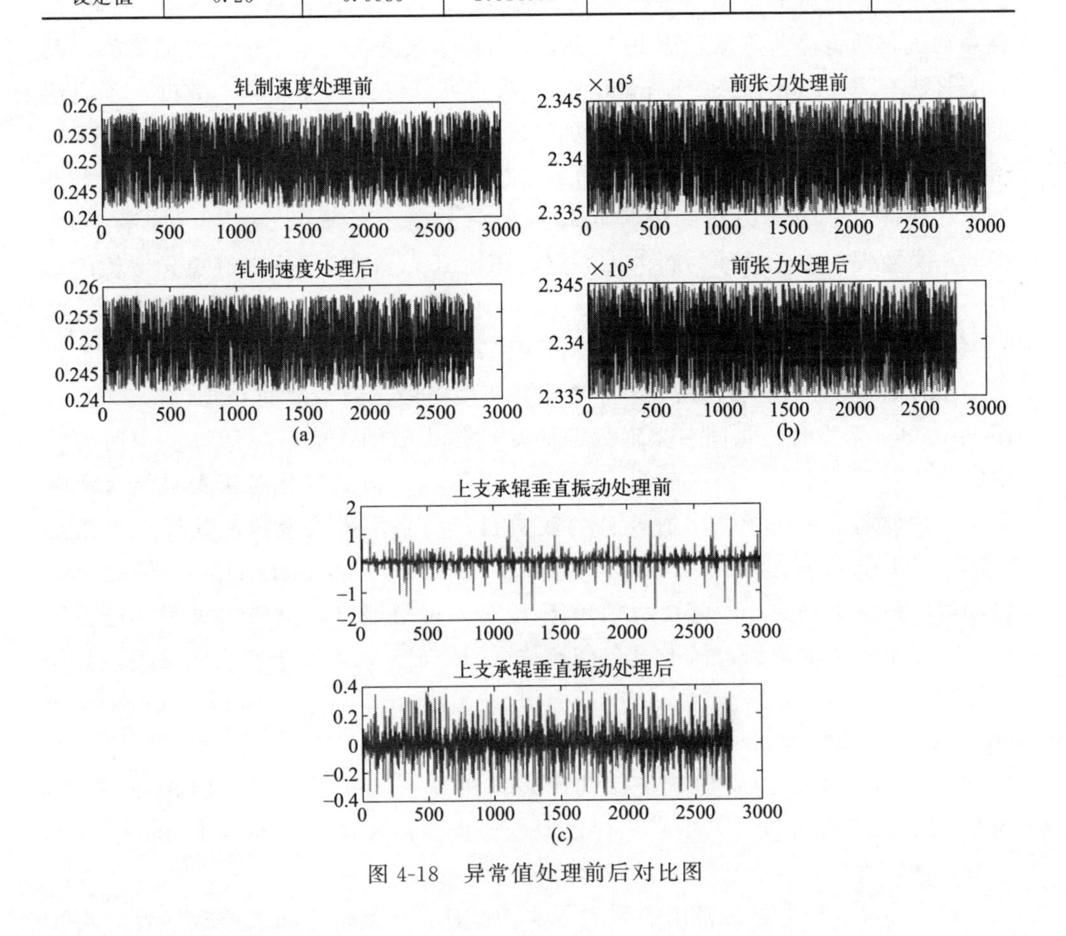

图 4-18　异常值处理前后对比图

4.3.1.2　数据聚类处理

随着大数据时代的到来，对数据的聚类处理应用越来越广泛，例如互联网销售平台根据顾客的消费习惯进行分类，进而针对性地向顾客推荐物品。在工业数据处理领域，对相似数据特征进行聚类处理，有利于对数据特征的准确评估。聚类的思想是将包含多维特征的多组数据聚类为适当的组数，即将距离相近的数据分为一类。从图 4-18 可知样本数据相似点较多，将相同特征的聚为一类，可以使建立的预测模型更为准确。聚类后同一类中的数据具有相似的属性信息，不同类之间差异很大。聚类处理在互联网、生物学、工程技术等领域中是用于统计数据分析的常用技术，可使数据更有代表性。

聚类算法常用的有五种：一是层次聚类，层次聚类适用于小样本数据，根据数据特征将样本数据分成很多层，形成直观的树状结构（嵌套聚类树），我们可以观察任意层次上的聚类情况，可以根据实际问题采用“自上而下”或“自下而上”的策略进行拆分，但随着样本数据的增加，树状结构将越来越复杂，其较为直观的优越性也显著降低，因此不适用于大样本数据。二是基于划分的聚类，其代表算法有 K-mean 算法、K-mediods 算法，可以快速处理大样本数据，预先给定聚类类数 K，将根据类（簇）中方差最小原则归类，每一类的中心作为聚类结果。当选用 K-mean 聚类时，将同一类数据的均值作为新的中心点，是动态聚类，在迭代过程中可以从一个类转移到另一个类。当选用 K-mediods 聚类时，将同一类数据的中位数作为新的中心点，相比 K-mean 聚类可以避免异常值的影响，例如，同一类别中数值 1、2、3、4、80 的均值为 18，聚类中心距离 1、2、3、4 比较远，若将其改成求中位数 3，则距离“多数点”较近，但由于每次迭代求中位数时需要将数据排序，这将使计算速度变慢，聚类时间变长[60,61]。当选用 K-modes 聚类时，将同一类别数据的众数作为新的中心点，即该类中所有样本的中心，其缺点是必须提前给出适当的 K 值，K 值的变化对于聚类结果影响很大，因此需要提前预估出所要分的簇数目。三是两步法聚类，其代表算法是 BIRCH（balanced iterative reducing and clustering using hierarchies）算法可以自动确定最优类别数，不需要提前确定 K 值，通过建立聚类树，对特征进行聚类，适用于大样本数据，但不适合高维数据的处理。四是基于密度的聚类，其代表算法是 DBSCAN 算法（density-based spatial clustering of applications with noise)，主要思想是基于密度定义，将高密度的数据划分为一类，不需要提前给出 K 值。五是基于网络的聚类，其代表算法有 STING 算法、CLIQUE 算法、WAVE-CLUSTER 算法。本章为保留原始数据使用较为经典的 K-mediods 聚类法对处理异常值后的轧机数据进行聚类处理[62]。

K-mediods 聚类是最常用的聚类方法，也是在机器学习和工业数据处理实践中应用最广泛的方法。本章样本数据为 $\{[X_i], i=1,2,\cdots,7\}$，其中 $X_1 \sim X_6$ 为工艺数据参数，X_7 为其中一个振动数据参数。本方法实现的步骤主要分为六步。

第 1 步：给定聚类后类数 K，在本章中根据实际的轧机振动数据，经过多次聚类后将结果进行分析，最终确定 K 的数目为 500。

第 2 步：初始化聚类中心，即在所有工艺参数-振动数据样本中随机选择 500 个样本，即从样本数据 $\{[X_i], i=1,2,\cdots,7\}$ 中，随机选择 500 个数据 $\{c_1,\cdots,c_{500}\}$，作为最初的中心点。

第 3 步：根据步骤 2 中随机选出的聚类中心点，计算每个样本 $\{[X_i], i=1,2,\cdots,7\}$ 到 500 个聚类中心点 $\{c_1,\cdots,c_{500}\}$ 的距离，一般采用欧氏距离。本章采用 MATLAB 中的“cityblock”即 $d_{ij}, i=1,2,\cdots,n; j=1,2,\cdots,500$。

第 4 步：分配数据到相应类别中，将所有样本 $\{[X_i], i=1,2,\cdots,7\}$ 分配到距离其最近的聚类中心去。

第 5 步：找出中位数重新定义聚类中心，计算上一步分配好的每类数据的中位数，并将这 500 个类别中的中位数作为新的聚类中心，重复第 3 步，计算新的中心。

第 6 步：计算全部样本点与自己所在类的中心的偏差 $D=\sum_{i=1}^{n}[\min_{r=1,2,\cdots,500} d(x_i, c_r)^2]$，观察 D 是否收敛，若 D 收敛，则聚类结束，此时聚类中心即为聚类结果，若 D 不收敛，重复第 3 步，重新计算每个样本到新中心的距离，直到收敛或满足终止聚类、终止迭代最大设定次数，聚类结束。流程图如图 4-19 所示。

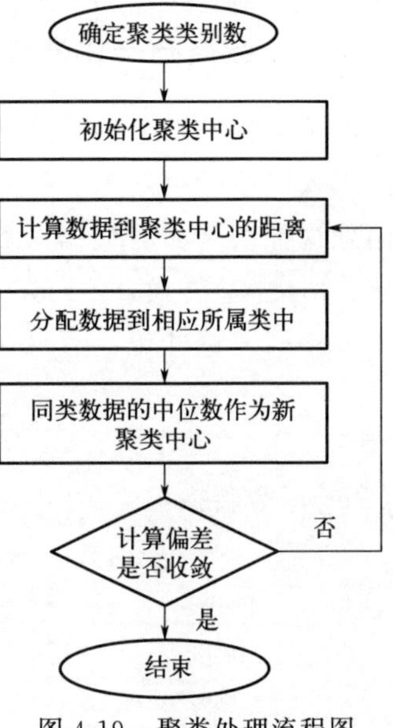

图 4-19　聚类处理流程图

按照上述步骤，依此对工艺参数—上支承辊水平振动、工艺参数—上支承辊垂直振动、工艺参数—下工作辊垂直振动三组数据进行了聚类处理。工艺参数—上支承辊垂直振动聚类后其部分数据如表 4-2 所示，由于初始中心点是随机选择的，这将导致每次运行算法时的聚类结果可能不同，但相同属性的数据点基本都被分在同一类，因此聚类结果不影响建立预测模型。

表 4-2　工艺参数—上支承辊垂直振动

轧制速度 /(m/s)	入口厚度 /m	轧制力 /N	出口厚度 /m	前张力 /N	后张力 /N	上支承辊垂直振动值/g
0.257472	0.008493	10313800	0.005965	200737.10	233855.40	0.271610
0.245122	0.008207	10313800	0.005984	200837.53	233590.12	0.051880
0.249822	0.008026	10314600	0.006092	201464.13	234227.18	−0.083010
0.249078	0.008170	10314600	0.005649	200643.51	234216.52	−0.178230
0.255347	0.008302	10312400	0.005550	200603.53	233581.07	0.105590
0.241958	0.008961	10312400	0.005645	201408.65	234236.51	0.238650
0.254809	0.008784	10312400	0.005629	200615.19	233583.75	−0.186770
0.250680	0.008673	10312400	0.006227	201244.37	234391.69	0.065310
0.242425	0.008841	10312400	0.006056	201224.66	234388.09	0.187990

4.3.1.3 数据归一化处理

由于采集的工艺参数量纲不同，直接进行建模误差较大，由表 4-1 可知轧制力与出入口厚度相差 10^9 数量级，会大大降低后期建模收敛速度和建模精度，为了消除这种误差，对数据进行归一化处理。常见的归一化处理有：min-max 标准化、log 函数转换、Z-score 标准化。其转换原理如下：

min-max 标准化：

$$Y=\frac{x_i-\min(X)}{\max(X)-\min(X)} \tag{4-5}$$

log 函数转换：

$$Y=\frac{\lg x_i}{\lg\max(X)} \tag{4-6}$$

Z-score 标准化：

$$Y=\frac{X-\mu}{\sigma} \tag{4-7}$$

其中，x_i 是处理前具体的数据值；X 是处理前单一参数的数据集合；Y 是处理后单一参数的数据集合；μ 是 X 的均值；σ 是 X 的标准差。

本章使用的是标准化，对原始工艺参数数据和振动数据进行了归一化处理，为之后预测模型的准确性提供了保障。

4.3.2 BP 神经网络预测模型

BP 神经网络（back propagation neural network）主要分为正向传播（feed-forward）、逆向反馈（backpropagation）两个过程，神经网络输出与真实值的误差值未达到设定要求时，需要逆向逐层调节神经元之间的权值，使输出值与真实值误差变最小。BP 神经网络训练数据过程中正向反向交替进行，对神经元之间的权重进行修正直至满足要求。

BP 神经网络拓扑结构如图 4-20 所示。

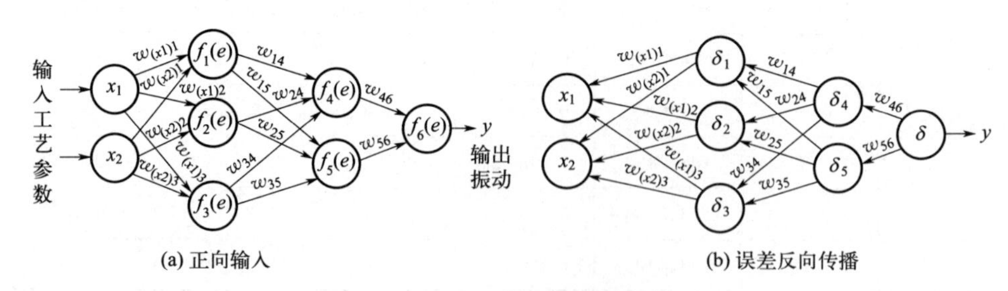

图 4-20 BP 神经网络拓扑结构

4.3.2.1　BP 神经网络介绍

对于隐含层只有一层的简单三层 BP 神经网络来说，在训练过程中，其输出值与真实值会存在误差 e，其表达式为：

$$e=\frac{1}{2}(d-o)^2=\frac{1}{2}\sum_{k=1}^{l}(d_k-o_k)^2 \tag{4-8}$$

式中，d 为输出值；o 为真实值；l 为输出层神经元个数。

将上式展开至隐含层：

$$e=\frac{1}{2}\sum_{k=1}^{l}[d_k-f(net)_k]^2=\frac{1}{2}\sum_{k=1}^{l}\left[d_k-f(\sum_{j=o}^{m}\omega_{jk}y_j)\right]^2 \tag{4-9}$$

式中，m 为隐含层神经元个数。

继续逆向展开至输入层为：

$$e=\frac{1}{2}\sum_{k=1}^{l}d_k-f\left[\sum_{j=0}^{m}\omega_{jk}f(net_j)\right]^2=\frac{1}{2}\sum_{k=1}^{l}d_k-f\left[\sum_{j=0}^{m}\omega_{jk}f(\sum_{i=0}^{n}v_{ij}x_i)\right]^2 \tag{4-10}$$

式中，n 为输入层神经元个数。

其中网络输入误差是各层权值 ω_{jk}、v_{ij} 的函数，训练过程中各层权值不断改变以使输出值与真实值的误差一直减小，即 ω_{jk}、v_{ij} 与 e，应使权值变化量与误差的梯度下降正向协同，若学习率为 η，则有：

$$\Delta\omega_{jk}=-\eta\frac{\partial e}{\partial\omega_{jk}}j=0,1,2,\cdots,m;=1,2,\cdots,l \tag{4-11}$$

$$\Delta v_{ij}=-\eta\frac{\partial e}{\partial v_{ij}}i=0,1,2,\cdots,n;j=1,2,\cdots,m \tag{4-12}$$

在使用 BP 神经网络时，一般隐含层会根据数据设置 h 个隐层，按正向传播的顺序 h 个隐层对应的节点数分别记为 m_1，m_2，…，m_h，各隐层输出分别记为 y_1，y_2，…，y_h，各层权值矩阵分别记为 W_1，W_2，…，$W_{h,}$，W_{h+1} 则各层权值调整公式为：

输出层：

$$\Delta\omega_{jk}^{h+1}=\eta\delta_{h+1}^{k}y_j^h=\eta(d_k-o_k)o_k(1-o_k)y_j^k j=0,1,2,\cdots,m_h;k=1,2,\cdots,l \tag{4-13}$$

第 h 隐层：

$$\Delta\omega_{ij}^{h}=\eta\delta_j^h y_j^h-1=\eta(\sum_{k=1}^{l}\delta_k^o\omega_{jk}^{h+1}y_j^k(1-y_j^k appa)y_i^h \tag{4-14}$$

$$i=0,1,2,\cdots,m_{h-1};j=1,2,\cdots,m_h$$

4.3.2.2 BP 神经网络算法流程

算法流程如图 4-21 所示。

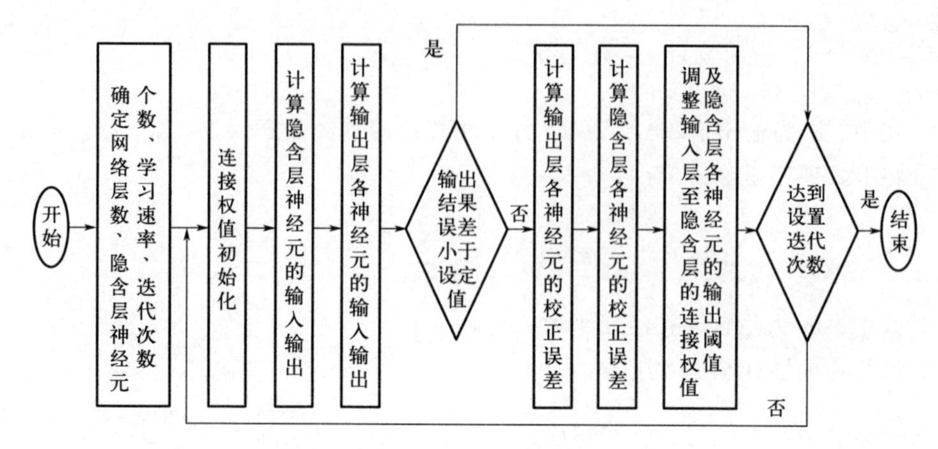

图 4-21　BP 神经网络算法流程

4.3.2.3 基于 BP 神经网络的轧机振动预测模型

上节中已经对原始数据中的轧制速度、轧制力、入口厚度、出口厚度、前张力、后张力、F2 上支承辊水平振动、F2 上支承辊垂直振动、F2 下工作辊垂直振动数据进行了预处理，将轧制速度、轧制力、入口厚度、出口厚度、前张力、后张力作为输入，F2 上支承辊水平振动、F2 上支承辊垂直振动、F2 下工作辊垂直振动作为输出分别建立三个预测，模型如图 4-22 所示。

由于上述参数拥有不同的单位与量级，为了使训练模型更准确，容易收敛，在训练 BP 神经网络时，使用归一化处理后的数据训练神经网络[63]。本章训练神经网络采用的是 MATLAB 工具箱中的 newff 函数。

net=newff(P,T,S,TF,BTF,BLF,PF,IPF,OPF,DDF)，TF 函数主要包括以下三种：

① logsig 函数：$y=\dfrac{1}{1+e^{-x}}$

② tansig 函数：$y=\dfrac{1}{1+e^{-2x}}-1$

③ purelin 函数：$y=x$

基于 BP 神经网络建立的三个振动预测模型参数设置相同，即隐含层数为 2 层，各层的节点数为 30，隐含层函数为 logsig 函数，输出层函数为 purelin 函

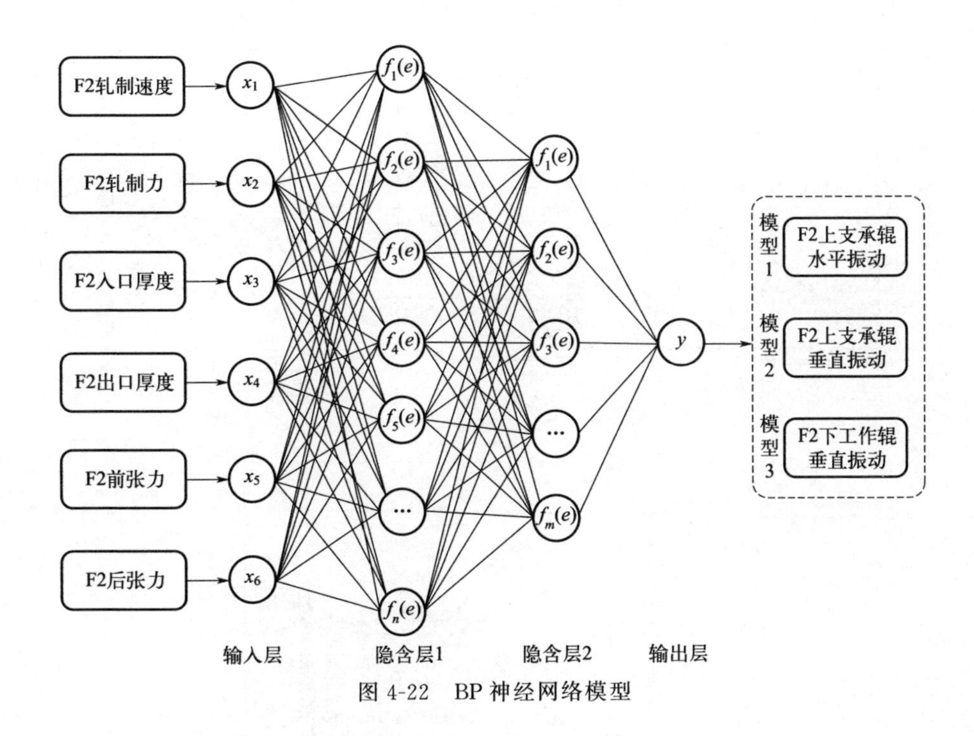

图 4-22　BP 神经网络模型

数，训练函数为 train，最大训练次数为 300，目标最小误差为 10^{-5}，学习速率为 0.05。BP 神经网络预测性能如图 4-23 及表 4-3 所示。

表 4-3　BP 神经网络预测性能

振动位置	上支承辊水平	上支承辊垂直	下工作辊垂直
R^2	0.6328	0.6538	0.6640
MSE	8.8658	0.7174	1.0806
RMSE	2.9776	0.8470	1.0359

由图 4-23 与表 4-3 可知，对于 BP 神经网络振动预测模型，3 个测点的振动预测值与实际值的决定系数均较低，上支承辊水平、上支承辊垂直、下工作辊垂直振动最大预测误差分别为 7.06g、2.09g、3.54g。其原因可能是训练 BP 神经网络时隐含层数、隐含层神经元个数、激活函数、学习率对模型的准确性影响较大，而这些参数需要人为设置，因此 BP 神经网络的预测模型不作为优化模型的适应度函数。

4.3.3　RBF 神经网络预测模型

径向基函数（radial basis function，RBF），1988 年由 Moody 和 Darken 首次应用在神经网络。RBF 神经网络是三层前馈型神经网络。RBF 神经网络结构

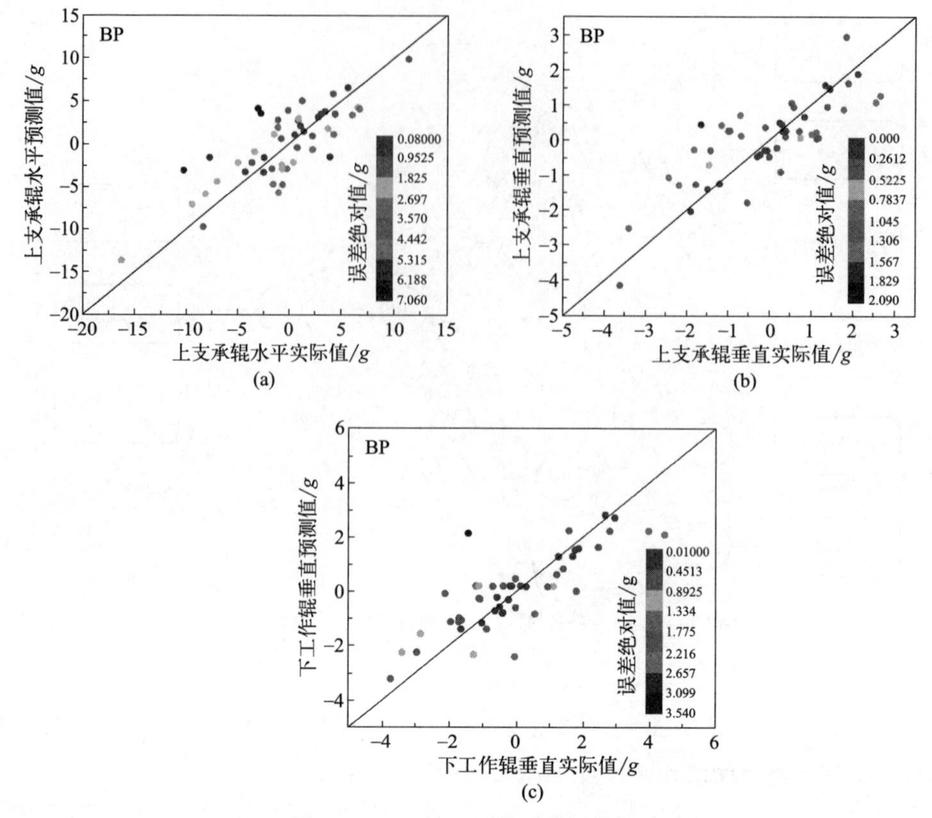

图 4-23　BP 神经网络预测性能图

简单，训练收敛速度快，由输入层、隐含层、输出层组成，能够逼近任意的非线性函数。神经网络训练过程就是在多维空间中寻找训练数据最佳拟合线或面，这一过程由隐含层神经元径向基函数完成。在上节提到的 BP 神经网络训练过程中每一组样本数据样本的输入神经元的链接权值都会发生变化，以实现回归模型全局逼近。从函数逼近角度看，这样的神经网络可以全局逼近，但是其收敛速度大大降低。RBF 神经网络在其神经网络训练过程中对于新的样本输入，所需调整的连接权值较少，因此其学习速率较快。

4.3.3.1　RBF 神经网络介绍

RBF 神经网络原理是将复杂的低维度的非线性的模式分类问题通过其隐含层的径向基函数映射为高维度线性可分的，通过训练数据得到 RBF 的中心点，即得出其映射关系模型。具体到每一层原理而言，RBF 神经网络第一层是由感知神经元组成，称为感知层，也是我们常说的输入层，其作用是将输入样本的特征参数直接传递给隐含层神经元，是直接连接的方式，因此其节点数与输入样本特征参数的维度相同；RBF 神经网络第二层是隐含层，只有一个隐含层，其输入样本与隐含层间的连接不像 BP 神经网络需要通过连接权值，而是通过激活（映射）函数非线性变换到隐含层空间，这也是 RBF 神经网络核心所在；最后一层是输出层，是将上一层的输出值进行线性加权作为 RBF 的输出结果，此处的权值参数是可调参数。

径向基函数有高斯函数（gauss）、多二次函数（multiquadric）、逆多二次函数、薄样条函数（thin plate spline）、线性函数、三次函数（cubic spline）、二三次函数[64]。

高斯函数：

$$F(\|\boldsymbol{X}-\boldsymbol{C}_j\|)=\exp\left(-\frac{\|\boldsymbol{X}-\boldsymbol{C}_j\|^2}{2b_j^2}\right),j=1,2,\cdots,m \tag{4-15}$$

多二次函数：

$$F(\|\boldsymbol{X}-\boldsymbol{C}_j\|)=(\|\boldsymbol{X}-\boldsymbol{C}_j\|^2+b_j^2)^{\frac{1}{2}},j=1,2,\cdots,m \tag{4-16}$$

逆多二次函数：

$$F(\|\boldsymbol{X}-\boldsymbol{C}_j\|)=(\|\boldsymbol{X}-\boldsymbol{C}_j\|^2+b_j^2)^{-\frac{1}{2}},j=1,2,\cdots,m \tag{4-17}$$

薄样条函数：

$$F(\|\boldsymbol{X}-\boldsymbol{C}_j\|)=\|\boldsymbol{X}-\boldsymbol{C}_j\|^2\lg(\boldsymbol{X}-\boldsymbol{C}_j),j=1,2,\cdots,m \tag{4-18}$$

线性函数：

$$F(\|\boldsymbol{X}-\boldsymbol{C}_j\|)=1+\|\boldsymbol{X}-\boldsymbol{C}_j\|,j=1,2,\cdots,m \tag{4-19}$$

三次函数：

$$F(\|\boldsymbol{X}-\boldsymbol{C}_j\|)=1+\|\boldsymbol{X}-\boldsymbol{C}_j\|^3,j=1,2,\cdots,m \tag{4-20}$$

二三次函数：

$$F(\|\boldsymbol{X}-\boldsymbol{C}_j\|)=1+\|\boldsymbol{X}-\boldsymbol{C}_j\|^2+\|\boldsymbol{X}-\boldsymbol{C}_j\|^3,j=1,2,\cdots,m \tag{4-21}$$

式中，$\boldsymbol{C}_j=[C_{j1},C_{j2},\cdots,C_{jR}]$，为网络第 j 个节点的中心矢量；b_j 为节点 j 的基宽度参数，b_j 越小，径向基函数的宽度也就越小，选择性就越强，也就是样本贡献越大。而中心 C_j 可以从样本数据中随机选取或者通过聚类、正交最小二乘法获得。

若建立严格的精确型 RBF 神经网络，则其结构模型如图 4-24 所示，从图中输入层与隐含层连接方式可知，激活函数将新输入的样本 P（R 维特征）和权值向量 $S\times R$ 矩阵（S 个样本数，R 维特征）之间的距离 $\|dist\|$ 作为自变量，其表达式为：

$$a^1=radbas(\|IW_{1,1}-p\|b_1) \tag{4-22}$$

径向基函数为对称函数，当新输入样本 P 与神经网络权值距离越接近于零时，基函数输出 a 越接近于 1，当新输入样本 P 与神经网络权值距离为零，即两

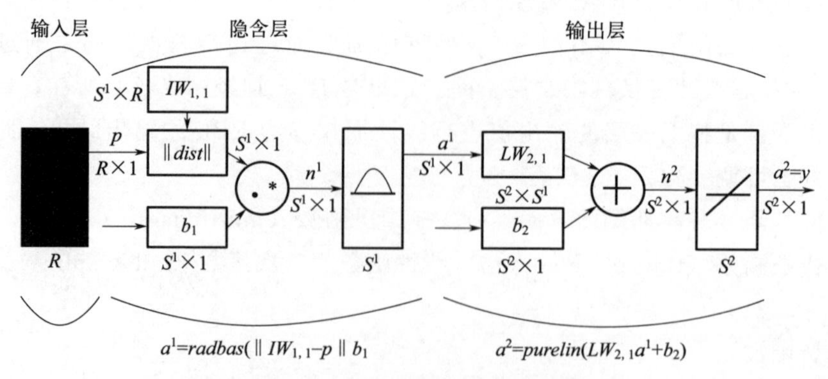

图 4-24　RBF 神经网络结构模型

者相等时，基函数输出 a 为 1。神经网络中 b 为阈值，用于调节神经元的灵敏度。当 b 值较小时，由式(4-22) 知距离变小，则基函数输出会变大，这样会使隐含层神经元输出求解方程组时每一个训练样本都有贡献（测试样本与训练样本都相似）；当 b 值较大时，距离变大，则基函数输出会变小，这样会使每一个训练样本贡献都很小。由于训练数据作为输入层的连接权值，输入层的阈值已知，那么训练 RBF 神经网络的过程就是求解输出层连接权值与阈值这个方程组的过程，从而提高了神经网络的学习速度，同时也避免了局部的极小值问题。基于轧机工艺参数与轧机振动之间的复杂非线性关系，采用精确型 RBF 神经网络进行训练[65,66]。

4.3.3.2　RBF 神经网络算法流程

RBF 神经网络拓扑结构分为输入层、隐含层、输出层，本节将详细说明精确型 RBF 神经网络的原理[10]。

图 4-25 中，输出层节点只有一个，R 和 m 分别表示输入层与隐含层的节点数量，$\boldsymbol{X}=[x_1,x_2,\cdots,x_R]$ 是网络的输入样本数据，$\boldsymbol{H}=[h_1,h_2,\cdots,h_m]$ 是径向基向量，$\boldsymbol{W}=[w_1,w_2,\cdots,w_m]$ 为网络权向量，Y_m 为输出数据。由图 4-25 可知，其神经网络训练过程分为两个阶段：

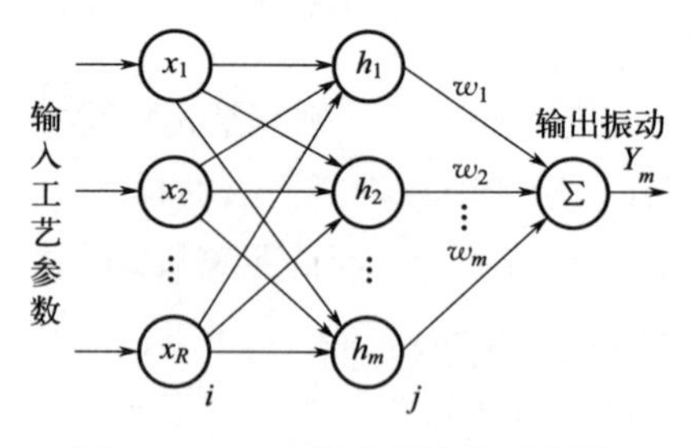

图 4-25　RBF 神经网络拓扑结构

第一阶段：

将输入列向量 $\boldsymbol{R}$（看作 R 维向量空间内一点的坐标）维输入数据映射到 m 维空间：

$$\boldsymbol{R}=\begin{bmatrix} P_1 \\ P_2 \\ \cdots \\ P_{R-1} \\ P_R \end{bmatrix} \tag{4-23}$$

隐含层与之对应的是一个矩阵 $\boldsymbol{W}^1$（看作 S 个向量空间的中心点坐标组合成的矩阵）：

$$\boldsymbol{W}^1=\begin{bmatrix} w_{1,1} & w_{1,2} & \cdots & w_{1,R} \\ w_{2,1} & w_{2,2} & \cdots & w_{2,R} \\ \vdots & \vdots & & \vdots \\ w_{S,1} & w_{S,2} & \cdots & w_{S,R} \end{bmatrix}_{S\times R} \tag{4-24}$$

分别计算欧氏距离得到 $\|dist\|$，连接权值：

$$\boldsymbol{D}=\begin{bmatrix} \|dist\|_1 \\ \|dist\|_2 \\ \vdots \\ \|dist\|_S \end{bmatrix}=\begin{bmatrix} \sum_{i=1}^{R}(w_{1,i}-p_i)^2 \\ \sum_{i=1}^{R}(w_{2,i}-p_i)^2 \\ \vdots \\ \sum_{i=1}^{R}(w_{S,i}-p_i)^2 \end{bmatrix} \qquad \boldsymbol{B}^1=\begin{bmatrix} b_1 \\ b_2 \\ \vdots \\ b_S \end{bmatrix} \tag{4-25}$$

对应位置数值相乘得到矩阵：

$$\boldsymbol{N}^1=\begin{bmatrix} b_1\|dist\|_1 \\ b_2\|dist\|_2 \\ \vdots \\ b_S\|dist\|_S \end{bmatrix} \tag{4-26}$$

本章使用高斯 Gauss（函数）作为激活函数，将所得矩阵传递给高斯函数得到隐含层的输出。

网络输出 $Y_1=w_1F_1+w_2F_2+\cdots+w_mF_m$，是隐节点输出的线性组合，其

中 $\boldsymbol{W}=[w_1,w_2,\cdots,w_m]$ 为网络权向量。

第二阶段：

线性输出：

$$\boldsymbol{A}=\begin{bmatrix} a_1 \\ a_2 \\ \vdots \\ a_{S-1} \\ a_S \end{bmatrix} \tag{4-27}$$

径向函数输出作为其输入，与对应的输出层权值矩阵：

$$\boldsymbol{W}^2=\begin{bmatrix} w'_{1,1} & w'_{1,2} & \cdots & w'_{1,S} \\ w'_{2,1} & w'_{2,2} & \cdots & w'_{2,S} \\ \vdots & \vdots & & \vdots \\ w'_{m,1} & w'_{m,2} & \cdots & w'_{m,S} \end{bmatrix}_{m\times S} \tag{4-28}$$

相乘，得到线性输出：

$$\boldsymbol{L}=\boldsymbol{W}^2\boldsymbol{A}=\begin{bmatrix} w'_{1,1} & w'_{1,2} & \cdots & w'_{1,S} \\ w'_{2,1} & w'_{2,2} & \cdots & w'_{2,S} \\ \vdots & \vdots & & \vdots \\ w'_{m,1} & w'_{m,2} & \cdots & w'_{m,S} \end{bmatrix}\begin{bmatrix} a_1 \\ a_2 \\ \vdots \\ a_{S-1} \\ a_S \end{bmatrix}=\begin{bmatrix} \sum_{i=1}^{S} w'_{1,i}a_i \\ \sum_{i=1}^{S} w'_{2,i}a_i \\ \vdots \\ \sum_{i=1}^{S} w'_{m,i}a_i \end{bmatrix} \tag{4-29}$$

$$\boldsymbol{B}^2=\begin{bmatrix} b'_1 \\ b'_2 \\ \vdots \\ b'_m \end{bmatrix} \tag{4-30}$$

对应位置数值相乘得到矩阵：

$$\boldsymbol{N}^2=\begin{bmatrix} l_1 b_1' \\ l_2 b_2' \\ \vdots \\ l_m b_m' \end{bmatrix} \tag{4-31}$$

线性映射后得到输出：

$$Y_i=g(N_i^2) \tag{4-32}$$

根据其原理分析，算法流程如图 4-26 所示。

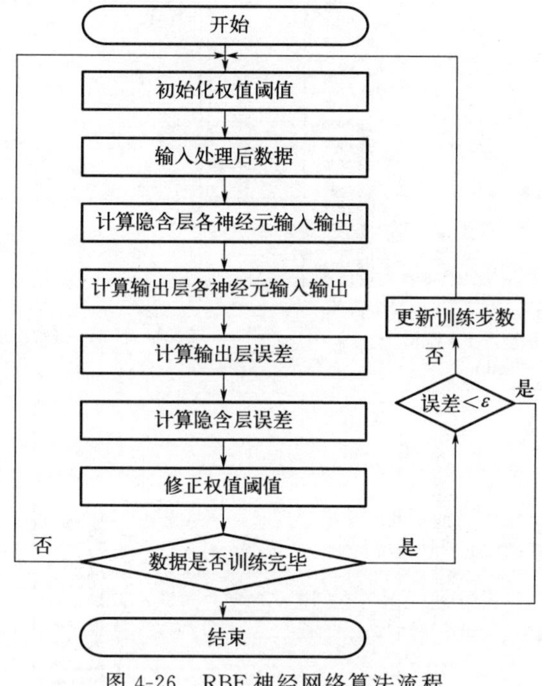

图 4-26　RBF 神经网络算法流程

4.3.3.3　基于 RBF 神经网络的轧机振动预测模型

本节采用 MATLAB 中精确型 RBF 神经网络（newrbe），其传递函数为高斯函数，由上节可知其输入层与隐含层的连接权重为输入样本向量的转置，将所有的输入样本作为基函数的中心，即 4.3.1 节中聚类后的数据样本。建立神经网络过程在 MATLAB 中调用格式为：

$$net=newrbe(P,T,spread) \tag{4-33}$$

式中，P 为输入样本数据即轧机工艺参数，T 为输出数据即对应振动数据，

二者样本数相同 *spreed* 为分布密度（扩展系数）决定神经元的阈值 b 以调节其敏感度[63]，如下式：

$$b=\frac{[1-\lg 0.5]^{\frac{1}{2}}}{spreed} \tag{4-34}$$

其在 MATLAB 中的实现方式为：

$$Y=sim(net, P) \tag{4-35}$$

式中，Y 是输出预测值，*net* 为之前建立的神经网络。

处理后的工艺参数与振动数据共有 500 组，随机选取其中 400 组作为训练集，50 组作为验证集，剩余 50 组作为测试集，其预测性能如图 4-27 及表 4-4 所示：

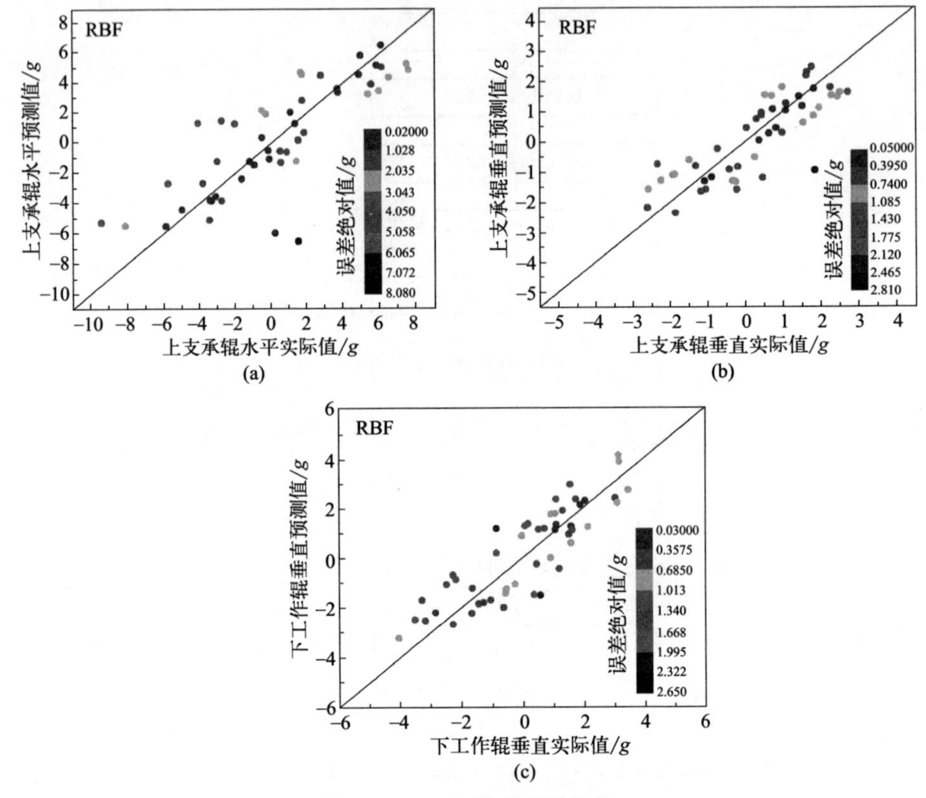

图 4-27　RBF 模型预测性能

表 4-4　RBF 模型预测性能

振动位置	上支承辊水平振动	上支承辊垂直振动	下工作辊垂直振动
R^2	0.6411	0.6627	0.7287
MSE	5.8057	0.7125	0.972
RMSE	2.4095	0.8441	0.9859

由图 4-27 与表 4-4 可知，对于 RBF 振动预测模型，三个振动点预测值与实际值的决定系数相对 BP 模型较高，预测性能较好。上支承辊水平振动、上支承辊垂直振动、下工作辊垂直振动最大预测误差分别为 8.08g、2.81g、2.65g。个别点误差较大，其效果不太理想，可能由过拟合导致。

4.3.4 Kriging 神经网络预测模型

克里金（Kriging）插值法是地质统计学（geostatistics）的一部分，是一种通过加权平均的方式来估算的空间估值技术。Kriging 是基于区域化变量理论实现空间插值的技术，其以样本点的尺寸大小、空间结构特征和在空间上的相互关系为基础，从而确定任意样本的加权系数，最终实现样本的最优估算。南非金矿工程师丹尼·克里格（Danie G. Krige）在 20 世纪 40 年代末发现矿下的金属分布在空间上是相互关联的，而不是随机的，他考虑样品的尺寸和其空间位置会使估计的金属含量更准确，进而提出了考虑样品的相关程度和空间位置能使估计金矿储量问题误差最小的思想，到 60 年代初，法国巴黎矿业学院的统计学家 G. Matheron，在克里金的基础上进行了归纳整理，用其升华为理论。克里金方法主要应用于地质统计领域。本章基于该方法可以通过空间已知点的观测值估计空间任一点的观测值这一属性，将其应用在轧机振动研究过程中，目的是考虑轧机运行过程中的工艺数据和现场采集的同步振动数据的关系，用其提供的各种信息来预测不同轧机运行参数对轧机振动的影响程度，进而对轧机运行过程的工艺参数进行优化，使轧机运行过程振动减小，提高轧机运行稳定性。

4.3.4.1 Kriging 插值法介绍

克里金插值法主要由区域化变量的空间变异结构分析理论组成，是克里金估计的基础和前提[67]，其核心思想是已知信息的样本数据与变异函数相结合，对其他未知点进行预测，将预测的方差作为预测精度的衡量标准。其为后期结果的分析提供很大的参考，因此是一种无偏最优插值法。

克里金估计方法针对的是空间未知变量预测问题，通过已知数据建立插值模型，最终较精确地估计出待估样本点的信息。本小节将已知的轧机工艺参数与对应的振动数据建立插值模型，进而对未知振动数据的轧机工艺参数进行预测。

(1) 区域化变量理论

区域化变量是基于随机函数理论来分析样本数据的问题，是将空间位置作为随机函数的自变量，通过建立数据关系，求出估计方差。以空间点 X 的三个直角坐标 $X(x_u, x_v, x_w)$ 为自变量的随机场 $Z(x_u, x_v, x_w)$ 被称为区域化变量。由此可知，区域化变量不像普通随机变量那样是按照某种概率分布，而是与分布位置有关。

$$Z(x_u, x_v, x_w) = Z(x) \tag{4-36}$$

如式(4-36) 所示，$Z(x)$观测前是一个随机场，观测后是普通的空间三元函数值或空间点函数值。首先要介绍的是随机变量与随机函数，随机变量为一个实值变量。

① 随机变量的特征值。

• 数学期望：数学期望是随机变量 ξ 的整体代表性特征数。由于本章涉及的数据为离散的样本数据，则设其所有的样本值为 $x_1, x_2, \cdots, x_k$，其对应的概率为：

$$P = (\xi = x_k) = p_k, k = 1, 2, \cdots\cdots \tag{4-37}$$

则当级数 $\sum_{k=1}^{\infty} x_k p_k$ 绝对收敛时，称此级数的和为 ξ 的数学期望，记为E (ξ)。

$$E(\xi) = \sum_{k=1}^{\infty} x_k p_k \tag{4-38}$$

设连续型随机变量 ξ 的可能取值区间为 $(-\infty, +\infty)$，$p(x)$ 为其概率密度函数，若无穷积分 $\int_{-\infty}^{+\infty} x p(x) \mathrm{d}x$ 绝对收敛，则称它为 ξ 的数学期望，记为 $E(\xi)$。

$$E(\xi) = \int_{-\infty}^{+\infty} x p(x) \mathrm{d}x \tag{4-39}$$

数学期望是随机变量以其样本值概率为权值的加权平均数。对于 N 个样本数据则有：

$$\hat{m} = \frac{\left(\sum_{i=1}^{N} Z_i\right)}{N} \tag{4-40}$$

• 方差：方差为随机变量的离散性特征数。若数学期望 $E[\xi - E(\xi)]^2$ 存在，则称它为 ξ 的方差，记为 $D(\xi)$ 或 $Var(\xi)$ 或 σ_{ξ^2}。

$$D(\xi) = E[\xi - E(\xi)]^2 = E(\xi^2) - [E(\xi)]^2 \tag{4-41}$$

方差的平方根为标准差：

$$\sigma_\xi = \sqrt{E(\xi^2) - [E(\xi)]^2} \tag{4-42}$$

从矩的角度说，期望和方差分别对应一二阶中心矩。

② 随机函数的特征值：两个随机变量 ξ，η 的协方差为二维随机变量（ξ，η）的二阶混合中心矩 μ_{11}，记为 $Cov(\xi, \eta)$或 $\sigma_{\xi,\eta}$。

$$Cov(\xi, \eta) = \sigma_{\xi,\eta} = E[(\xi - E(\xi))(\eta - E(\eta))] = E(\xi\eta) - E(\xi)E(\eta) \tag{4-43}$$

则对于 $Z(x_u,x_v,x_w)=Z(x)$ 的区域化变量，在空间点 x 和 $x+h$ 处的两个随机变量的二阶混合中心矩，是依赖于空间点 x 和 h 的函数。

$$\mu_{11}=E[Z(x)Z(x+h)]-E[Z(x)]E[Z(x+h)] \tag{4-44}$$

轧机一组工艺参数对应的振动可以解释为一个随机变量在该组工艺参数的一个随机实现，各组工艺参数处随机变量的集合构成一个随机函数。

③ 平稳假设：严格的平稳假设是指一个随机函数 $Z(x)$ 的空间分布规律不依赖其具体位置，即对于多变量而言，任意增量 h 均有 $F(x_1,\cdots,x_k,z_1,\cdots,z_k)=F(x_1+h,\cdots,x_k+h,z_1,\cdots,z_k)$，这种假设过于严格，不符合实际，因此提出了弱假设。

当区域化变量 $Z(x)$ 符合下面两个条件时，则称其为二阶平稳或弱平稳：

• 在整个研究区内有 $Z(x)$ 的数学期望存在，且等于常数：

$$E[Z(x)]=E[Z(x+h)]=m(m\text{ 为常数}) \tag{4-45}$$

随机函数在空间上的变化没有明显趋势，围绕 m 值上下波动。

• 在整个研究区内，$Z(x)$ 的协方差函数存在且平稳（即只依赖于滞后 h，而与 x 无关）：

$$\begin{aligned} Cov(Z(x),Z(x+h)) &= E[Z(x)Z(x+h)]-E[Z(x)]E[Z(x+h)] \\ &= E[Z(x)Z(x+h)]-m^2=C(h) \end{aligned} \tag{4-46}$$

由式(4-46) 可知，协方差与数据点的相对位置与绝对位置都有关。当 $h=0$ 时，上式变为 $Var[Z(x)]=C(0)$，即方差存在且为常数。

(2) 变异函数理论

变异函数（变程方差函数）是可以描述变量组成空间的变化和随机分布变化情况，用来模拟区域变化量变化的特有函数。由于轧机运行时的复杂性，各参数变异性较大，因此利用 Kriging 方法对轧机振动数据进行拟合回归。常用拟合模型有指数模型、球状模型、高斯模型等[68]。

① 球状模型：

$$\gamma(h)=\begin{cases} 0 & h=0 \\ C_0+C\left(\dfrac{3h}{2a}-\dfrac{h^3}{2a^3}\right) & 0\leqslant h\leqslant a \\ C_0+C & h>a \end{cases} \tag{4-47}$$

式中，C_0 是块金值；C 为拱高；C_0+C 是基台值；a 是变程。

② 指数模型：

$$\gamma(h)=\begin{cases} 0 & h=0 \\ C_0+C(1-e^{-\frac{3h}{a}}) & h>0 \end{cases} \tag{4-48}$$

③ 高斯模型：

$$\gamma(h)=\begin{cases}0 & h=0\\ C_0+C(1-e^{-\frac{(3h)^2}{a}}) & h>0\end{cases} \tag{4-49}$$

本章采用的是高斯模型。

4.3.4.2 克里金插值分类

克里金插值法随着生产生活的应用，演变了很多方法，其中常见的有简单克里金（SK）、普通克里金（OK）、泛克里金（UK）、协同克里金（CK）、贝叶斯克里金（BK）、指示克里金（IK）。

(1) 简单克里金（simple Kriging，SK）

简单克里金使用要求是区域化变量的期望为已知常数，在工程实践中，由于其计算简单，应用较为广泛。

假设要根据位于点 $x_i(i=1,2\cdots,n)$的 n 个信息样品的品位值 $Z(x)(i=1,2,\cdots,n)$估计中心点在 x，体积为 V 的块段的平均品位 $Z_V(x)$。如果 $E[Z(x)]=m$ 为已知常数，令 $Y(x)=Z(x)-m$，则 $E[Y(x)]=0$，其协方差为：

$$Cov[Z(x)\cdot Z(y)]=E[Y(x)\cdot Y(y)]=C(x,y) \tag{4-50}$$

所以求对 Z_V 的估计值现已转化为求对 Y_V 的估计，且有：

$$Y_V=\frac{1}{v}\int Y(x)\mathrm{d}x=\frac{1}{v}\int Z(x)\mathrm{d}x-m=Z_V-m \tag{4-51}$$

其估计量为：

$$Y_V^*=\sum_{i=1}^{n}\lambda_i Y_i,\text{其中 } Y_i=Z_i-m(i=1,2,\cdots,n) \tag{4-52}$$

因此，求出估计值 Y_V^*，就能得到 Z_V 的估计值 Z_V^*。Y_V^* 是 Y_V 的无偏估计量，且不需要任何条件，这是由于：

$$E(Y_V^*)=\sum_{i=1}^{n}\lambda_i E(Y_i)=\sum_{i=1}^{n}\lambda_i E(Z_i-m)=0 \tag{4-53}$$

因此 $E(Y)_V^*=E(Y)_V$。

求出使估计方差为最小时的权系数 $\lambda_i(i=1,2,\cdots,n)$，则要求出估计方差的表达式：

$$\sigma_E^2=E[Y_V-Y_V^*]^2=E[Y_V^2]-2E[Y_V\cdot Y_V^*]+E[Y_V^{*2}]$$

$$=\frac{1}{V^2}\iint E[Y(x)Y(y)]\mathrm{d}x\mathrm{d}y-2\sum_{i=1}^{n}\lambda_i\frac{1}{V}\int E[Y(x_i)Y(x)]\mathrm{d}x+$$

$$\sum_{i=1}^{n}\sum_{j=1}^{n}\lambda_i\lambda_j E[Y(x_i)Y(x)]=\frac{1}{V^2}\iint C(x,y)\mathrm{d}x\mathrm{d}y-$$

$$2\sum_{i=1}^{n}\lambda_i \frac{1}{V}\int C(x_i,x)\mathrm{d}x+\sum_{i=1}^{n}\sum_{j=1}^{n}\lambda_i\lambda_j C(x_i,x_j) \tag{4-54}$$

所以

$$\sigma_E^2=\overline{C}(V,V)-2\sum_{i=1}^{n}\lambda_i\overline{C}(x_i,V)+\sum_{i=1}^{n}\sum_{j=1}^{n}\lambda_i\lambda_j C(x_i,x_j) \tag{4-55}$$

其中，$\overline{C}(V,V)$表示协方差函数在待估域 V 上的平均值。

为了使 σ_E^2 达到最小，按照求极值的方法，对上式的各个 λ_i 求偏导数，并令其为 0，则有：

$$\frac{\partial\sigma_E^2}{\partial\lambda_i}=-2\overline{C}(x_i,V)+2\sum_{j=1}^{n}\lambda_j\overline{C}(x_i,x_j)=0(i=1,2,\cdots,n) \tag{4-56}$$

从这个方程组中解出 $\lambda_j(j=1,2,\cdots,n)$，即为所求的简单克里金权系数。得到的简单克里金估计值 Y_V^*：

$$Y_V^*=\sum_{i=1}^{n}\lambda_i Y_j \tag{4-57}$$

此时 Z_V 的简单克里金估计量为：

$$Z_V^*=m+Y_V^*=m+\sum_{i=1}^{n}\lambda_i Y_j=m+\sum_{j=1}^{n}\lambda_i(Z_j-m) \tag{4-58}$$

(2) 普通克里金 (ordinary Kriging，OK)

普通克里金是简单克里金的一种演变形式。普通克里金的期望 $E[Z(x)]=m$，m 为未知常数，要求所有的权值之和为 1，普通克里金随机函数 $Z(x)$ 服从二阶平稳假设。所有的权值之和为：

$$\sum_{i=1}^{n}\lambda_i=1 \tag{4-59}$$

普通克里金计算公式为：

$$Z(x_0)=\sum_{i=1}^{n}\lambda_i Z(x_i) \tag{4-60}$$

式中，$Z(x_i)(i=0,1,2,\cdots,n)$数据点 x_i 的值，除 x_0 外，其他是已知点，λ_i 为权系数。

估计方差表达式如下：

$$E\{[Z(x_0)-Z^*(x_0)]^2\}=C(x_0,x_0)-2\sum_{j=1}^{n}\lambda_j C(x_0,x_j)+\sum_{i=1}^{n}\sum_{j=1}^{n}\lambda_i\lambda_j C(x_i,x_j) \tag{4-61}$$

在所有权值系数之和为 1 的条件下，通过构造拉格朗日乘数法构造的函数，求得 $\lambda_i(i=1,2,\cdots,n)$使估计方差最小：

$$F=E\{[Z(x_0)-Z^*(x_0)]^2\}-2\mu\left(\sum_{i=1}^{n}\lambda_i-1\right) \tag{4-62}$$

即普通克里金方程组为：

$$\begin{cases} \sum_{i=1}^{n} \lambda_i C(x_i, x_j) - \mu = C(x_0, x_j), j = 1, 2, \cdots, n \\ \sum_{i=1}^{n} \lambda_i = 1 \end{cases} \tag{4-63}$$

根据上式可得其矩阵形式：

$$\boldsymbol{K\lambda} = \boldsymbol{M} \tag{4-64}$$

$$\boldsymbol{\lambda} = \begin{bmatrix} \lambda_1 \\ \lambda_2 \\ \vdots \\ \lambda_n \\ -\mu \end{bmatrix}, \boldsymbol{M} = \begin{bmatrix} C_{01} \\ C_{02} \\ \vdots \\ C_{0n} \\ 1 \end{bmatrix}, \boldsymbol{K} = \begin{bmatrix} C_{11} & C_{12} & \cdots & C_{1n} & 1 \\ C_{11} & C_{11} & \cdots & C_{11} & 1 \\ \vdots & \vdots & \cdots & \vdots & \vdots \\ C_{n1} & C_{n2} & \cdots & C_{nn} & 1 \\ 1 & 1 & \cdots & 1 & 0 \end{bmatrix} \tag{4-65}$$

普通克里金估计方差最小：

$$\sigma_{\mathrm{OK}}^2 = E\{[Z(x_0) - Z^*(x_0)]^2\} = C(x_0, x_0) - \sum_{i=1}^{n} \lambda_i C(x_0, x_i) + \mu \tag{4-66}$$

由上式可知，加权系数不仅取决于随机函数 $Z(x)$ 的协方差函数 $C(x_i, x_j)$ 和 x_i, x_j 之间的函数关系，即该协方差函数本身，同时还与各个观测点 x_i 的相对关系，以及 x_i 与被估点 x_0 之间的相对位置关系有关。

(3) 泛克里金（universal Kriging，UK）

对于简单克里金和普通克里金来说，随机函数 $Z(u)$ 的一阶平稳是一个基本假设：

$$E[Z(u)] = m \tag{4-67}$$

式中，m 是不随 x 变化的常数。但有些随机函数的均值并非常数：

$$E[Z(u)] = m(u) \tag{4-68}$$

式中，$m(u)$ 是空间位置 u 的函数，不是一阶平稳的随机函数，而是一种非平稳函数，$m(u)$ 为非平稳随机函数的漂移函数。

随机函数（RF）模型是趋势 $m(u)$ 与残差 $R(u)$ 的和，即将 $Z(u)$ 分为两部分：

$$Z(u) = m(u) + R(u) \tag{4-69}$$

式中，$R(u)$ 是残差函数，残差部分 $R(u)$ 通常是用均值为 0，协方差函数为 $C_R(h)$ 的平稳随机函数（RF）来模拟；$m(u)$ 部分通常用一个光滑的确定性函数模拟。已知漂移形式为：

$$m(u)=\sum_{k=1}^{K}a_k f_k(u) \tag{4-70}$$

式中，a_k 是未知参数，$f_k(u)(u=0,1,\cdots,n)$是以 u 为自变量描述位置坐标的已知函数，则泛克里金估计量 $Z_{KT}^{*}(u)=\sum_{i=1}^{n}\lambda_i^{KT(u)}Z(u_i)$ 满足无偏、最小方差条件下，求得到权系数和方差。通过求偏导数，得到具有趋势的泛克里金方程组：

$$\begin{cases}\sum_{\beta=1}^{n}\lambda_\beta^{(KT)}(u)C_R(u_\beta-u\_\alpha)+\sum_{k=0}^{K}\mu_k(u)f\_k(u\_\alpha)=C(u-u_\alpha) & \alpha=1,2,\cdots,n\\ \sum_{\beta=1}^{n}\lambda_\beta^{(KT)}(u)f_k(u_\beta)=f_k(u) & k=0,1,\cdots,n\end{cases} \tag{4-71}$$

式中　$C_R(h)$——残差协方差函数；

$\lambda_\beta^{(KT)}$——KT 权值；

$\mu_k(u)$——与（$K+1$）个权值的限制条件相对应的（$K+1$）个拉格朗日参数。

(4) 协同克里金（Co-Kriging，CK）

协同克里金估计值主要针对数据少的问题，其线性组合如下：

$$Z_0^{*}=\sum_{i=1}^{n}\alpha_i x_i+\sum_{i=1}^{n}\beta_i y_i \tag{4-72}$$

式中，Z_0^{*} 为随机变量在位置 0 处的估计值；$x_1,\cdots,x_n$ 为初始变量的 n 个样本数据；$y_1,\cdots,y_n$ 为二级变量的 m 个样本数据；$\alpha_1,\cdots,\alpha_n$ 和 $\beta_1,\cdots,\beta_n$ 为需要确定的协同克里金加权系数。

根据其无偏性特点和最小二乘法可推导出方程组如下：

$$\begin{cases}\sum_{i=1}^{n}\alpha_i Cov(x_i,x_j)+\sum_{i=1}^{m}\beta_i Cov(y_i,x_j)+\mu_1=Cov(x_0,x_j), & j=1,2,\cdots,m\\ \sum_{i=1}^{n}\alpha_i Cov(x_i,x_j)+\sum_{i=1}^{m}\beta_i Cov(y_i,x_j)+\mu_2=Cov(x_0,x_j), & j=1,2,\cdots,m\\ \sum_{i=1}^{n}\alpha_i=1\\ \sum_{i=1}^{n}\beta_i=0\end{cases} \tag{4-73}$$

4.3.4.3 基于Kriging模型的轧机振动预测模型

本节采用普通克里金模型建立了三个振动预测模型，训练集、测试集、验证集的划分比例与方法均与前两种模型相同，通过训练模型，得出预测性能如下。

表 4-5 Kriging 模型预测性能

振动位置	上支承辊水平振动	上支承辊垂直振动	下工作辊垂直振动
R^2	0.6749	0.7298	0.665
MSE	5.2965	0.4174	0.9737
RMSE	2.3014	0.6461	0.9868

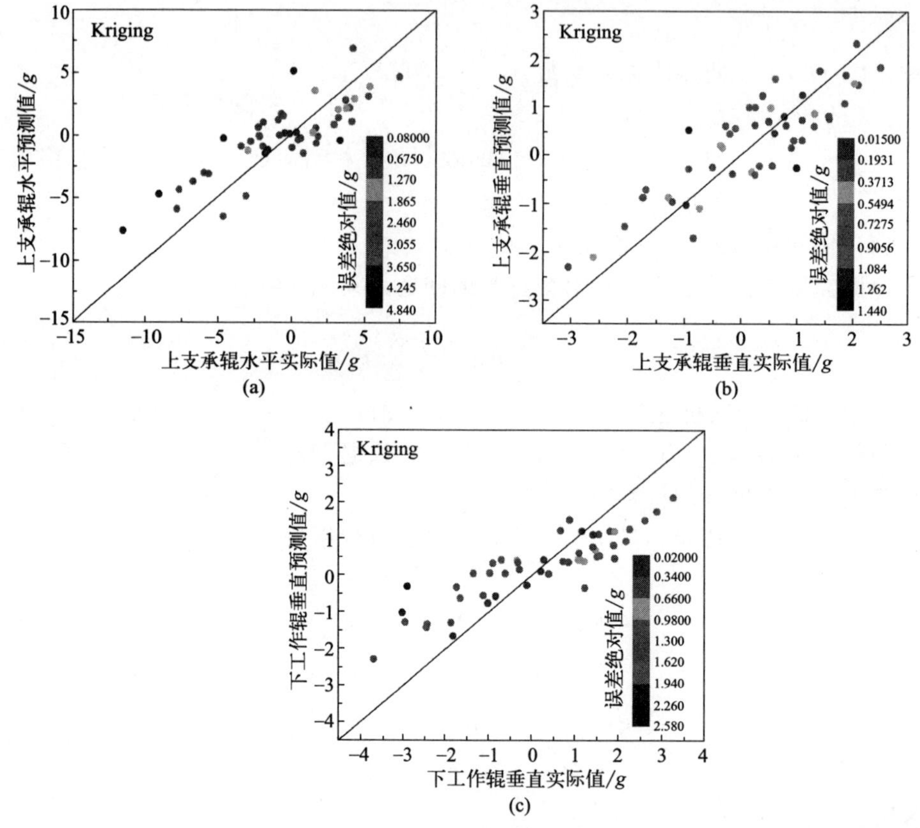

图 4-28 Kriging 模型预测性能

由图 4-28 与表 4-5 可知，其预测效果相比 BP、RBF 预测模型较为准确，尤其是上支承辊水平振动的预测，可以有效地映射工艺参数与振动之间的关系，但是总体的决定系数值不高，需要进一步改进。

4.4 高精度板带连轧过程工艺参数智能优化方法

4.4.1 基于差分进化算法的轧机振动预测模型

基于 RBF 神经网络与 Kriging 模型的预测结果较为不理想，为使得预测效果较好，本章提出一种基于差分进化算法的轧机振动预测模型，将 RBF 神经网络与 Kriging 模型线性集成，以使预测模型预测效果最佳。

4.4.1.1 模型理论介绍

(1) 差分进化算法的介绍

差分进化算法（differential evolution algorithm，DE）是在 1995 年被 Rainer Storn 和 Kenneth Price 提出的一种基于群体差异的启发式并行搜索方法，类似于遗传进化算法，模拟自然界生物进化“优胜劣汰”的原则，其流程包括种群初始化、变异操作、交叉操作、选择操作。为了增加算法求解的多样性，DE 变异从父代随机选择两个个体，让二者进行相减操作后加入缩放因子，将计算结果加到每个个体上。差分进化算法结构简单，具有较强的全局搜索能力，调节参数较少，寻优搜索速度快，且能平衡局部及全局的信息来进行搜索，具有较高的可靠性、实用性。综上，本章基于差分进化算法的寻优能力，建立了 RBF-Kriging 集成模型。

(2) 差分进化算法模型流程

① 种群初始化：首先随机产生初始化种群个体 NP 个，即有 NP 个可行解 $\{\boldsymbol{X}_{1,g},\boldsymbol{X}_{2,g},\cdots,\boldsymbol{X}_{NP,g}\}$，每一个个体（“染色体”）$\boldsymbol{X}_{1,g}$ 都是 D 维变量即 $\boldsymbol{X}_{1,g}=(x_{1,g},x_{2,g},\cdots,x_{D,g})$，其中，$g$ 为进化代数，在种群初始化产生种群原始个体时应尽可能地分布于整个可行解空间，每个个体均在 $[\boldsymbol{X}_{\min},\ \boldsymbol{X}_{\max}]$ 搜索空间内均匀随机产生，其中 $\boldsymbol{X}_{\min}=(x_{\min}^{1},x_{\min}^{2},\cdots,x_{\min}^{D})$，$\boldsymbol{X}_{\max}=(x_{\max}^{1},x_{\max}^{2},\cdots,x_{\max}^{D})$。个体 i 的第 j 维的具体值可以通过下式产生：

$$x_{i}^{j}=x_{\min}^{j}+\mathrm{rand}(0,1)\times(x_{\max}^{j}-x_{\min}^{j}),j\in[1,D] \tag{4-74}$$

式中，rand(0,1) 是指在 [0,1] 范围内生成的均匀分布的随机实数；$x_{\max}^{j}$、$x_{\min}^{j}$ 分别指个体 i 的第 j 维中的最大值与最小值。

② 变异操作：变异操作是根据生物学中染色体个别基因发生重组或突变的原理，利用随机扰动的方法将不同个体间的差分向量作为扰动向量，通过改变“染色体”某个位置的数值，使种群保持多样性和分布随机性。Storn 等人将采

用 DE/x/y/z 的形式以表示具体的差分形式，其中 x 表示目标向量的选择方式，y 表示执行差分操作的向量的个数，z 表示执行交叉操作的方式。例如：DE/rand/1 表示目标向量为种群中随机选择个体，进行差分操作的向量个数为 1 个，表达式为：

$$\boldsymbol{V}_{i,g}=\boldsymbol{X}_{a,g}+F\times(\boldsymbol{X}_{b,g}-\boldsymbol{X}_{c,g}),a\neq b\neq c \tag{4-75}$$

式中，$\boldsymbol{V}_{i,g}$ 为变异向量；$\boldsymbol{X}_{a,g}$、$\boldsymbol{X}_{b,g}$、$\boldsymbol{X}_{c,g}$ 是种群中随机选择的 3 个个体；$\boldsymbol{X}_{ag}$ 是被执行变异操作的向量，即目标向量；$\boldsymbol{X}_{b,g}$、$\boldsymbol{X}_{c,g}$ 为被选择执行差分操作的两个随机向量；F 为缩放因子，控制 $\boldsymbol{X}_{b,g}$、$\boldsymbol{X}_{c,g}$ 对变异向量的贡献。表 4-6 列举了七种常见的变异策略。

表 4-6 常见变异策略

策略名称	表达式
DE/rand/1	$\boldsymbol{V}_{i,g}=\boldsymbol{X}_{a,g}+F\times(\boldsymbol{X}_{b,g}-\boldsymbol{X}_{c,g})$
DE/best/1	$\boldsymbol{V}_{i,g}=\boldsymbol{X}_{best,g}+F\times(\boldsymbol{X}_{a,g}-\boldsymbol{X}_{b,g})$
DE/current-to-best/1	$\boldsymbol{V}_{i,g}=\boldsymbol{X}_{i,g}+F\times(\boldsymbol{X}_{best,g}-\boldsymbol{X}_{i,g})+F\times(\boldsymbol{X}_{a,g}-\boldsymbol{X}_{b,g})$
DE/best/2	$\boldsymbol{V}_{i,g}=\boldsymbol{X}_{best,g}+F\times(\boldsymbol{X}_{a,g}-\boldsymbol{X}_{b,g})+F\times(\boldsymbol{X}_{c,g}-\boldsymbol{X}_{d,g})$
DE/rand/2	$\boldsymbol{V}_{i,g}=\boldsymbol{X}_{a,g}+F\times(\boldsymbol{X}_{b,g}-\boldsymbol{X}_{c,g})+F\times(\boldsymbol{X}_{d,g}-\boldsymbol{X}_{e,g})$
DE/current-to-rand/1	$\boldsymbol{V}_{i,g}=\boldsymbol{X}_{i,g}+F\times(\boldsymbol{X}_{c,g}-\boldsymbol{X}_{i,g})+F\times(\boldsymbol{X}_{a,g}-\boldsymbol{X}_{b,g})$

注：$\boldsymbol{X}_{best,g}$ 代表 g 进化代中适应值最好的向量，$\boldsymbol{X}_{i,g}$ 为靶向向量。

③ 交叉操作：生物进化过程中，为使得种群能够继续繁衍，提高种群的多样性，基于变异操作所得的变异向量 $\boldsymbol{V}_{i,g}$ 与目标向量进行交叉，得到试验向量 $\boldsymbol{U}_{ig}=(\boldsymbol{u}_{i,g}^{1},\boldsymbol{u}_{i,g}^{2},\cdots,\boldsymbol{u}_{i,g}^{D}),i=1,2,\cdots,N$。本算法交叉方式主要有两种，一种是二项式交叉，另一种是基于指数的交叉。二项式交叉公式如下：

$$\boldsymbol{u}_{i,g}^{j}=\begin{cases}\boldsymbol{v}_{i,g}^{j}, & \mathrm{rand}_j(0,1)\leqslant CR\vee j=j_{rand}\\ \boldsymbol{x}_{i,g}^{j}, & \mathrm{rand}_j(0,1)>CR\wedge j\neq j_{rand}\end{cases} \tag{4-76}$$

式中，$j=1,2,\cdots,D$；$\mathrm{rand}_j(0,1)\in[0,1]$ 是第 j 次均匀分布的随机小数；$j_{rand}\in[0,D]$ 是随机选择的维度数且为整数，以使试验向量 $\boldsymbol{U}_{i,g}^{j}$ 中至少包含变异向量 $\boldsymbol{v}_{i,g}^{j}$ 的一个分量；CR 是设置的交叉概率，为常数，用于决定剩余元素由目标个体 $\boldsymbol{x}_{i,g}^{j}$ 贡献还是变异向量 $\boldsymbol{v}_{i,g}^{j}$ 贡献。

指数式交叉公式如下：

$$\boldsymbol{u}_{i,g}^{j}=\begin{cases}\boldsymbol{v}_{i,g}^{j}, & j=\|l\|_D,\|l+1\|_D,\cdots,\|l+L-1\|_D\\ \boldsymbol{x}_{i,g}^{j}, & 其他\end{cases} \tag{4-77}$$

④ 选择操作：选择操作采用贪婪选择机制，是将变异交叉后的试验向量 $\boldsymbol{U}_{i,g}$ 与目标向量 $\boldsymbol{X}_{i,g}$ 通过适应度函数 $f(x)$ 比较优劣，优胜劣汰，适应度较优的将

被选择进入下一代。最小优化问题的公式如下：

$$\boldsymbol{X}_{i,g+1}=\begin{cases}\boldsymbol{U}_{i,g} & f(\boldsymbol{U}_{i,g})<f(\boldsymbol{X}_{i,g})\\ \boldsymbol{X}_{i,g} & f(\boldsymbol{U}_{i,g})\geqslant f(\boldsymbol{X}_{i,g})\end{cases}\quad i=1,2,\cdots,N \tag{4-78}$$

由上式可知，当试验向量$\boldsymbol{U}_{i,g}$的适应度值$f(\boldsymbol{U}_{i,g})$小于目标向量$\boldsymbol{X}_{i,g}$的适应度值$f(\boldsymbol{X}_{i,g})$时，将选择目标向量进入下一代种群$\boldsymbol{X}_{i,g+1}$，反之将淘汰当前个体$\boldsymbol{X}_{i,g}$，选择试验向量$\boldsymbol{U}_{i,g}$进入下一代种群$\boldsymbol{X}_{i,g+1}$。

本节对 RBF-kriging 模型进行叠加，其叠加原理如式(4-79) 所示，采用差分进化寻找其最优参数，以使得模型预测效果更好。

$$Y=A\times \text{RBF}+B\times \text{Kriging} \tag{4-79}$$

基于差分进化算法的预测模型算法流程如图 4-29 所示。

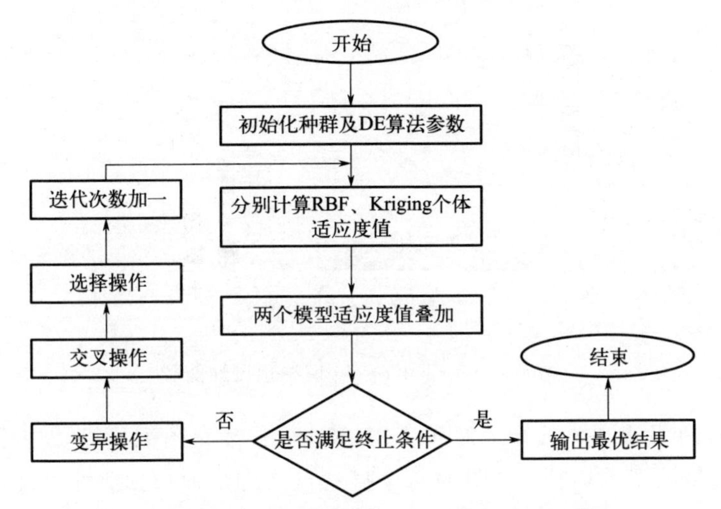

图 4-29　基于差分进化算法的预测模型算法流程

4.4.1.2　RBF-Kriging 模型仿真结果

基于图 4-29，在 MATLAB 中实现了基于差分进化算法的 RBF-Kriging 振动预测模型，其训练数据划分比例与前几节一致。其预测性能如图 4-30 及表 4-7 所示。

表 4-7　RBF-Kriging 模型预测性能

振动位置	上支承辊水平振动	上支承辊垂直振动	下工作辊垂直振动
R^2	0.7205	0.7997	0.7380
MSE	3.0612	0.3713	0.8108
RMSE	1.7496	0.6093	0.9331

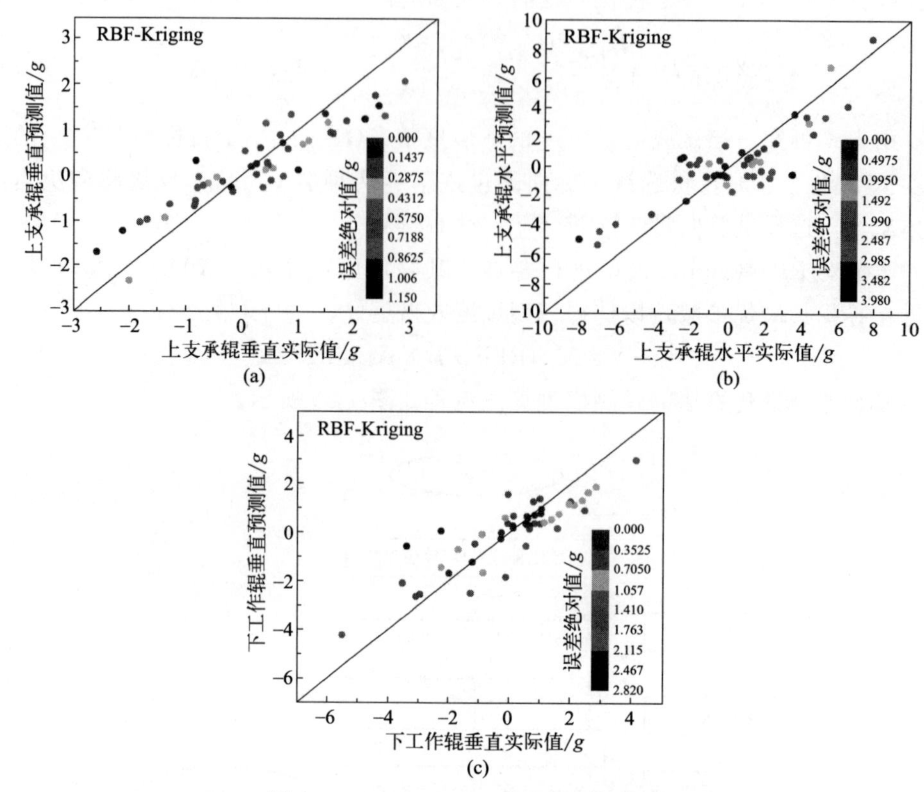

图 4-30 RBF-Kriging 模型预测性能图

由图 4-30 及表 4-7 可知，对于 RBF-Kriging 振动预测模型，三个振动点预测值与实际值的误差均较小。针对每个振动点将四个模型预测性能进行对比，如表 4-8～表 4-10 所示。

表 4-8 各模型上支承辊水平振动处预测性能

模型	BP	RBF	Kriging	RBF-Kriging
R^2	0.6328	0.6411	0.6749	0.7205
MSE	8.8658	5.8057	5.2965	3.0612
RMSE	2.9776	2.4095	2.3014	1.7496

表 4-9 各模型上支承辊垂直振动处预测性能

模型	BP	RBF	Kriging	RBF-Kriging
R^2	0.6538	0.6627	0.7298	0.7997
MSE	0.7174	0.7125	0.4174	0.3713
RMSE	0.8470	0.8441	0.6461	0.6093

表 4-10　各模型下工作辊垂直振动处预测性能

模型	BP	RBF	Kriging	RBF-Kriging
R^2	0.6640	0.7287	0.665	0.7380
MSE	1.0806	0.9720	0.9737	0.8108
RMSE	1.0359	0.9859	0.9868	0.9331

由表 4-8～表 4-10 可知，根据各个模型的决定系数、平均绝对误差（MSE）、均方根误差（RMSE），对于上支承辊水平处和上支承辊垂直处，BP 模型、RBF 模型、Kriging 模型、RBF-Kriging 模型预测性能依次增强，对于下工作辊垂直处，BP 模型、Kriging 模型、RBF 模型、RBF-Kriging 模型预测性能依次增强。综合对比选择 RBF-Kriging 模型作为优化模型的适应函数。

4.4.2　基于 NSGA-Ⅲ的轧制过程工艺参数优化方法

4.4.2.1　NSGA-Ⅲ算法介绍

在 2014 年，Kalyanmoy Deb 为了更好地解决 NSGA-Ⅱ（Nondominated Sorting Genetic Algorithms Ⅱ）处理多目标优化问题时的不收敛性，基于 NSGA-Ⅱ算法框架，将选择算子进行了改变，即将种群个体非支配分层后，最后一个非支配层的个体选择方法由原来基于拥挤距离排序方式改进为基于参考点的个体选择方式，提出了 NSGA-Ⅲ。NSGA-Ⅲ对于求解 15 个以内目标优化问题有明显的优势。NSGA-Ⅲ中的种群成员之间的多样性的维持是通过提供和自适应地更新一些广泛传播的参考点来实现的。本节对于 NSGA-Ⅲ算法中的基于参考点的方法进行着重介绍[69,70]。

NSGA-Ⅲ中基于参考点的选择方式，其具体步骤是，首先找到每个目标的极值点，以本章中三个目标为例，其极值点组成一个平面，如图 4-31 所示，f_1、f_2、f_3 为要优化的三个振动目标，z_1、z_2、z_3 为极值点，a_1、a_2、a_3 为所对应的截距，然后对该平面进行归一化：

$$g_i(x)=\frac{f_i(x)-f_i}{a_i-\min(f_i)} \tag{4-80}$$

式中，$\min(f_i)$ 为解集中 f_i 的最小值。

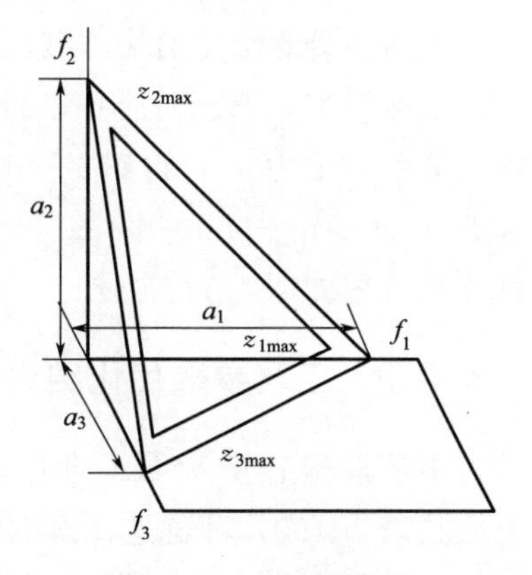

图 4-31　参考平面图

设置参考点和参考线后将种群个体关联参考点，根据关联数目，选择进入下一代的个体。

NSGA-Ⅲ算法步骤主要分为五步：首先生成一个初始化种群 P_t，种群包含 N 个个体，这里我们设置初始种群数为100，然后通过交叉、变异、选择，得到新一代种群Qt，包含100个个体。将第一代与第二代种群混合组成一个个体数量为200个的种群。对这200个可行解进行非支配排序，即根据适应度值将其排序为多个层级，如图4-32中F_1、F_2、F_3、…所示，F_1层支配F_2层，F_2层支配F_3层依次类推，将其依次放入下一代种群中。

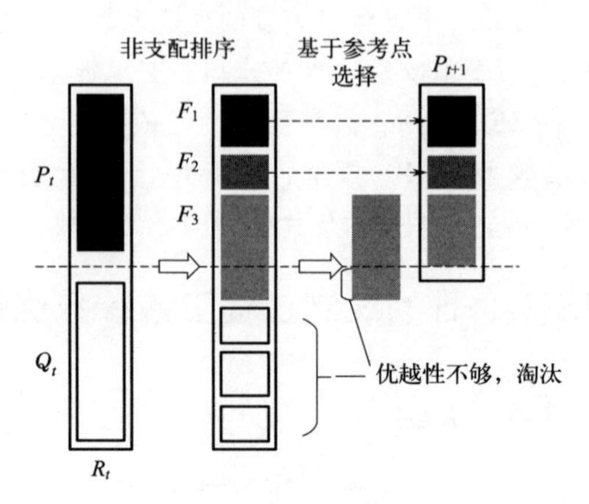

图4-32　非支配排序

当种群规模最后一个层级F_n放入下一代种群中时会大于所设定的100，而如果F_n不放入下一代，下一代种群规模还未到达100时，要通过前面介绍的关联参考点选择，从F_n层级中挑选出M个个体，使下一代种群规模达到100。在进行关联参考点选择时将振动目标进行标量化。首先需要计算在上支承辊水平振动目标、上支承辊垂直振动目标、下工作辊垂直振动目标维度上的最小值，记为Z_i，此Z_i的集合即为NSGA-Ⅲ算法理想点集合（ideal points）。

标量化公式如下：

$$f'_i(x)=f_i(x)-z_i^{\min} \tag{4-81}$$

然后在理想点集合中寻找极值点（extreme points），在此需要用到上节中建立的预测模型，遍历每个振动目标，得到三个目标的最小值也就得到了三个坐标轴的截距，记为a_i。得到a_i和Z_i的数值以后，进行归一化运算，个体关联参考点（reference-point-based method），最后是筛选子代与删除参考点。NSGA-Ⅲ算法流程如图4-33所示。

4.4.2.2　工艺参数优化结果与分析

本节基于上节NSGA-Ⅲ算法流程，通过MATLAB编程实现。设置种群中个体数量为100，种群迭代次数为100次，根据专家经验，将工艺参数原始数据最大值和最小值区间扩大15%作为寻优区间。为使得适应度值具有可比性，将

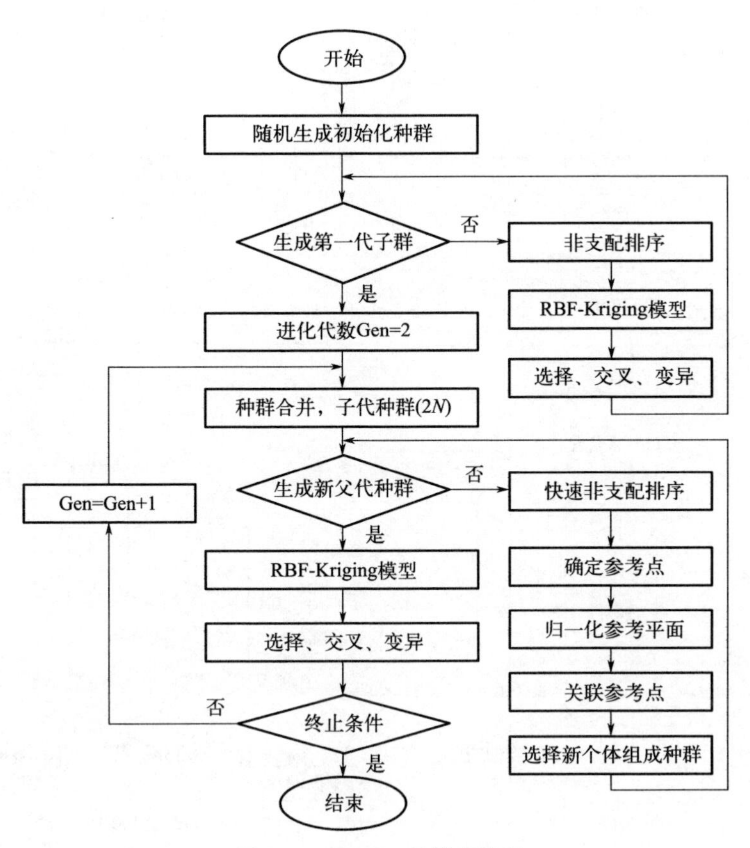

图 4-33　NSGA-Ⅲ算法流程

每一代的振动值作绝对值处理。对板带轧机的轧制力、轧制速度、前后张力、出入口速度进行了寻优，优化结果 Pareto 解集如图 4-34 所示。图中横、纵、竖坐标分别代表上支承辊水平振动、上支承辊垂直振动、下工作辊垂直振动加速度值，蓝色圆圈代表个体在三个目标组成的空间中的坐标。如图 4-34(a) 所示，初始种群第 2 代个体几乎均匀分布在三维空间中，随着迭代次数的增加，种群个体逐渐聚集到了三个坐标轴的起点交汇部分，如图 4-34(d) 所示，最终在迭代 100 次时形成 Pareto 解集。

为了更加清楚地了解每个振动目标的收敛情况，将迭代过程的每一代中单个振动目标的最优值进行记录绘图，如图 4-35 所示，图中横坐标为迭代次数，纵坐标为振动加速度幅值。图 4-35(d) 所示为每一代每一个目标三个振动加速度之和。由图可知三个振动目标都在随着迭代次数的增加而降低，最后趋于收敛，达到了优化目的。将最终种群个体所对应的工艺参数作为最优解集，部分如表 4-11 所示。

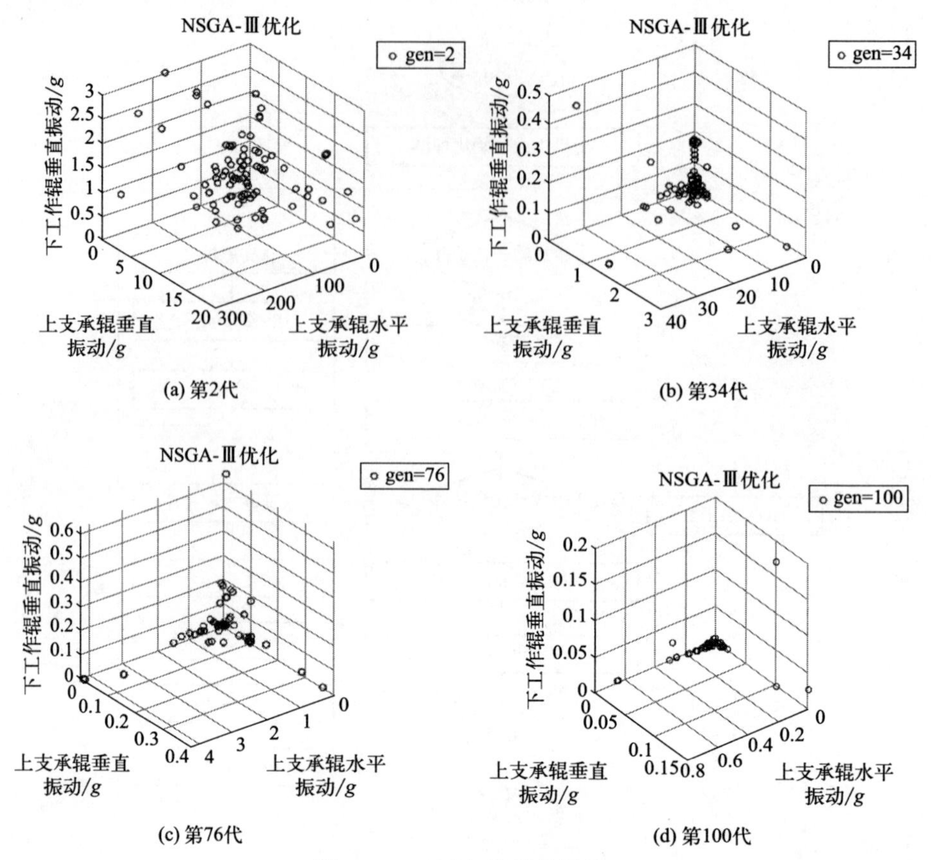

图 4-34 NSGA-Ⅲ优化结果

表 4-11 最优工艺参数解集

序号	轧制速度/(m/s)	入口厚度/m	轧制力/N	出口厚度/m	后张力/N	前张力/N
001	0.317729	0.007508	10157943	0.005491	192932.8	233387.2
002	0.248511	0.009318	10179465	0.005690	197047.7	236687.2
003	0.248550	0.007549	10157926	0.004473	202929.7	235587.2
004	0.232122	0.009178	10179386	0.004951	207908.5	240987.2
005	0.237729	0.007512	10158186	0.005492	202930.4	235987.2
006	0.203573	0.008993	10179361	0.005054	197047.7	248029.0
007	0.328995	0.009194	10179466	0.005355	200020.6	238987.2

表 4-12 最优工艺参数解集对应振动值

序号	上支承辊水平振动/g	上支承辊垂直振动/g	下工作辊垂直振动/g	三个振动的和/g
001	0.023021	0.000178	0.000074	0.023021

续表

序号	上支承辊水平振动/g	上支承辊垂直振动/g	下工作辊垂直振动/g	三个振动的和/g
002	0.000461	0.003128	0.000009	0.000461
003	0.023021	0.000178	0.000074	0.023021
004	0.000015	0.012258	0.000216	0.000015
005	0.000456	0.003022	0.000012	0.000456
006	0.000257	0.000645	0.000069	0.000257
007	0.003411	0.000017	0.000647	0.003411

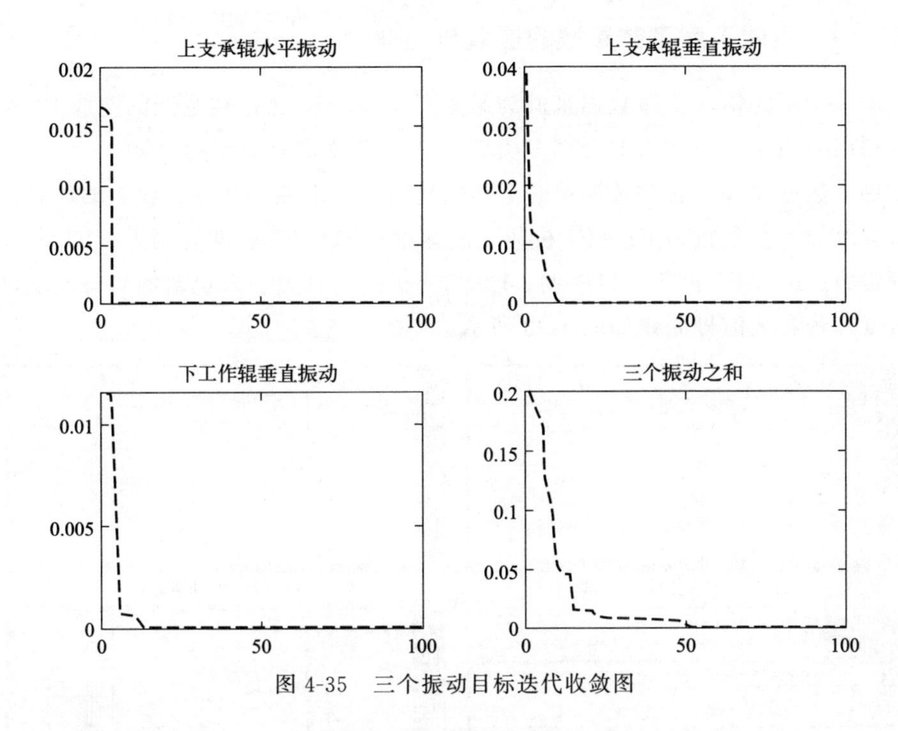

图 4-35　三个振动目标迭代收敛图

在最优解集中以三个振动量的和（表 4-12）最小为目标，将所有解进行对比，优化出一组参数作为最优参数，参数值如表 4-13 所示。

表 4-13　最优工艺参数

轧制速度/(m/s)	入口厚度/m	轧制力/N	出口厚度/m	后张力/N	前张力/N
0.242536	0.008878	10179679	0.005690	200708.1	235987.2

最优工艺参数（表 4-13）与优化前工艺参数设定值相比，轧制速度、轧制力、后张力均变小，前张力明显变大，入口厚度变小，出口厚度略有变大，即优化后压下率降低，因此压下率、轧制速度、轧制力的适当减小将有利于提高轧机运行稳定性，这一结论与传统的轧制工艺优化基本吻合。

4.5 轧后板形智能预测方法

4.5.1 单工序轧后板形预测模型

本节所建立的多工序板形预测模型是将两个单工序板形预测模型以轧后板形为中间量结合在一起的，因此，两个单工序板形预测模型的建立是极其重要的。首先对精轧工序的轧后板形预测模型进行建立。

4.5.1.1 精轧工序工艺参数的提取与处理

本节所用的精轧工序数据来源为某钢厂 1580mm 热连轧生产的离线 PDA 数据，利用 IBA ANALYZER 软件打开数据文件并读取所需要的数据。

每个数据文件包含一条钢卷的全部轧制信息，由数据文件所提供的信息，本章所提取的工艺参数为 F1～F7 机架轧制速度、F1～F7 机架轧制力、F1～F7 机架弯辊力、F1～F7 机架入口厚度、F1～F6 机架前张力、末机架的出口厚度以及平直度，各参数信号曲线如图 4-36 所示。

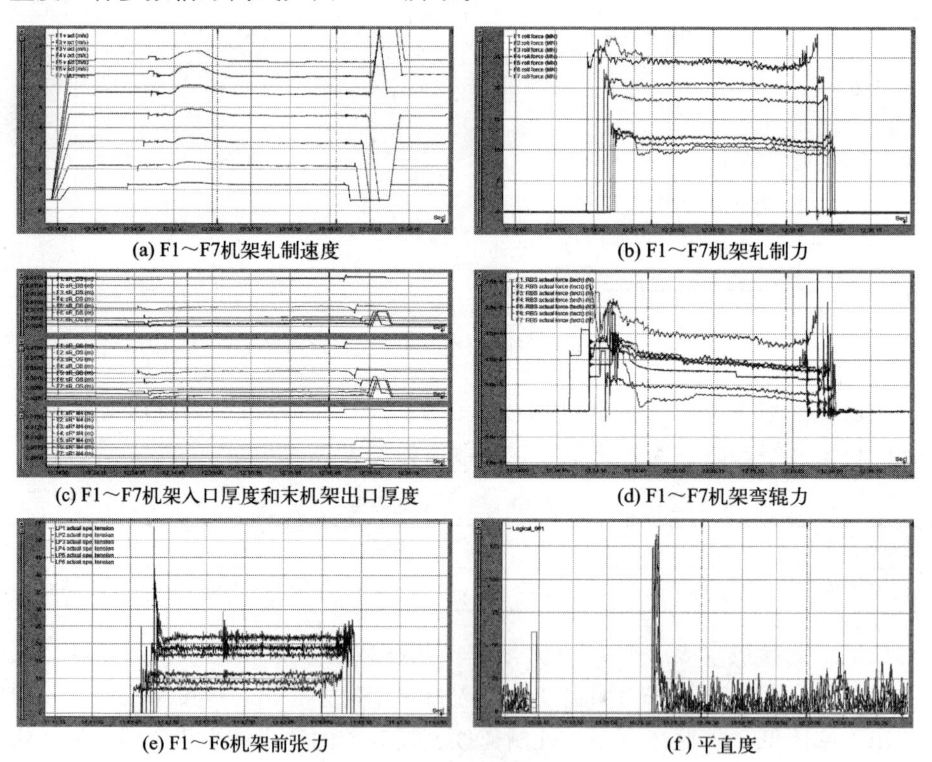

(a) F1～F7机架轧制速度
(b) F1～F7机架轧制力
(c) F1～F7机架入口厚度和末机架出口厚度
(d) F1～F7机架弯辊力
(e) F1～F6机架前张力
(f) 平直度

图 4-36　各参数的信号曲线

由图 4-36 可以看出，各项参数的具体数值都是时间的函数，且具有时变性和波动性的特点，不同时刻的信号值差异很大，为了更准确地表示该条钢卷的各项参数值，现做如下处理：选择信号曲线平稳区段，计算区段中的平均值，由式(4-82) 计算区段数据的变异系数，来判断平均值是否可作为该参数的提取值。

$$C_\nu=\frac{\sigma}{\mu} \tag{4-82}$$

式中　C_ν——变异系数；

μ——平均值；

σ——标准差。

各参数的统计结果如表 4-14、表 4-15 所示。

表 4-14　轧制工艺参数统计结果

机架		F1	F2	F3	F4	F5	F6	F7
轧制速度	平均值/(m/s)	1.236	1.872	2.675	3.497	4.162	4.680	5.131
	变异系数/%	0.88	0.82	0.77	0.72	0.67	0.64	0.47
轧制力	平均值/MN	24.528	22.057	20.541	15.992	12.123	9.563	9.335
	变异系数/%	0.84	1.01	0.8	0.57	1.28	1.18	2.45
弯辊力	平均值/kN	2621.9	2461.2	2479.27	2409.40	1062.43	1174.21	428.29
	变异系数/%	2.7	1.68	2.33	0.92	1.5	0.62	2.27
前张力	平均值/MPa	6.939	8.777	11.137	16.738	18.788	21.742	—
	变异系数/%	1.4	0.5	0.83	1.3	0.88	0.36	—
入口厚度	平均值/mm	19.633	12.930	8.746	7.199	6.057	5.903	5.840
	变异系数/%	0.06	0.037	0.049	0.023	0.077	0.079	0.044
出口厚度	平均值/mm	—	—	—	—	—	—	5.501
	变异系数/%	—	—	—	—	—	—	0.76

表 4-15　平直度统计结果

名称	1DS	2DS	3DS	4DS	5CENTER	6OS	7OS	8OS	9OS
平均值/I	13	4	7	1	2	1	8	8	5
变异系数/%	1.25	0.38	2.34	0.31	0.88	0.65	1.02	2.23	1.13

表 4-14 所示为轧制工艺参数统计结果，表 4-15 所示为平直度统计结果。两表中各参数的变异系数都低于 5%，表明了平均值与实测数据具有较小的离散程度，因此，用平均值表示各参数的实时数据是可行的。

另外，用压下率表示带钢厚度方向的变形，以便更好地表明对板形的影响，压下率计算公式如下所示：

$$w=\frac{H-h}{H}\times 100\% \tag{4-83}$$

式中，w 为压下率。

由表 4-15 可以看出，该 1580mm 精轧机组用从传动侧到操作侧的 9 个通道的平直度值来评价带钢整体板形情况（图 4-37），结合 PDA 文件中 FLC 模块中的信息得到其评价方法是在 9 个通道中选择一个板形值作标准（图 4-38），然后令其他通道板形值与其作差（图 4-39），根据差值在宽度方向的分布来评价带钢是否有板形问题，从而对板形进行控制。

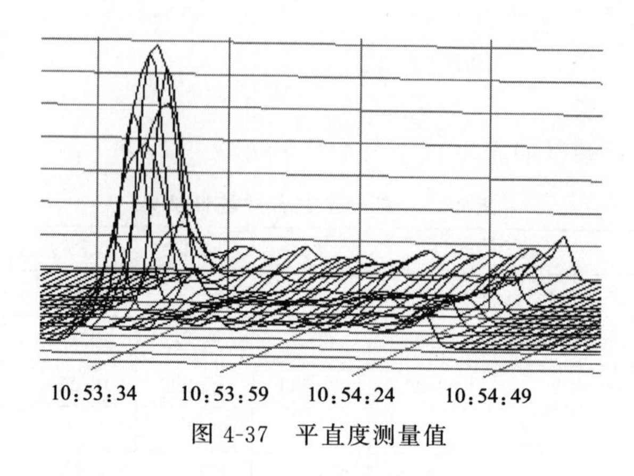

图 4-37 平直度测量值

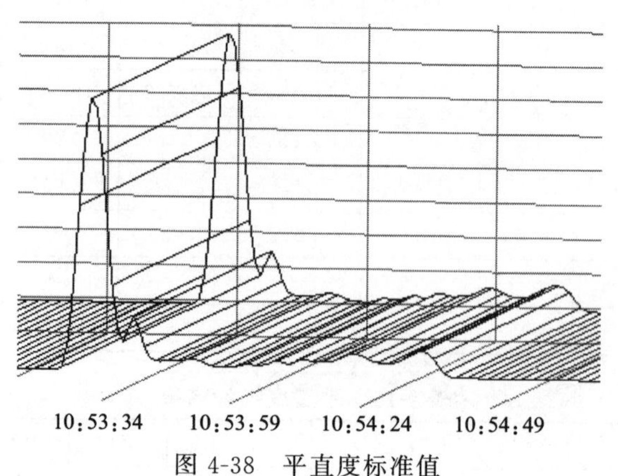

图 4-38 平直度标准值

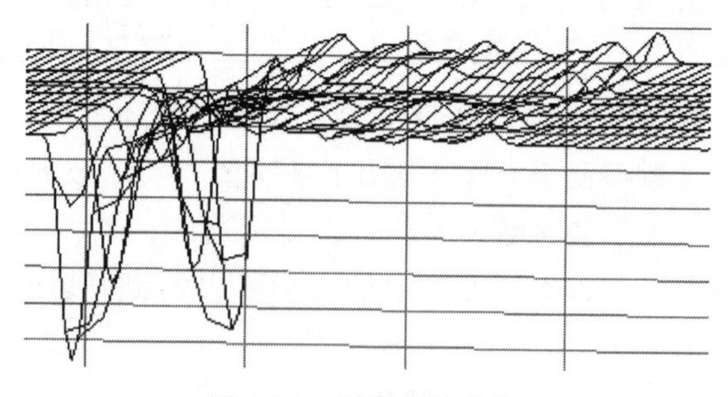

图 4-39 平直度偏差值

为简单方便地表示带钢板形的好坏，根据文献［71］评价带钢板形好坏的方法，将 9 个通道的平直度值转化为平直度标准偏差来表示板形的好坏，具体转化公式如下：

$$PLA=\sqrt{\frac{\sum_{i_3=1}^{m_1}\Delta y_{i_3}^2}{m_1-1}} \tag{4-84}$$

式中　PLA——平直度标准偏差，I；

Δy_{i_3}——平直度偏差，I；

m_1——通道数。

将表 4-15 平直度值进行转化后，得到表 4-16 处理结果。

表 4-16　平直度转化结果

名称	1DS	2DS	3DS	4DS	5CENTER	6OS	7OS	8OS	9OS	PLA
板形差/I	11	2	5	−1	0	−1	6	6	3	5.4

4.5.1.2　轧后板形预测模型的建立

(1) 输入输出的确定

在建立精轧机组轧后板形预测模型时，要考虑各机架工艺参数间时间维度的概念，因此，轧后板形预测模型的结构如图 4-40 所示。

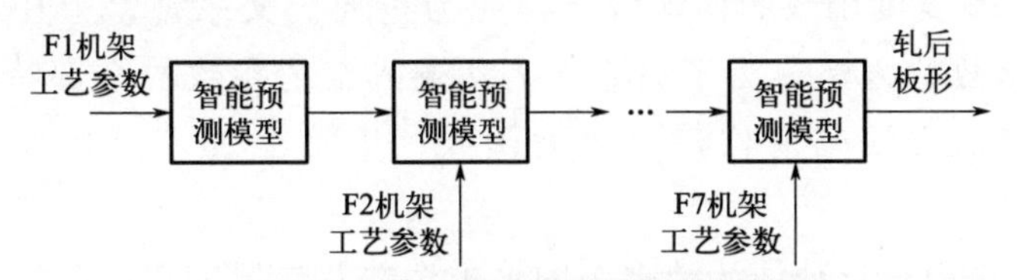

图 4-40　轧后板形预测模型结构图

为表示精轧工序中各机架工艺参数对轧后板形影响的时间跨度，需要寻找一个参数将各机架工艺参数连接起来，这个参数须具备以下特点：

① 既能作上一工序的输出，又能作下一工序的输入；

② 可测数据；

③ 保证一定的连续性。

从精轧机组现场实地考察中发现，活套所处位置表明它所读取的参数非常适合作为表示机架间时间跨度的参数，又结合了活套在轧制过程中的作用，因此，将活套测得的张力作为连接各机架工艺参数的中间参数。

通过上述分析我们可以得出，精轧机组轧后板形预测模型是由前 6 个机架的前张力预测模型与第 7 机架的板形预测模型耦合形成的。这两种预测模型的输入为各自机架的工艺参数，有轧制速度（$v_1 \sim v_7$）、轧制力（$P_1 \sim P_7$）、弯辊力

($F_1 \sim F_7$)、压下率 ($w_1 \sim w_7$)，另外，前张力 ($T_1 \sim T_6$) 只作为第 2 机架至第 7 机架的输入。前 6 个机架的前张力预测模型的输出为中间量前张力 ($T_1 \sim T_6$)，第 7 机架的板形预测模型的输出为 4.5.2.1 节求得的平直度标准偏差 (PLA)。

(2) 数据预处理

将数据样本正式输入 ANFIS 模型时，为了消除不同维度上数量级的差距引进的预测误差，需要对输入数据进行标准化处理，具体公式如下：

$$x'_{i_4} = \frac{x_{i_4} - \overline{x}}{s_1} \tag{4-85}$$

式中 x'_{i_4}——归一化后的数据；

$\overline{x}$——初始数据平均值；

s_1——初始数据标准差。

(3) 基于 ANFIS 算法的前张力预测模型的构建

以 F1 机架前张力预测模型设计为例，ANFIS 算法的输入为影响前张力设定的主要因素，将 6.5.2.1 节中提取出来的 F1 机架的轧制速度 v_1、轧制力 P_1、弯辊力 F_1、压下率 w_1 四个参数作为输入，前张力 T_1 作为输出代入 ANFIS 预测模型中。

由 ANFIS 算法的基本原理可知，隶属度的计算是 ANFIS 算法前馈预测的基础，因此，隶属度函数的构建就显得尤为重要。文献 [72] 中提供了 3 种构建隶属度函数的方法，为了更好地表达输入工艺参数的全部特征，本章选择用减法聚类的方法辅助构建隶属度函数，从而建立 ANFIS 算法的初始网络结构。

减法聚类是用来自动估计数据中的聚类个数及位置的单次算法[73]。将标准化后的数据点放到同一立体空间中，计算每个数据点作为聚类中心候选者的密度指标，具体公式为：

$$D_{i_4} = \sum_{j=1}^{u_1} \exp\left[-\frac{\| x_{i_4} - x_j \|^2}{(0.5r)^2}\right] \tag{4-86}$$

式中 x_{i_4}、x_j——当前数据点和邻域数据点；

u_1——数据点个数；

r——邻域半径。

邻域半径定义了当前数据点的一个邻域，将密度指标最大的数据点作为第一个聚类中心，再根据式(4-87) 重新计算每个点的密度指标。

$$D_{i_4} = D_{i_4} - D_{c1} \exp\left[-\frac{\| x_{i_4} - x_{c1} \|^2}{(0.75r)^2}\right] \tag{4-87}$$

当新的 $D_{i_4}<0$ 时，此数据点的密度指标设置为0，将其与 x_{c1} 归为一类；当 $D_{i_4}>0$ 时，此数据点作为第二个聚类中心，然后采用同样的方法进行分类，直到其余点的密度指标小于阈值为止。

减法聚类后的结果是把用于训练的数据点进行了分类，其中，聚类中心作为隶属度函数的 c_{i_4}、a_{i_4} 和 b_{i_4} 根据同一类别中的其他数据点进行计算得到，由此便可计算数据点的隶属度。

用4.5.2.1节采集数据的方法从PDA数据文件中采集2000组数据，其中1600组用于训练，400组用于检测。首先设定每个输入参数的领域半径为0.1，减法聚类后得到这4个输入参数的隶属度向量 $\boldsymbol{\mu}_1$、$\boldsymbol{\mu}_2$、$\boldsymbol{\mu}_3$、$\boldsymbol{\mu}_4$（每个向量的元素个数不一定相等），每个规则适用度由4个输入参数的隶属度乘积来表示。

$$\omega_{i_1}=\boldsymbol{\mu}_{1c}\cdot\boldsymbol{\mu}_{2d}\cdot\boldsymbol{\mu}_{3f}\cdot\boldsymbol{\mu}_{4g} \tag{4-88}$$

式中 $c\sim g$——输入参数的隶属度个数。

每个规则的适用度确定后，根据4.5.1节内容对数据进行训练。

由ANFIS算法数据训练过程可知，输入参数的隶属度确定后，预测模型的初始网络结构也就确定了，由此可见隶属度在预测模型中的重要作用。隶属度与减法聚类中邻域半径的选择有关，因此，本章将通过改变4个输入参数的邻域半径来改变隶属度，进而改变预测模型的初始网络结构，从而获得更精准的预测结果。采用“试凑法”对最佳邻域半径进行确定，每个输入参数邻域半径的试凑范围是0.1～0.9，试凑结果由训练集和检测集的RMSE表示，根据试凑结果的最小值来判断是否为最佳邻域半径。因篇幅有限，这里只列举第1个输入参数的试凑结果，如表4-17所示。最终，4个输入参数的最佳邻域半径是[0.3，0.8，0.2，0.6]。

表4-17 第1个输入参数的试凑结果

序号	输入参量邻域半径	训练集 RMSE	检测集 RMSE
1	[0.1,0.1,0.1,0.1]	1.78	2.09
2	[0.2,0.1,0.1,0.1]	1.44	1.62
3	[0.3,0.1,0.1,0.1]	1.23	1.50
4	[0.4,0.1,0.1,0.1]	1.65	2.37
5	[0.5,0.1,0.1,0.1]	2.00	2.61
6	[0.6,0.1,0.1,0.1]	1.90	1.91
7	[0.7,0.1,0.1,0.1]	0.89	2.10
8	[0.8,0.1,0.1,0.1]	3.97	5.65
9	[0.9,0.1,0.1,0.1]	0.80	1.14

(4) 基于ANFIS算法的轧后板形预测模型的构建

根据图4-40所示内容，且将前张力作为机架间连接参数，则轧后板形预测模型基本模式如图4-41所示。

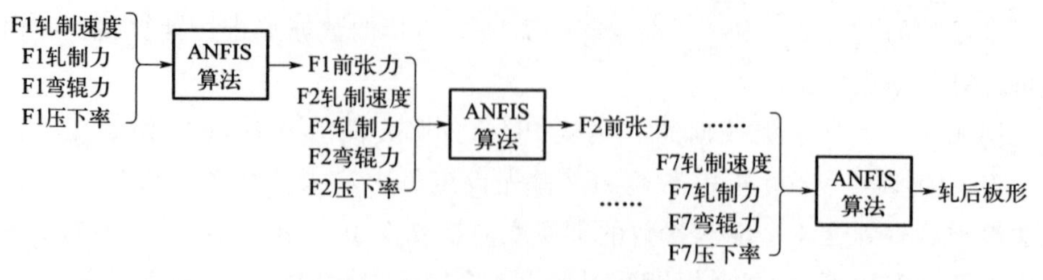

图4-41　轧后板形预测模型基本模式

由图4-41可以看出，以F1～F6机架的前张力作为连接参数，建立的各机架轧制工艺参数作为输入，轧后板形作为输出的精轧工序轧后板形预测模型符合热连轧实际工艺条件，该模型考虑了各机架间的时间跨度，表明了各机架工艺参数输入的先后顺序，因此，具有一定的合理性。

为了实现图4-41中的轧后板形预测模型的基本模式，需要依次建立前6个机架的前张力预测模型和第7机架的轧后板形预测模型，下面介绍具体的建立过程：

① 将实测数据样本分为训练集和检测集，每个机架的工艺参数就被分为训练集实测数据和检测集实测数据，而训练集实测数据分为训练集实测输入数据和训练集实测输出数据，同样，检测集实测数据也被分为检测集实测输入数据和检测集实测输出数据；

② 利用F1机架的训练集实测数据对F1机架的前张力T_1预测模型进行训练，输入参数为F1机架的轧制速度v_1、轧制力P_1、弯辊力F_1、压下率w_1，输出为F1机架的前张力T_1，代入ANFIS算法模型中进行训练并保存；

③ 利用F2机架的训练集实测数据对F2机架的前张力T_2预测模型进行训练，输入参数为F2机架的轧制速度v_2、轧制力P_2、弯辊力F_2、压下率w_2、后张力T_1，输出为F2机架的前张力T_2，代入ANFIS算法模型中进行训练并保存；

④ 利用F3机架的训练集实测数据对F3机架的前张力T_3预测模型进行训练，输入参数为F3机架的轧制速度v_3、轧制力P_3、弯辊力F_3、压下率w_3、后张力T_2，输出为F3机架的前张力T_3，代入ANFIS算法模型中进行训练并保存；

⑤ 利用F4机架的训练集实测数据对F4机架的前张力T_4预测模型进行训练，输入参数为F4机架的轧制速度v_4、轧制力P_4、弯辊力F_4、压下率w_4、

后张力 T_3，输出为 F4 机架的前张力 T_4，代入 ANFIS 算法模型中进行训练并保存；

⑥ 利用 F5 机架的训练集实测数据对 F5 机架的前张力 T_5 预测模型进行训练，输入参数为 F5 机架的轧制速度 v_5、轧制力 P_5、弯辊力 F_5、压下率 w_5、后张力 T_4，输出为 F5 机架的前张力 T_5，代入 ANFIS 算法模型中进行训练并保存；

⑦ 利用 F6 机架的训练集实测数据对 F6 机架的前张力 T_6 预测模型进行训练，输入参数为 F6 机架的轧制速度 v_6、轧制力 P_6、弯辊力 F_6、压下率 w_6、后张力 T_5，输出为 F6 机架的前张力 T_6，代入 ANFIS 算法模型中进行训练并保存；

⑧ 利用 F7 机架的训练集实测数据对 F7 机架的轧后板形 PLA I_1 预测模型进行训练，输入参数为 F7 机架的轧制速度 v_7、轧制力 P_7、弯辊力 F_7、压下率 w_7、后张力 T_6，输出为 F7 机架的轧后板形 PLAI_1，代入 ANFIS 算法模型中进行训练并保存；

⑨ 预测时，F1 机架的检测集实测输入数据代入保存的前张力 T_1 训练模型中输出前张力 T_1 预测值，将前张力 T_1 预测值和 F2 机架的检测集实测输入数据代入保存的前张力 T_2 训练模型中输出前张力 T_2 预测值，将前张力 T_2 预测值和 F3 机架的检测集实测输入数据代入保存的前张力 T_3 训练模型中输出前张力 T_3 预测值，将前张力 T_3 预测值和 F4 机架的检测集实测输入数据代入保存的前张力 T_4 训练模型中输出前张力 T_4 预测值，将前张力 T_4 预测值和 F5 机架的检测集实测输入数据代入保存的前张力 T_5 训练模型中输出前张力 T_5 预测值，将前张力 T_5 预测值和 F6 机架的检测集实测输入数据代入保存的前张力 T_6 训练模型中输出前张力 T_6 预测值，将前张力 T_6 预测值和 F7 机架的检测集实测输入数据代入保存的轧后板形 PLAI_1 训练模型中输出轧后板形 PLAI_1 预测值。

上述精轧工序轧后板形预测模型可概括为用实测数据训练 ANFIS 模型并保存，将前机架的预测值配合后机架的轧制参数代入保存的 ANFIS 算法模型中实现后机架输出值的预测，此理论也将适用于多工序成品板形预测模型。

4.5.1.3　仿真结果分析

采集某钢厂 1580mm 精轧机组的离线 PDA 数据，提取材质为 Q345B，出口厚度为 2.5mm、3mm、3.5mm、4mm、4.5mm、5mm、5.5mm，提取样本数据总量为 2000 组，其中 1600 组用于训练，400 组用于检测，根据最佳邻域半径的减法聚类确定初始网络结构，在 MATLAB 环境下，利用其特有的工具箱函数对采集的数据进行训练和检测。各机架前张力和精轧机组轧后板形 PLA 预测结果如图 4-42 所示。

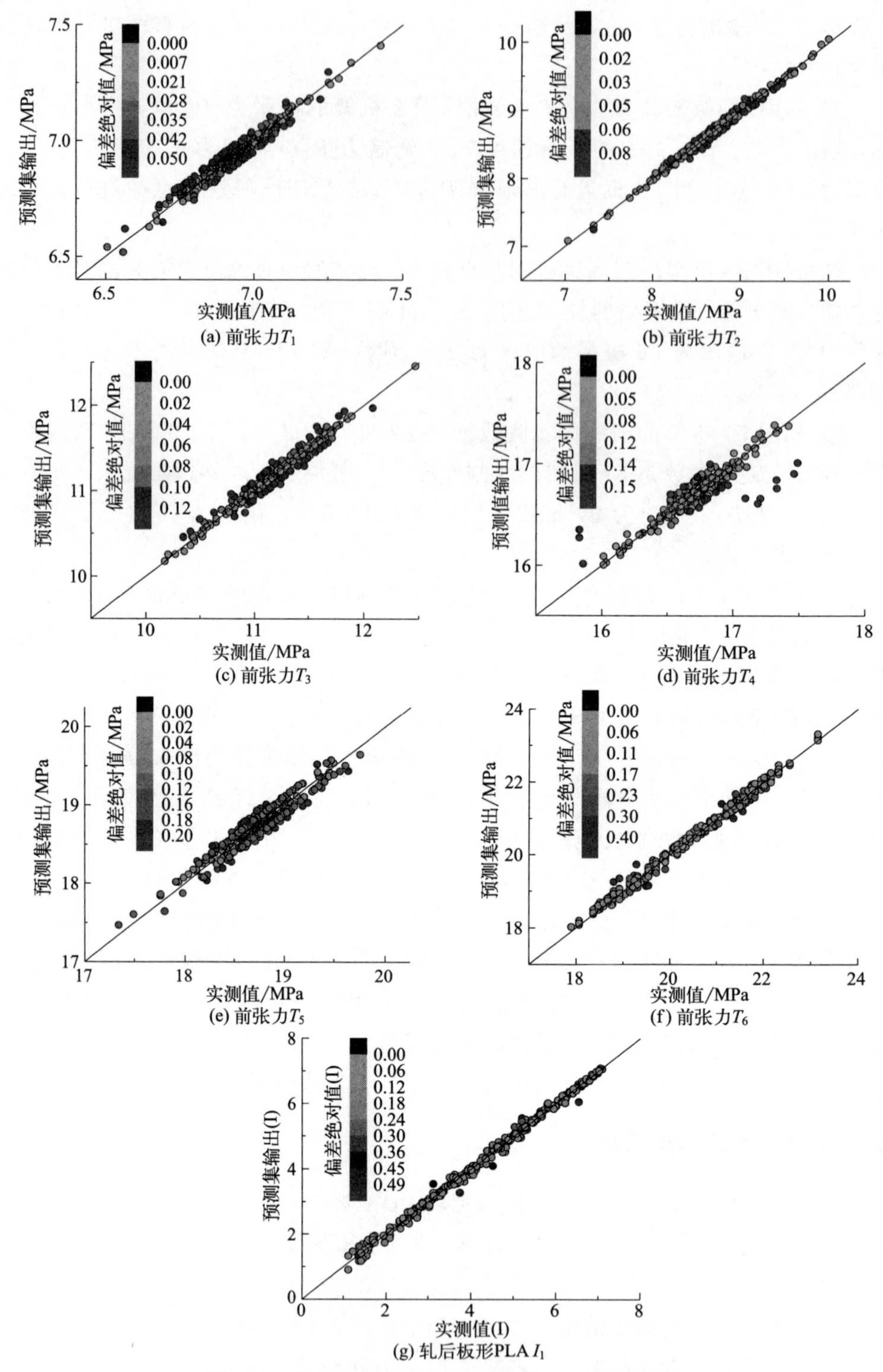

图 4-42 各机架前张力和轧后板形 PLA 预测结果

上述预测结果的最终 RMSE 值如表 4-18 所示。

表 4-18　预测结果 RMSE

名称	前张力 T_1	前张力 T_2	前张力 T_3	前张力 T_4	前张力 T_5	前张力 T_6	轧后板形 $PLAI_1$
RMSE	0.22	0.25	0.28	0.30	0.32	0.27	0.26

图 4-42 为各机架前张力和精轧机组轧后板形 PLA 预测值与实际值的回归结果，可以看出，无论是各机架前张力还是精轧机组轧后板形 PLA，其预测值与实测值都具有很好的拟合效果，其中前张力 T_1 偏差在 1%以内，前张力 T_2 偏差在 1.5%以内，前张力 T_3 偏差在 2%以内，前张力 T_4 偏差在 1%以内，前张力 T_5 偏差在 1.3%以内，前张力 T_6 偏差在 2.5%以内，精轧机组轧后板形 $PLAI_1$ 偏差在 5%以内，预测模型具有较好的收敛性，这也是预测值与实测值偏差较小的原因。考虑到轧后板形预测模型在训练和预测的过程中，存在偏差累积效应，同时还能保证较小的偏差和 RMSE，因此，该预测模型适用于含有中间量传递理论的轧后板形预测以及后续的多工序板形预测。

4.5.2　单工序成品板形预测模型

多工序板形预测模型是由两个单工序板形预测模型通过中间量连接而建立的，第 4.5.1 节已建立了单工序轧后板形预测模型，本节将建立另一工序的板形预测模型，即单工序成品板形预测模型，其模型结构如图 4-43 所示。

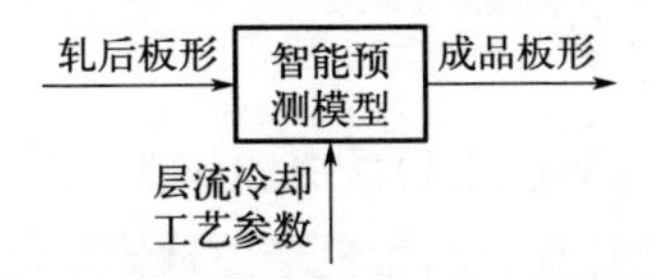

图 4-43　单工序成品板形预测模型结构图

4.5.2.1　层流冷却工序工艺参数的提取与处理

层流冷却广泛应用于热轧板带生产线上，安放在精轧机组的后方、卷取机的前方。其现场工作状态如图 4-44 所示。由图 4-44 可以看出，冷却水经 U 形管流到板带的上表面，同时，经冷却喷嘴喷到板带下表面。

根据现有的工程检测手段，笔者获取了某钢厂热轧工艺中层流冷却过程的工程日志文件，从工程日志文件中，采集了影响成品板形的一些工艺参数，这些参数将作为单工序成品板形预测模型的输入，提取的参数有开冷温度 t_1、终冷温度 t_2、冷却水温度 t_3、冷却速度 v_8（计算得到）。钢种为 Q345B 的一组层流冷却工艺参数如表 4-19 所示。

图 4-44　层流冷却工序冷却带

表 4-19　层流冷却工艺参数

名称	开冷温度/℃	终冷温度/℃	水流温度/℃	冷却速度/(℃/s)
数值	860.64	628.48	30.13	15.8

在热轧工艺中，精轧机组后平直度仪只能采集轧后板形数据，对于层流冷却后的板形没有相关设备采集。因此，本章通过机理模型计算出层流冷却过程中产生的带钢宽度方向分布的板形，再与带钢宽度方向分布的轧后板形进行线性相加，从而得到层流冷却后的带钢宽度方向分布的成品板形，具体表达式如下：

$$I_{13}=I_{11}+I_{12} \tag{4-89}$$

式中　I_{12}——层流冷却过程中计算板形，I；

I_{13}——成品板形，I。

以 5.5mm 厚、1428mm 宽的热轧 Q345B 带钢为例，首先计算带钢层流冷却后温度场和相变体积分数，为简化计算，本章只考虑带钢层流冷却后的最终状态。

(1) 温度场计算结果

采用显式有限差分法求解导热偏微分方程。将导热微分方程变换为差分的形式，设置内部节点和对流边界的约束条件，在 MATLAB 中编程求解出带钢层流冷却后的温度场，带钢开冷温度沿宽度方向的分布如图 4-45 所示，带钢在半板宽上的温度分布随时间的变化如图 4-46 所示。从图中可以明显地看出，随着冷却时间的增加，带钢边部的温降越来越大，温度均匀性越来越差，宽度方向的冷却不均位置主要集中在距带钢中心 650～714mm 处，

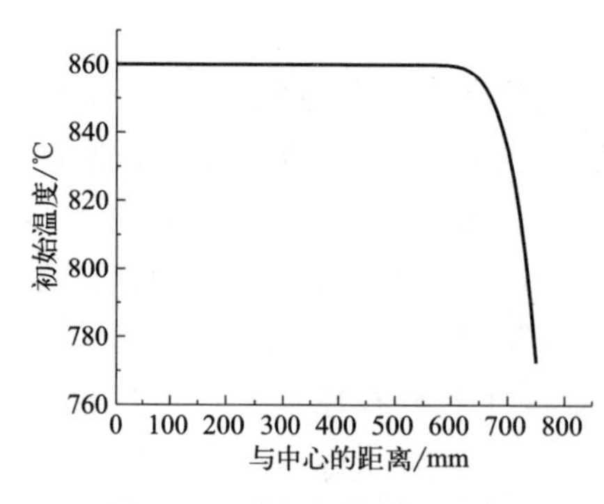

图 4-45　带钢初始温度分布

与中心温度的最大温差约为 145℃。

(2) 组成相体积分数计算结果

由图 4-46 得到层流冷却后带钢宽度方向的温度分布，将其代入到组成相体积分数计算模型中，在 MATLAB 中编写相应的计算程序，得到终冷状态下带钢宽度方向各组成相体积分数，如图 4-47 所示。从图中可以看出，奥氏体转变产物主要为铁素体和贝氏体。在距中心 650mm 以前，由于只达到铁素体转变温度，所以只有奥氏体向铁素体的转变；另外，宽度方向的温度分布影响铁素体含量的分布，由于边部温度低于中部温度，因此边部优先发生相变，所以就有距中心 600mm 前铁素体含量为定值且低于 600～650mm 处的铁素体含量；在 650～714mm 处，由于达到了贝氏体转变温度，奥氏体只向贝氏体转变，所以此位置的铁素体含量达到最大，贝氏体含量持续增大。

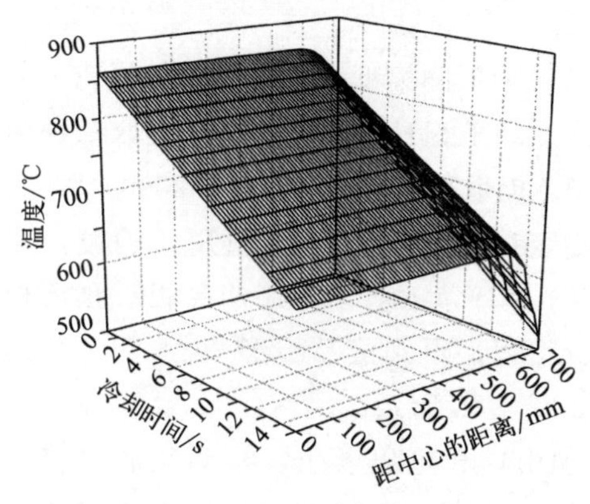

图 4-46　带钢温度场变化规律

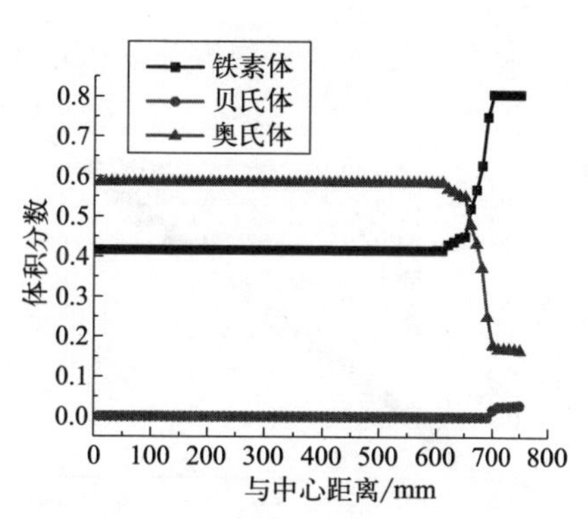

图 4-47　带钢组成相体积分数分布

带钢宽厚比较大，忽略应变在带钢厚度方向的差异，将计算得到的温度和组成相的体积分数代入热应变和相变应变公式中，计算带钢宽度方向分布的热应变和相变应变，计算得到宽度方向的总应变，由此计算带钢宽度方向的伸长量。应变与伸长量的关系式可用下式表示：

$$\varepsilon_{i,j}=\frac{\Delta l_{i,j}}{l} \tag{4-90}$$

式中　$\Delta l_{i,j}$——带钢各节点伸长量；

l——带钢轧后长度。

假设带钢轧后长度在宽度方向处处相等，由式(4-90) 计算出带钢层流冷却后的长度沿宽度方向的分布，并根据相对长度差法计算带钢沿宽度分布的板形，找出与平直度仪测量位置对应的 9 个位置处的板形并计算各个位置的板形与中间通道板形的板形偏差，计算结果如表 4-20 所示。

表 4-20　层流冷却影响下的板形偏差

名称	1DS	2DS	3DS	4DS	5CENTER	6OS	7OS	8OS	9OS
板形差/I	30.3	13.6	7.1	0.2	0	0.2	7.1	13.6	30.3

将轧后板形偏差加上层流冷却影响下的板形偏差，得到成品板形偏差，从而计算成品板形 PLA，计算结果如表 4-21 所示。

表 4-21　成品板形偏差及 PLA

名称	1DS	2DS	3DS	4DS	5CENTER	6OS	7OS	8OS	9OS	PLA
板形差/I	41.3	15.6	12.1	−0.8	0	−0.8	13.1	19.6	33.3	21.68

4.5.2.2　成品板形预测模型的建立

参考 4.5.1.2 节内容建立了单工序成品板形预测模型，采集某钢厂热轧工艺的层流冷却工程日志文件数据，提取钢种为 Q345B，提取样本数据总量为 2000 组，其中 1600 组用于训练，400 组用于检测，在 MATLAB 环境下对单工序成品板形预测模型进行编程，得到成品板形 PLA 的预测结果，如图 4-48 所示。

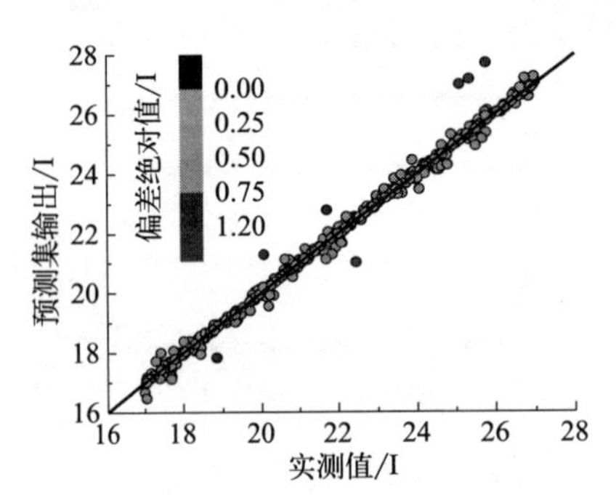

图 4-48　单工序成品板形 PLA 预测结果

由图 4-48 可以看出，预测集的输出值与实测值有较好的拟合效果，平均偏差为 0.75，结合预测结果的 RMSE(0.42)，表明预测结果具有较小的离散性。

4.5.3　多工序成品板形预测模型

4.5.3.1　多工序成品板形预测模型的建立

多工序成品板形是精轧工序和层流冷却工序共同作用下形成的。本章所建立的多工序板形预测模型是根据板形传递理论以轧后板形为中间量将单工序轧后板形预测模型和单工序成品板形预测模型连接在一起而建立的。图 4-49 所示为多工序板形预测模型结构，以精轧工序各机架工艺参数和层流冷却工艺参数作为输入，成品板形 PLA 作为输出，参考 4.5.1.2 节内容，建立多工序成品板形预测模型。

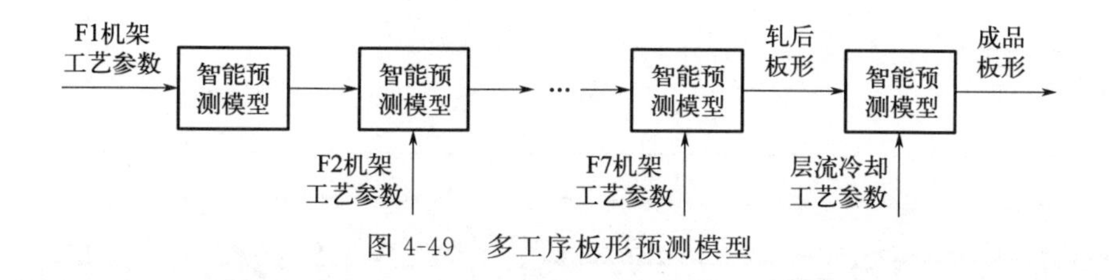

图 4-49　多工序板形预测模型

4.5.3.2　仿真结果分析

采集精轧工序和层流冷却工序样本数据 2000 组，1600 组用于训练，400 组用于预测，在 MATLAB 环境下，对多工序成品板形预测模型进行编程，总共编辑了 8 个 ANFIS 算法程序，改变每个 ANFIS 算法的邻域半径，取所有算法训练集 RMSE 最小为最佳邻域半径，预测结果如图 4-50 所示。

从图 4-50 可以看出，实测值与预测集输出值具有良好的拟合效果，且平均偏差为 0.78，各个训练集的 RMSE 均在 1 以内，表明该模型具有较小的离散性。与单工序成品板形预测模型相比，其平均偏差偏大，这是由预测过程中多个 ANFIS 算法的偏差累积造成的。在偏差累积效应存在的情况下，还能保证较高的预测精度的原因是：由于每个 ANFIS 算法的预测集输出值与实测值的偏差都较小，减法聚类时，预测集输出值与聚类中心的距离和实测值与聚类中心的距离相差不大，因此其对聚类结果没有太大影响，通过减法聚类计算隶属度时，隶属度不变，所以预测结果能够保证较高的预测精度。这也是本章选择 ANFIS 算法作为多工序成品板形预测模型的原因。另外，选取 100 个样本数据，将 ANFIS 算法预测结果与 BP 算法的预测结果进行比较，比较结果如图 4-51 所示。从图中可以看出，ANFIS 算法与实测值的结果更为接近，而且在利用 BP 算法进行预测时，预测结果的不确定性较大，充分体现了 ANFIS 算法的优越性。

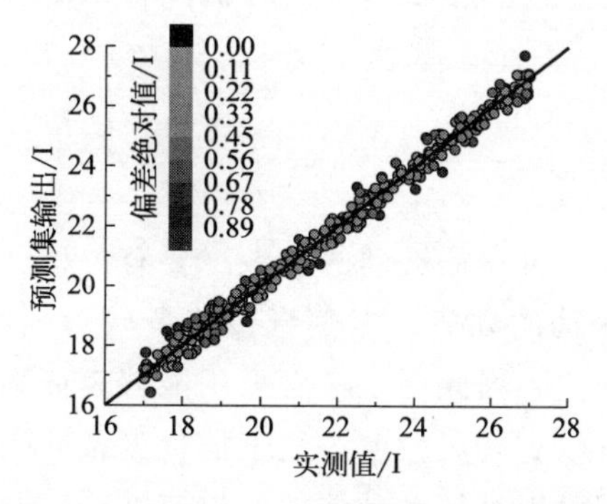

图 4-50　多工序成品板形 PLA 预测结果

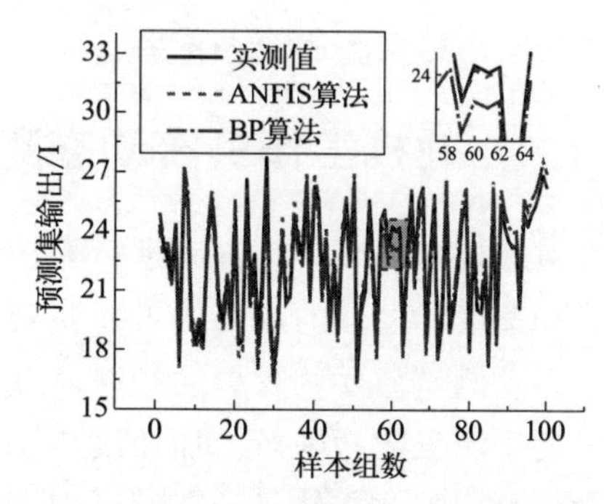

图 4-51　ANFIS 算法与 BP 算法预测结果比较

第5章

高精度板带连轧先进检测技术

5.1 轧机设备精度检测技术

轧机设备是由多个部件构成，设备的精度对产品质量和生产稳定性有重要影响，设备精度管控是保障产品质量的重要环节。设备精度管控中辊系装配精度、活套精度、传动系统精度等对产品质量和稳定生产影响较大。

辊系装配精度包括工作辊、支承辊轴承座与机架衬板之间的间隙范围和支承辊装入机架时的水平度范围。当辊系装配精度较低时，辊系会出现交叉轧制状态，造成轧机非对称轧制，进而引起板形缺陷和轧机剧烈振动，严重影响产品质量和轧制节奏。精轧机组间活套起着维持精轧机架间金属平衡、保持板带张力恒定、调节轧机速度等关键作用。活套位置精度较低会引起板带张力控制不稳定，使带钢轧制过程出现跑偏、堆钢、拉断、甩尾等事故，影响产品的作业率和成材率。传动系统为轧机提供动力，当传动系统精度降低时，将直接造成轧制的不稳定，影响轧制精度。

可见，轧机设备精度是影响精轧轧制稳定性的主要因素。轧机设备精度检测技术对实现稳定轧制至关重要。

5.1.1 轧机工作机座动态测试

对轧机水平和垂直方向进行振动测试时，可表征振动的参数主要有位移、速度、加速度。位移的峰峰值可以直观表现振动的幅值，但其直接测量较为困难，而且振动测试想要获得振动频率及其变化规律，因此可以考虑采用能够表征频率且又便于测量的物理量。加速度传感器具有较高的灵敏度，便于捕捉设备的高频振动信号，因此在轧机动态测试中通常采用可以表征振动频率的加速度传感器进行测量。

在轧制生产时由于轧辊磨损，需要定期换辊，并且生产过程中乳化液和冷却液的飞溅导致工作辊、支承辊、液压缸等位置难以固定传感器，这就要求动态测试所采用的传感器需具备易拆装、固定牢、体积小、重量轻等特点。加速度传感器的特点是灵敏、装卸方便，十分适合需要频繁换辊的轧机振动测试。加速度传感器可采用磁座固定在被测部件上，将轧机振动的加速度信号转化为物理上可测的电信号，再经采集卡传输到计算机中进行记录。

轧机工作机座主要包括机架、轧辊、轴承座、压下油缸、弯辊装置等，该系统的外载荷主要是轧制力、弯辊力、平衡力等。因此，要弄清轧机沿水平方向和垂直方向的振动特性，必须测量机架、轧辊轴承座、压下油缸的振动情况，以及轧制力、力矩、轧制速度、张力等工艺参数的振动响应，明确发生振动的过程中轧机工作机座主要部件的时域、频域响应，振动发生、发展过程及轧机工作机座的模态变化规律。

具体测试内容为：

① 轧机设备的测量，包括机架、压下油缸、上支承辊轴承座、上工作辊轴承座、下工作辊轴承座、下支承辊轴承座、地脚螺栓，分别测量其操作侧和传动侧的振动情况。测量信号包括机架水平方向、压下油缸和地脚螺栓垂直方向、轧辊轴承座（包括上下工作辊和上下支承辊）的水平和垂直方向的加速度信号。

② 工艺参数的测量，包括轧制力、轧制力矩、入口厚度、出口厚度、入口张力、出口张力、轧辊转度、轧件温度等。这些参数可以从工艺报表和轧机自动记录文件中提取。

轧机工作机座的测点布置如图 5-1 所示。

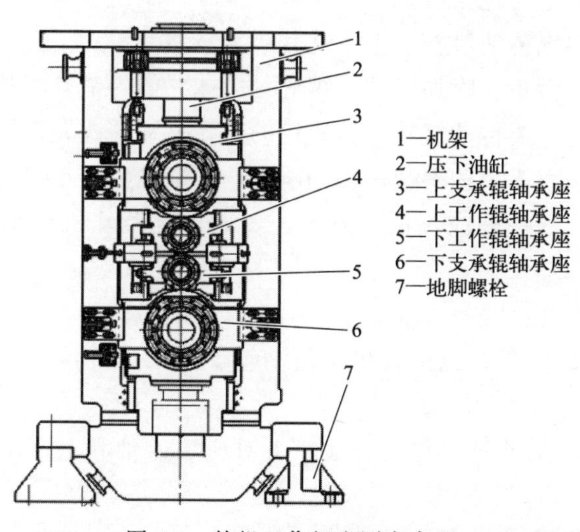

图 5-1　轧机工作机座测点布置

5.1.2 轧机传动系统动态测试

检测轧机传动系统的转矩，是研究轧机传动系统动态特性的重要方法之一，其原理是通过测定扭转轴的剪应变，建立应变与转矩变化之间的关系，从而确定轧机传动系统转矩，并根据测试曲线求得转矩放大倍数。

作用于旋转轴上的力矩：

$$M=\tau w_n \tag{5-1}$$

式中 τ——旋转轴表面的剪应力；

w_n——抗扭截面模数$\frac{\pi d^3}{16}$；

d——旋转轴直径。

对于纯扭转状态：

$$M=\frac{E\varepsilon}{1+\mu}\left(\frac{\pi d^3}{16}\right) \tag{5-2}$$

$$\varepsilon=\left(\frac{1+\mu}{E}\right)\sigma_{45},\sigma_{45}=\tau$$

式中 σ_{45}——接轴45°方向主应力；

ε——旋转轴表面的剪应变值；

μ——材料的泊松比。

由上式可知，只要能测得旋转轴表面的应变，就可确定转矩。旋转轴表面的剪应变采用应变片进行检测，即在被测轴上按一定规则粘贴应变片并组成电桥，根据测量电桥输出电压的变化确定旋转轴的转矩变化情况。

轧机传动系统主要包括电机转子、电机接轴、减速器齿轮、主传动轴、分速箱齿轮、上下工作辊传动接轴、上下轧辊（包含支承辊）。该系统的外载荷主要是轧制力矩、空转力矩、附加摩擦力矩等。因此，要弄清轧机传动系统的扭转振动特性，必须测量主要传动接轴、分速箱的扭转振动情况，以及轧制力、轧制力矩、轧制速度、张力等工艺参数的振动响应，明确发生振动过程中轧机传动系统主要部件的时域、频域响应，振动发生、发展过程及轧机传动系统的模态变化规律。

具体测试内容为：

① 转矩信号的测量，包括轧机主传动轴、上工作辊传动接轴、下工作辊传动接轴转矩的信号；

② 分速箱振动的测量，包括分速箱上对应输入轴和上、下输出轴位置的振动加速度信号；

③ 工艺参数的测量，包括轧制力、轧制力矩、入口厚度、出口厚度、入口

张力、出口张力、轧辊转速、轧件温度等。这些参数可以从工艺报表和轧机自动记录文件中提取。

轧机传动系统的转矩信号测点布置如图 5-2 所示，分速箱振动信号测点布置如图 5-3 所示。

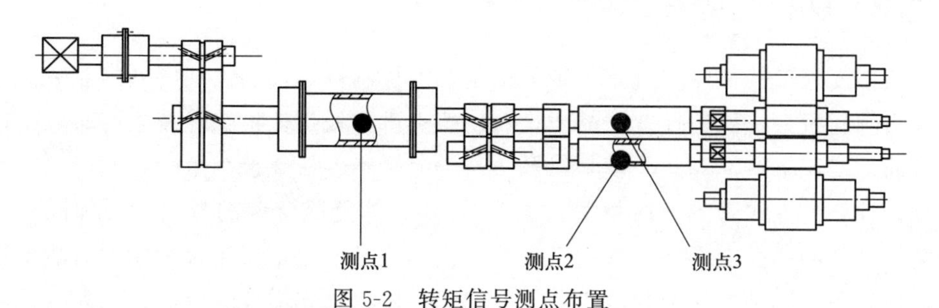

图 5-2　转矩信号测点布置

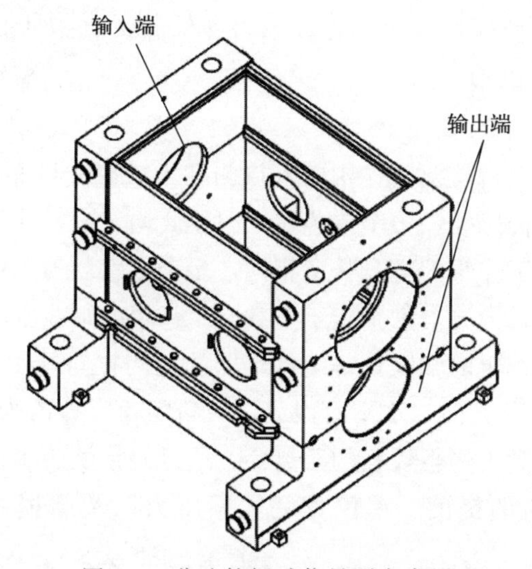

图 5-3　分速箱振动信号测点布置

转矩信号的传输方式有接触式和非接触式两种。接触式传输装置主要由滑环和电刷组成，其结构简单，制作方便，但是安装调试复杂，存在摩擦磨损，使用精度较低。非接触式传输方式采用无线数据传输，具有安装调试方便，性能可靠，数据传输稳定性高的优点，因此轧机传动系统扭转振动测试通常采用非接触式的无线采集模块。

无线采集模块的工作原理为：由粘贴在传动轴上的应变片测得传动轴的应变变化，将其转化为模拟信号，该模拟信号被输送到固定在传动轴上一起转动的信号发射器，并由发射器将模拟信号转化为数字信号发送出去。信号接收器接收来自信号发射器的应变片应变信号，并且把信号通过信号线传递给信号采集卡，由信号采集卡将应变信号存储在计算机中。信号发射器由于随传动轴一同旋转，因此可采用蓄电池对其进行供电；而信号接收器通常位于信号采集卡附近，可采用常规电源适配器进行供电。

5.1.3 轧机辊缝在线检测技术

高精度板形的板厚一直是板带轧机生产的控制目标，而负载辊缝的参数信息直接影响轧机系统稳定性及产品质量。一般来讲，板带轧机在轧制生产时，工作辊弯曲、工作辊磨损和热凸度，以及负载辊缝是不容易直接测量的，所以通常采取理论计算的方式得到上述相关数据[34]。要计算负载辊缝的数值，必须同时分析整个辊系的弹性变形和辊缝内金属塑性变形，目前通常采用分割模型影响函数法，但是采用这种方法因为缺少一组已知量，所以首先需要进行假设，尤其是需要辊缝内金属变形模型与辊系变形模型相互迭代耦合求解，累计误差较大，同时存在时滞性。通过传感测试技术，在线测量轧辊外轮廓，可以建立基于现场实测数据的轧机负载辊缝模型。

(1) 测量工作辊外轮廓

在板带轧机的一个待检测工作辊的入口侧和出口侧分别布置一组位移传感器，每组传感器包括多个传感器，多个传感器之间彼此均匀分布并呈直线排列，每组传感器的排列总长度与工作辊的辊身长度相同，多个传感器与工作辊之间的轴线距离均相等，且传感器的轴向方向都垂直于空载时工作辊的轴线方向，每组传感器的检测方向通过空载时工作辊的轴线，每组传感器的检测方向与水平面的夹角为 40°～60°，两组传感器的检测方向与水平面构成的夹角的角度差值为 3°～10°；位移传感器用于测量从传感器到工作辊表面的距离值，通过测量的距离值并结合计算模型获得工作辊沿垂直方向的挠度、单位宽度轧制压力以及磨损和热凸度，如图 5-4

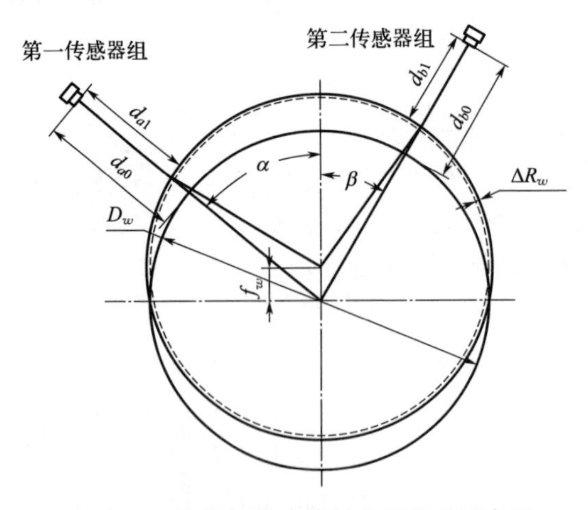

图 5-4　工作辊与传感器间几何关系示意图

所示。

利用两组位移传感器的位置信息和测量结果采用如下模型计算：

$$\left(\frac{D_w}{2}+\Delta R_{wi}\right)^2=f_{wi}^2+L_{1i}^2-2f_{wi}L_{1i}\cos\alpha \quad i=1,2,\cdots,m \tag{5-3}$$

$$\left(\frac{D_w}{2}+\Delta R_{wi}\right)^2=f_{wi}^2+L_{2i}^2-2f_{wi}L_{2i}\cos\beta \quad i=1,2,\cdots,m \tag{5-4}$$

$$L_{1i}=\frac{D_w}{2}+(d_{a0i}-d_{a1i}) \quad i=1,2,\cdots,m \tag{5-5}$$

$$L_{2i}=\frac{D_w}{2}+(d_{b0i}-d_{b1i}) \quad i=1,2,\cdots,m \tag{5-6}$$

式中，m 为每组位移传感器数量；D_w 为工作辊初始直径；ΔR_w 为工作辊磨损和热凸度；f_w 为轧制时工作辊轴线相对于轧机空载时的挠度；L_1 为轧机入口侧位移传感器检测工作辊的圆截面上测点到空载轴心点的距离；L_2 为轧机出口侧位移传感器检测工作辊的圆截面上测点到空载轴心点的距离；α 为轧机入口侧位移传感器检测方向与垂直方向的夹角；β 为轧机出口侧位移传感器检测方向与垂直方向的夹角；d_{a0} 为轧机空载时轧机入口侧位移传感器的检测值；d_{a1} 为轧制时轧机入口侧位移传感器的检测值；d_{b0} 为轧机空载时轧机出口侧位移传感器的检测值；d_{b1} 为轧制时轧机出口侧位移传感器的检测值。

将式(5-3)～式(5-6) 联立解出 f_w 与 ΔR_w，即可得到轧制时工作辊轴线相对于轧机空载时的挠度以及工作辊的磨损和热凸度，结合与带材接触的工作辊的压扁量模型，得到负载辊缝的形状曲线。

(2) 测量支承辊外轮廓

在板带轧机上支承辊的上部布置一组位移传感器，如图 5-5 所示。该组传感器包括多个传感器，多个传感器之间彼此均匀分布并呈直线排列，传感器的排列总长度与上支承辊的辊身长度相同，多个传感器与上支承辊之间的轴线距离均相等，且传感器的轴向方向都处于垂直方向。传感器的检测方向通过上支承辊的轴线。传感器用于测量从传感器到上支承辊表面的距离值（支承辊外轮廓），通过

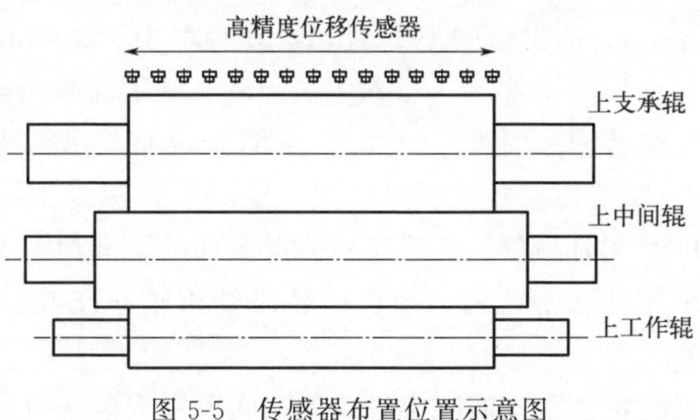

图 5-5　传感器布置位置示意图

测量的距离值可反映出上支承辊轴线相对于轧机空载时沿垂直方向的挠度，通过计算模型可获得工作辊轴线相对于轧机空载时的挠度和单位宽度轧制压力，结合与带材接触的工作辊的压扁量模型，进而得出上工作辊的压扁量，最终得到负载辊缝的形状曲线。

5.1.4 轧机轴承座与机架间隙检测技术

苏联学者 Королев A A 于 1960 年提出了板带四辊轧机轧辊布局的偏移距设计理论，轧辊轴承座与机架之间的间隙值的合理选取是轧机能够正常生产的前提，如在板带轧机中，间隙过小，会造成轧辊无法装入轧机，或装入后无法抽出而影响正常换辊；间隙过大，会影响轧机的水平刚度，从而导致轧机发生振动，造成带材明显的厚差、带材表面明暗相间的条纹，影响产品质量，甚至引发断带事故，同时会加速轧辊磨损，最终对于设备维护、轧制稳定运行和产品质量都产生不良影响。常规检测可利用外径千分尺或矩形量规对轴承座两衬板间的宽度尺寸进行简单测量。目前现场一般采用 3D 激光跟踪仪获取空间几何元素测点的信息，再应用测量软件分析计算出空间几何尺寸。传统间隙控制策略存在以下弊端：首先，轴承座宽度与机架的开口度为定期检测，这样不能保证间隙控制的实时性；其次，间隙控制标准的制定以经验为主，为避免出现轧辊无法装入轧机或换辊时无法抽出，间隙许用范围的下限控制偏大，导致轧机振动产生；再者，轴承座宽度与机架开口度的检测一般是测量两者耐磨衬板的几个点然后取平均值，实际间隙值主要取决于衬板的高点，所以这种测量方式也会造成误差；另外，轧制过程中各轧辊传动侧入口和出口、操作侧入口和出口四个位置的间隙呈动态变化，各轧辊两端分别向哪侧偏移或是否出现轧辊交叉的情况无法实时观测[15]。

基于上述问题，笔者团队在轧机轴承座与机架间隙检测方面做了大量工作，并提出了三种实时检测方法。

(1) 激光测距法

在机架或平衡弯辊缸缸块上与工作辊轴承座对应的位置上安装高精度激光位移传感器，安装要保证刚度，不可松动，位移传感器的检测方向处于水平方向。传感器量程大于 3mm，测量精度小于 1μm，分辨率小于 100nm。在轴承座上选定或加装测点，测点面积不小于 30mm×30mm（对于轧辊可轴向移动的轧机，则测点尺寸参考轴向移动范围进行设置），且测点表面要保持清洁，表面粗糙度不超过 $Ra0.8\mu$m。调节传感器或测点位置，使测点位置处于位移传感器量程中点附近。传感器用于实时测量从传感器到测点表面的距离值，通过测量的距离值可反映出轧机轴承座的水平位移，即可反映出轧机轴承座与机架之间的实时间隙，如图 5-6 所示。

该方法可实现轧机轴承座间隙实时检测，实验室实验效果比较理想。但轧制现场的环境非常恶劣，传感器防水难度大，大量冷却水会对检测精度产生影响，因此该方法更适用于实验室轧机间隙的检测。

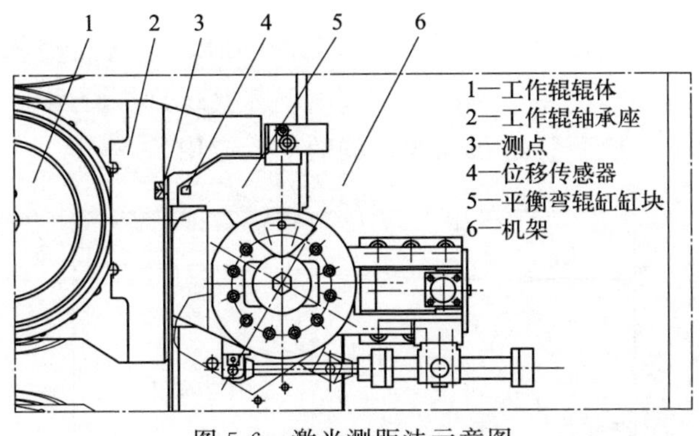

图 5-6　激光测距法示意图

(2) 外置测力法

外置测力法检测元件包括左磁座、左臂、左壳体、定位套、右磁座、杆、滑块、滑道、挡板、右臂、右壳体、电缆、传感器、左弹簧垫、密封圈、弹簧、定位销、右弹簧垫等部分，如图 5-7 所示。壳体内外电缆周围涂密封胶进行密封，配合壳体上的密封圈，可使检测元件的防水能力大幅度提升，从而能够在轧制现场恶劣工况下长期稳定工作。定位销可以在异形槽内沿右壳体轴线方向一定范围内运动，同时还能起到限位作用，可防止超出量程等意外情况的出现对传感器造成损害。轧机工作过程中，轴承座受力发生振动，会在水平、垂直和轴向三个方向产生位移变化。而轴承座与机架间隙是受其水平方向位移变化影响的，滑块和滑道可消除轴承座轴向和垂直方向位移的影响。

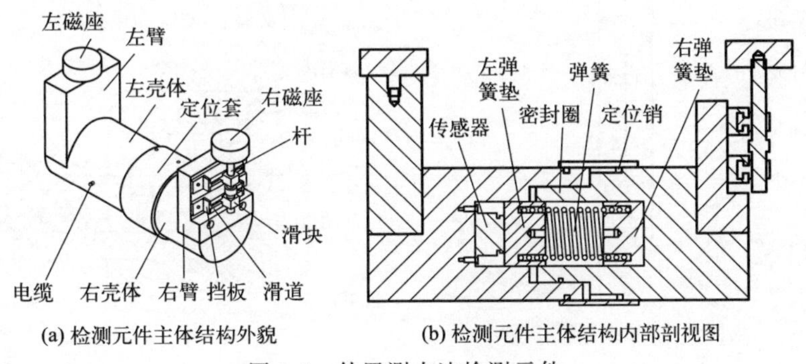

图 5-7　外置测力法检测元件

使用时，左磁座和右磁座分别粘贴在轴承座和机架上，如图 5-8 所示，粘贴位置需打磨处理干净。轧机生产过程中，轴承座水平方向位移变化通过右磁座、杆、滑块、滑道、右臂、右壳体、右弹簧垫，进而传递到弹簧，弹簧将位移变化转换为力的变化，力通过左弹簧垫传递到传感器，传感器输出实时力变化的信号。最终通过传感器获取力的变化反映轴承座的位移变化，实现轴承座与机架间隙信息的实时检测。

该方法在实现轧机轴承座间隙实时检测的同时，可避免冷却水损坏传感器，且冷却水的存在不影响检测精度；但每次换辊都要进行检测元件磁座的拆装，轧机频繁换辊制约了该检测装置在工业现场的广泛应用。

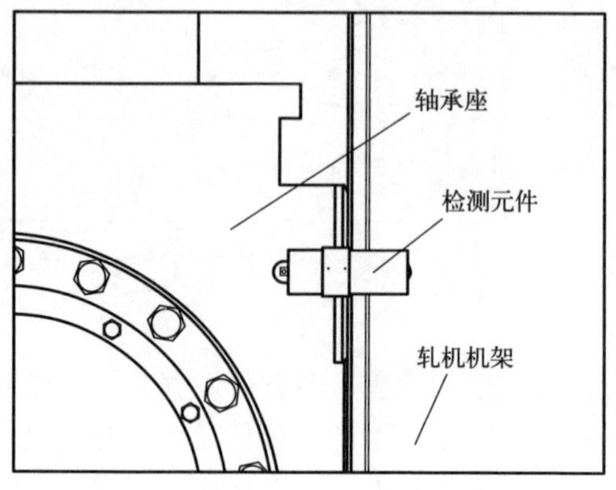

图 5-8　检测元件布置位置示意图

(3) 内置测力法

内置测力法检测装置安装在轧机机架衬板内，如图 5-9 所示。检测装置包括壳体、端盖、球、挡板、内密封圈、弧面垫、外密封圈、弹性体以及传感器等部分，如图 5-10 所示。

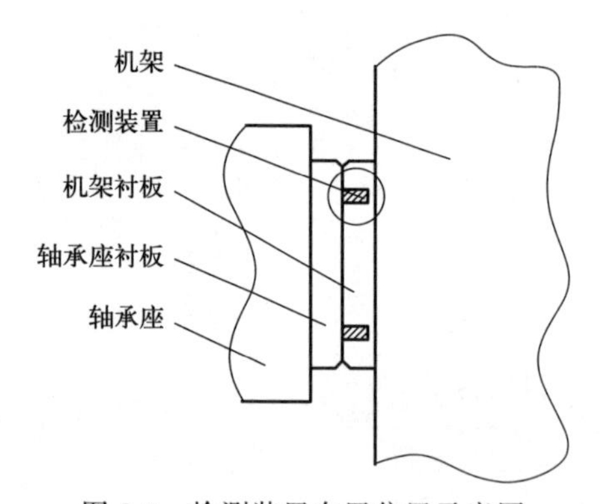

图 5-9　检测装置布置位置示意图

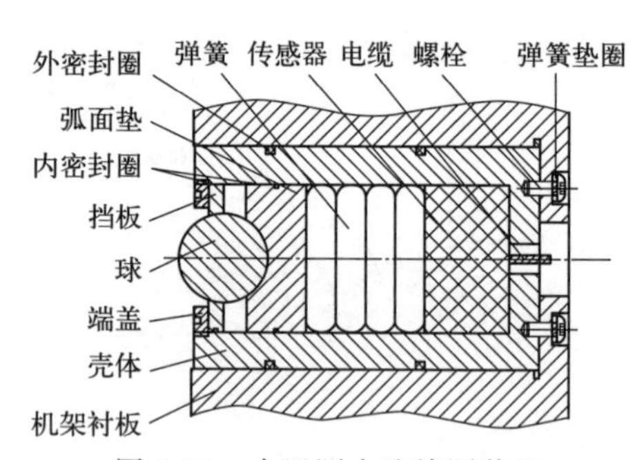

图 5-10　内置测力法检测装置

自由状态下，检测装置中的球可露出机架衬板外表面。轧机换辊过程中，球受弹簧的作用力向外弹出，挡板和端盖共同起到限位作用，轧辊装入时，球受轴承衬板的作用力压入检测装置内。轧机生产过程中，轴承座衬板的水平方向位移变化通过球和弧面垫传递到弹簧，弹簧将位移变化转换为力的变化，传感器输出实时力变化的信号。最终通过传感器获取力的变化反映轴承座的位移变化，实现轴承座与机架间隙信息的实时检测。

该方法可实现轧机轴承座间隙实时检测，且可有效防水，同时不受窜辊和现场频繁换辊的影响。

上述三种轧机轴承座间隙实时检测方法，能够避免出现间隙过大但没到检测调整周期，继续生产对产品和设备产生的不利影响；因为间隙信息可实时检测，轧机间隙控制标准可进一步优化，有利于轧机生产的稳定性；同时，轴承座的实时水平位移信息可反映轧机的水平振动情况，可根据生产过程中水平位移信号的幅值和频率，进行故障诊断。

5.2　板坯轮廓检测技术

5.2.1　带钢镰刀弯、翘扣头检测技术

在热连轧生产中，粗轧中间坯会产生镰刀弯、翘扣头等板形缺陷，产生镰刀弯现象的根本原因是轧制时中间坯两侧压下量不同，使中间坯两侧的长度方向上的延伸不同[74,75]。产生翘扣头的实质是中间坯上下表面的延伸量不同[76]。粗轧中间坯的镰刀弯、翘扣头板形缺陷不仅会影响成品带钢的板形和尺寸，而且会导致堆钢或撞击机架辊辊道等事故，给生产带来诸多不利。为了能够实现对中间坯的有效控制，首先要完成中间坯板形的检测。中间坯温度高、生产节奏快，其镰刀弯、翘扣头程度难以人工测量，因此，生产现场主要依靠操作工直接观察中间坯表面形状。近年来，随着机器视觉技术的发展，诸多国内外学者采用 CCD 相机对中间坯进行拍摄，从而获得中间坯的平面形状，为板形控制提供了检测手段。

5.2.1.1　带钢镰刀弯检测技术

北京科技大学研究开发了一套基于机器视觉的热轧中间坯镰刀弯在线检测系统[6,77]，本书主要从检测系统构成与检测原理、检测算法方面对其进行简要介绍。

(1) 检测系统构成与检测原理

北京科技大学提出的镰刀弯在线检测系统结构和工作示意图如图 5-11 所示。

① 检测系统构成：主要是由硬件和软件两部分组成，其中硬件部分包括安装平台、相机支架、面阵 CCD 相机、激光测速仪、位置传感器、图像处理服务

器、水冷设备，主要用于实现图像采集和数据传输功能；软件部分是通过编程实现，主要是用于图像处理和显示。

② 检测原理：当中间坯到达指定检测位置时，热金属检测器检测到中间坯头部位置，对应侧面阵 CCD 相机进行拍摄，激光测速仪开始测量中间坯运行速度，然后将拍摄的中间坯上表面图像及测量的中间坯运动速度经千兆网传输至图像处理服务器，经图像处理获得可视化中间坯平面形状和中间坯镰刀弯曲量，并显示在用户显示器上。

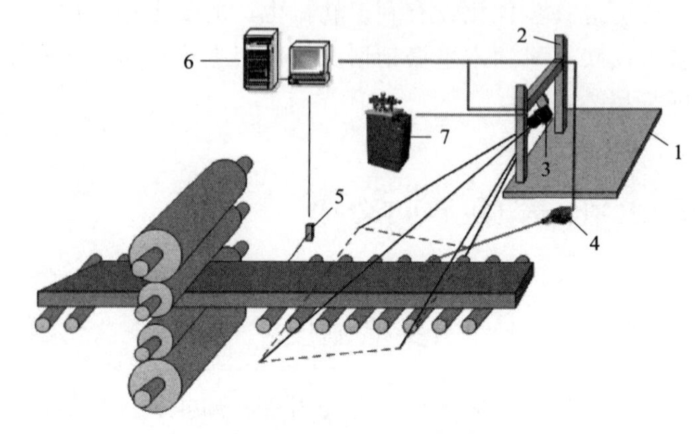

图 5-11 系统组成示意图

1—安装平台；2—相机支架；3—面阵 CCD 相机；4—激光测速仪；
5—位置传感器；6—图像处理服务器；7—水冷设备

(2) 检测算法

热轧粗轧中间坯镰刀弯在线检测系统算法流程如图 5-12 所示。首先通过张正友标定法确定相机的内部参数和辊道平面的外部参数[78]。根据 CCD 相机视野范围确定相机采样频率，当中间坯进入检测区域后，利用面阵 CCD 相机获取中间坯上表面连续局部图像，然后对中间坯图像进行预处理，采用 Canny 算法提取中间坯上表面轮廓像素坐标，通过粗轧工作站读入本道次中间坯厚度，根据相机成像原理及标定结果，确定中间坯上表面某点空间坐标与对应图像像素坐标之间的转换关系，利用所建立的转换关系计算中间坯轮廓实际坐标。在获取中间坯局部轮廓实际坐标基础上，根据采样频率及带钢运动速度确定连续 2 幅中间坯图像沿长度方向的移动距离，通过中间坯边缘轮廓连续变化的原理，计算 2 幅中间坯图像沿宽度方向的平移量和整体的旋转量，完成中间坯平面图像的拼接，获取中间坯上表面完整轮廓，并计算镰刀弯值。

① 基于灰度梯度特征的亚像素角点精确定位：棋盘格角点检测的精度对相机标定精度有着重要影响，在 Harris 角点检测算子[79] 对棋盘格图像进行角点检测的基础上，采用灰度梯度特征法进行亚像素级角点定位[80]，使相机标定结果更为

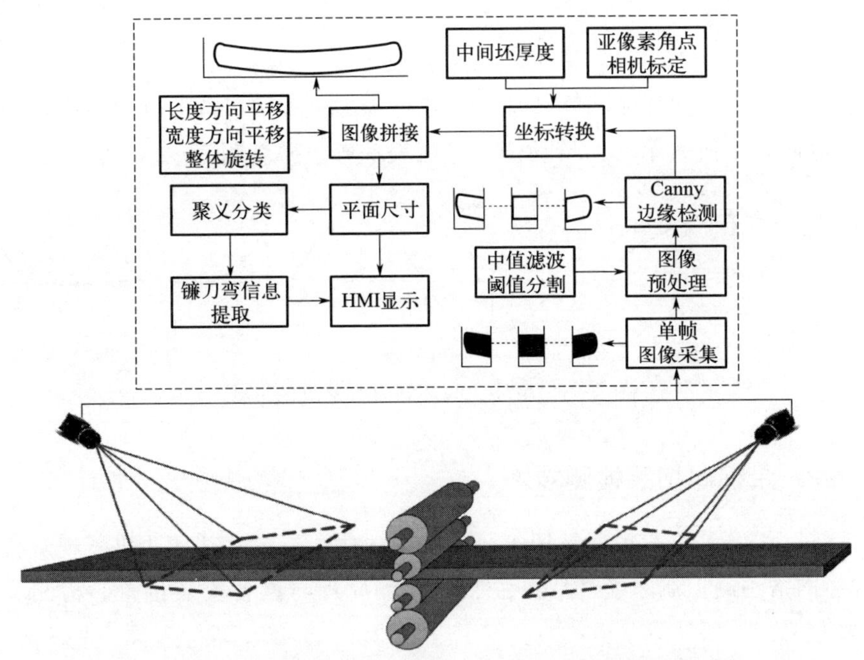

图 5-12　热轧粗轧中间坯镰刀弯检测系统算法流程图

精确，减小标定误差，进而提高镰刀弯检测系统的检测精度。具体步骤如下：

第一步，通过 Harris 角点检测算子对棋盘格角点进行初定位；

第二步，噪点及棋盘格外角点去除；

第三步，采用灰度梯度特征法对角点初定位坐标进行亚像素精确。

② 图像处理与轮廓提取：对于粗轧镰刀弯检测，关键的一步是获得中间坯的轮廓边缘坐标。通过现场的图像采集实验发现，对 CCD 相机曝光时间等相关参数进行适当调整，可以获得中间坯与环境区分度良好的图像。但受拍摄环境和中间坯高温辐射的干扰因素影响，原始图像往往存在噪声干扰，会影响边缘检测的效果和检测精度。因此，在进行边缘检测之前，需要对原始图像进行一定的预处理，主要包括：基于中值滤波的图像平滑；基于灰度直方图的阈值分割；图像形态学处理；板带轮廓提取；通过图像拼接获得板带完整轮廓。

③ 镰刀弯信息提取：建立热连轧中间坯镰刀弯检测系统的目的是定量得到中间坯全长的弯曲程度信息。关于镰刀弯的定量表征，目前还没有统一的认识。粗轧中间坯镰刀弯常见的形式如图 5-13 所示，包括普通 C 形弯、复杂的 S 形弯，以及头、尾局部镰刀弯。通过镰刀弯测量系统可以获取中间坯全长的轮廓信息，通过计算可以得到中间坯中心线，经曲线聚义分类后[81]，可以将测量的中间坯进行归类，进而计算中心线上标志点（x_c，y_c）到标志线 $y=ax+b$ 的距离来表征中间坯的镰刀弯弯曲程度：

$$C=\frac{|y_c-ax_c-b|}{\sqrt{a^2+1}} \tag{5-7}$$

式中，C 为中间坯镰刀弯弯曲量，单位为 mm，其正负可以用来表示中间坯的弯曲方向，正值表示弯向传动侧，负值表示弯向操作侧。

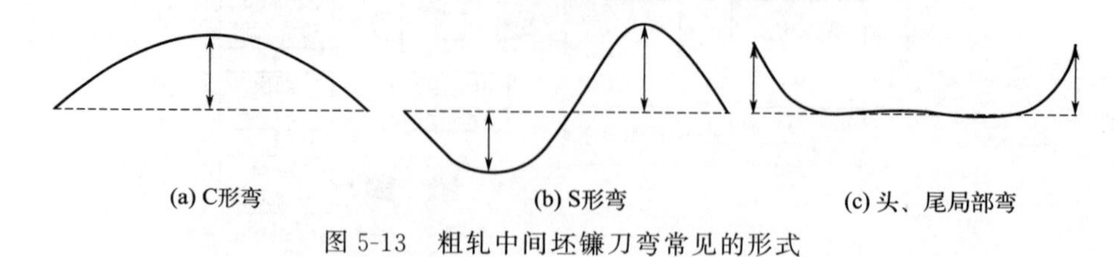

图 5-13　粗轧中间坯镰刀弯常见的形式

5.2.1.2　带钢翘扣头检测技术

本节以燕山大学黄华贵教授等研究开发的热轧板坯头部翘曲机器视觉检测与 BP 神经网络预测控制系统[6,77]，主要从检测原理与设备安装位置、检测算法方面简要介绍。

（1）检测原理与设备安装位置

在轧制过程中利用高速相机对板坯头部进行抓拍采集，获得的高分辨率图像中高温板坯与环境在灰度上形成鲜明对比。通过在相机前增加红外滤光片过滤掉板坯周围被照亮的背景，得到只有高温板坯的清晰图像。根据板坯图像与背景的强烈反差，通过设定明、暗变化的阈值，得到板坯上表面边缘的形状测量点。这些独立测量点用于描述板坯头部的翘曲程度，将这些测量点进行数据拟合后得到板坯头部上表面边缘的弯曲曲线。

该检测系统所需 CCD 工业相机安装位置如图 5-14 所示，在 R1、R2 粗轧机的入口和出口处均安装 CCD 工业相机。

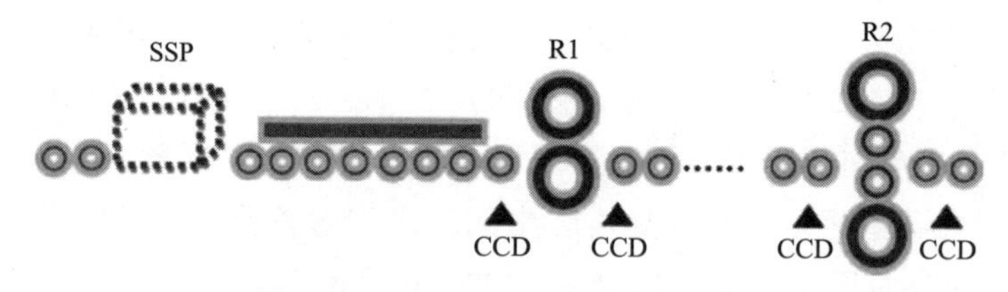

图 5-14　CCD 工业相机现场布置图

（2）检测算法

热轧粗轧中间坯翘扣头在线检测系统算法的处理步骤为：相机标定；采集图像；固定阈值；形态学处理；提取坐标；计算距离。进而实现对轧制过程板坯头部板形情况进行量化。

板坯头部弯曲程度用翘曲量 Q 表示，数值为正表示板坯上翘，数值为负表示板坯下扣。Q 值[82] 具体计算方法如图 5-15 所示，其中 P^h 为板坯边缘侧一点，而 P^t 为靠近边缘侧的第一个极值点。若板坯为翘曲情况，则由式(5-8) 计算翘曲值；若板坯为下扣情况，则由式(5-9) 计算。

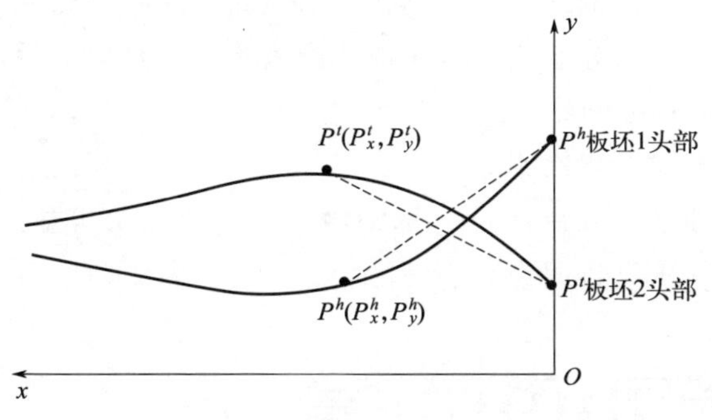

图 5-15　头部弯曲程度判定

$$Q=|P_y^t-P_y^h| \tag{5-8}$$

$$Q=0.15\times\{[19\times(P_x^t-P_x^h)]/1500-20\}|P_y^t-P_y^h| \tag{5-9}$$

式中，P_y^t、P_y^h 分别为点 P^t、P^h 的纵坐标；P_x^t、P_x^h 分别为点 P^t、P^h 的横坐标。

图 5-16 所示为实时检测的 R1 和 R2 粗轧机出口板坯头部图像及对应的弯曲值，图像和数据将被实时传输到系统后台数据库，为后续轧制控制提供数据参考。

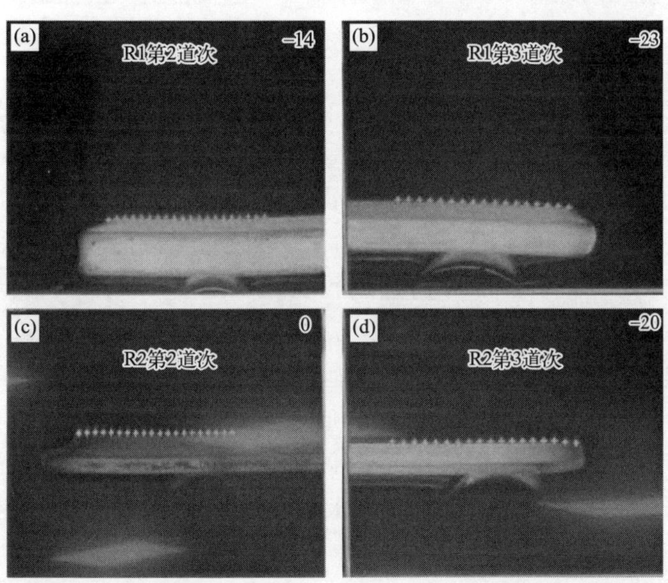

图 5-16　粗轧机出口处板坯头部实时检测图像及对应弯曲值

5.2.1.3 带钢镰刀弯、翘扣头在线检测技术

对比上述带钢镰刀弯和翘扣头检测技术可得出，视觉检测的方式适合带钢的板形检测，但上述两种技术思路只能实现镰刀弯或者翘扣头的单项检测，无法实现一套设备同时完成带钢镰刀弯、翘扣头的检测。因此，提出一种基于双目视觉的带钢镰刀弯、翘扣头等显式板形在线检测系统，主要从检测系统构成与检测原理、检测算法方面简要介绍。

(1) 检测系统构成与检测原理

本节提出一种基于双目视觉的带钢镰刀弯、翘扣头等显式板形在线检测系统，其结构和工作示意如图 5-17 所示。

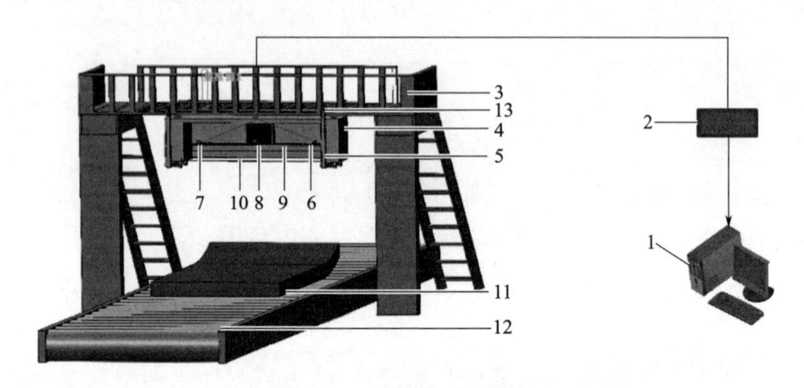

图 5-17 系统构成示意图

1—计算机控制模块；2—图像采集模块；3—人行横梯；4—设备固定外壳；5—与人行横梯连接 U 形结构；6—第二工业相机；7—第一工业相机；8—DLP 投影仪；9—滑轨装置；10—高投射性玻璃；11—板坯；12—传送辊；13—U 形吊环

① 检测系统构成：所述显式板形在线视觉检测系统安装在轧机出口处，系统主要由硬件和软件两部分组成。硬件部分包括人行横梯、第一工业相机、第二工业相机、DLP 投影仪、滑轨装置、热检仪、设备固定外壳、外壳与人行横梯连接的 U 形装置、U 形吊环、冷却系统、相机固定板、图像采集模块及计算机控制模块。软件部分通过编程实现，主要是用于图像处理、分析和显示。

所述滑轨装置、工业相机、投影仪、设备固定板及冷却系统均安装在设备固定外壳内部，设备固定外壳通过 U 形装置和 U 形吊环与人行横梯相连接。冷却系统采用双重冷却方式，在设备相机安装时对相机采用水冷防护罩进行保护，设备固定外壳设计有连通的两个水箱，进而实现对检测系统的整体冷却效果。

② 检测原理：当板带通过传送辊到达轧机之前，热检仪检测到板带的温度，

发出信号到计算机控制模块，计算机控制检测系统开始工作，控制 DLP 投影仪投射光栅光格结构光图案到板带上，控制第一工业相机、第二工业相机开始工作，进行实时取像；图像采集模块将两个工业相机采集到的图像进行存储并传输到计算机控制模块；通过计算机控制模块对板带的边缘轮廓进行实时提取，进而实现板带表面的轮廓测量；对上述所得特征点的法向量进行提取，进而实现板带显式板形翘扣头、镰刀弯的识别。

（2）检测算法

检测系统所需算法主要包括：检测系统的标定；检测系统的实时采集；图像预处理（图像灰度化、图像滤波、图像特征增强、图像分割、图像特征提取等）；数据融合的新型图像拼接算法；针对 Canny 算子进行改进实现完整板形的轮廓提取；基于板带边缘法向量的板形判别方法。具体工作流程如图 5-18 所示。

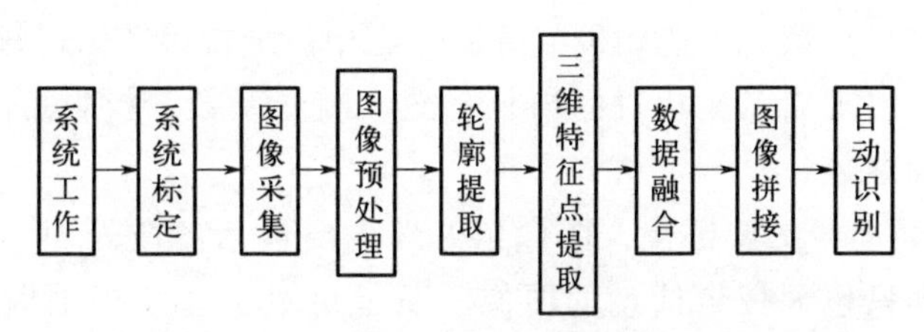

图 5-18　系统工作流程图

① 系统标定：系统采用基于张正友标定算法的改进型算法对第一工业相机、第二工业相机进行标定，确定相机的内外参数，包括工业相机焦距 f、CCD 倾斜因子 γ、相机中心位置 (u_0, v_0)、成像点像素坐标 (u, v)、世界坐标系 (X_w, Y_w, Z_w)、尺度因子 s、相机内部参数 $\boldsymbol{A}$、旋转矩阵 $\boldsymbol{R}$、平移矩阵 $\boldsymbol{T}$、投影矩阵 $\boldsymbol{H}$。

$$\boldsymbol{H}=\boldsymbol{A}[\boldsymbol{R}\quad \boldsymbol{T}]$$

$$s\begin{bmatrix}u\\v\\1\end{bmatrix}=\begin{bmatrix}a_x & \gamma & u_0 & 0\\0 & a_y & v_0 & 0\\0 & 0 & 1 & 0\end{bmatrix}\begin{bmatrix}\boldsymbol{R} & \boldsymbol{T}\\\boldsymbol{0} & 1\end{bmatrix}\begin{bmatrix}X_w\\Y_w\\Z_w\\1\end{bmatrix}=\boldsymbol{A}[\boldsymbol{R}\quad \boldsymbol{T}]\begin{bmatrix}X_w\\Y_w\\Z_w\\1\end{bmatrix}\tag{5-10}$$

由于保护玻璃的存在，在改进中引入了物点偏移量 Δ，$\boldsymbol{M}_1$ 为无防护玻璃时工业相机内部参数矩阵，$\boldsymbol{M}_2$ 为无防护玻璃时工业相机外部参数矩阵，$\boldsymbol{M}_3$ 为玻璃折射影响矩阵。

$$s\begin{bmatrix}u\\v\\1\end{bmatrix}=\begin{bmatrix}\frac{1}{\mathrm{d}x} & 0 & u_0\\ 0 & \frac{1}{\mathrm{d}y} & v_0\\ 0 & 0 & 1\end{bmatrix}\begin{bmatrix}f & 0 & 0 & 0\\ 0 & f & 0 & 0\\ 0 & 0 & 1 & 0\end{bmatrix}\begin{bmatrix}1 & 0 & 0 & \pm\Delta\cos\gamma\\ 0 & 1 & 0 & \pm\Delta\sin\gamma\\ 0 & 0 & 1 & 0\\ 0 & 0 & 0 & 1\end{bmatrix}\begin{bmatrix}\boldsymbol{R} & \boldsymbol{T}\\ \boldsymbol{0} & 1\end{bmatrix}\begin{bmatrix}X_w\\Y_w\\Z_w\\1\end{bmatrix}$$

$$=\boldsymbol{M}_1\boldsymbol{M}_2\boldsymbol{M}_3\begin{bmatrix}X_w\\Y_w\\Z_w\\1\end{bmatrix} \tag{5-11}$$

由上述标定模型得到第一工业相机和第二工业相机的内外参数和两者之间的位置几何关系。

对 MATLAB 软件中的相机标定工具箱进行二次开发，保持相机不动，通过改变标定板的位置让第一工业相机与第二工业相机来拍摄图像，每个相机拍摄十组图片，进而求解出双工业相机的内外参数、畸变系数、投影矩阵 $\boldsymbol{H}$ 和双工业相机之间的位置参数。

② 图像预处理与图像拼接：图像预处理主要包括滤波处理、二值化处理和阈值分割，得到只包含板带信息的图像，通过对双工业相机拍摄的图像进行处理，利用三角测量法和对结构光图案变形的求解提取双相机拍摄的图像三维点云，第一工业相机提取的点云数据集合为 $\{P_1(t_1),\cdots,P_1(t_n)\}$，第二工业相机提取的点云数据集合为 $\{P_2(t_1),\cdots,P_2(t_n)\}$。数据融合主要是取出第一工业相机 t_1 时刻的点云数据 $P_1(t_1)$ 的 x 值为负值到 0 值的点，取出第二工业相机 t_1 时刻的点云数据 $P_2(t_1)$ 的 x 值为 0 到正值的点，两个新的数据集进行融合得到板带完整时刻 t_1 的三维特征点云 $P(t_1)$，依次类推得到$\{P(t_1),\cdots,P(t_n)\}$。

③ 带钢镰刀弯、翘扣头提取结果：通过上述图像处理后，利用改进型 Canny 算子提取带钢的边缘轮廓三维点云，对三维点云坐标进行分析处理，计算得到世界坐标系下板带的坐标信息，通过板带轮廓坐标点云得到带钢镰刀弯、翘扣头数据，如图 5-19 所示。

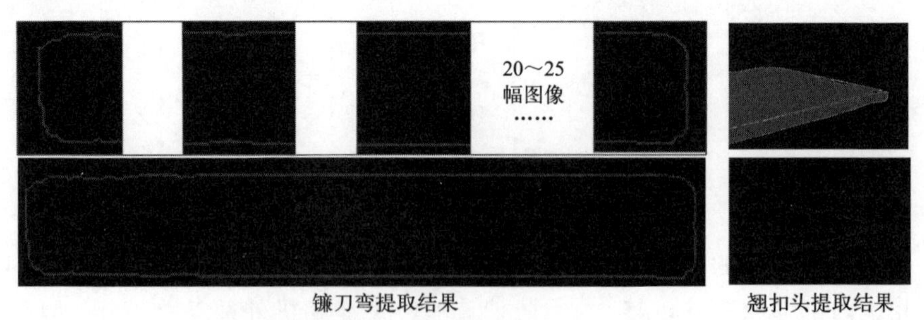

图 5-19　带钢镰刀弯、翘扣头提取结果

5.2.2 板厚检测技术

带钢厚度作为钢材重要的质量指标，一直以来都被生产厂家和用户高度重视，如果厚度在轧制过程中偏离误差范围将直接影响钢材的质量，从而影响其市场占有率。因此，必须在生产过程中采用高精度的测厚仪对带钢厚度进行实时检测，一旦带钢厚度发生较大变化或是超出误差允许范围就立即反馈到板厚控制系统，使控制系统及时做出处理，减少生产中废钢材的产出，提高钢材生产的合格率[83]。

5.2.2.1 带钢厚度检测技术的种类

根据工作方式分类，带钢测厚仪主要分为接触式和非接触式两种。由于板带金属随传送链的速度有要求，因此对于接触式测厚技术来说，探测器的探头可能会对板材造成一定的损伤，并且在轧制速度较快时，会导致探头跳跃，探测位置变化，使测量精度下降。因此在生产过程中厚度测量大都使用非接触式测量方式。几种常见非接触式测厚仪有激光测厚、射线测厚、红外测厚、涡流测厚、超声波测厚等在线测厚仪[84]，其特点见表5-1。

表5-1　几种常见测厚仪

名称	精度/mm	量程/mm	优缺点	适用范围
超声波测厚仪	0.1	＜600	设备简单、对人体无害、成本低； 只能测量静态物体厚度、探头易磨损	各种板材、管材、半成品、零部件壁厚测定
涡流测厚仪	＜0.09	0～5	测量金属表面涂层厚度不够稳定	制造业、金属加工、化工业、商检等检测领域
红外测厚仪	±0.15	10	结构简单；易受噪声干扰	透明和半透明的薄膜
激光测厚仪	±0.04	0.02～30	测量准确、实用性好、安全可靠；激光寿命不长	适用于钢板、带材等非透明材料的在线、高速测厚
射线测厚仪	0.1%	＜150	射线稳定、精度高；放射源强度不易控制、运输防护困难	金属板材、纸张等在线测量

(1) 超声波测厚仪

超声波测厚仪原理是利用超声波在物理上属于机械纵波这一特性，其在弹性介质中的振动必然产生波动。超声波传播的速率与介质有关，同种介质中速率不变，在接触到不同介质之间时，在分界面上会产生反射。因此可利用超声波在金属板材的上表面和下表面反射后检测到的时间差来测量板材的厚度。超声波测厚仪主要有两种检测方法：共振法和脉冲反射法。

共振法超声波测厚原理是当频率连续变化的超声波射入物质体内时，如果物体的厚度恰好等于波长整数倍数的二分之一，会产生共振现象而形成驻波，利用此时的共振频率和板材材质就可以计算出厚度。但是对于共振点的判断往往会产生人为误差，使测量不够准确。因此，共振法超声波测厚已不再使用。

目前应用较多的是脉冲反射法。其原理是将短脉冲射入被测板材，检测两次反射后的时间间隔，再利用速度值求出待测板材的厚度（图 5-20）。此方法所用原理简单，脉冲工作方式容易实现。

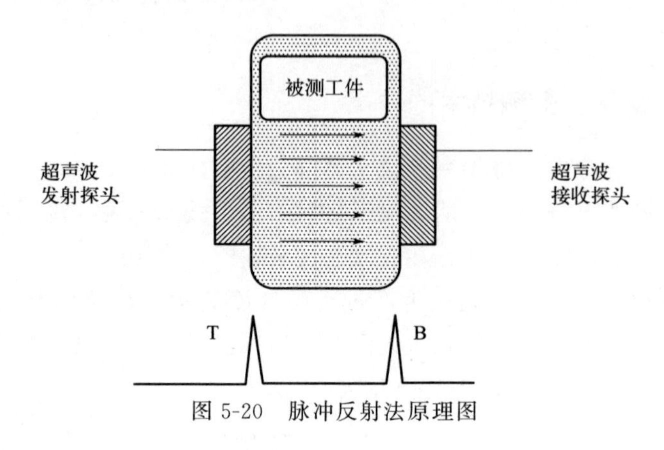

图 5-20　脉冲反射法原理图

(2) 涡流测厚仪

涡流测厚仪的测量原理是交流电使探头的线圈产生电磁场，测量时导体靠近探头会产生涡流，距离越近，涡流越大，从而产生的反馈阻抗也就越大，根据阻抗和距离的关系可测得导体与探头的距离，也就是涂层的厚度。因此涡流测厚仪常用来测量导体上的不导电涂层厚度。图 5-21 中 $\boldsymbol{H}_p$ 代表试验线圈的初级磁场，矢量 $\boldsymbol{H}_s$ 代表由试样中涡流所引起的次级磁场。

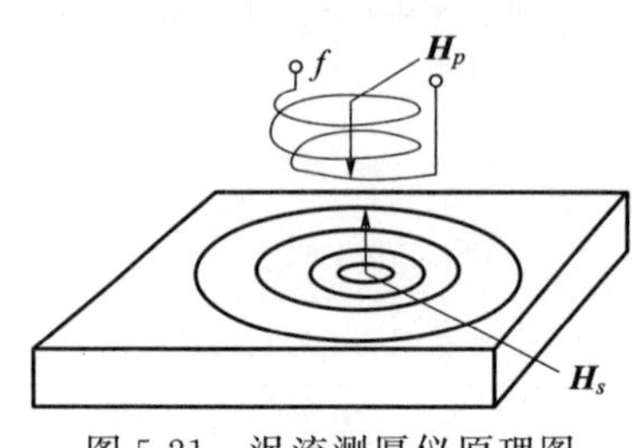

图 5-21　涡流测厚仪原理图

(3) 激光测厚仪

激光测厚仪的激光具有单色性、抗干扰强、亮度高、方向性好等特点，因此适合作为高精度测量的工具。激光测厚仪采用上下垂直共线的一对激光器，分别发射激光到板材的上下两个表面，形成两个测量点，测量点之间的距离即为厚度，这样将厚度信号转变成了光信号，再通过光电转换器将光信号转变成电信号，送给主控单元（图 5-22）。常用的激光测厚仪根据扫描方式不同分为：机械连续扫描、光线点阵式扫描、光学扫描和机械光纤扫描[85]。

机械连续扫描方式下，扫描装置即激光发射器与光电接收装置安装在上下两侧，由步进电机带动沿板材宽度方向做往复机械运动，使激光测量点在板材的长度方向上形成正弦轨迹。这种扫描方式的覆盖面积大，测量点多，精度较高，但对扫描设备的安装要求比较高。

光学扫描是利用多棱镜反光将激光透射过板材，由下方排列的光导纤维器接收到，经过耦合器与 CCD 接收器相连，产生一系列光电信号脉冲，计算出薄膜的厚度。其特点是精度高、测量范围下限良好，但是抗干扰性能差。

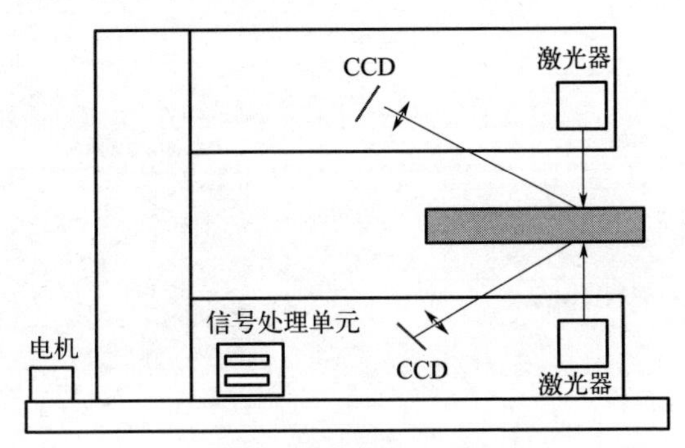

图 5-22　激光测厚仪原理图

(4) 红外测厚仪

红外测厚仪分为红外透射法和红外反射法，都是利用被测物对红外光线的吸收作用，两种方式中红外光均会进行强度衰减，随着被测物厚度的增加强度衰减增加。近红外反射是根据反射与入射强度的比例关系来获得物质对于近红外线的吸收能力，波长范围一般为 1100～2500nm；近红外透射则是根据透射与入射光强度的比例关系来获得物质对近红外线的吸收能力，波长范围一般为 850～1050nm。

(5) X 射线测厚仪

射线测厚仪是核技术和计算机技术相结合的产品，一定强度的射线穿过一定厚度的物质时，其透射强度或散射强度与物质的厚度有关，通过测量就可确定物质的厚度。常用的射线有 β 射线、X 射线和 γ 射线，β 射线波长较长，穿透性弱，只能用来测量 1～2mm 的厚度。X 射线和 γ 射线同属于短波长电磁波，穿透性强，因此广泛应用于带钢生产。

X 射线测厚仪常用的结构如图 5-23 所示。X 射线管与探头位于上下垂直相对位置。射线透射被测物体后部分能量被板材所吸收，通过测量透射后的能量来测量被测物体的厚度。

(6) 同位素测厚仪

与 X 射线同物质相互作用的原理相同，同位素中 γ 射线测厚仪也是利用其透过物质后强度的衰减来测量物质的厚度（图 5-24）。其与 X 射线相比有着能量大、单色光、稳定性好、结构简单、抗干扰能力强且成本低的优点，但是其强度小、能量无法调节、性噪比低，而且在使用中会产生无法控制的中子，不能严格保证安全问题，且在运输中比较困难。

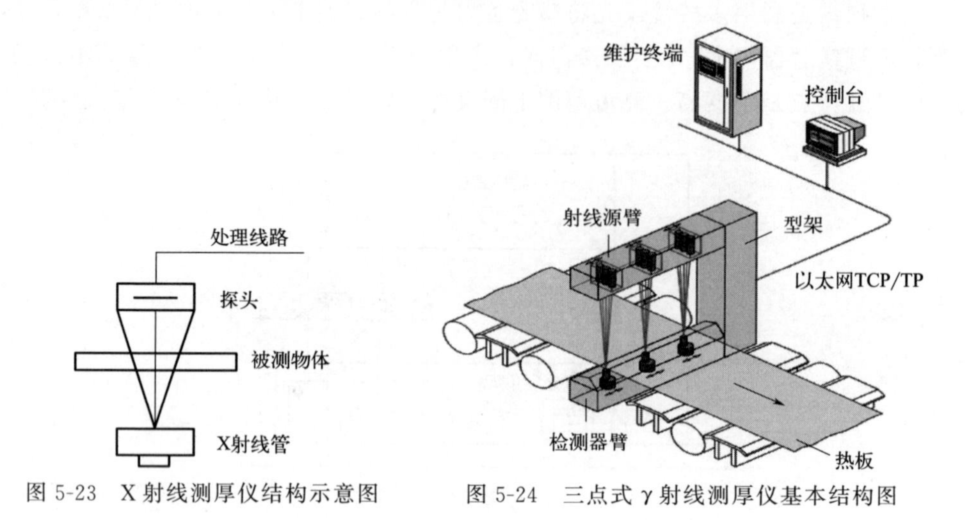

图 5-23　X 射线测厚仪结构示意图　　图 5-24　三点式 γ 射线测厚仪基本结构图

5.2.2.2　常见带钢测厚仪组成及原理

X 射线测厚仪有着测量方法简单、反应迅速、测量准确且为非接触式测量等优点。γ 射线测厚仪的厚度测量精度为测量值的 1%，测量钢板越薄误差越小，且 γ 射线穿透力强、能量大、聚焦性好。因此，X 射线和 γ 射线测厚仪是国内钢厂常见设备。

(1) X 射线测厚仪

国外有许多生产 X 射线测厚仪的厂家[86]，如英国的 Daystrom 公司，德国的 IMS（工业测量系统）公司，美国的 DMC 公司、Thermo Radiometrie 公司、环球公司，日本的 Toshiba（东芝）公司等。目前国内应用最多的是德国 IMC 公司的产品。

① X 射线测厚仪组成。IMS 公司 X 射线测厚系统包括以下主要设备：

- C 型架：包括 2～6 个或更多个测量点、高温计和带放大器的变送器。
- 水冷循环单元：供密封式 C 型架二次水冷循环。
- 中央处理单元：包括 IMS MEVNET 数据管理和处理系统以及 X 光机控制单元，其中，MEVINET 数据管理和处理系统的任务是进行测得数据的评估和处理以及图像化、信号传输与信号通信；X 光机控制单元的任务是进行 C 型架的控制及快门控制。
- 控制台：操作员通过单独设计的监控计算机键盘和显示器与测厚系统进行对话。

- 现场操作面板：用以校准和对 C 型架进行操作。
- 连接 IMS 各设备的电缆和管线。

该测厚系统可以采用不同个数的 X 射线源和检测器，经不同布置而组成不同功能的测厚系统，例如使用一组射线源和检测器来测量板带中心线厚度、使用两组射线源和检测器来测量板带边缘厚度、使用三组射线源和检测器来测量板带中心线厚度和边缘厚度、使用四组或更多组射线源和检测器来测量板带横向厚度、使用两组发出扇形 X 光（覆盖带钢宽度）的 X 射线源和检测器以立体测量方式来测量板带横向厚度和凸度。测厚系统可以测量普钢、MSLA 钢、耐磨钢、不锈钢、有色金属等多种板材的厚度和截面、凸度、板形甚至宽度和温度。测厚系统的技术规格见表 5-2。

表 5-2　IMS 公司的 X 射线测厚系统主要数据

项目	内容
产品数据	测量范围：160mm（最大） C 型架间隙：厚度测量时为 50～3000mm、断面测量时为 100～2600mm C 型架喉深：厚度测量时为 350～6000mm、断面测量时为 500～4000mm
动态数据	测量时间常数：1～10ms（可设定） 测量值处理循环时间：1～10ms 测量值输出循环时间：1～10ms
仪表性能	测量精度（重现性＋线性）：优于±0.1%，优于±0.2μm 统计噪声：在 T＝1～5ms 时（T 为积分时间），优于±0.1% 可用率：≥99.5%
检测器	测量通道：1～200 检测器：电离室，最大效率为 98%
X 射源	X 射线射源为 10～160kV 快门开闭：气动打开，弹簧自动关闭
其他	控制单元包括：①C 型架驱动控制，通过操作画面内部控制或由远程监控计算机画面远程控制，完成行走和定位控制；②带钢两个边部测点可单独启动，通过操作画面控制；③测点驱动速度由各自的变频器控制完成；④X 射线源快门操作，包括由中央处理计算机的画面进行控制和（或）由操作面板手动操作，用于标准化和维护；⑤紧急停车时 C 型架和测点驱动被锁住、快门关闭；⑥能执行测厚仪自动校准程序

② X 射线测厚仪工作原理：X 射线测厚仪系统简图如图 5-25 所示，从 X 射线源发出的 X 射线穿透被测材料时，部分射线由被测材料吸收，剩余部分到达探测器，因此对于不同厚度的材料，位于接收侧的 X 射线的强度会有相应的变化。X 射线测厚仪便是根据以上原理设计出的测量材料厚度的一种非接触式的动态测厚仪器。X 射线测厚仪一般用于工业控制领域，与工业计算机和 PLC 配合使用，采集厚度数据通过计算得到偏差值并将数据传给轧机厚度控制系统。

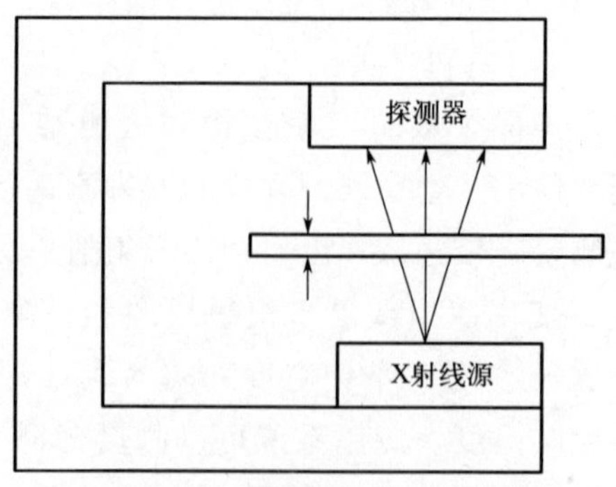

图 5-25　X 射线测厚仪系统简图

由于电离室接收到的是经过被测钢板发散和吸收后透过钢板的部分射线，而透过的射线强度与钢板厚度的关系可用下式表示：

$$I=I_r\times e^{(-UX)} \tag{5-12}$$

式中　I_r——初始射线强度；

I——穿过被测物体后的射线强度；

U——衰减系数；

X——射线穿过的厚度（在测厚仪中为待求的未知量）。

不同材料的衰减系数是不同的，一般而言密度越大的材料其衰减系数就越大，因此当被测材料的衰减系数是已知的情况下才能使用射线测量厚度。

将式(5-12) 整理后得到公式：

$$X=\frac{1}{U}\ln\frac{I_r}{I} \tag{5-13}$$

由式(5-13) 可知，当 U 一定，I_r 一定，穿透被测物体后的 X 射线强度 I 仅与厚度 X 有关，因此由测厚仪测量出来的强度 I 即可得到该被测物体的厚度 X。另外，由式(5-12) 可知，由探头最终接收到的 X 射线的强度 I 与 I_r、U、X 这三个变量均有关联，而最关键的因素是初始射线强度 I_r。若 I_r 过高，则当 X 射线穿透被测材料后，探头接收到的 X 射线强度仍然很大，这样就会弱化厚度的变化对 I 的影响；若 I_r 过低，则当 X 射线穿过被测物体后，探头感应到的 X 射线强度不明显。由此可见，过高或过低的初始射线强度都会降低计算出的厚度准确性，因此对于不同厚度的材料，应该给予不同强度的 X 射线。

③ 影响 X 射线测厚仪测量精度的原因：

• X 射线测厚仪的测量精度会直接受到 X 射线高压控制箱的影响[87]。根据 X 射线测厚仪的工作原理，X 射线自高压电源产生并射向被测物体，进而根据其能量受被测物体影响的程度来掌握被测物体的厚度。而测厚仪的测量精度直接受到高压控制箱所在位置的影响，导致测厚仪测量精度的波动。

• 外界环境的温度和湿度对 X 射线测厚仪的测量精度也有着明显的影响。当处于热轧过程中时，X 射线测量途径的环境随测量空间的大小而改变，且环境温度较高时就会输出较小的测量值，反之则会导致测量值的上升。

• 若有附着物附于被测物体上，也会对测厚仪的测量精度产生影响。处于轧制生产过程中的钢板表面难免会有水、油或氧化物等附着物，会直接影响 X 射线测厚仪的测量精度，导致测量误差的出现。而且被测物体的位移也会导致测量位置的偏离，进而对测量精度造成影响。

• 此外，对生产过程中的物体进行测量还会受到补偿值的影响。通常，在运用测厚仪进行测量之前，为确保测量值与实际值保持一致，需要事先对测厚仪进行适当补偿值的输入。这就需要以对板材的提前测量为前提，然而，受操作者对量尺使用方式差别的影响，所测量的补偿值大小也会有所差别。因此要求不断提高操作者使用量尺的规范程度，将补偿值测算误差降到最低，进而使得测厚仪所测精度更为准确。

（2）γ 射线测厚仪

① γ 射线测厚仪工作原理：γ 射线测厚仪是钢板轧制在线厚度控制系统的重要组成部分，其工作原理如图 5-26 所示。作为 γ 射线的产生源，γ 射源位于一个密闭的铅盒内，气动装置控制其上方窗口的开关。当 γ 射源阀打开时 γ 射线通过射源盒窗口发射，透过被测量物体后被接收装置（电离室）收到，接收装置在 γ 射线的照射下会产生电离电流[88]。

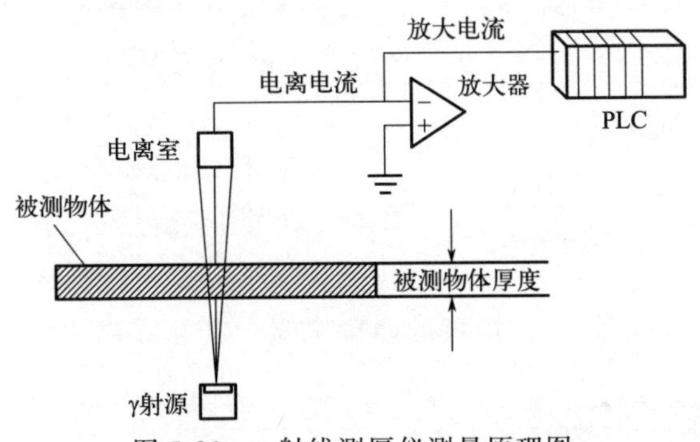

图 5-26　γ 射线测厚仪测量原理图

照射强度不同，电离电流的大小也不同，因此变化的电离电流的大小与测量物体的厚度形成一一对应的关系。由于电离电流一般都十分微弱，不能直接驱动设备，所以电离电流需要经过放大器放大后才可以进入测量电路。在测量物体的材质、密度已知的情况下，放大器放大的电流就只与测量物体的厚度（当被测物体与射线垂直时就是射线的透射距离）相关。根据两者已知的对应关系，只要测得放大后的电流就可以得到测量物体的厚度了。

其中厚度公式为：

$$X=\frac{1}{\mu}\ln\frac{I_0}{I} \tag{5-14}$$

式中，I 为透过物体的射线量；I_0 为无被测物体时（$X=0$）的射线量；μ 为射线衰变系数，X 为被测物体的厚度。

② 影响γ射线测厚仪测量精度的因素：

• 射线衰变的影响。因放射性同位素连续不断地发射出具有一定能量的γ粒子[89]，故其能量释放过程就是原子核的衰变过程。由于原子能量在不断地衰减，因此放射源会随着时间的推移而衰减。对于γ射线轻微衰减因素的影响，测厚仪可自动补偿。当每块钢板测量结束后系统就自动进行零位标准化，即对放射线最大能量进行测量记录，下一块钢板开始测量时零位标准化过程结束。

• 钢板温度的影响。在轧制过程中测量的是钢板热态厚度值，而实际需要的是钢板冷态厚度值，因此必须将热态厚度值转化为冷态值。此外，在轧制中钢板温度也会发生变化，所以还需要测量钢板温度并进行温度补偿。

• 材质影响。即使钢板厚度相同，如果材质（密度、成分）不同，测量的厚度也随之不同：密度大则厚度测量值高，反之则低。因此在测量不同带材时需要进行密度修正。

• 钢板状态测量偏差。状态测量偏差是指钢板在不同运动状态下造成的误差，即被测钢板的不同运动状态和形态、位置造成的测量误差。当钢板翘头时，测量射线束方向的钢板几何厚度增大，同时γ射线的散射情况也发生改变，导致厚度测量产生正偏差，情况如图 5-27 所示。

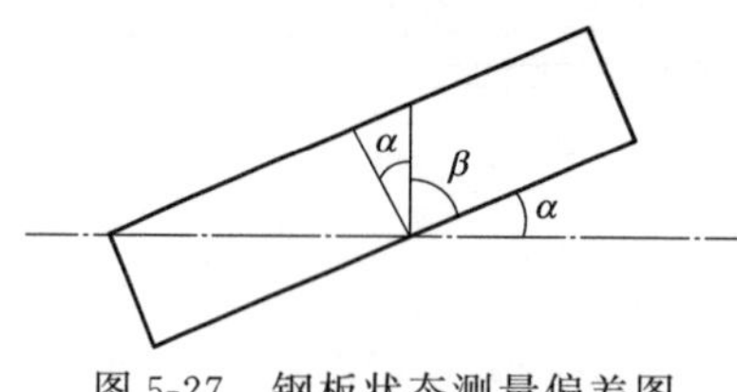

图 5-27　钢板状态测量偏差图

• 钢板表面积水及杂质对测量数据的影响。在轧制过程中，被测钢板表面通常会附着水、油污或氧化铁皮，在通过测量区时附着水及杂质会吸收射线，使钢板的厚度测量值产生误差。

5.2.3　板形检测技术

板形检测技术的研究始于 20 世纪 50 年代，瑞典电气公司 ASEA 于 1967 年研制出第一台测量冷轧带钢板形的多段接触辊式板形仪，并首先在加拿大铝业公司的 Kingston 厂的四辊冷轧机上投入运行，取得了明显的经济效益。此后，各国都投入了大量的人力和物力用以开发板形检测设备，英国、法国、德国和日本等国家都相继开发出了自己的板形检测装置。

尽管各国研制的板形仪千姿百态，外形各异，但都可以归为两大类型：接触式和非接触式。早期的板形仪几乎都采用接触式测量方法，接触式板形仪由于和板带直接接触，检测到的板形信号比较直接，可靠度高，因此测量的板形指标比较精确。但是接触式板形仪在检测过程中易划伤板带表面，造成板带新的缺陷，而且造价昂贵、维护困难；接触辊辊面磨损后必须重磨，磨后需进行技术要求很高的重标定；此外，在维修和更换传感器时，轧机必须停车，严重影响生产。而非接触式板形仪的硬件结构相对简单且易于维护，造价及备件相对便宜；传感器为非转动件，安装方便；非接触式检测不会划伤板带表面。但非接触式板形仪的板形信号为非直接信号，处理不好容易失真，因此测量精度较低。

冷轧带钢通常在较大的张力下轧制，加之冷轧钢板比较薄，在张力作用下，冷轧板带的板形缺陷因板带材弹性延伸大多体现为张力分布不均，对于此种隐性板形缺陷多采用接触式板形仪，通过测带钢宽度方向的张力（应力）场的方法检测板形。热轧带钢通常在微张力下轧制，为防止振动和高温产生干扰，通常采用非接触式方法测量板形。

5.2.3.1　热轧板形检测技术

非接触式的光学测量方法在热轧上应用最广泛，随着激光技术和光电元件的发展，采用激光作为光源的板形仪已比较普遍，主要利用了激光亮度高、准直性好等优点。近年来，随着数字投影技术的飞速发展，采用数字投影技术的板形仪也开始出现，其优势是可以实现面结构照明及自适应投影。

1977 年，比利时冶金研究中心的 Robert Pirlet 等人最先发表文章，报道了采用激光三角法测量热轧带钢板形的新方法，并于 1980 年推出第一套 ROMETER 板形仪。此后，其他公司也陆续推出基于激光三角法的板形仪产品，如德国 PSYSTEME 公司的 BMP-100 型和 BMP-110 型板形仪，法国 SPIE-TRINDEL 公司的三点式激光板形仪，日本三菱电机的双光束板形仪，比利时 IRM 公司的 ROMETER2000 板形仪等。

我国热轧板形仪的开发工作起步较晚，但进展很快。1997 年，清华大学研制出了基于激光截光法的多激光束热轧带钢 LF-100 型板形仪，并在攀钢热轧板厂 1450 热连轧机上成功投入运行；2000 年，西安建筑科技大学利用激光束照射板带，通过测量照射点的振动频率得到板形信息，并于 2005 年研究了一种利用棒状激光器检测热轧板带钢板形的方法；2001 年，北京科技大学开发了应用于生产现场的计算机图像板形检测系统，并于 2003 年提出了直线型激光检测板形方法；2005 年，中南大学与宝钢合作开发出 PDZ-1 激光钢板板形自动测量系统。

利用非接触式光学方法测量热轧带钢板形的方法有很多种，随着光电技术和计算机技术的发展，各种方法也不断改进、交叉，下面按照测量原理的不同，对典型的非接触式光学测量方法进行介绍。

(1) 激光三角法

激光三角法利用了带钢表面对激光束的漫反射效应，是最常用的激光测位移的方法之一，因此也最早用于热轧带钢板形的非接触测量。这种测量方法原理简单，响应速度快，在线数据处理易实现，现在仍广泛应用于热轧板形检测领域。下面以单点式激光三角法为例来说明激光三角法的位移测量原理。

单点式激光三角法测量有直射式和斜射式两种结构，如图 5-28 和图 5-29 所示。其测量原理是：激光器 1 发出光线经透镜 2 垂直（或倾斜）入射到被测物体表面 3 形成光斑，物体表面高度变化导致入射光点沿入射光轴移动，光斑通过透镜 4 成像在 CCD 光敏面 5 上。若光斑点在成像面上的位移为 y，则像点在被测面上的位移为 Y：

$$y=\frac{aY\cos\theta_1}{b\sin(\theta_1+\theta_2)-Y\cos(\theta_1+\theta_2)} \tag{5-15}$$

式中，a 为激光束光轴和接收透镜光轴的交点到透镜前主面的距离；b 为接收透镜后主面到成像面中心点的距离；θ_1 为激光束光轴和被测面法线的夹角；θ_2 为成像透镜光轴和被测面法线的夹角。特别地，当 θ_1 等于零时，相当于直射式的关系式。

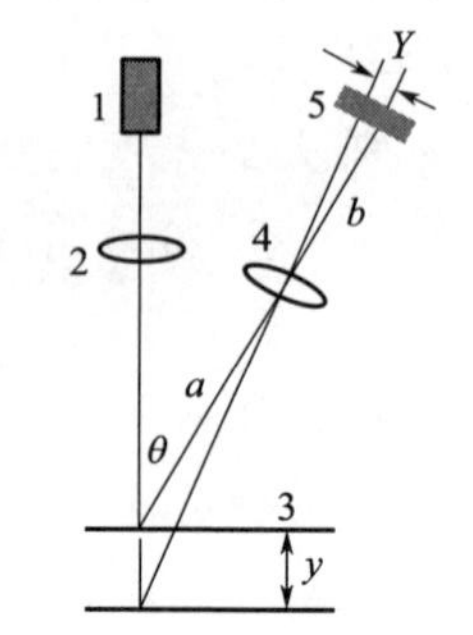

图 5-28 激光三角法直射式结构

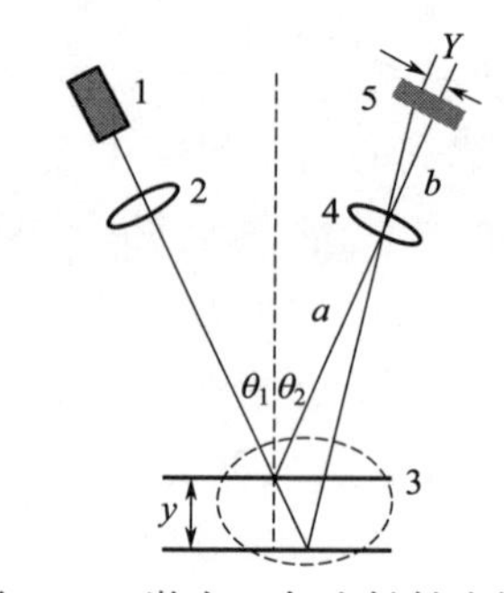

图 5-29 激光三角法斜射式结构

直射式和斜射式各有如下特点：

① 直射式可接收来自被测物的正反射光，当被测表面为镜面时，不会因散射光过弱导致光电探测器输出信号太小而使测量无法进行，适用于测量散射性能好的表面。

② 随着带钢的运动，斜射式入射光点在带钢表面发生偏离，无法知道被测带钢某点的位移情况，而直射式结构可以。

③ 斜射式传感器分辨率高于直射式，但其测量范围小、体积大。

三角法只能近似地检测到沿带钢宽度方向上若干点处的浪形曲线变化情况，不能实现对带钢浪形的三维描述，并且测量准确度受带钢垂直运动影响很大，易导致测量失真。随着板形测量技术的发展，这种方法已逐渐被其他方法取代。

（2）投影条纹法

激光是一种高亮度的定向能束，单色性好，发散角很小，是光电测量技术中较为理想的光源。然而，利用激光测量板形也有其局限性：由于单激光束只能实现点或线结构的投影，为了测量整段带钢的板形，往往需要采用几束甚至几十束激光，不仅提高了成本，还使系统结构复杂，制造、安装都很困难，并且误差产生的来源也相应增多。因此，利用激光作为光源很难实现面结构的投影。

1998 年，德国开发出一种基于投影条纹法的板形在线测量仪，并在多特蒙德热轧带钢厂成功地进行了现场试验。这套仪器的测量面积为 2m×2m，高度方向分辨率达 1mm，宽度和长度方向分辨率达 2mm，在浪形波长为 0.5m 的情况下，能分辨出 1 个 I 的不平度偏差。

基于投影条纹法的板形仪利用干涉条纹测量技术，通过投影灯将一组条纹投射到板带表面，由摄像机采集条纹图像进行检测。计算机将无带钢时的条纹位置与有带钢运动时的条纹图像进行比较，根据条纹的相位移，进行板形的计算[90]。

目前非接触式板形检测精度较低，而如果热轧工况下使用常规接触式板形检测辊，传感器无法在高温工况下长期使用。燕山大学对热轧接触式板形仪进行了研究，提出了两种热轧接触式板形检测辊主体结构。一种主辊体外表面整体无缝，在主辊体内表面上沿圆周 180°方向等间距开有两组盲孔，每个盲孔中均安装有压磁传感器组件，如图 5-30 所示。通过测量带钢张力作用在检测辊表面上的径向压力，再通过换算得到带钢内部残余应力沿板宽方向的分布，即板形[91]。

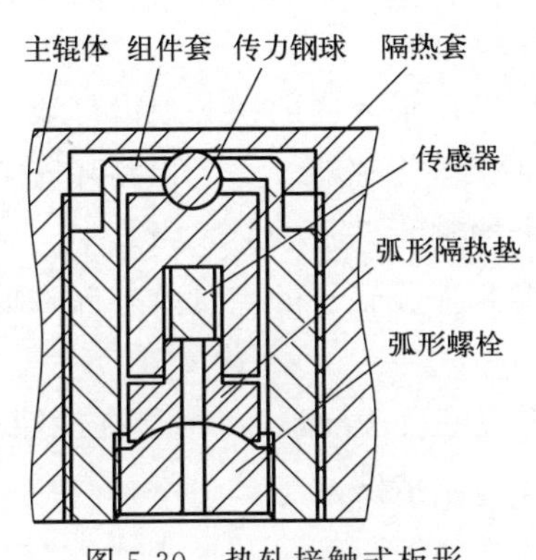

图 5-30　热轧接触式板形检测辊主体结构（A）

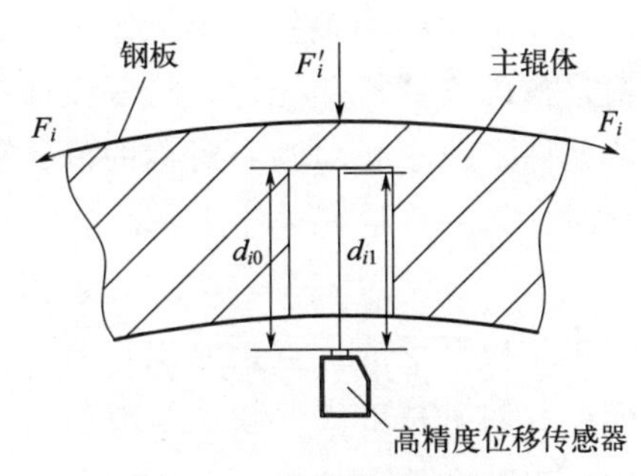

图 5-31　热轧接触式板形检测辊主体结构（B）

另一种主辊体外表面整体无缝，在主辊体内表面上沿圆周 180°方向等间距加工两组盲孔，高精度位移传感器（如激光位移传感器）在主辊体内部空心结构中用保持架固定，与每个盲孔分别对应，如图 5-31 所示。测量前将所有传感器清零，记为 d_{i0}。检测时，带钢张力 F 作用在检测辊表面，对检测位置的径向压力 F' 使辊壁产生弹性变形，传感器此时数值记为 d_{i1}，则辊壁弹性变形量为 $d_{i1}-d_{i0}$，再通过换算就可以得到带钢内部残余应力沿板宽方向的分布，即板形[92]。

这两种热轧板形检测辊可获得较之非接触式板形仪精度更高的板形信号，同时解决了传统接触式板形仪中传感器不耐高温而在热轧中使用受限的问题。目前仅对接触式热轧板形仪做了初步研究，实现工业应用尚有大量技术问题需要解决，未来应用前景有待实践进一步检验。

5.2.3.2 冷轧板形检测技术

冷轧接触式板形仪的核心部件是检测辊，根据接触式检测原理，大致分为张力计式和空气式两种。国外对接触式板形仪的研究起步较早，产品较为成熟，目前在实际生产中应用较为广泛的板形仪产品均来自国外厂家。燕山大学自主研制的整辊无缝式板形仪，近年来得到了很好的推广，在国内占据了一部分市场。

(1) ASEA 板形仪

ASEA 板形仪是由瑞典 ASEA 公司首创的一种张力分段检测板形的装置，我国引进的冷轧板形仪中，大多是这种板形仪。轧制时，检测辊安装在轧机卷取机前作为导向辊使用，用以导向的同时测量带材张力。检测辊与带材同步运动，承受来自带材的径向压力。由于带材沿横向的变形不均匀，检测辊的每个测量区承受的径向力不同，传感器将接收的力信号变为电信号输入处理装置，处理装置将检测信号与平均信号相比较，若有差值则表示带材有板形缺陷，根据差值强弱，控制执行机构进行相应的调整。

ASEA 板形检测辊外面套上经过淬火的钢环，在辊环内的钢芯上沿母线刻四个凹槽，槽内安装检测元件，检测元件是磁弹性测压传感器，每个检测环安装四个检测元件，位于相对圆心对称的位置上的两个检测元件是一对，当其中一个位于上部时，另一个恰好位于下部，这样可以补偿套环、辊子的重量及外部磁场的干扰。

ASEA 板形仪的优点是输出信号大、过载能力强、寿命长、抗干扰性能好、结构简单、测量精度高，缺点是滑环较多，需要经常清洗。

(2) BFI 板形仪

BFI 板形仪是由德国研制的一种分片式检测辊，辊片最外面是轴承座圈，带钢压力经过球轴承，传到不转动的测力传感器上，传感器固定在辊片的托盘上。

BFI 板形检测辊的优点是：由于该检测辊仅仅外面的套圈和球轴承是转动的，所以惯性矩非常小，在加速和制动时不会因检测辊和带材之间滑动而擦伤带材表面；便于拆卸和维护检修；输出较大、通道少、用滑环少、测量精度高。其缺点是采用水银集流环，结构复杂，制作困难，维修频繁，且信号处理复杂；测量辊修磨后和弹性外环在运行中发生磨损后，外环弹性发生变化即可能产生测量误差，必须及时进行校准，相应地需要配置专用校准装置和压缩空气系统。

(3) DAVY 板形仪

英国 DAVY 公司发明了空气轴承式检测辊，在张力承受面（转动环）的下面，每个环内都安放空气喷嘴和压力变换器，在每个环的周围有高压喷嘴，并在高低相差 180°的位置安放两个压力变换器，经过净化的压缩空气经管道从芯轴的空腔引入，使转子与芯轴之间形成空气轴承。在无负载情况下，空气轴承的上部和下部气隙处的压力差较小，仅是支撑转子的重量。当转子受载时（带张力的带材与转子接触)，作用在转子上的径向力，可以通过芯轴的上、下两个空气压力传感口处的空气压力差来确定。将空气压力的压差信号传送给空气压力传感器，压力传感器的输出信号为直流电压信号，经信号处理系统可以得到带材张力分布[93]。

(4) 整辊无缝式板形仪

燕山大学研制的整辊无缝式板形仪在主辊体外侧对称加工的两个深槽内依次镶嵌安装有传感器的弹性块，利用内孔弹性特性，对传感器施加预压力。该板形仪采用了整辊式结构，刚度高，耐磨性好，避免了对带材表面产生划伤，使用寿命长；采用 DSP 板形信号处理硬件系统，信号传输速度快，抗干扰能力强，安全可靠；设计智能信号处理软件系统为板形闭环控制决策提供了科学依据，实现了极薄带的高精度板形闭环控制；可用于带钢、铝带和铜带等的板形检测，适合新旧冷轧设备的技术改造。他们还提出了整辊无缝式板形仪通道耦合和解耦的概念和数学模型，为板形精确检测研究开辟了新途径，提供了新方法[94]。

5.3 带钢产品表面质量检测技术

5.3.1 板带表面质量检测作用和意义

粗钢到带钢的过程中，由于原材料、轧制设备和加工工艺等多方面因素，产品表面产生划痕、结疤、黏结、辊印等不同类型的缺陷。产生的这些缺陷不仅仅影响产品的外观，严重的还会降低产品的抗腐蚀性、耐磨性以及疲劳强度等性能。带钢的表面缺陷对带钢质量的影响是巨大的，也是造成带钢深加工产品废次品的主要原因。因此带钢的表面质量检测已经成为一个带钢生产过程中的重要步骤。

对带钢表面进行质量检测的意义：一是有助于查找缺陷产生的原因，控制和提高产品的质量，提升产品的竞争力。二是可以对钢板表面进行实时监控，使生产与质量紧密结合。在非人工直接参与的情况下，钢板表面在线检测系统可以准确、高效地自动检测出钢板表面的缺陷，能实现全天候24h实时质量监控，因此，在保证产量的情况下，质量也得到了保障。三是提高企业生产效率，降低人工劳动强度。在钢板的连续生产线上机组的速度很高，人眼很难发现高速运行的钢板表面的缺陷。研究表明，物体运动速度达到180m/min时，人眼就无法看清物体上的形态；在50m/min以上时，就无法分辨比较细微的形态。生产线上的钢板运动速度为300～1200m/min，有时甚至更高，因此为了有效控制钢板的表面质量，直接用肉眼检验时，钢板速度就必须降到50m/min以下，甚至要完全停产，这使得生产效率与质量控制成为矛盾。四是可以更完整地保存历史数据。钢板表面质量在线监测系统可以将钢板的运动图像实时记录下来，可以随时查看，而人眼检测达不到这一要求。因此，当质量出现问题之后，依靠人眼检测的数据就是最终的质检报告，而钢板表面质量在线监测系统不仅可以提供最终的质检报告，还可以将生产过程回放，实现完整的数据记录[95]。

5.3.2 带钢表面质量缺陷类型

5.3.2.1 冷轧钢板典型缺陷

（1）划伤与划痕

划伤与划痕是钢铁板带表面产生的一道道印痕，主要是由板带之间的相对运动或者外部尖而硬的物体在钢铁板带表面产生相对运动造成的。正常情况下，划伤与划痕一般呈凹状，严重的时候，手感特别明显，如图5-32所示。

（2）辊印

辊印是一种周期性的印迹，其判断的基础就是缺陷的周期性。其主要是由于轧辊不干净而粘有比较硬的杂质或者是由轧辊本身的凹陷造成的，因此轧辊每轧制一圈，就会在钢板上留下一个或凹或凸的印迹，如图5-33所示。

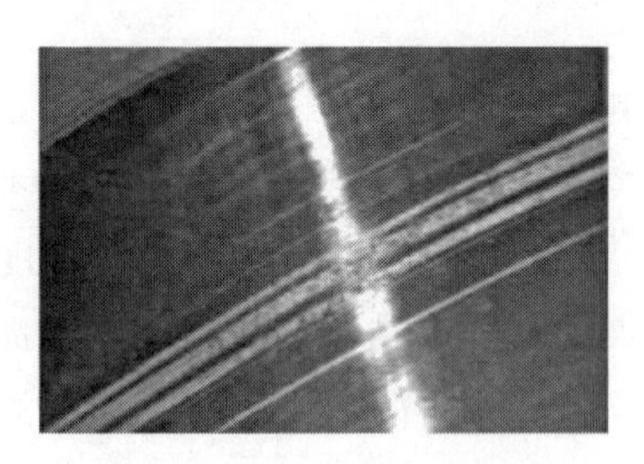
图5-32 划伤与划痕图

图5-33 辊印

(3) 黏结

黏结是指钢铁板带表面呈现出非线性的块状或者点状的黏结现象。黏结主要是由板形不好、卷曲张力过大，或者撞伤之后改变了来料的流动性与塑性引起的，如图 5-34 所示。

(4) 边裂

边裂是指板带边部产生裂缝或者孔洞的现象。其一般是由轧制过程中边部受力不均或者局部应力过大引起的，如图 5-35 所示。

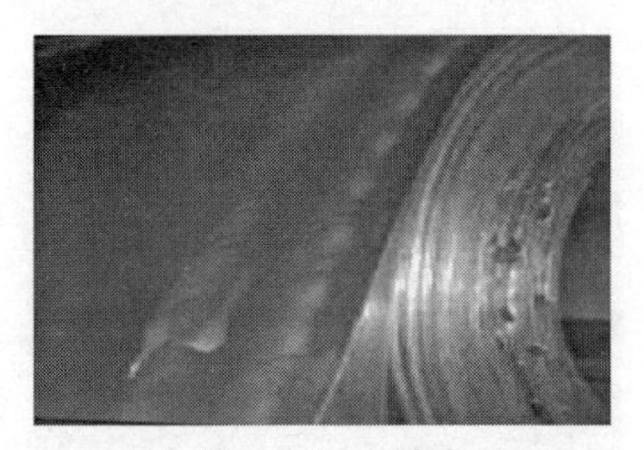

图 5-34　黏结

图 5-35　边裂

(5) 折边

折边是指板带边部产生的折叠现象而引起的缺陷，一般情况下这种缺陷会被认为是比较严重的缺陷，所以在发现折边过后，采取切边的方式来尽量去除这种缺陷。这种缺陷主要是由边部卷曲不齐造成的，如图 5-36 所示。

(6) 乳化液斑

乳化液斑指的是残留在钢板表面的一层裂化乳化液斑，一般情况下没有明显的手感，并且随机分布在钢板的表面，形状各异。这主要是退火工序中留下的乳化液斑未完全除净造成的，在钢板表面不容易去除，如图 5-37 所示。

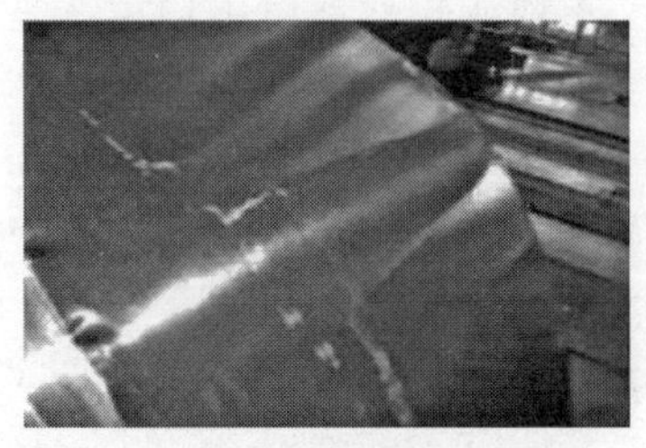

图 5-36　折边

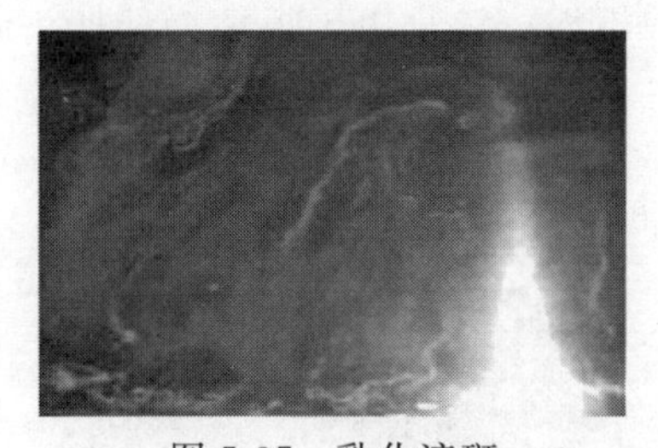

图 5-37　乳化液斑

5.3.2.2　热轧钢板典型缺陷

(1) 结疤

结疤是指附着在带钢表面的形状不规则翘起的金属薄片，呈叶状、羽状、条状、鱼鳞状等。结疤分为两种，一种是与钢的本体相连接，并折合到板面上且不易脱落；另一种是与钢的本体没有连接，但粘合在板面上，易于脱落，脱落后会形成较光滑的凹坑。结疤主要是板坯原有的结疤、重皮等缺陷未被清理干净，轧后残留在带钢表面造成的，如图 5-38 所示。

(2) 表面夹杂

带钢表面夹杂是指带钢表面暴露的块状或长条状的夹杂缺陷，是由板坯皮下夹杂经轧制过后暴露或板坯原有的表面夹杂轧后残留在带钢表面造成的，如图 5-39 所示。

图 5-38 结疤

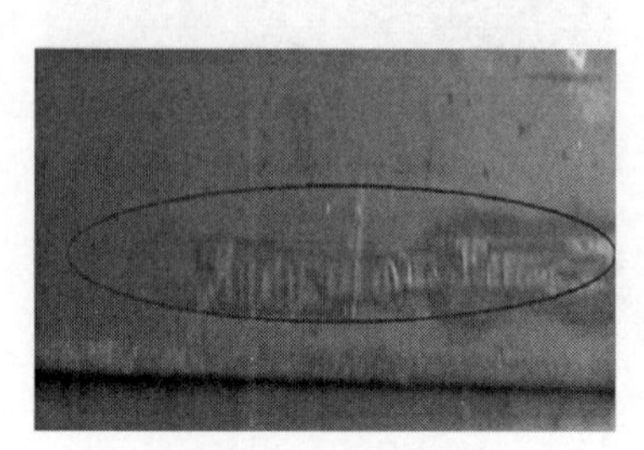

图 5-39 表面夹杂

(3) 分层

分层是指带钢断面出现连续或断续的线条状分离的现象，是板坯内部聚集了过多的非金属夹杂或夹渣，板坯内部存在严重的中心裂纹或中心疏松，且经多道次轧制未能焊合所带来的，如图 5-40 所示。

(4) 轧烂

钢板轧烂是指钢板表面出现多层重叠或轧穿、撕裂等现象，是由多种原因造成的，如图 5-41 所示。一方面是由于辊缝调整不当或辊型与来料板形配合不良，带钢延伸不均；二是由于板坯局部加热温度不均或轧件温度不均；三是由于精轧侧导板开口度设定不合理。

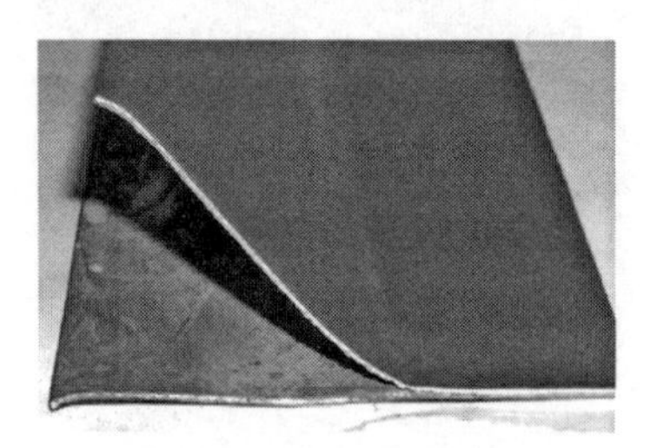

图 5-40 分层

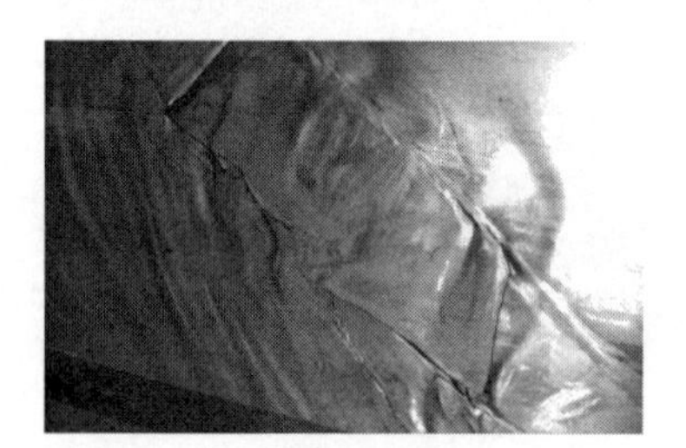

图 5-41 轧烂

(5) 折叠

带钢折叠是表面局部区域金属折合所形成的。其形成原因主要是板坯缺陷清理深宽比过大以及辊型配置不合理或者轧制负荷分配不合理导致带钢产生大波浪后被压合，如图5-42所示。

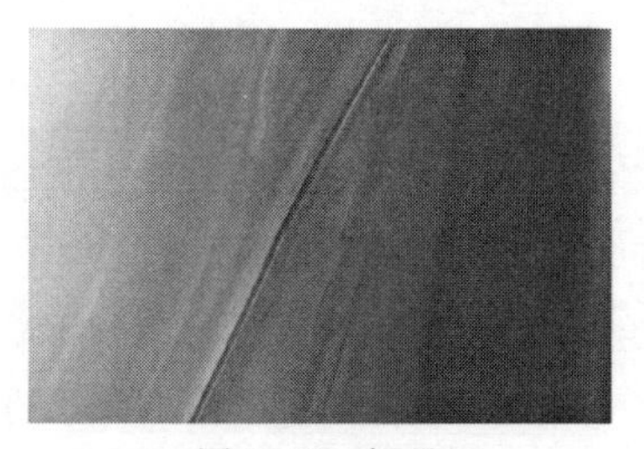

图5-42 折叠

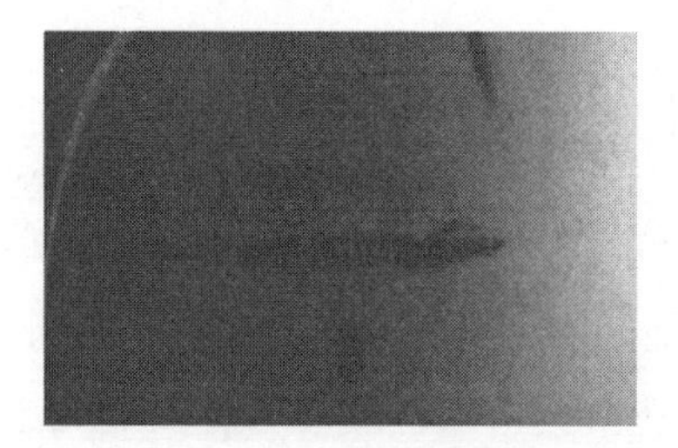

图5-43 一次（炉生）氧化铁皮（压入）

(6) 压入氧化铁皮

热轧过程中氧化铁皮压入带钢表面形成的一种表面缺陷称为压入氧化铁皮。其按产生原因不同可分为炉生（一次）氧化铁皮（图5-43）、轧制过程中产生的（二次）氧化铁皮（图5-44）或轧辊氧化膜脱落压入带钢表面形成的（二次）氧化铁皮（图5-45）。其产生原因也有很多，一是板坯表面存在严重纵裂纹；二是板坯加热工艺或加热操作不当，导致炉生铁皮除不尽；三是高压除磷水压力低、喷嘴堵塞等导致轧制过程中产生的氧化铁皮压入带钢表面；四是轧制节奏过快、轧辊冷却不良等导致轧辊表面氧化膜脱落压入带钢表面。

图5-44 二次氧化铁皮（轧制过程产生）

图5-45 二次氧化铁皮（轧辊氧化膜脱落）

5.3.3 板带表面质量检测方法

板带钢表面缺陷检测方法是伴随着板带钢的生产而逐步发展起来的，按照缺陷的检出方式，主要可分为人工检测和自动检测。人工检测为最初带钢表面质量检测的方法，适用于生产规模小及生产速度低的情况。人工检测以主观印象作为检测标准，很难达到横向的不同产品之间和纵向的不同时间检测的一致性，还会受到检测速度和抽检频率的影响以及人眼视觉灵敏度和分辨率的限制，人工检测的产品质量难以得到保证。所以，渐渐地，开发带钢表面缺陷自动检测系统取代人工检测，成为表面质量检测技术发展的目标和方向。目前，已经形成了很多技术和方法，主要包括：基于涡流的检测方法、基于红外辐射探伤的检测方法、基于漏磁的检测方法、基于激光扫描的检测方法和基于 CCD 成像的检测方法[96,97]。

(1) 人工目视检测法

人工目视检测法依靠人眼识别缺陷，利用该方法进行在线缺陷检测除必要的照明以及辅助观察的反射镜外，对检测设备的要求较少，因此投入较少，是板带钢表面缺陷在前期发展的主要检测方法。但随着生产速度的提高以及检测标准的愈发严格，人工检测的劣势凸显无遗。一方面，由于肉眼检测能力有限，带钢速度若高于 180m/min，就完全无法看清其表面，从而产生“运动模糊感”造成对缺陷的误检或漏检；另一方面，人工检测主要依赖于人的主观印象，难以保证对不同类型缺陷进行清晰的区分或是在较长时间内对同类缺陷做出相同的评价。

(2) 频闪检测法

频闪检测法能够帮助人眼克服观察高速运动物体时产生的视觉模糊，看到清楚的缺陷图像。该方法采用 10～30μs 的脉冲闪光引起视网膜的静止反应，起到相当于照相机快门的作用，从而使检测者可看到一系列清晰的图像。熟悉表面缺陷且经过培训的检测人员，在速度高达 20m/s 时也能立即识别出小于 1mm 的带钢缺陷。该检测方法的优点是成本低，可以对移动速度为 50～2250m/min 的板带钢进行检测，在轧钢的全流程中都适用；而缺点就是仍然会受到人主观因素的影响，不能对缺陷的位置、类型进行精确统计。

(3) 涡流检测法

通过线圈产生涡流，并接收返回信号来检测钢板中的缺陷，涡流频率根据钢板的钢相是否有铁磁性来选择。一般把涡流检测设备安装在切割设备前端，在钢板上、下表面做横向往复移动的涡流检测器检测裂纹，在钢板侧面和棱边处固定的涡流检测器检测横裂和角裂。涡流检测法只能检测金属板材表面和表皮下层阻流缺陷，例如麻点等缺陷；其需要大电流励磁，在生产上造成能源的浪费，并且速度很慢，不适宜高速轧制钢板的表面检测，如图 5-46 所示。

(4) 红外检测方法

在带钢辊道上装置一个高频感应线圈，当带钢通过时在其表面产生感应电流，在有缺陷的区域内，感应电流将从缺陷下方流过，从而增加了电流的行程，导致在单位长度的表面上消耗更多的电能，这将引起钢坯表面温度局部上升，如图 5-47 所示。由于缺陷处的局部升温取决于缺陷的平均深度、线圈工作频率、特定的输入电能、被检钢坯的电性能和热性能、感应线圈的宽度、钢坯的运动速度等因素，因此使其他各种因素在一定范围内保持恒定，便可以通过检测局部温升值来计算缺陷的深度。红外检测影响因素比较多，一般只用于小范围检测。

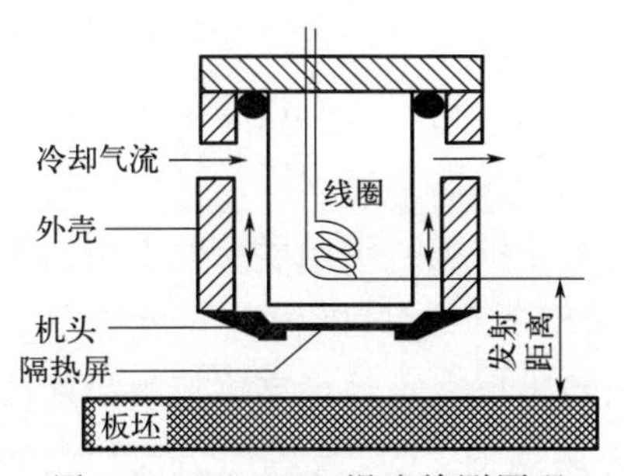

图 5-46　EDISOL 涡流检测原理

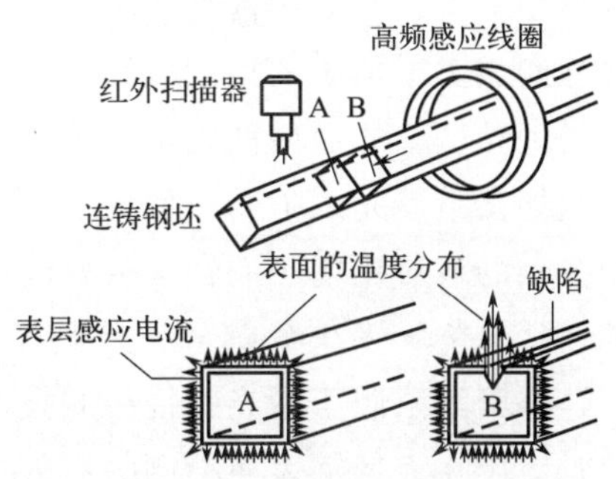

图 5-47　Therm-O-Mastic 红外检测原理

(5) 漏磁检测法

利用漏磁通密度与缺陷体积成正比的关系，通过测量漏磁通密度从而确定缺陷的大小并对缺陷进行识别，如图 5-48 所示。利用直流磁化法，励磁器与检测元件呈同一方向配置，检测元件采用高灵敏度的半导体式磁敏元件，用于检测水平磁通分量。磁敏传感器的输出信号通过滤波器去除噪声后，由计算机实时识别出缺陷目标并计算出非金属夹杂物的体积等参数。

漏磁检测法不仅能检测表面缺陷，而且还能检测内部微小缺陷，造价比较低廉，但检测类型单一，应用范围较窄。

(6) 机器视觉检测法

以上的自动检测方法都是针对特定的应用场合，能够检出的缺陷类型及量化指标都比较少，而机器视觉检测法作为目前板带钢表面缺陷自动检测中的主流方法，正好弥补了这一缺点，表现出良好的普适性。在板带钢表面缺陷检测领域，机器视觉检测方法（图 5-49）主要有基于激光扫描的机器视觉检测方法和电荷耦合器件（CCD）成像的机器视觉检测方法[98]。

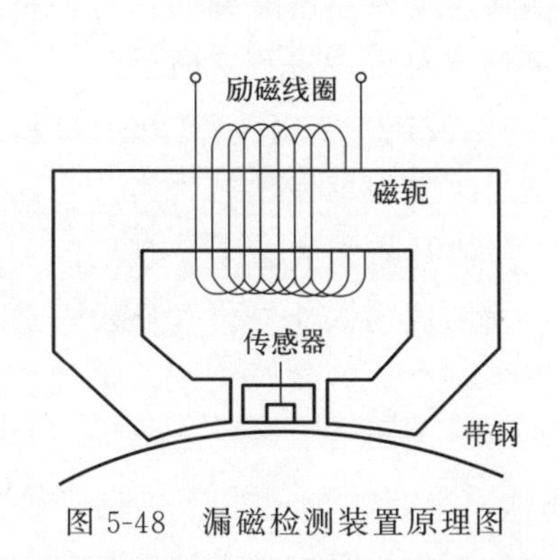

图 5-48　漏磁检测装置原理图

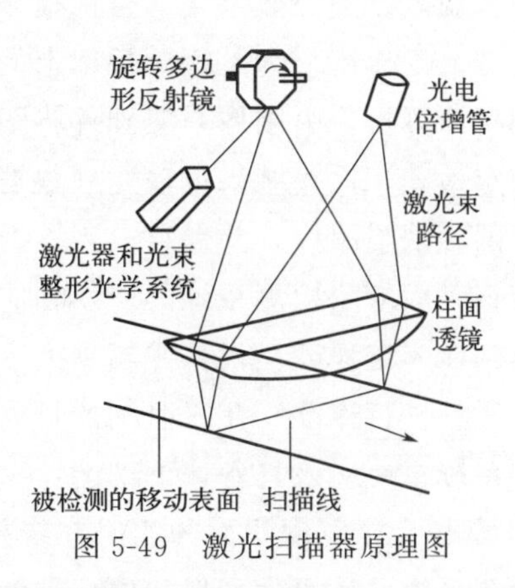

图 5-49　激光扫描器原理图

基于激光扫描的机器视觉检测技术是通过激光扫描器扫描的方式获得缺陷的

二维表面形态，并采用信号或者图像处理技术完成缺陷的检测和识别工作。激光扫描检测相对于传统的检测可以显著地增加缺陷检测的灵敏度、实时性以及数字信号处理结构上的通用性。但这种方法所采用的光电倍增管对反光信号的反应单一，只能衡量反光的强弱，但无法反映导致反光变化的具体原因。这使得该方法对于微小的或对比度小的缺陷分辨能力不足，对于油膜、水印等实际上不属于缺陷的“伪缺陷”无法分辨。另外其光学系统结构复杂，可维护性和可升级性较差。这些因素限制了激光扫描检测技术的进一步发展。不过该方法作为早期的机器视觉应用在板带钢表面检测的有效应用，为后期的 CCD 技术的出现和发展提供了借鉴。

CCD 检测技术是用特殊光源（包括荧光管、卤素灯、发光二极管、红外线和紫外线灯等）以一定方向照射到板带钢表面，利用 CCD 相机在板带钢上扫描成像，将所得到的图像信号输入计算机中，通过图像预处理、图像边缘检测、图像二值化等操作，提取图像中的板带钢表面缺陷特征参数，再进行图像识别，从而判断出是否存在缺陷及缺陷种类的信息等。这种方法以机器视觉检测、图像模式识别技术为基础，硬件多采用标准化部件，以软件为核心，调整和改进很方便，现已成为主流的板带钢表面缺陷检测技术。

5.3.4 基于机器视觉的带钢表面质量检测技术

5.3.4.1 机器视觉的带钢表面质量检测技术的工作原理

基于机器视觉的带钢表面检测系统主要构成为相机和光源（LED、荧光灯等）、图像处理计算机、数据储存/确认控制用 PC 端等（图 5-50）。系统工作原理：图像获取、图像数字化、目标检测（缺陷检测）、识别，最后完成对缺陷信息的存储。工作流程为：检测桥架上的相机采集运动钢卷的一幅图像后，将其发送至相机计算机，由图像采集硬件将图像数字化。对图像进行实时处理，对缺陷进行判定检查。检查结果被输送到数据储存/确认控制 PC 端。PC 端上显示出带钢展开图和缺陷图像，并保存。当检查到缺陷时，警报器发出警告声。

带钢表面缺陷检测系统的研发和应用是为了满足来自企业生产现场的实际需求，达到在一定程度上代替并超越人工检测，辅助现场操作人员和质检人员对带钢表面质量进行连续、在线监测的目的。分析生产企业的实际需求，带钢表面缺陷检测系统主要应该具备如下功能：

① 全长、全宽度幅面的实时在线检测功能。通过实时、上下表面带钢缺陷自动检测系统设计幅面采集和处理带钢表面图像，完成带钢表面缺陷的全宽度在线检测功能，形成对产品表面质量的定量描述，保证产品质量评价的准确性和一

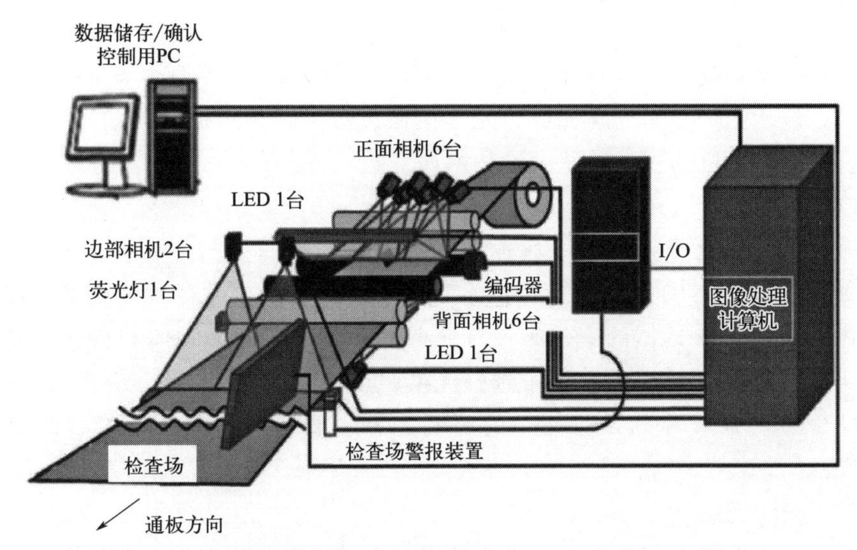

图 5-50　表面缺陷检测系统的基本结构和工作原理说明图

致性。

② 表面缺陷自动检测系统作为缺陷检测手段，最终目的不是检测，系统在检测到带钢表面异常的基础上还要具备对异常进行分析、分类的功能。通常带钢表面存在大量的异常情况，部分属于严重缺陷，而大部分则属于伪缺陷。检测系统能够有区别地分析重点缺陷的类别和严重程度，才能对生产更具指导意义。对检测结果进行统计，归纳不同类别缺陷的分布规律，有助于操作人员分析缺陷产生的原因，能够及时发现辊印、划伤等由于设备或工艺问题带来的缺陷，并立即采取措施，避免设备的过度维护和欠维护。

③ 友好的人机交互功能。通过人机交互模块操作人员可以对系统进行设置，也可以查询系统的运行状态。良好的用户界面方便操作人员监控检测系统运行状态，同时能够快速、全面地了解缺陷的发生和分布情况，辅助操作人员做出生产控制决策。

④ 数据存储、备份和检索功能与网络共享功能。历史数据的存储、检索和汇总功能可方便生产人员分析缺陷的产生原因。网络共享功能是将质量检测系统嵌入现场计算机信息管理系统，表面质量数据可以跟随带钢在各个工序传递，作为带钢加工过程的辅助数据；在质量管理部门，表面质量数据能够为质量等级划分提供依据。

⑤ 报警功能。检测系统会检测到大量的表面缺陷数据，严重时需要操作人员及时做出反应，因此，需要系统具备分等级报警功能，实现不同缺陷严重等级的区分。

5.3.4.2 机器视觉检测的关键技术

机器视觉系统根据其具体应用而千差万别，视觉系统本身也可能有多种不同的形式，包括图像采集（含光源、光学成像、数字图像获取与传输）、图像处理与分析等环节。机器视觉系统关键技术如下。

(1) 照明光源

照明直接作用于系统的原始输入，对输入数据质量的好坏有直接的影响。由于被测对象、环境和检测要求千差万别，因而不存在通用的机器视觉照明设备，需要针对每个具体的案例来设计照明的方案，要考虑物体和特征的光学特性、距离、背景，根据检测要求选择光的强度、颜色和光谱组成均匀性、光源的形状、照射方式等。目前使用的照明光源主要包括高频荧光灯、卤素灯和LED等。

(2) 光学镜头

机器视觉系统中，镜头相当于人的眼睛，其主要作用是将目标的光学图像聚焦在图像传感器（相机）的光敏面阵上。视觉系统处理的所有图像信息均通过镜头得到，镜头的质量直接影响视觉系统的整体性能。合理选择镜头、设计成像光路是视觉系统的关键技术之一。镜头成像或多或少会存在畸变，应选用畸变小的镜头，有效视场只取畸变较小的中心视场。

(3) CCD 相机

CCD 是目前机器视觉最为常用的图像传感器，它集光电转换及电荷存贮、电荷转移、信号读取于一体，是典型的固体成像器件。CCD 的突出特点是以电荷作为信号，而不同于其他器件是以电流或者电压为信号。这类成像器件通过光电转换形成电荷包，而后在驱动脉冲的作用下转移、放大输出图像信号。典型的 CCD 相机由光学镜头，时序、同步信号发生器，垂直驱动器，模拟/数字信号处理电路组成。CCD 作为一种功能器件，与真空管相比，具有无灼伤、无滞后、低电压工作、低功耗等优点。

在带钢表面检测系统中，CCD 相机分为面阵和线阵两种。面阵 CCD 相机一般上下面都有数台并排使用，以覆盖宽度方向，相邻图像都有一个像素的重叠，通过计算机处理可消除重叠像素的影响。线阵 CCD 相机一般只需要上下面各一台即可。

从技术角度看，两种图像传感器各有千秋，它们都是高速 CCD 系统，但又有各自的特点，相比以前的激光系统，两者在图像的分辨率和清晰度上都有了质的提高。线阵 CCD 相机需要检测辊防止带钢震动，不能检测静止带钢，但所需的检测空间小，需要的相机少，成本降低，但对带钢波动较敏感。线阵 CCD 相机与面阵 CCD 相机的原理和不同特点对比如表 5-3 所示。

表 5-3　线阵 CCD 相机与面阵 CCD 相机的比较[95]

比较项	线阵 CCD 相机	面阵 CCD 相机
原理	通过逐行的方式来扫描整个表面，将采集到的信号传给图像采集卡，当采集的行数达到设定的一帧图像行数时，图像采集卡将采集到的信号取出，组成一帧图像，传给计算机 CPU 进行处理	通过帧或者场的方式扫描二维表面从而获取相应的二维图像。即使在钢板不动的情况下，面阵 CCD 相机采集到的也是一幅完整的图像，只是在钢板运动的情况下，相机才能扫描到整个钢板表面
优点	①可以扫描很宽的范围：每行 4096 像素或更高 ②扫描速度很快，每秒 11000 行或更快 ③所需的照明面积小 ④所需的安装空间小	①可以在钢板有轻微跳动的情况下使用 ②可以很容易实现系统在检测宽度、速度和精度上的提高 ③可以通过软件实现图像的实时处理
缺点	①不适用于钢板表面有跳动的情况 ②数据的实时处理很难通过软件方式实现 ③所需检测空间大	①需要多个相机同步采集，并进行图像拼接 ②需要的照射面积大 ③所需检测空间大

(4) 图像处理技术

目标检测的目的就是可以迅速、精确地检查出物品外观的问题。而机器视觉技术正是通过数字图像处理的方法对所收集的图像信息进行分析，最后可以判断物体表面是否具有瑕疵。工业上使用基于机器视觉的方法检测产品表面缺陷具有检测精度高、速度快、人工成本低等优势。但由于工厂生产环境复杂多变，室外图像往往含有各种噪声和污迹，并且图像传感器可能会受到图像传输过程中的技术手段的影响而降低图像的成像质量，图片成像变得模糊，使得图像的目标区域内的物体与图像背景无法明显做出区分。

板带钢表面图像信号在形成、传输、接轴和处理过程中，噪声的出现是不可避免的，其原因主要是：钢铁生产的现场环境比较复杂，由于生产线的高速运行，钢板表面发生一定程度的抖动；生产现场的空气中会出现粉尘和烟雾等因素干扰；由于钢板表面材质不光滑，光线在一定程度上发生不规则的漫反射。这些原因直接导致图像质量下降，影响缺陷检测的准确度。因而对图像进行缺陷检测时，必须先选择合适的滤波方法，进行去噪预处理，为图像分割打好基础。图像的平滑去噪等预处理操作成为算法能够运行正常和检测准确前的重要一环。

图像预处理先将采集到的彩色图像灰色化，如果图像出现偏差，再矫正处理，也就是几何变换，最后采用图像增强的方式，凸显出图像中目标物体的特征信息，与图像背景区域形成明显的差异感。对图像的预处理方法分为空域方法和频域方法，其具体的算法主要有灰度变换以及基于空域和频域的各种滤波算法等。选择合适的滤波方法后，进行图像增强处理，以减小滤波方法对图像的目标物体的边缘细节的影响，确保图像的成像质量，进而突出图像缺陷部分的特征。

(5) 缺陷区域检测技术

能否完整地检测出缺陷，准确地确定缺陷所在的位置，提高缺陷的检出率，避免漏检、误检，是钢板表面质量在线监测系统的一个重要性能指标。钢板表面缺陷在线检测的主要任务是在高速运行的钢板中实时完整地检测出钢板表面缺陷，并且把缺陷所在的位置准确地标记出来。

图 5-51 是缺陷区域检测的流程图，在该流程图中，主要包括了两个重要的处理过程，一个是实时处理过程，另一个是准时处理过程。从图中可以看到，实时处理包含钢板表面缺陷图像的预处理和目标检测两个步骤。其中目标检测的作用是检测图像中是否存在着缺陷，如果存在缺陷的话，那么就把这幅图像放入缓冲区，等待进一步的处理。准时处理包含可疑点检测、感兴趣的区域（region of interest，ROI）搜索和 ROI 合并三个步骤。可疑点检测是找出图像中可能用来描述缺陷的像素点，即可疑点，并且对这些可疑点加以标注。感兴趣的区域用来描述缺陷所在的区域。ROI 搜索的目的是把所有用来描述一个缺陷的可疑点组合起来，以组成能表达一个缺陷信息的 ROI。进行 ROI 合并的原因是，经过 ROI 搜索步骤之后所得到的 ROI 包含的不一定是一个完整的缺陷，因此，需要把用来描述一个缺陷的所有 ROI 合并起来，使合并后的 ROI 能描述一个完整的缺陷，即实现了钢板表面缺陷的区域检测[95]。

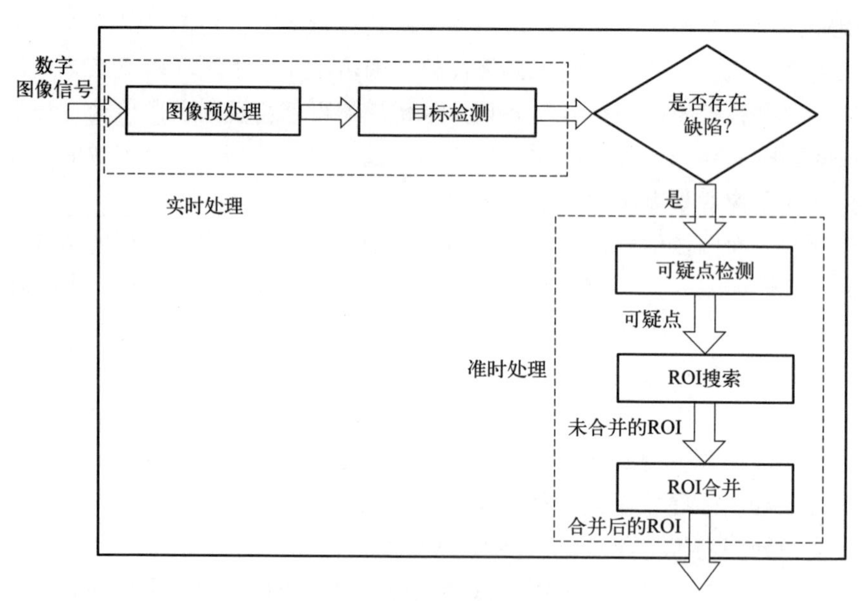

图 5-51　缺陷区域检测的流程图

(6) 图像识别技术

板带钢表面缺陷识别即是对所定位的缺陷区域进行识别，判断矩形区域内缺陷的类别，并对识别结果进行批量的统计分析，其分析结果将作为产品说明、信息入库、生产线状况检查等方面的应用依据。

一般来说，用于缺陷分类的算法主要分为两种。第一，利用缺陷的边缘轮廓和图像像素点像素值的分布特性进行识别和分类，如模板匹配算法等。其特点在于：由于缺陷类别出现的不确定性，模板匹配算法需要预置大量的模板；匹配算法通过将缺陷图像与每个缺陷模板依次匹配后取匹配度最高的模板类型作为识别类型。上述两种特点使得模板匹配算法在运算速度上效率较低，不适合在实时系统中使用。第二，通过机器学习进行识别和分类的方法，从图像的缺陷区域中提取能够描述和区分不同缺陷类型的特征量，通过选择合适的分类器，实现识别的功能。机器学习的方法根据分类器的不同分为不同的类型，如神经网络、支持向量机、深度学习等。

使用机器学习算法对缺陷类型进行分类时，首先需要选择分类特征值用于学习机器的训练和识别。不同种类的缺陷类型在某些属性上必定存在差异，如灰度值、缺陷面积等。把缺陷区域中的这些能够有效地用于描述和区分缺陷类别的属性进行量化，并组合起来，就构成了特征向量。有效的特征属性的选择，既能提高识别的精确度，又能降低特征向量的维数，提高系统的运行效率。

5.3.5　带钢表面质量检测技术应用

科学技术研究的目的往往是向生产应用转化，板带钢表面检测这一紧扣生产实际的研究也是如此。目前在冷轧和热轧领域，一批较成熟的检测系统已经得到了应用，在板带钢生产过程中发挥了显著的作用。由于冷轧与热轧可能产生的主要缺陷类型并不完全一致，对机器视觉系统也有各自的要求，因此以下分别介绍这两种生产方式对应的检测系统研发情况。

5.3.5.1　冷轧板表面缺陷检测系统

国外对于冷轧板的表面缺陷，已经开发出了多种机器视觉检测系统。产品应用较多、技术比较成熟、研究较为系统的两家公司为美国的 Cognex 公司和德国的 ISRA VISION Parsytec 公司。

(1) Cognex 表面质量检测系统

Cognex 公司以硬件产品为主，其软件大都是为其硬件开发的，具有较强的图像分类系统。该公司于 1996 年先后研制成功了 iS-2000 自动检测系统和 iLearn 自学习分类器软件系统。通过这两套系统的无缝连接，整体系统可以提供 80GOPS 的运算性能，并有效地改善了传统自学习分类方法在算法执行速度、数据实时吞吐量、样本训练集规模及模式特征自动选择等方面的不足[99,100]。该公司使用的图像传感器为线阵 CCD 相机，使用这种相机可以使系统结构大为精简，然而线阵相机需要附加检测辊，以防止钢板振动，而且也不能在钢板静止时获取一整幅图像，因而该系统要求被检测对象具有一定的运动速度。

该公司推出了 Smart View 系统，为了检测微小或低对比度的缺陷，Smart View 系统探索了从光学信号传感器、视频信号接收部件到数字图像处理软件算法的全部解决方案。系统采用了 LED 阵列平行光光源和高速线阵 CCD 采集图像，对不同的材质设置不同的检测光路来提高缺陷图像质量；CCD 配置高位 A/D 转换电路以提高图像的灰度分辨能力；图像数据通过光纤传输以避免电子噪声的干扰；图像处理使用了多种检测算法并通过自制的图像处理板来实现，可以根据不同需求进行配置来实现缺陷检测的高精度。该系统为非连续缺陷检测至少提供两种阈值算法：水平阈值和基线阈值。基线阈值随着材料的背景变化而浮动，相对于水平阈值该技术更适合检测微小和低对比度的缺陷。

Cognex 通过分析和综合现有基于规则的分类器技术和各种自学习分类器技术（ANN、KNN、RCE 等），设计了一个缺陷分类系统 Smart Learn。Smart Learn 融合了统计学分类器和基于规则的分类器技术，并建立缺陷样本库来管理人工挑选和系统自己能够识别的样本。Smart Learn 可以根据样本库的改变更新分类器结构，把分类器的训练和应用有机地结合起来。分类器在少量离线样本训练的基础上开始应用，应用过程中通过自组织样本进行训练并加强分类效果。利用离线训练所获得的知识给出缺陷类别的模糊置信度，通过调整置信度阈值可以防止对新类型缺陷的误分类。

Smart View 系统不仅能显示当前的检测结果，还可以远程浏览、查询历史数据，并能够实现缺陷数据工厂网络间的共享，提供厂区到业务部有价值的带钢产品质量数据。

（2）ISRA VISION Parsytec 表面质量检测系统

德国的 ISRA VISION Parsytec 公司早在 1997 年就研制出 HTS-2 冷轧钢板表面缺陷检测和分类系统[101]，该系统应用了基于人工神经网络的分类器技术，可对所检测到的钢板表面缺陷进行分类（图 5-52）。随后通过优化系统结构和系统分类模型，该公司推出了 HTS-4 系统。2004 年该公司发布了新一代产品：Parsytec5i 表面质量管理系统。其将钢板表面质量信息输入支持决策信息中，不仅可以对产品进行质量检测，而且可以给出产品质量评价报告，使用信息处理技术日趋成熟。2006 年该公司推出了结构紧凑的 Espresso 系统[102]，该系统使用了网络相机和嵌入式 PC 技术，系统方案很具典型性和先进性。

对于表面质量的在线检测，尤其是针对钢铁企业表面缺陷检测方面，该公司的产品功能齐全、运行快速、识别率高，而且强调对分类后的缺陷进行分析和决策等操作，因而遍及全球各个主要钢铁企业。该公司的系统以面阵 CCD 相机为图像传感器，开发的应用软件为 Parsy-HTS。采用面阵 CCD 相机不用检测辊，对钢板上下的振动要求也不高，但是必须多架相机并列才能检测钢板全表面。另外，该公司的市场占有率更高，现在其产品的全球市场占有率可达到 80%，世界各大钢铁公司都有该公司的产品，产品更新换代速度快，且现在已经开发出第五代检测产品。

Espresso 系统主要研究了以下技术：

① 提高硬件系统的标准化程度。网络相机即插即用的特性使图像采集具有更大的拓展性，千兆网数据传输突破了传统采用专用图像传输线对传输距离的限制；把光源和相机封装在一起，图像采集光路可以根据需要配置为明场、暗场或者明暗场的组合。图像处理计算机采用嵌入式计算机，将其置于图像传感器箱体附近的电气柜中，这样从电气柜传送出来的就已经是缺陷数据，而不是大量的图像数据；此外，系统采用无硬盘网络结构，操作终端通过网络连接至服务器，所需的数据处理和检索在服务器上进行，提高了数据处理速度。以上设计思想紧凑、简洁，网络连接的即插即用特性使系统各项功能方便拓展并具有稳定性。

② 拓展了缺陷数据的利用功能。通过互联网连接数据服务器，使用网络浏览器就可以直接访问带钢表面质量数据。系统还能够根据预设的规则制定带钢质量分级算法，自动对钢卷的质量等级进行划分，如果钢卷没有满足指定订单的要求，产品就会自动降级。这在一定程度上使得系统操作更加方便和智能化[103]。

图 5-52　ISRA VISION Parsytec 表面质量检测系统

(3) 国内表面质量检测系统

国内在冷轧板表面缺陷检测系统的研发上获得成功且已经过实践检验的系统主要包括：北京科技大学徐科等开发的 HXSI-C1 系统和宝钢集团有限公司何永辉等开发的系统。2003 年北京科技大学开发了一套在精整线上使用的冷轧带钢表面质量自动检测系统。该系统安装在武钢集团海南有限责任公司的冷轧精整线上（图 5-53），可用于在线检测冷轧带钢常见的表面缺陷，如划痕、折印、锈斑、辊印等，在生产线上取得了很好的实际应用效果[104]。该系统上下表面各有6台面阵CCD相机作为图像采集设备，每个摄像头最大的采集宽度为220mm，上下表面各用一条红色LED光源作为照明设备，系统的检测速度为100m/min，检测最大带宽为1250mm，系统检测精度为0.3mm，能够比较稳定地检测辊印、划伤、锈斑、折印、黏结、擦伤、乳化液斑等常见缺陷。同时，系统可以在线显示缺陷的尺寸、位置、类型以及缺陷的图像，并将缺陷的信息（包括尺寸、位置、类型、图像）保存到数据库中，同时可以从数据库中提取已检测过的带卷表面质量数据加以分析，对特殊的缺陷进行报警，报警条件可由用户确定且可生成、打印和保存表面质量的检测报告[105]。

图5-53　安装在武钢冷轧精整线上的表面质量检测系统

2007年宝钢集团有限公司自主研发的冷轧钢板表面质量在线检测系统在宝钢1550电镀锌生产线成功投运[106]。该系统采用了双面检测、过渡场照明、线扫描CCD成像、基于计算机并行处理的设计方案。每一面的检测处布置了五部2K像素的高速线扫描CCD相机（分辨率达到0.2mm×0.5mm）和一组高亮度长寿命LED阵列光源，该系统的CCD相机通过光缆连接到图像处理计算机。检测系统可以检测多达16种缺陷，识别率达到80%以上，系统的使用已在现场取得了很好的经济效益。

5.3.5.2　热轧板表面缺陷检测系统

（1）ISRA VISION Parsytec热轧板表面质量检测系统

2000年，德国ThyssenKrupp公司安装了四套ISRA VISION Parsytec公司研制的HTS-2W热轧钢板表面检测系统，可以在线自动探测和分类热轧钢板的缺陷，能检测到毫米级精度的缺陷，改变了以往只能靠人工检测热轧钢板的局面[107]。后续陆续在梅钢、武钢、迁钢、马钢等国内多条热轧产线应用，其主要参数如表5-4所示。

表 5-4　HTS-2W 热轧板表面质量检测系统[36]

序号	类别	性能	HTS-2W 表面质量检测系统
1	光路设计	分辨率	横向 0.5mm；纵向 1mm
		成像角度	相机 3°、光源 10°
		相机	面阵 BaleSCA780(782-582)
		相机个数	上表 5 个，下表 5 个，共 10 个
		光源	类型为 LED，频闪灯，4 个
2	核心指标	检出率	95%
		分类准确率	75%～85%
		检测溢出	如果缺陷大面积连续出现，会造成缓冲区溢出，缺陷名称显示为 Flood(溢出)，无缺陷描述及图片信息(漏检)
3	功能模块	标定	专用标定软件和标定板
		存档	①依据钢卷、相机、缺陷等级等设置存档条件 ②存档服务器空间不足时，需要压缩转移数据库信息和图片信息到其他介质。访问时，必须重选数据库目录，以天为时间单位访问
		检测系统运行管理	①所有软件可以一键启动，方便快捷 ②系统故障或崩溃时，可以用光盘引导恢复系统备份还原点
		缺陷图片显示	图像四种显示方式：原图、均衡图、拉伸图、3D 滤波效果图。方便对重点缺陷进行分析

(2) SIROLL^{CIS}SIAS 热轧板表面质量检测系统

西门子奥钢联公司开发的 SIROLL^{CIS}SIAS 自动表面检测系统（图 5-54）用来解决热轧钢板表面缺陷的检测问题，并在俄罗斯利佩茨克（Lipetsk）的新利佩茨克钢铁公司（NLMK）的 2000 带钢热轧机上成功安装了该系统。该套系统使用相机，以高分辨率对带钢顶部和底部表面进行检测，检测的最大带钢速度为 200m/min，检出率和分类准确率大于 90%。而该生产线主要生产的是碳钢、低合金钢和电工钢，年产量为 530 万吨，钢板厚度为 1.2～16mm，由于该系统的使用直接影响了铸造工艺（缺陷纠正）、热轧机操作（换辊）和冷轧机操作（切割入口材料或降低速度），因而提升了 NLMK 的产品质量。

(3) 国内热轧板表面质量检测系统

国内对于热轧板表面缺陷检测系统的研制，目前已经获得成功的主要是北京科技大学和宝钢集团有限公司。

2009 年，北京科技大学徐科等在唐钢 1700 热轧生产线上安装了一套热轧板表面缺陷检测系统 HXSL-H2。其上、下表面检测装置都安装在层流冷却之后，卷取之前。该系统将线阵 CCD 相机作为图像采集装置（上、下表面各 4 个），用

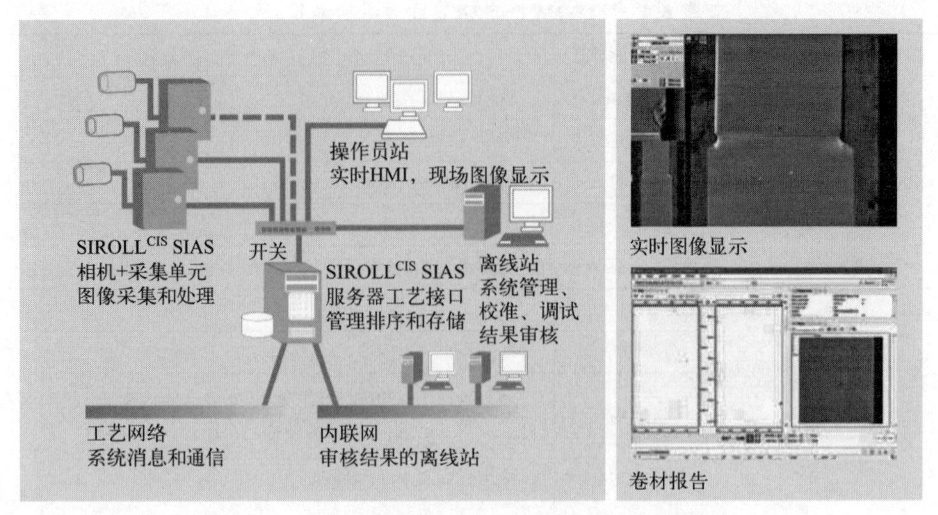

图 5-54　SIROLL CIS SIAS 自动表面检测系统配置

绿色激光线光源照明（上、下表面各 1 个），通过窄带滤色镜滤除钢板表面的辐射光，从而提高了缺陷对比度，并提出了新的缺陷检测与识别算法流程。该系统在带钢横向上的检测精度为 0.4mm，在带钢纵向上为 0.5mm，可检测的最高速度为 18m/s，对生产线上常见表面缺陷的检出率为 95%，识别率为 85%，对用户特别关注的裂纹、麻面、划伤、烂边等缺陷的检出率接近 100%。

作为冶金行业表面在线视觉检测技术的先行者，北科工研结合上百套国内外表面检测系统的实践经验，将传统缺陷检测算法和深度学习技术深度融合，进一步提高算法的识别准确率，形成了更适用于冶金领域复杂边界条件下的表面缺陷检测技术（图 5-55）。基于这一技术，北科工研新一代表面检测系统不断得到用户认可，近两年在马钢、太钢等多个企业成功替换掉百思泰、康耐视等外方产品，引领核心技术国产化。系统应用现场后，由于周期表面缺陷产生的质量问题下降 90%，生产效率和效益大大提高。2020 年，新一代表面质量在线检测系统继续在马钢 2250、太钢热轧横切线及平整线、浦项不锈钢热轧带钢等项目上成功应用，为客户产线质量控制和智慧制造添砖加瓦。

2011 年，宝钢集团有限公司何永辉等自主研发了远距离超高亮度 LED 光源，解决了高温环境下的远距离均匀照明问题，不仅适用于线阵相机，同时适用于面阵相机的照明需求[108,109]。另外，在有安装空间限制而要求光源远离被检测位置的系统中，该光源也可以正常使用。在软件算法方面，宝钢热轧带钢表面质量在线检测系统采用高效的图像处理和目标识别算法，保证了热轧带钢高速运动情况下表面缺陷的检出和识别。热轧生产线运行证明了该系统具有较高的实时性、可靠性和缺陷检出率。该系统当前主要检测的缺陷类别包括：边损、辊印、横向压痕、折叠、轧破、异物压入、红铁皮、小红铁皮、氧化铁皮细孔、铁皮

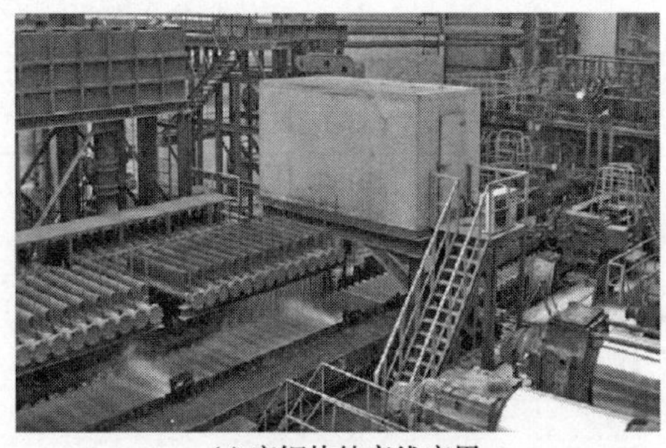

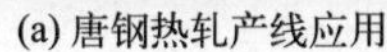
(a) 唐钢热轧产线应用　　(b) 太钢热轧产线应用

图 5-55　北科工研热轧板表面缺陷检测系统

灰、擦伤铁皮、粗大氧化铁皮压入、一级氧化铁皮压入、二级氧化铁皮压入、小翘皮、翘皮、M 型翘皮、边部翘皮、夹渣、夹渣线、划伤、孔洞等。其建立了有效的缺陷检测算法和有效的缺陷样本库。

该系统经现场运行，达到的技术指标如下：

① 最高检测速度为 20.16m/s。

② 检测精度为带钢板横向上 0.5mm/pixel，纵向上 1mm/pixel。

③ 对生产线上常见表面缺陷的检出率为 95%以上。

④ 对生产线上常见表面缺陷的识别率为 75%以上。

⑤ 系统利用率在 99%以上。

第6章

高精度板带连轧新技术

6.1 高精度板带连轧发展趋势概述

如今钢铁工业发展进程取得突破性进展。在热轧带钢领域，第三代薄板坯连铸连轧和薄带连铸连轧技术已逐渐推广开来，具有流程短、能耗低、成材率高、生产成本低等优势。在冷轧带钢领域，冷轧产线发展到3～6个机架依次布置的串列式冷轧机以及酸洗冷轧联合机组，能够以全自动模式达到极高的质量水平和运行稳定性。可见，无论是热连轧产线还是冷连轧产线，都在追求高度自动化、工艺连续化、生产绿色化发展。为实现此目标，往往通过将不同工艺结合的方式进行，如热轧薄板坯连铸连轧的ESP产线，将连铸工序与轧制、冷却、卷曲工序直接相连接，再如冷轧酸洗联合机组，将酸洗与轧制工序直接相连接，即通过缩短产线流程的方式进行。然而这种工序直接相连接会降低产线的生产灵活性和柔性。因此如何增加短流程化进程中产线的柔性调控能力，是当前高精度板带连轧发展过程的热点问题。

此外，随着第四次工业革命的到来，冶金轧制设备智能化技术即借助互联网＋、物联网、大数据、云计算技术，依托传感器、工业软件、网络通信系统、新型人机交互方式，实现人、设备、产品等制造要素和资源的相互识别、实时联通，促进钢铁产业研发、生产、管理、服务与互联网紧密结合，推动钢铁生产方式的柔性化、数字化、绿色化、网络化、智能化。

6.2 高精度板带连轧装备-工艺-产品柔性适配与协同控制技术

钢铁工业在国民经济中具有重要地位，板带生产水平代表一个国家钢铁工业发展水平。随着“产品性能，以热代冷；装备工艺，以冷代热”这一趋势的出现，即以热轧产品代替冷轧产品，热轧装备技术冷轧化，板带热连轧产线已配备了高精度的装备和工艺控制手段，具有生产高精度板带产品的潜力。

板带热连轧是典型的流程工业，板带热连轧是非线性、时变性、强耦合的复杂系统，需要装备、工艺、产品三者之间具有较高的适配性，终极目标是高度自动化、智能化、短流程和近终形[110,111]。如今钢铁短流程化进程已取得突破性进展，如 ESP 无头轧制技术[112-114]，是国内外短流程热轧带钢领域的前沿技术之一，能够充分利用钢水热能，在高效、紧凑的生产线（全长不超过 190m）上生产出能够替代冷轧产品的优质薄规格热轧带钢（0.6～1.0mm）。中国钢铁工业短流程化也紧跟世界钢铁发展大势如火如荼地展开，尤其是随着钢铁企业的搬迁，加速了传统产线的短流程化进程，已建设或预计建设十几条短流程无头轧制生产线。

但在板带热连轧技术短流程化进程中，装备技术容易出现过度刚性连接，导致装备工艺和产品之间柔性适配度低，缺乏柔性调控能力，如 ESP 精轧机组轧辊磨损严重，需频繁换辊从而解决影响其技术发挥的瓶颈问题。虽然产线具有高度自动化和短流程固然会提高生产效率、降低生产成本，但从连铸机到最终的卷取机之间若过度地刚性连接，便牺牲了系统柔性，整条产线任何一个环节出现问题，便会导致整条产线停机。这便是高精度板带连轧产线装备-工艺-产线柔性适配度低、缺乏协同控制技术的体现。针对板带热连轧短流程化进程中出现的最新热点问题，本节内容以高精度板带连轧装备-工艺-产线柔性适配与协同控制技术为切入点，以在线换辊技术这一解决 ESP 无头轧制产线柔性适配度低、缺乏协同控制的技术为典型实例进行介绍。

6.2.1　高精度板带连轧在线换辊及动态变规程概念

以 ESP 产线为代表的无头轧制技术是目前国内外短流程热轧带钢领域的前沿技术，可低成本稳定生产超薄带钢。与传统热轧产线相比，ESP 产线将连铸机、粗轧机、精轧机等设备直接相连，在一个浇次内连续生产不停机。ESP 产线不仅生产产品比常规热轧产线更薄，其轧制里程也远超常规热轧产线，因此其精轧机组轧辊磨损情况比常规热轧产线要严重得多，往往一个浇次还未结束其轧辊表面质量已降低到影响产品表面质量的程度。此时为保证产品质量，则需要轧机进行停机换辊，下游精轧机组换辊期间上游连铸便无法继续进行，生产线只能被迫停止或产出中间板坯，这严重影响生产线的连续性和生产效率并限制了 ESP 产线优势的发挥。如果此时为保证生产的连续性，则会由于轧辊质量的降低难以生产出高端产品，使产品附加值降低并严重影响经济效益。

在 ESP 之后推出的 MCCR 无头轧制产线以及节能型 ESP 无头轧制产线为解

决这一难题，其产线布置方式并未像ESP产线那样让连铸机和粗轧机直接相连，而是在连铸机与粗轧机间增加了一个长达80m的辊底式均热炉，除了可以保证板坯温度的均匀性，更重要的是增加了连铸环节与轧制环节的缓冲，以保证下游精轧机组停机换辊时上游连铸机可继续生产，确保产线不停浇。但这并未从根本上解决问题，无头轧制产线依旧缺乏柔性调控能力。

为此，笔者提出对ESP精轧机组进行流程再造，提出在线换辊方法以期实现不停机在线换辊[115-120]。当进行在线换辊时涉及轧辊的撤出和投入过程，轧机和轧件的状态都会发生剧烈变化，需要轧机和轧件共同适应新的规程。此时，不仅在机架间产生楔形区，轧机的出入口速度、机架间张力等轧制工艺参数都会发生改变，这都给轧制过程稳定性带来了挑战，需要对如何合理地制定调节策略保证换辊过程轧制稳定性和降低轧件尺寸波动进行深入研究。本节着重介绍在线换辊时轧制工艺参数调节的策略。

6.2.1.1 “5+1”模式在线换辊方法概述

根据产线实际情况和生产者的需求，在线换辊方法可分为两大类，分别为“5＋1”模式在线换辊方法与“5－1”模式在线换辊方法。

“5＋1”模式在线换辊方法如图6-1所示。其基本思路为：当某个机架工作辊磨损严重需要进行更换时，该机架轧件撤出轧制过程，精轧机组原有的五机架连轧将会变为四机架连轧，为了不打破生产节奏保证按原轧制计划进行生产，因此需增加一个机架来替代换辊的机架继续生产。

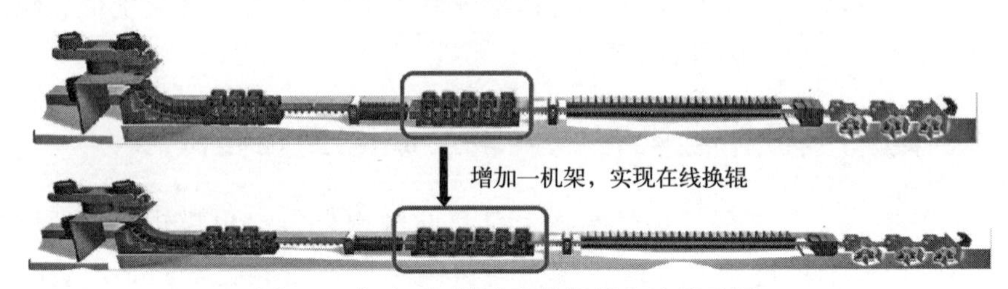

图6-1 “5＋1”模式在线换辊方法示意图

具体的实施方法为：首先增加一备用机架，将原有产线精轧机组五机架布置改为六机架布置。产线正常生产时备用轧机不投入生产，其辊缝处于打开状态，可称之为待命机架。待命机架的架次并不固定，而是随着生产的进行不断改变。当投入生产的五机架轧机中某一机架轧辊磨损严重需要进行换辊时，其轧辊便抬升撤出轧制过程，而待命机架则投入轧制过程使产线依旧保持五机架轧制，此时新组成机组中的某些机架还需要改变压下量和轧制速度，以确保原有的产品生产规格不变。撤出轧制过程的机架在完成轧辊更换后便成为新的待命机架，等待替换下一个轧辊磨损的机架。

6.2.1.2 “5－1”模式在线换辊方法概述

“5＋1”模式在线换辊方法的优点在于可保证完成换辊前后产品规格保持不变，不打破生产节奏，保证按原轧制计划进行生产。在换辊策略合理的前提下，采用“5＋1”模式在线换辊方法，理论上可以消除轧辊撤出过程使轧件厚度方向产生的楔形区。然而其缺点在于对于已投产的短流程产线已不可能增加新的机架，因此无法实施。此外，增加一架备用机架也会使产线的投入增加，且新增机架也不是时刻都投入轧制生产中，大部分时间处于停机待命状态，虽然最终实现在线换辊后带来的生产率提高和效益提升足以弥补前期增加投入的不足，但这也会为技术的推广应用带来难度。为此提出了“5－1”模式在线换辊方法。

图 6-2 为“5－1”模式在线换辊方法示意图，可实现在不新增加机架的情况下实现在线换辊过程。具体的实施方法为：当某机架轧辊磨损严重需要换辊时，该机架便撤出轧制过程，其余四机架通过调节压下量及轧制速度，重新设定轧制规程继续生产。当四机架生产无法满足当前产品的压下量时则调整轧制规程，改为生产较厚规格的产品。当四机架轧制可以满足当前产品压下量时，则继续生产当前规格的产品不打破生产节奏。当撤出的轧件完成轧辊更换后再次加入轧制过程，此时产线由四机架轧制变为五机架轧制。

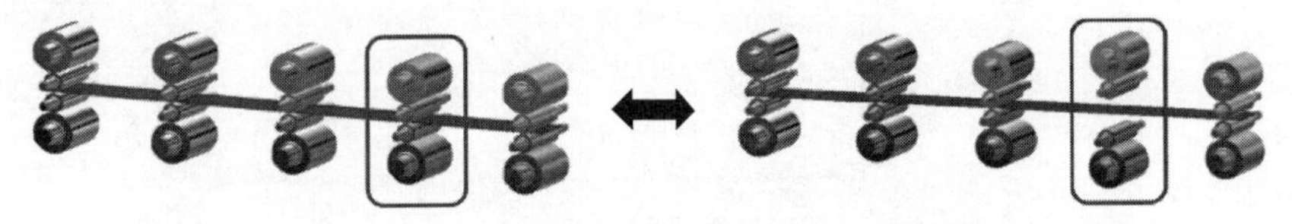

图 6-2 “5－1”模式在线换辊方法示意图

6.2.1.3 实现在线换辊的其他前提条件

实现在线换辊过程除了本节介绍的在线换辊策略外，还需要其他研究作为前提条件。

首先，要对现有换辊设备进行更新。目前常规的换辊操作是将上工作辊落到下工作辊上，再由换辊小车一起抽出。在线换辊时这种方法是行不通的，因为当上工作辊落到下工作辊上时会导致带钢无法通过该轧机的辊缝。为此对换辊设备进行了创新，设计了 C 形架，换辊时上工作辊会落在 C 形架上，可在不影响带钢通过的情况下将上下工作辊抽出轧机进行轧辊的更换。

其次，还需要对正常轧制的五机架轧机轧辊的磨损程度进行判断，建立轧辊磨损预测模型提前预估各机架需要换辊的时间节点，避免出现两个机架轧机的轧辊同时需要进行更换的情况出现。

此外，新更换轧辊的轧机还需要具有在线零调的功能，在不影响精轧机组正常轧制的前提下完成零调过程；需要建立可实现对在线换辊这一动态轧制过程中各参数进行预估的预测模型。还有新上机的轧辊如何实现烫辊等问题，这些都是最终实现在线换辊过程需要解决的难题。

6.2.1.4 在线换辊对产线带来的提升

ESP等无头轧制产线实现在线换辊技术将同时提高生产效率和表面质量，不仅能破解限制其产线优势发挥的瓶颈问题，还会带来额外效益的提升。

图6-3为ESP产线单浇次的轧制计划图，由图可见，ESP在开浇进入无头轧制生产模式后，需要轧制多卷过渡钢卷进行变规格才能轧制超薄规格带钢。目前ESP产线生产的高附加值产品为厚度小于1.05mm的超薄带钢。而在停浇前，也需要轧制少量过渡钢卷。而这些过渡材中有近25%为非计划过渡材。

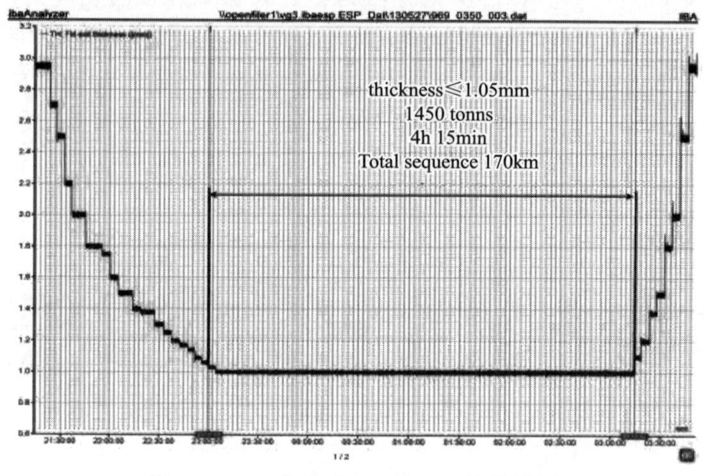

图6-3 ESP单浇次（3000T）轧制计划

由于连铸机结晶器和粗轧机轧辊的更换周期远高于精轧机换辊周期，当实现在线换辊后可极大提高单浇次炉数，同时产线可一直维持薄规格带材生产，这极大地减少了过渡产品的数量，提高了生产效率，降低了钢材的消耗，而且还大幅增加高附加值薄带钢占比，进一步提高了经济效益。

6.2.2 高精度板带连轧在线换辊及动态变规程方法

现有与在线换辊技术相似的技术为动态变规格技术（FGC），该技术主要应用于酸轧产线。动态变规格调节策略分为两大类，分别为顺流调节和逆流调节。两者最大的区别是选定基准速度的机架不同。顺流调节开始时，以精轧机组第一机架的出口速度为基准，在整个调节过程中保持不变，随着焊缝的移动不断调节焊缝下游各机架，因此末机架的速度在整个过程中都要不断变化。由于冷轧过程中末机架速度较高，对其不断进行调节难度较大，因此目前变规格调节基本一致采用逆流调节。逆流调节是保持末机架速度不变，而第一机架速度一直在改变。

然而，逆流调节这种选定基准速度的方式无法应用于在线换辊及动态变规程过程中。酸轧产线中，在精轧机入口和酸洗池间布置有活套，为逆流调节带来了缓冲量，即第一机架速度变化带来的影响可以通过活套消除，从而不对酸洗过程产生影响。对于无头轧制来说，整条产线以连铸机拉坯速度为基准，且各工序间刚性连接并无缓冲的活套，若采用逆流调节的方式，在线换辊时则会对连铸拉坯速度产生影响。故而，整个在线换辊及动态变规程过程中以第一机架出口速度为基准，保证上游工序不受在线换辊过程的影响。

6.2.2.1 在线换辊及动态变规程过程涉及的模型

在换辊过程中首要目标是保证各机架间张力的稳定，要避免出现断带和堆钢。此外，张力的稳定也是厚度精准控制的前提。为此，在线换辊过程中稳定轧制的控制方程为

$$4B\sigma_{f,i}h_{1,i}=T_{i,i+1}=4B\sigma_{b,i+1}h_{0,i+1} \tag{6-1}$$

式中 $T_{i,i+1}$——第 i 机架与第 $i+1$ 机架间张力，N；

$\sigma_{b,i+1}$——第 $i+1$ 机架后张应力，MPa；

$h_{0,i+1}$——第 $i+1$ 机架轧机入口厚度之半，mm；

$\sigma_{f,i}$——第 i 机架前张应力，MPa；

$h_{1,i}$——第 i 机架轧机出口厚度之半，mm；

B——轧件宽度之半，mm；

i——轧机架次。

随着冷连轧技术的推广和应用，连轧张应力微分方程得到了广泛而深入的探讨和研究。美国学者[121] 建立的连轧张应力微分方程广泛地被产线应用，其表达式为

$$\frac{\mathrm{d}\sigma_{i,i+1}}{\mathrm{d}t}=\frac{E_{i,i+1}}{L_0}(v_{0,i+1}-v_{1,i}) \tag{6-2}$$

式中 $E_{i,i+1}$——第 i 机架与第 $i+1$ 机架间轧件弹性模量，MPa；

$v_{0,i+1}$——第 $i+1$ 机架轧机轧件入口速度；

$\sigma_{i,i+1}$——第 i 机架与第 $i+1$ 机架间轧件张应力，MPa；

$v_{1,i}$——第 i 机架轧机轧件出口速度；

t——时间，s。

上述模型由于结构相对简单，且能反映带钢出入口速度差与张应力的关系，因此得到了广泛应用。前人研究的模型都是在静态轧制的前提下建立的，此时机

架间轧件为等厚度。但在线换辊过程由于机架间会出现楔形区，已有的张应力微分方程便无法适用。笔者在前人研究的基础上，对其建立的模型进一步改进，最终建立在线换辊过程张应力微分方程，并对方程进行了简化，如式(6-3）所示，为在线换辊过程张应力控制奠定基础。

$$v_{0,i+1}-v_{1,i}=\sum_{m=1}^{n}\frac{L_m}{E_m(1+\varepsilon_m)}\frac{\mathrm{d}\sigma_m}{\mathrm{d}t} \tag{6-3}$$

通过式(6-3）可知，在线换辊过程中对张应力控制的关键就是对轧件出入口速度进行控制，而对轧件出入口速度控制的本质就是对轧机轧辊转速或轧辊线速度的控制。一般研究者依靠前滑系数来建立轧辊线速度与轧件出口速度之间的联系：

$$v_{1,i}=v_{r,i}(1+s_{f,i}) \tag{6-4}$$

式中　$s_{f,i}$——第 i 机架轧件的前滑系数。

前滑系数可通过模型进行计算，也可根据现场实测给出。此外，还可通过构建辊缝内金属流动速度场来计算轧件出口速度。

由于楔形区的存在几乎对整个换辊过程的参数条件都有影响，必须知道楔形区在机架间的具体位置，因此需建立楔形区追踪模型：

$$L_i=\sum v_{1,i}\Delta t \tag{6-5}$$

式中　L_i——楔形区离开机架 i 的距离。

辊缝调节模型采用基本的弹跳方程：

$$\Delta S_i=h_i-\frac{\Delta P_i}{K_{m,i}} \tag{6-6}$$

式中　S_i——机架 i 的空载辊缝值。

6.2.2.2 “5+1”在线换辊及动态变规程实施方法

对于“5＋1”模式而言，待命机架可以为六个机架中的任意一架，而需换辊的轧机的架次也不确定，因此一共存在 30 种情况。如果对每一种换辊过程都进行详细分析则工作量巨大，为此需要将 30 种换辊类别进行总结，以期将换辊种类减少。经过分析发现，可以将这 30 种情况归纳为两大类，分别为待命机架在需换辊机架前和待命机架在需换辊机架后。

当待命机架在需换辊机架前时，接到换辊指令后待命机架先投入轧制过程，当楔形区前部运动到需换辊机架入口处时，需换辊机架再撤出轧制过程。

当待命机架在需换辊机架后时，需换辊机架先撤出轧制过程，当楔形区前部运动到待命机架入口处时，待命机架再投入轧制过程。

这两种情况仅有此区别，其他参数调节方法相似，因此本章只选取待命机架在需换辊机架后时的情况进行介绍，待命机架在需换辊机架前时的换辊策略可参照给出，在本节中便不再赘述。

令待命机架架次为 F_j，需换辊机架架次为 F_k，可知 $1 \leqslant k \leqslant j \leqslant 6$。下述步骤中的前后张力值并非张应力，其单位为牛顿，特此说明，具体步骤为：

① 开始换辊后，换辊机架 F_k 开始撤出轧制过程，此时需调节轧辊转速来确保换辊机架 F_k 轧件入口速度保持不变，消除在线换辊过程对上游工序的影响，并不断追踪模型计算楔形区离开换辊机架 F_k 的距离。同时，机架 F_{k+1} 通过调节其轧辊转速来改变其后张力值，要确保在换辊机架完成撤出轧制前，将其后张力值变成和换辊机架 F_k 的后张力值相等，并调节辊缝值来确保其出口厚度保持不变。与此同时也要通过调节机架 F_{k+2}～机架 F_6 的轧辊转速来保证其后张力恒定，使其轧件出口厚度保持不变。

② 当楔形区到达机架 F_{k+1} 后，需判定其是否为待命机架 F_j。假如机架 F_{k+1} 不是待命机架，则逐渐改变其轧辊辊缝值，并同时改变辊速值确保其后张力保持不变。也要确保楔形区恰好完全通过机架 F_{k+1} 时，其辊缝值也恰好调整为原规程下机架 F_k 的辊缝值。此时，机架 F_{k+1} 便代替了原来机架 F_k 的轧制任务。同时机架 F_{k+2} 通过调节其轧辊转速来改变其后张力值，要确保在机架 F_{k+1} 调节完成前，将其后张力值变成和原规程下机架 F_{k+1} 的后张力值相等，同时调节机架 F_{k+2} 辊缝值，确保其出口厚度保持不变。同时，机架 F_{k+2} 下游各架轧机也要调节辊速，确保其后张力保持不变，并不断通过追踪模型计算楔形区离开换辊机架 F_{k+1} 的距离。

③ 当楔形区到达机架 F_{k+2} 后，依旧要判断其是否为待命机架 F_j。假如依旧不是，则仿照②中的调整策略对机架 F_{k+2} 及其下游各轧机进行调节。

④ 直到楔形区头部到达待命机架 F_j 位置后，待命机架 F_j 开始投入轧制过程，需要通过调节其轧辊转速确保机架 F_{j-1} 前张力值保持不变，要确保楔形区恰好完全通过机架 F_j 时，其辊缝值也恰好调整为原规程下机架 F_{j-1} 的辊缝值。同时调节机架 F_{j+1} 轧辊转速，并调整其辊缝值，确保在待命机架 F_j 完全投入轧制过程前将其后张力和辊缝值调整回原规程下的参数。同时调节机架 F_{j+1} 下游各架轧机轧辊转速，确保其后张力保持不变。至此，便完成了在线换辊过程。

为了更加清晰地描述该过程，绘制了上述步骤的流程图，如图 6-4 所示。

6.2.2.3 “5－1”在线换辊及动态变规程实施方法

对于“5－1”模式而言，其轧辊撤出和投入过程是在短时间内同时进行的，需要分别来阐述。在“5－1”模式中，存在由五机架轧制变为四机架轧制和由四机架轧制变为五机架轧制这两种状态。下面仅对四机架轧制变为五机架轧制这个过程进行介绍。由五机架轧制变为四机架轧制的调节方法可参考四机架轧制变为五机架轧制的策略给出。

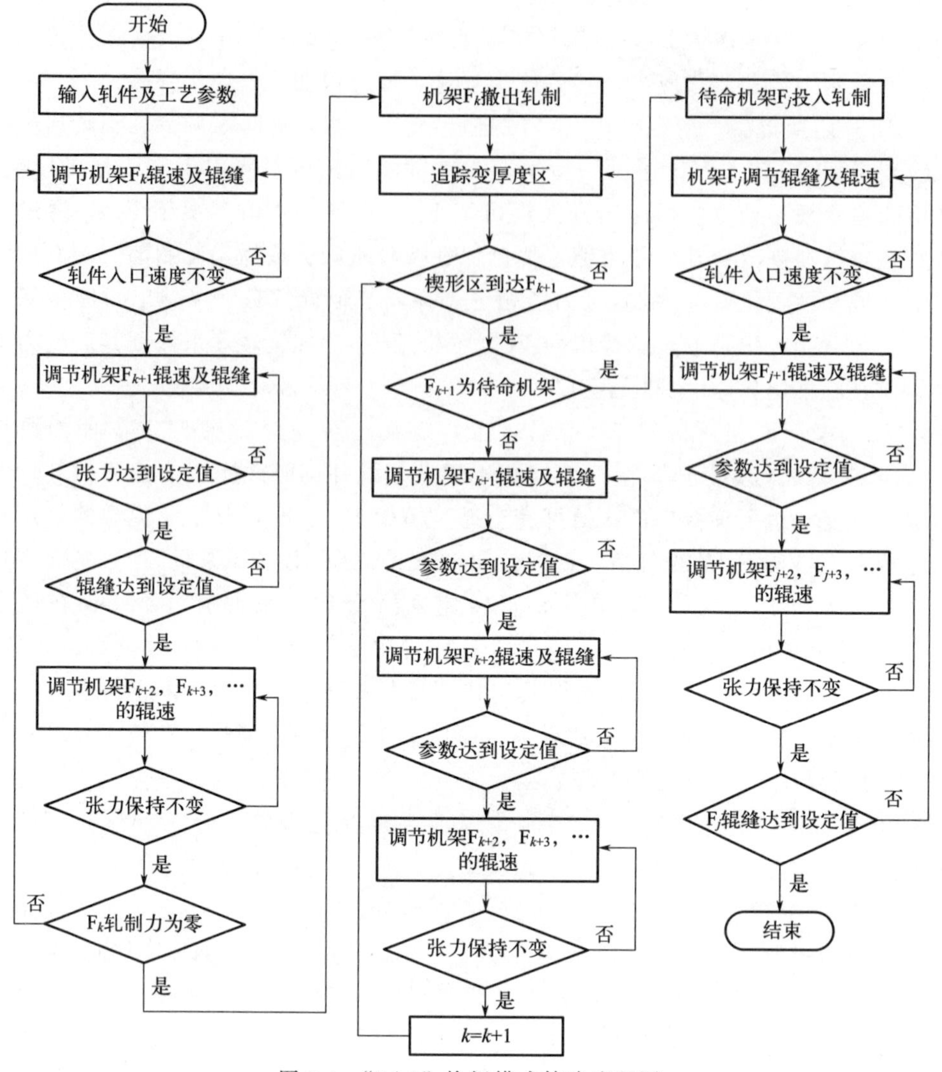

图 6-4 “5＋1”换辊模式策略流程图

令待命机架架次为 F_j，可知 $1\leqslant j\leqslant 5$。

① 开始换辊后，首先判断 F_1 机架是否为待命机架 F_j。当不为待命机架时，逐渐减小其辊缝，使其出口厚度改变为新规程时的厚度，同时调节其轧辊辊速，确保其后张力保持不变。同时调节 F_2 机架轧辊转速，使 F_1 机架前张力也变为新规程的设定值，同时调节其辊缝厚度，保证其出口厚度不变。与此同时也要通过调节机架 F_3～机架 F_5 的轧辊转速来保证其后张力恒定，使其轧件出口厚度保持不变。

② 当楔形区到达机架 F_2 后，需判定其是否为待命机架 F_j。假如机架 F_2 不

是待命机架，则仿照①中的调整策略对机架 F_2 及其下游各轧机进行调节。

③ 当楔形区到达待命机架 F_j 后，待命机架 F_j 开始投入轧制过程，逐渐减小其辊缝，使其出口厚度改变为新规程的设定值，同时调节轧辊转速，确保其后张力保持不变。判断待命机架 F_j 是否为末机架，如果为末机架，则换辊过程便可结束；如不为末机架，则同时调节机架 F_{j+1} 轧辊转速，使其后张力变为新规程设定值，并调节辊缝值，使其出口厚度保持不变，同时调节下游各机架辊速值，确保它们后张力值不变。

④ 直到楔形区头部到达待命机架 F_{j+1} 位置后，再次判断其是否为末机架，如果是末机架，则仅需调节其辊缝值，使其实出口厚度变为新规程设定值，同时调节辊速，确保其后张力保持不变；假如不为末机架，则调节其辊缝，使其出口厚度改变为新规程的设定值，同时调节轧辊转速，确保其后张力保持不变，同时调节机架 F_{j+1} 轧辊转速，使其后张力变为新规程设定值，并调节辊缝值，使其出口厚度保持不变，还要调节下游各机架辊速值，确保它们后张力值不变。

⑤ 重复步骤④，直到楔形区通过末机架为止，此时便实现了在线换辊，由原来的四机架轧制变为五机架轧制。

6.2.3　高精度板带连轧产品组织性能动态控制方法

6.2.3.1　应变速率瞬态升高

实验钢在 1000℃状态下，在变形至应变 0.4 位置处，应变速率由 $0.01s^{-1}$ 瞬态升高至 $0.1s^{-1}$ 直至总应变到 0.9，流动应力曲线如图 6-5 所示。图中虚线为试样以 $0.01s^{-1}$ 和 $0.1s^{-1}$ 恒定应变速率变形的流动应力曲线，从图中可以看出，在应变速率瞬态升高过程中，在应变 0.4 位置处流动应力快速升高到一个新的应力水平；从曲线上来看，流动应力从变形前相对稳定状态经历中间过渡调整区域后达到升速后另一个相对稳定状态，随着应变的增大，应变速率瞬态升高后的流动应力曲线在变形结束时非常接近以恒定应变速率 $0.1s^{-1}$ 变形的应力水平；从图中可以看出当应变速率瞬态升高后流动应力再次增大，这是由于应变速率升高后材料变形过程中位错累积速度不能被动态回复和动态再结晶引起的位错湮灭速度所平衡，在流动应力曲线上表现为应变速率瞬态升高，流动应力快速增大，当位错累积速度与动态回复和动态再结晶湮灭速度再次平衡，流动应力增大趋势逐渐减弱并趋于平缓。

图 6-6 为实验钢在 1000℃以恒定应变速率及瞬态升高应变速率，变形至应变 0.9 时的 EBSD 晶界图和反极图，从图中可以看出实验钢在不同的应变速率状态

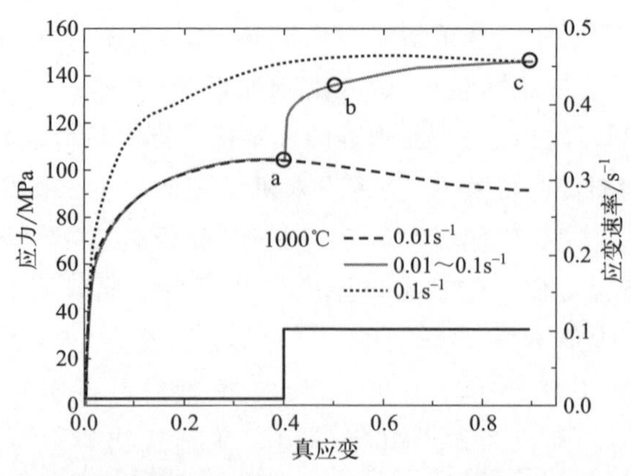

图 6-5 实验钢在 1000℃变形温度状态下应变速率从 $0.01s^{-1}$ 瞬态升高到 $0.1s^{-1}$ 的流动应力曲线

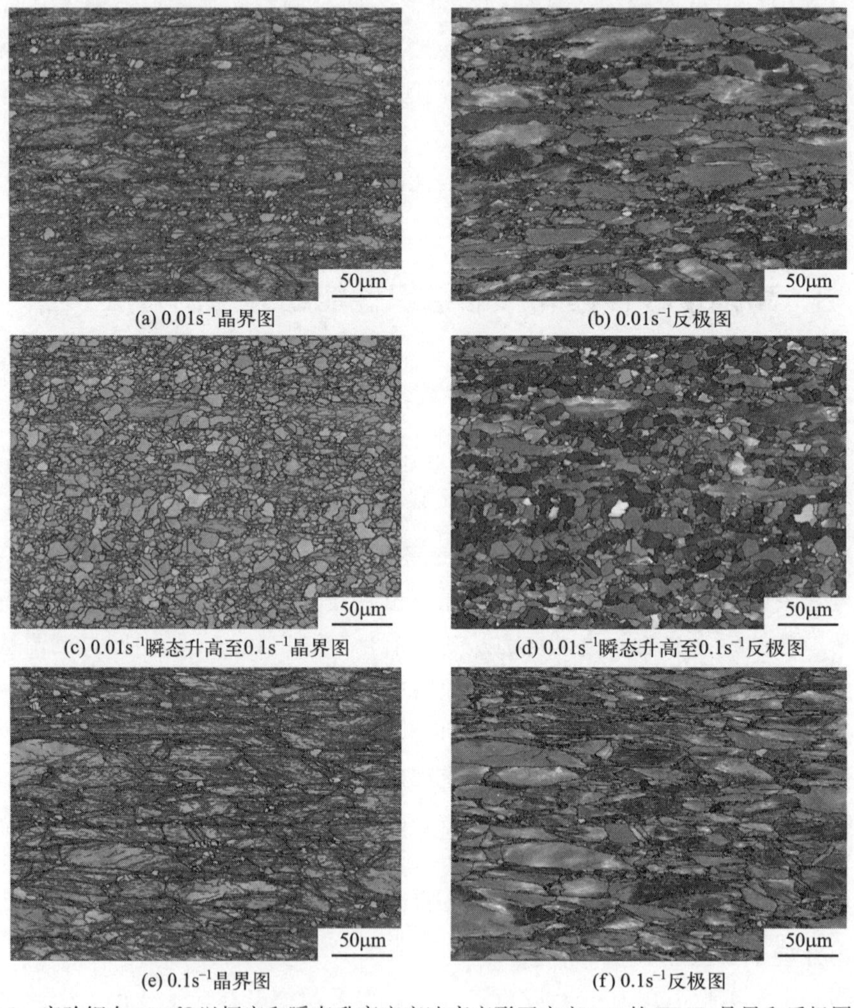

(a) $0.01s^{-1}$晶界图　(b) $0.01s^{-1}$反极图

(c) $0.01s^{-1}$瞬态升高至$0.1s^{-1}$晶界图　(d) $0.01s^{-1}$瞬态升高至$0.1s^{-1}$反极图

(e) $0.1s^{-1}$晶界图　(f) $0.1s^{-1}$反极图

图 6-6 实验钢在 1000℃以恒定和瞬态升高应变速率变形至应变 0.9 的 EBSD 晶界和反极图表征

下动态再结晶组织存在明显区别，以恒定应变速率 $0.01s^{-1}$ 变形至应变 0.9 时，如图 6-6(a) 和 (b) 所示，试样内部动态再结晶晶粒尺寸较大，说明动态再结晶较充分并发生晶粒长大，以恒定应变速率 $0.1s^{-1}$ 变形至应变 0.9 时，如图 6-6(e) 和 (f) 所示，只有少量的动态再结晶晶粒在原始大角度晶界附近生成，说明随着应变速率的增大，材料动态再结晶行为受到明显抑制，当应变速率从 $0.01s^{-1}$ 瞬态升高至 $0.1s^{-1}$ 时，如图 6-6(c) 和 (d) 所示，材料内部可以观察到具有一定比例的细小动态再结晶晶粒生成，这些细小的动态再结晶晶粒与以恒定应变速率 $0.1s^{-1}$ 变形状态下生成的晶粒尺寸相似，但是在应变速率瞬态升高状态下其动态再结晶程度要大于以 $0.1s^{-1}$ 恒定应变速率变形的情况，这表明在应变速率瞬态变化过程中，初始状态以较低应变速率变形对材料动态再结晶行为具有促进作用。

为了进一步观察应变速率瞬态升高对材料动态再结晶行为的影响，对应变 0.4、0.5 和 0.9 三处位置微观组织进行分析，如图 6-7 所示。从图 6-7(a) 和

(a) ε=0.4反极图　(b) ε=0.4局部取向差
(c) ε=0.5反极图　(d) ε=0.5局部取向差
(e) ε=0.9反极图　(f) ε=0.9局部取向差

图 6-7　实验钢在 1000℃以瞬态升高应变速率变形至不同应变的 EBSD 反极图和局部取向差表征

(b) 可以看出，在应变速率瞬态升高前即应变 0.4 位置处，由于材料最初在较低应变速率 $0.01s^{-1}$ 下进行变形，在高温塑性变形状态下较低应变速率发生动态再结晶所需临界应变较小，并且变形时间较充分，材料发生动态再结晶行为，可以观察到部分晶粒弓弯凸出，微观亚结构逐渐形成，但是累积取向差较小，说明此时是通过大角度晶界长程迁移而形成动态再结晶晶粒，动态再结晶机制为非连续动态再结晶。随着应变速率瞬态升高，从图 6-7(c) 和 (d) 中可以看出在大角度晶界附近形成部分亚晶界，说明在应变速率瞬态升高过程中，瞬态突变前大角度晶界微观结构未发生较大变化，在应变速率瞬态升高后，原始大角度晶界附近生成了新的亚结构以适配应变速率瞬态升高过程，并且这些亚结构与大角度晶界产生一定的相互作用，由于应变速率升高后变形时间较短，大角度晶界长程迁移受到了阻碍作用，可以看出应变速率瞬态升高材料非连续动态再结晶过程受到明显抑制；从图 6-7(c) 和 (d) 可以看出随着应变速率瞬态升高，晶粒内部取向差不断增大，说明在应变速率瞬态升高过程中，原始亚晶界累积取向差跨度不断增大，变形晶粒内亚晶界取向差变化随着应变速率瞬态升高快速增大，小角度晶界逐渐转变为大角度晶界，这种现象符合连续动态再结晶机制，因此在应变速率瞬态升高过程中动态再结晶机制将从非连续动态再结晶向连续动态再结晶转变。

6.2.3.2 应变速率瞬态降低

实验钢在 1000℃状态下，在变形至应变 0.4 位置处，应变速率由 $0.1s^{-1}$ 瞬态降低至 $0.01s^{-1}$，直至总应变为 0.9，流动应力曲线如图 6-8 所示，图中虚线为试样以 $0.01s^{-1}$ 和 $0.1s^{-1}$ 恒定应变速率变形的流动应力曲线。从图中可以看出，在应变速率瞬态降低过程中，在应变 0.4 位置处流动应力迅速降低然后逐渐达到一个新的应力水平。在变形结束时流动应力逐渐接近以恒定应变速率

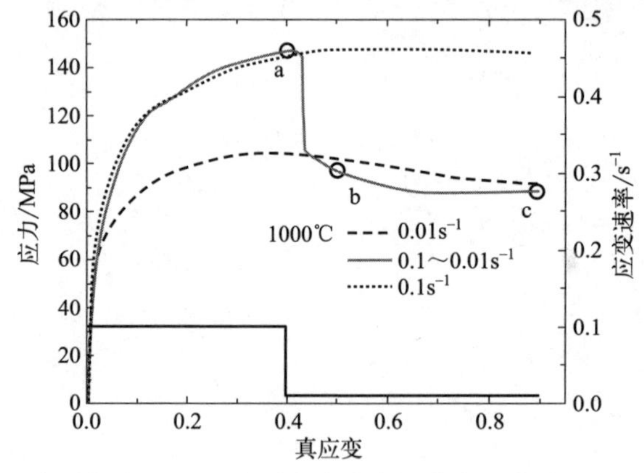

图 6-8 实验钢在 1000℃变形温度状态下应变速率从 $0.1s^{-1}$ 瞬态降低到 $0.01s^{-1}$ 的流动应力曲线

0.01s^{-1}变形的应力水平。由于初始应变速率较高，随着变形的进行流动应力快速增大，在应变速率瞬态突变前，流动应力增大趋势与以恒定应变速率0.1s^{-1}变形的流动应力曲线一致，值得注意的是应变速率瞬态降低过程并未出现相关文献报道的类似情况，即流动应力突然降低而后快速升高[122]，这是由于本实验所用的设备从高速到低速切换的过程中不存在轻微卸载和重新加载过程，因此不会出现文献描述的类似现象。

图6-9为实验钢在1000℃以恒定应变速率及瞬态降低应变速率，变形至应变0.9时的EBSD晶界图和反极图，与恒定应变速率0.01s^{-1}和0.1s^{-1}变形至应变0.9对比，如图6-9(a)、(b)、(e)和(f)所示，应变速率从0.1s^{-1}瞬态降

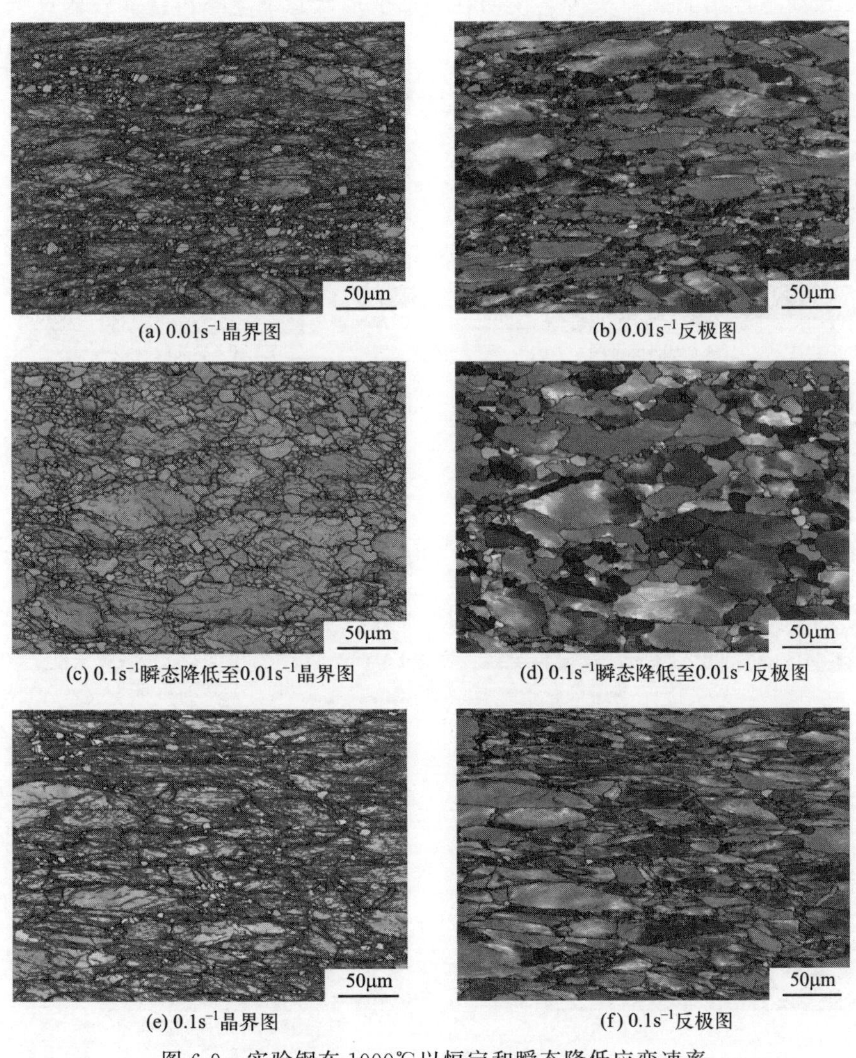

(a) 0.01s^{-1}晶界图　(b) 0.01s^{-1}反极图

(c) 0.1s^{-1}瞬态降低至0.01s^{-1}晶界图　(d) 0.1s^{-1}瞬态降低至0.01s^{-1}反极图

(e) 0.1s^{-1}晶界图　(f) 0.1s^{-1}反极图

图6-9　实验钢在1000℃以恒定和瞬态降低应变速率变形至应变0.9的EBSD晶界和反极图表征

低至 $0.01s^{-1}$ 时材料原始晶粒和 DRX 晶粒发生明显长大，如图 6-9(c) 和 (d) 所示，这是由于材料在最初以高应变速率变形，位错密度较高，当应变速率瞬态降低至较低应变速率时，有充分的时间进行大角度晶界迁移促进 DRX 形核和长大，从而加速了 DRX 行为，因此在应变速率瞬态降低情况下晶粒尺寸较大。

为了进一步观察应变速率瞬态降低对材料动态再结晶行为的影响，对应变 0.4、0.5 和 0.9 三处位置的微观组织进行分析，如图 6-10 所示。

从图 6-10(a) 和 (b) 可以看出，在应变速率瞬态降低前即应变 0.4 位置处，原始晶粒变形，但是并没有通过弓弯凸出形核，这是由于应变速率较高，变形时间较短，抑制了大角度晶界迁移；而从图中可以看出晶粒内部亚结构较多；从图中观察到动态再结晶晶粒较少，说明在当前变形状态下动态再结晶较弱；从局部

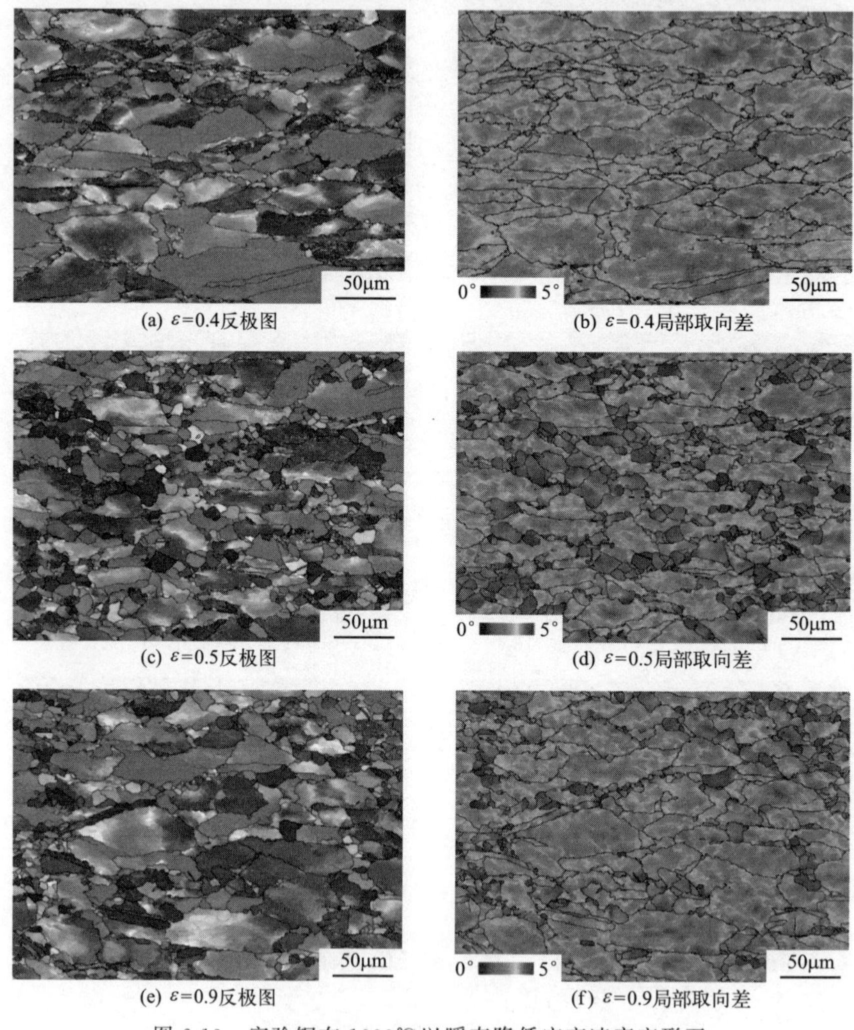

图 6-10 实验钢在 1000℃以瞬态降低应变速率变形至不同应变的 EBSD 反极图和局部取向差表征

取向差分析中可以看出，在晶界位置处取向差较大，而在晶粒内取向差较小，说明晶界位置处动态再结晶优先形核，可以看出在较高应变速率状态下动态再结晶形核机制符合连续动态再结晶特征，当应变速率瞬态降低至应变0.5和0.9位置处，如图6-10(c) 和 (e) 所示，从图中可以看出在变形大角度晶界附近生成了大量细小的动态再结晶晶粒，并且新生成的晶粒亚结构较少，说明应变速率瞬态降低后促进了动态再结晶行为，并且在第一阶段高应变速率状态下累积的位错密度较高，在应变速率瞬态降低后发生动态再结晶行为所需要的临界位错密度降低，导致最初的高位错密度大角度晶界为应变速率瞬态降低动态再结晶形核创造了优势条件，极大地促进了动态再结晶行为，而新生成的晶粒内部位错能与最初变形晶粒位错能相差较大，在应变速率较低的情况下有充分的迁移时间，导致新生成的晶粒可以通过大角度晶界的长程迁移而长大。这种机制符合非连续动态再结晶机制，因此随着应变速率降低，非连续动态再结晶机制被激活，在应变速率瞬态降低过程中，最初高应变速率阶段累积的位错能会促进较低应变速率阶段动态再结晶形核和晶粒长大，材料动态再结晶行为由高应变速率状态下连续动态再结晶机制逐渐向低应变速率状态下非连续动态再结晶机制转变。

6.2.4 高精度板带连轧在线换辊多目标协同控制方法

在线换辊和动态变规程的显著特点是能够根据连轧机组装备系统突变而瞬态调控机组和轧制规程，同时使机组和产品都保持良好性能。轧机装备系统瞬态突变工况复杂，机组和产品性能要求多样，不同工况对应不同控制目标，为实现板带连轧装备系统瞬态突变过程平稳过渡、轧制过程稳定、产品质量稳定可靠，需将在线换辊、动态变规程过程中与装备、工艺、产品相关的各影响变量（多维、非线性、遗传性、耦合性强）进行多目标协同控制，包括机组能耗、瞬态调控时间、调控策略、变规程稳定性和产品质量等，需要建立板带连轧机组装备系统突变瞬态多目标协同控制方法。目前已完成ESP精轧机组在线换辊活套高度-张力控制算法设计研究。

6.2.4.1 ESP无头轧制在线换辊活套工艺描述

ESP无头轧制在线换辊过程是一组机架退出和一组机架加入的过程，这个过程属于动态轧制过程，辊缝位置、轧辊速度等参数发生变化，原有的稳定状态被打破。为了保证这个过程的稳定运行，提高产品质量，保证带钢的张力处于一个稳定状态是一个很重要的问题。在轧制生产过程中，板带材的张力若低于稳定值会出现堆钢现象，高于稳定值则会出现拉钢等现象，这些都属于轧制事故，会严重影响板带材的质量和产品尺寸精度。这时加入活套能有效地解决这个问题，保证在线换辊过程中张力的稳定性，同时可以控制各个机架间保持一个微小张力用来轧制。

ESP无头轧制在线换辊的思路为在精轧机组原有五机架的基础上增加一架备用机架，从原有的五机架变为六机架轧制但工作机架仍为五机架。活套是在两个机架之间的一个调节机构。图6-11所示为ESP精轧机组的活套配置示意图，其中F6机架为在线换辊中的备用机架，当F1～F5中任意一个机架进行换辊时F6机架投入使用，此时活套5也同时投入使用。活套机构是精轧过程中起重要作用的部分，它的工作过程要分为三个主要阶段：活套起套阶段、微小恒定张力轧制阶段以及活套落套阶段。

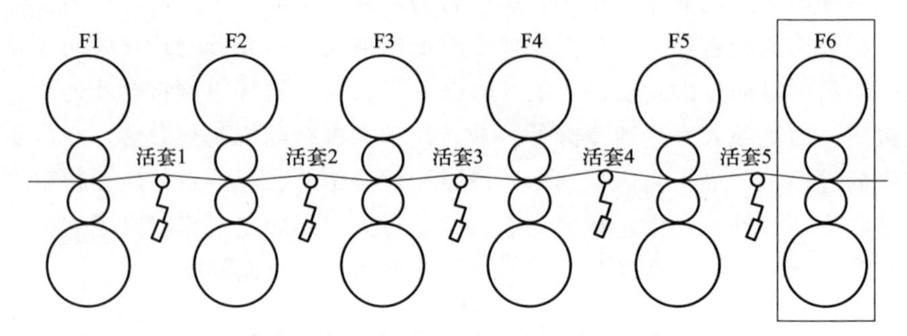

图6-11　ESP精轧机组活套配置示意图

6.2.4.2 ESP无头轧制在线换辊活套起套阶段

在线换辊过程中会出现一个机架的退出，这时就会存在两机架间有两个活套工作的情况，因此在线换辊过程活套起套可以简单分为三种工作工况：如图6-12所示，第一种为两活套共同投入使用，这种工作情况两个活套机构的工作角度不相同，存在一定的耦合关系，相互有一定影响，并且建模过程相当复杂，误差影响相对更大，无法满足活套控制过程的精确性；如图6-13所示，第二种为两个活套共同工作并且抬升相同的工作角度，活套这样工作的优点为两个活套的工作

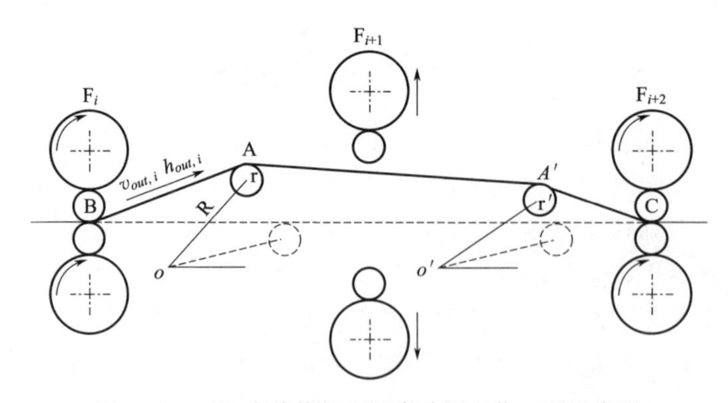

图6-12　ESP在线换辊两活套共同工作工况示意图

角度相同，消除了两个活套之间的耦合关系，同时缺点为控制系统的建模过程相对较为复杂，计算量增加，无法保证活套控制过程的快速性；如图 6-14 所示，第三种为两个活套中的一个活套单独进行工作，这样工作的优点为单独活套进行工作不需要考虑两个活套之间的耦合关系，可以保证活套控制过程的精确性及时效性，同时缺点为在线换辊过程中两机架间的距离为原机架间距离的两倍，单独活套工作可能需要工作角度抬起非常高用来保证机架间的张力，进而可能存在此活套工作是否可以完成的问题，通过后续的建模过程发现单活套可以满足两机架间的张力，因此选择了第三种工作情况进行接下来的数学建模仿真分析。

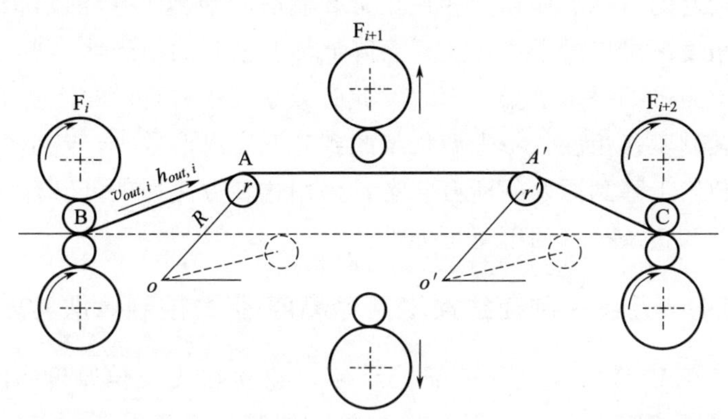

图 6-13　ESP 在线换辊两活套相同角度工作工况示意图

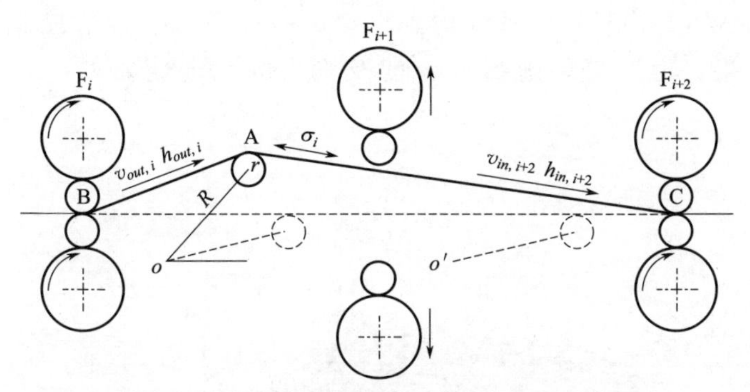

图 6-14　ESP 在线换辊单活套工作工况示意图

6.2.4.3　ESP 无头轧制在线换辊微小恒定张力轧制阶段

当 ESP 精轧机组在线换辊过程 F6 机架投入使用，活套机构同时进行工作角度调整后，在各个机架间重新建立了微小恒定张力，这个阶段属于张力重建的一个过程。这是 ESP 在线换辊过程中非常重要的一个阶段，重新建立起微小恒定张力的阶段大约占整个精轧过程时间的 95%。在这个恒定张力轧制过程中，活套的工作角度会在预先的设定范围内微小调节，同时机架间的微小张力也会随活套工作角度的变化在预先的张力设定范围内进行上下的波动。

6.2.4.4 ESP无头轧制在线换辊活套落套阶段

由于活套辊子过早落下会造成整条板带尾张力的丧失使尾部板带厚度增厚，而活套辊子过晚落下则会产生尾部甩尾的事故，这两种现象都容易造成轧机的损坏，影响产品的质量。因此，当整条板带将要完成轧制时，活套辊子必须要恢复到原来的状态，既不能过早也不能过晚。在整个落套阶段采用的是微小套量轧制过程，一般活套的目标工作角度相比正常轧制时的活套工作角度降低了5°以内，但是降低的角度不可以过于小，这样会降低活套控制的稳定性。当采用微小套量轧制控制时，当带钢进入机架尾部时，此时微小恒张力阶段的活套工作角度调整为微小套量轧制工作角度，当上游机架收到轧制完成信号时，微小套量轧制从微小套量轧制角度下降到原始的活套状态，采用这种方法处理可以有效减少带钢的应力损失长度和整条板带的甩尾可能性。

6.2.4.5 ESP无头轧制在线换辊活套高度-张力控制算法实施效果

基于上述ESP在线换辊活套调控策略，建立在线换辊厚度-活套系统耦合模型，采用模糊PID算法，设计控制规则在线整定PID控制器参数，模糊规则曲面如图6-15所示。随后采用粒子群算法，优化模糊控制器量化因子和比例因子，采用MATLAB开展系统仿真模拟，验证了所设计的控制方法具有有效的控制效果，可以更好地保证角度及张力的稳定性要求，结果如图6-16所示。

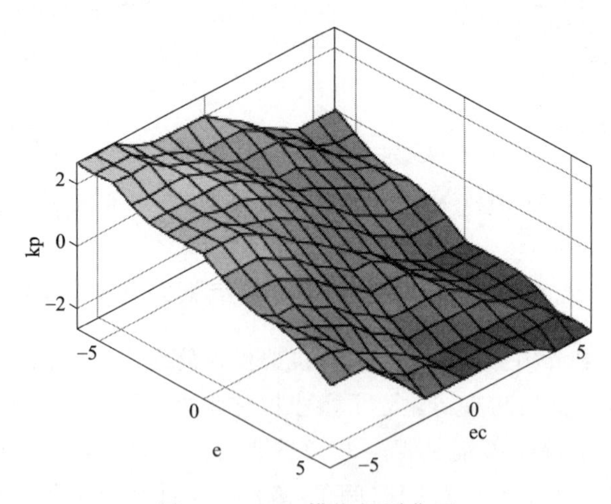

图6-15 ESP模糊规则曲面

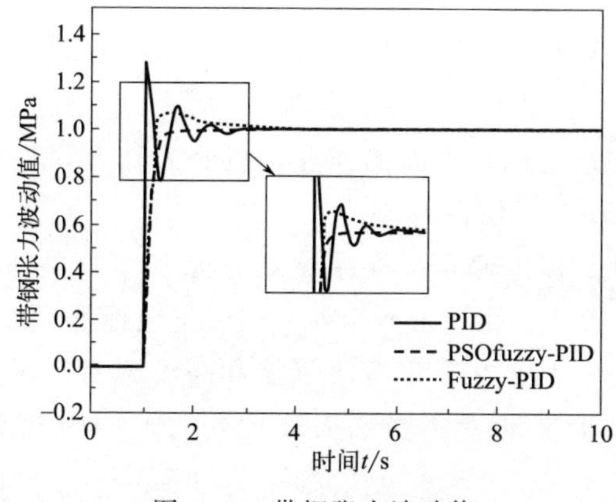

图 6-16　带钢张力波动值

6.3　高精度板带连轧智能化技术

6.3.1　轧制设备智能化技术及发展趋势

人工智能、物联网、大数据、云计算、机器人等新一代信息技术与先进制造技术加速融合，引发了以智能制造为核心的新一轮产业变革，智能制造正在成为全球制造业变革和科技创新的制高点，德国、美国等发达国家纷纷出台了相关的战略与政策，“中国制造 2025”明确将智能制造作为主攻方向。以智能制造引导制造业高端化发展，将成为中国经济由高速增长阶段转向高质量发展阶段的关键驱动。作为制造业的重要组成部分，冶金轧制设备智能化技术也将是钢铁工业实施创新驱动发展，实现转型升级目标的突破口。

对于钢铁行业而言，冶金轧制设备智能化技术即借助互联网＋、物联网、大数据、云计算、机器人、智能制造，依托传感器、工业软件、网络通信系统、新型人机交互方式，实现人、设备、产品等制造要素和资源的相互识别、实时联通，促进钢铁研发、生产、管理、服务与互联网紧密结合，推动钢铁生产方式的柔性化、数字化、绿色化、网络化、智能化发展。

6.3.1.1　工业机器人在冶金行业的应用与发展

工业机器人作为“中国制造 2025”重点发展的十大领域之一，具有很高的技术含量，是机电一体化产品的代表，也是工业自动化水平和工业 4.0 的重要标志，代表着一个国家的科技水平。机器人发明近半个世纪以来，随着科学技术的不断发展和工业自动化水平的逐步提高，工业机器人在制造业中的应用越来越广泛[123]。

钢铁行业劳动力成本逐年提升，使用机器人代替人工劳动是钢铁行业发展的大趋势和未来方向。在钢铁行业，工业机器人代替人工作业主要有几方面优势：

① 对于重复性强、劳动强度高的作业，机器人作业可以大大减轻劳动者工作强度，避免重复劳动造成伤害。

② 对于质量检测、温度测量、样品检测等标准作业，机器人作业可以避免人为失误造成误判、错判、测量不准确等，利于实现标准化作业。

③ 对于钢铁行业一些存在有毒有害气体和高温恶劣环境的作业，用机器人代替人工作业，能保护劳动者不受恶劣环境伤害，同时提高作业标准和劳动效率。

④ 通过工业机器人实现传统工艺的数字化、信息化，借助机器人的通信能力，实现数据流“不落地”，极大地提高产线信息传递快速性、准确性[124]。

国内的钢铁行业机器人技术成果主要包括以下几个方面[125-127]：

① 取样测温机械手：在高温、危险、多尘环境下工作，避免钢渣喷溅、工人烫伤、转炉事故等情况出现，确保测量结果的稳定性和准确性。

② 机械手喷补机：能适应高节奏的生产环节，适应人工操作比较困难的情况，提高设备周转率。

③ 机械手自动加渣机：可提升加渣量的可控、科学量化，对单位时间内单位钢材产量消耗的保护渣进行实时监测，在线显示保护渣消耗量，只需远程控制，避免人工的问题及干扰，加渣更均匀。

④ 机械手喷号机：专门针对钢厂的高作业率和恶劣环境条件而设计的高稳定性喷涂系统，喷印速度快，可以喷印所有的字母、数字和商标，字体大，清晰易辨。

⑤ 镀锌线自动捞渣机器人：将锌渣从锌锅中自动捞出，取代传统人工作业，杜绝现场高温有毒有害区域对人体产生伤害。

⑥ 自动拆捆带机器人：适用于钢卷捆带拆除的生产工序，能够自动识别带头方向、捆带数量，自动起带、剪切、收集捆带。

⑦ 自动贴标机器人：在钢卷内、外圈表面粘贴标签，配合天车夹钳扫描系统，实现钢卷信息自动核对。

⑧ 钢卷边部质量检测机器人：适用于检测钢卷边部质量的生产工序，通过对钢卷侧面成像，利用图像分析技术，实现钢卷边部质量判定。

钢铁行业作为流程制造业，正努力实现向精细、柔性、智能、绿色为特征的绿色智能制造转变，工业机器人的应用不但可以实现生产过程的精准、稳定、智能化，还能够有效克服高污染、高温、高粉尘以及其他各种恶劣环境对人的危

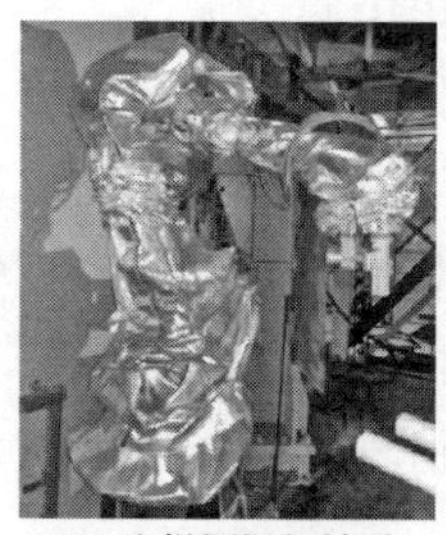

(a) 取样测温机械手

(b) 喷号机器人

(c) 钢卷边部质量检测机器人

图 6-17　工业机器人在冶金行业的应用

害，同时也是提高劳动生产率的主要途径。未来，随着工业物联网、信息系统建设的发展，以及生产大数据的积累和人工智能技术的工业应用，工业机器人技术将会朝着互联互通、智能决策以及高效可靠等智能化方向发展。

第一，工业机器人信息共享及协调发展。在互联网和物联网发展的双重驱动下，人、工业机器人、信息、环境之间的多重连接方式将全面重塑，单工序工业机器人融入全流程生产控制中的趋势越来越明显。采用先进通信和云端数据库技术将工业机器人与生产控制系统连接起来，实现机器人与作业环境的交互及机器人运行信息的远程共享、信息交流，研发智能机器人协调技术，促进工业机器人智能水平的不断提高。

第二，工业机器人高可靠性和精准控制发展。工业机器人健康状态对其稳定工作也至关重要，工业机器人机构复杂、维护成本高，对生产企业的技术人员的能力提出了很高的要求，需要研究面向工业机器人的状态监测与故障诊断技术，实现对工业机器人健康状态的智能诊断，提高运行的可靠性。随着科技发展，未来的工业机器人智能化研究内容还要落实在如何确保机器人工作的高效、精准性，研究在复杂的非结构环境下工业机器人的感知、定位、协调以及自我纠错技术，实现工业机器人快速感知和协调控制。

第三，将“深度学习＋大数据”模式与智能研究相融合。大数据技术就是一种能够将机器人与物联网联系在一起的科学技术，其数据类型是由半结构化数据与非结构化数据组合而成[128]。而基于深度学习的机器人学习方法，对这些数据恰恰能够进行有效的分析、处理，也就能够提高机器人的实际学习速度以及工作效率，这对进一步改善机器人的工作性能和智能程度有着重要的作用。所以，将“深度学习＋大数据”模式融入机器人智能化研究之中则是处理好结构化数据、半结构化数据、非结构化数据转换的基础理论、设计方法所在，同时，也是做好非结构非线性化环境机器人控制问题的研究关键所在。

第四，钢铁生产操作无人化/少人化发展。钢铁生产工序长，生产环境多为高温、多尘、重载，工况条件恶劣，需要更多工业机器人替代危险的工作。另外，工业机器人与人相比，在流程操作上更加专注，可最大限度减少人为操作失误导致的产品质量起伏不定。在工业机器人的生产时代，钢铁产品质量的稳定性会更有保障。目前钢铁企业成功应用的机器人项目多集中于炼钢及产品包装，这也与产线本身节奏快、自动化程度高不无关系。例如：炼钢炉前测温取样，连铸机自动加渣，检验取样，钢坯喷号，钢卷喷印、打捆、拆捆、贴标等[129]。今后，将在酸洗、捞渣、磨辊、热处理等工序开展工业机器人研发，增加工业机器人作业数量，加快钢铁生产操作向无人化/少人化发展。

6.3.1.2 轧制设备智能化检测技术

未来钢铁行业的竞争将不再是价格的竞争，而是效率和质量的竞争。要想实现生产质量和效率的大幅提升，对于钢企而言，需要提升装备水平，夯实自身转型升级的硬件基础，实现向智能制造方向转型。对轧机设备而言，要想提升整体装备智能化水平，首先需要对关键零部件进行智能化升级。因此，在钢铁行业智能制造的催化下，学者已开始对轧机设备关键零部件进行了智能化研发。

燕山大学彭艳团队在多条连轧产线的轧机振动测试与控制研究基础上，研发了轧机设备精度监测与评价平台。该平台能够对轧机辊系、传动系统运行状态进行在线监测，并通过数据处理和智能诊断技术，评估轧机辊系、传动系统的健康状态，实现轧机设备精度智能管控。

彭艳团队提出了一种实时获取负载辊缝信息的智能轧机[130]。通过在板带轧机的一个待检测工作辊的入口侧和出口侧分别布置一组位移传感器，并结合辊系变形模型，建立以实时获取参数信息为已知条件的辊系变形模型。确定实测参数信息与负载辊缝信息之间的对应关系，在轧件进入辊缝瞬间即可获知辊缝信息。负载辊缝的参数信息直接影响轧机系统稳定性及产品质量，该智能轧机能够实时获知辊缝信息，对实现钢板板形板厚的智能化控制具有重要推动作用。

杨利坡提出了一种装备在线温控系统的智能轧辊[131]，包括无线工控系统、内嵌式轧辊和多功能装配体。根据当前轧制参数和特定工艺要求，利用工控系统的温控模型在线优化电热参数序列，并以无线方式传输至多功能装配体，进而实现内嵌组合式轧辊横向温度及局部热膨胀的精细定量控制，以获得不同曲线形式的热辊缝形状。该智能轧辊的提出显著提高了带材轧制过程的热辊效率和辊缝稳定性。

在轧制装备中，轴承和齿轮为非常重要的核心部件，为设备运动系统的“心脏”。轧制用轴承和齿轮大部分为大型轴承，这些大型轴承不仅造价高昂，而且一旦损坏将导致设备停工，甚至会造成百万级、千万级的经济损失。实现关键大型轴承和齿轮健康状态的在线监测成为轧制设备智能化发展的必由之路。基于此，陶卫提出了一种内置无线传感器且具有自供电功能的智能轴承，内置多个传感器获取智能轴承工作时的多种工况参数，通过电路采集数据并进行预处理，测量结果通过天线发送，实现数据的无线传输，并且可以通过轴承自身的转动为传感器和所有电路供电，实现了智能轴承的无线传输与自供能，可以满足绝大多数轴承的智能化需求[132]。针对油膜轴承，孙美丽提出了一种可实现在线检测监控轴承油膜厚度的智能轧机油膜轴承[133]。其通过在轧机油膜轴承的外端径向安装一个小型位移传感器，并将位移传感器的信号引出轴承座之外，连接到二次仪表，实现轧机油膜厚度的在线检测监控。将该装置成对定位安装在支承辊两侧轴承上，还可以实现检测轧机油膜轴承的安装质量，同时可以结合轧机油膜轴承油膜厚度的计算结果，评估轧机油膜轴承的使用寿命。针对齿轮零部件，黄文彬等提出了一种具有状态感知功能的智能齿轮，具有状态感知功能的智能齿轮将微传感器直接安装在机械传动设备所需要监测的位置，感知信号强度大、可靠性高，通过嵌入式的设计使得传感系统具有体积小、集成程度高的优点，并且将其直接安装在齿轮箱内，可以克服箱体内部复杂机械环境，降低安装空间的影响，基于微传感器与微处理器以及无线传感技术，具有微型化、低成本、低功耗、高效率、高精度的优点[134]。

轧机设备智能零部件的研发，实现了对关键零部件运行状态数据信息的采集和智能管控，提高了设备流程信息化水平，有助于推动对钢铁企业建立“数据采集—数据分析—发现规律—建立专家系统—实现产线的自主优化控制”的流程体系，进而用大数据来实现优化生产线这一未来智能化制造的目标。

6.3.1.3　轧制设备全流程智能运维技术

轧制设备是钢铁企业进行正常生产的物质基础。轧制设备的可靠性和维护效果是保障钢铁企业生存的必要条件。轧制设备健康状态的监测、诊断以及维护直接影响钢铁企业的生产经营和经济效益，已成为钢铁企业降低生产成本和保证生产效率的基础。近年来国内许多钢铁企业、科研单位都在积极开展设备诊断技术的理论研究和生产应用。

唐钢于 2016 年建设设备状态在线诊断系统，通过在线监测及时了解设备的实际运行状况，评估运行状态发展趋势，判断设备能否持续工作，出现的故障是否有扩展态势，并且通过在线监测系统远程诊断，确定设备故障原因、发生的部位，为运行及维护人员提供有效的维修建议。其通过对机组关键设备进行在线监测，建立相应的状态管理功能，实现设备管理人员对设备故障早知道、早预报、早诊断，把故障消灭在萌芽之中，从而提高设备运行完好率、减少设备停机时间及降低维修成本，促进设备管理水平提升。同时，将设备管理人员从繁杂、重复的点巡检工作中解放出来[135]。

宝钢自主开发了热轧生产线SSP设备，粗轧R1、R2以及精轧F1～F7等关键设备的在线采集方法，并在某钢厂进行应用。自2008年年底投入运行以来，其系统运行稳定，通过预警和远程诊断成功预报了精轧1号、2号除鳞泵低频振动大的故障源，精轧F2轧机输入轴两侧振动异常，F1主减速器反输出侧原有的温度传感器失效故障，F1分速箱上层输出轴十字包轴承故障等[136]。

济钢根据工业设备状态监测与故障诊断的需求，结合当前企业管理和诊断技术的发展趋势，开发了一套基于济钢OA网的远程厂设备状态点检及故障诊断系统。该系统功能模块分为：用户管理、系统管理、数据采集、数据分析、诊断助手、报表中心和查询中心等。该系统能够对设备的早期故障进行有效诊断。通过对点检采集数据进行实时分析，能够实时掌握设备运行动态，正确分析设备的劣化趋势，做到预知维修及状态维修；能有效避免设备漏检或点检不到位现象的发生，及时发现和解决设备存在的各种隐患，降低了设备运行故障率。该管理系统经过不断改进和完善，有效提升了济钢冷轧板厂的设备管理水平，为设备稳定运行提供了可靠保障[137]。

武钢和北京英华达公司联合设计研究开发了热轧厂关键设备在线监测与专家诊断系统，引入北京英华达公司EN8000在线设备的状态监测与故障诊断分析系统，基于减速器的结构特点，齿轮、轴承和风机的故障机理，以及现代信号处理技术、计算机技术、人工智能技术和网络通信技术，具有先进性、可靠性、实用性和可扩展性等特点。该系统由186个测点传感器、10个智能数据采集箱、1个状态数据服务器、工程师站及监测分析和故障诊断软件构成，能够实现热轧带钢生产线机械设备运行状态的监测、设备运行寿命的预测，及时发现设备轴承、齿轮、传动轴、连接螺栓、润滑等本体零部件的缺陷情况和相连部件的故障情况并及时报警以及提出指导性的处理信息[138]。

未来，随着信息化与工业化技术在冶金行业的深度融合，信息技术渗透到了生产过程的各个环节。冶金轧制设备所产生、采集和处理的数据日益丰富。移动互联网、物联网、大数据带来的轧制设备健康状态感知、高速数据传输、分布式计算和诊断分析等先进技术，也将带来深刻的变革，使轧制设备管控进入了新的发展阶段。

(1) 基于物联网技术的设备状态监测诊断[139]

物联网的出现给轧制设备的健康状态监测诊断提供了新的模式和思路。利用物联网，能够将信息感知技术、网络技术、智能运算技术融为一体，完成轧制设备健康状态信息的实时协同采集、智能处理、及时反馈等功能；构建感知层、网络层和应用层的三层系统框架，可实现集故障预知、远程监控、远程诊断、在线诊断、人工智能于一体的智能、高效监测诊断模式。

① 感知层利用安装于轧制设备上的传感器节点进行信息采集，实现对轧制

设备温度、压力、负载、振动强度等状态的信息监测；利用短距离通信技术将数据传输至现场网关或上位机，可实现感知层数据的采集和传输。

② 网络层获取轧制设备的健康状态监测信号和运行参数数据，经网络层传送至各分厂服务器，再通过专网或4G等物联网，与公司总部的设备监测诊断管理平台、集控中心、云服务平台、移动终端等进行数据、图像以及报警事件等信息通信，实现设备健康状态信息的集中存储、远程管理和移动办公。

③ 应用层主要利用柔性开放、可扩展、可重构、实时交互的轧制设备健康信息数据库，实现监测信号分析、故障特征提取、故障诊断及预测功能。首先，利用丰富、成熟的数据预处理算法，对数据进行有目的性的重组、挖掘、推理；然后，对数据进行个性化处理，为机械设备的安全运行、计划检修、主动维护和技术管理提供决策信息；最后，通过人机界面把有价值的诊断结论、决策信息展示给用户，从而完成了轧制设备健康状态监测诊断的功能要求。

（2）基于运行大数据技术的设备状态监测诊断

轧制设备运行状态的在线监测，具有监测部位多、采样频率高、在线收集数据时间长等特点。海量运行数据的产生，意味着设备健康状态监测诊断技术迎来了大数据时代[140]。将大数据分析与机器学习技术应用于轧制设备运行过程的故障预测诊断，通过从复杂装备运行特征大数据中挖掘出故障信息，以实现运行故障的快速诊断，是近年来大数据在智能制造领域的重要应用之一。

在收集大量运行特征数据的基础上，采用数据挖掘算法对轧制设备运行数据进行重组、挖掘，建立故障诊断专家知识库，获得与故障有关的诊断规则[141]。基于专家知识库以及诊断规则，对实时监测数据进行诊断，并逐步更新专家知识库，可以得到更为准确的诊断结论和建议对策。利用轧制设备运行大数据分析技术，根据状态检测、故障诊断分析的结果，在故障将要发生时对设备进行维护，是一种主动、积极的维护方式。将大数据驱动判别和专家知识库判别相结合，辅以失效模式、失效机理分析，综合形成故障诊断记录，作为故障解决方案的基础。

物联网和大数据技术在轧制设备健康状态监测诊断中的应用，将确保中、高层技术和管理人员及时掌握设备运行健康状态，进行状态分析和故障诊断，对延长轧制设备检修间隔、缩短检修时间、提高轧制设备可靠性和可用系数、延长轧制设备可用寿命、减少运行检修费用等都将产生深远的影响。通过应用物联网和大数据技术的轧制设备健康状态监测诊断系统，将有助于发现轧制设备关键机械部件的故障原因，指导钢铁企业快速维护及合理安排生产，帮助其找到一条设备运行维护的捷径，消除企业在提高生产率方面遇到的瓶颈问题，提高企业的竞争力，提升经济效益。

6.3.2 轧制生产工艺过程智能化技术及发展现状

经过多年发展和改革创新，我国钢铁行业的信息化和自动化水平已经跻身国际前列，我国钢铁工业绝大多数企业已经实现了机械化和自动化。钢铁行业全流程存在大量“黑箱”，同时多变量、强耦合、非线性的特征使钢铁生产过程本身和钢铁产品质量的突出特征有极强的不确定性，因而我国钢铁行业目前生产过程和产品质量不稳定，作为流程工业重点要求的均匀性和一致性也差强人意，因此，钢铁行业对智能化需求极为迫切。对此，必须在加强数字化和信息化建设的基础上，大力开发适合用于钢铁这一流程工业的智能化工厂框架，从而使我国钢铁行业具有感知、认知、分析、决策、自学习、自适应、自组织的能力。钢铁行业，特别是轧钢行业目前具有各行业最高的控制系统水平，具有最好的实现智能制造的条件。而在智能化钢铁厂搭建的过程中，轧制生产工艺过程智能化是极为关键的要素。

6.3.2.1 轧制过程多工序工艺智能优化

板带材轧制过程的各工序都已达到较高控制水平，工序耦合和工况复杂性限制了产品质量及生产效率的提升，难以再从单独工序取得进一步突破。如何通过智能化手段实现以轧制过程关键运行指标感知为基础的多工序综合协调优化，是本领域的热点问题。

张殿华[142] 等人以第四次工业革命的核心技术信息物理系统为目标，对钢铁行业现有的自动化系统进行改造，拓展网络功能，强化计算能力和感知能力，建成可靠的、实时的、协作的智能化钢铁生产信息物理系统，实现钢铁行业的智能化发展。针对生产过程中存在大量非稳态过渡过程，其着重研究了关键工艺质量参数的变化规律和精细化控制方法。一方面研究材料内部性能、设备状态与变形区状态间的影响规律，提高机理模型精度；另一方面基于生产过程的海量数据，采用神经元网络和模糊推理等方法，感知复杂环境中难以准确测量的工艺参数，提高模型的适应性；同时，研究多机架交叉耦合影响机制，明确关键工艺参数对厚度、板形、镀层等质量指标的影响规律，建立三维尺寸控制的动态调节功效模型，制定多控制输出的替代策略，实现基于工艺和尺寸约束条件的多目标实时优化，在单工序关键参数精准控制基础上，在多工序协调优化控制架构内完成板带材制备过程的全局优化。

BFI、Primetals[143] 等单位采集了每个工序的过程数据，进行多工序数据分析和挖掘，建立全过程质量预测模型，依据板坯质量适用指数预测、轧机过程能力和顾客需求，基于遗传算法实现了不锈钢轧制过程生产路径的优化。

丁敬国[144] 等人针对板带热连轧的非稳态过程具有难以用机理模型准确描述、弹塑性变形耦合、轧制工艺约束复杂等特征，以数据为中心，以工业互联网为载体，将数据驱动模型与机理模型深度融合，通过工序间动态协调优化，形成热连轧过程信息物理系统，提高轧制工艺对复杂工况的原位分析能力，提高其质量指标。建立上游工序干扰下的热轧机组运行参数协调优化策略和过程动态调整运行机制，对运行参数进行多层次多目标协同优化设计，实现基于工艺窄窗口条件下的轧制过程容错运行控制。动态实时逆向调整各机架压下分配、张力制度、润滑状态、温度制度等，并在各因素运行指标允许范围内提高热连轧非稳态过程产品质量和性能。

轧制产线的工艺制度基本是固定的，但对于一种产品，不同用户关注的质量不一样，生产过程中，保证所有指标最优和保证关键指标最优、次要指标合格所需要的综合成本是不一样的。轧制工艺优化应根据用户需求、不同轧制计划、设备状态，综合考虑表面、能耗、产量、质量等多种因素，为各个产品制定最佳工艺路径，通过智能优化，在满足用户需求的同时，降低热轧产线制造成本，提高产线综合竞争力。

6.3.2.2　智慧化排产技术

目前我国大型钢铁企业多已建立完善的企业管理信息系统，但供应管理和计划排程等环节的决策多数还是依靠经验。人机交互式动态智能排产技术是实现钢铁行业智能化改造的必经之路。

Zillner[145] 等人基于市场需求和实时生产数据，针对库区结构特点，采用终端产品库存拉动、多工序自适应优化反向递推方式，建立板带轧制产品库存模型，优化库存水平，实现各工序的协同作业；以用户需求为驱动，综合考虑产能平衡计划和在制品库存计划的基础上，结合成品库存、物流特征、交货期要求、生产环境等信息，通过产线分工决策实现生产订单最优加工路径规划，在产能平衡、产线分工、库存优化等多个层次实现供应链一体化计划编制。同时，随着订单个性化需求与钢材规模化生产间矛盾的日益突出，为进一步实现柔性化生产，从市场和工艺两者出发，研究工艺驱动的柔性化生产动态智能排程方法。如在炼钢过程中考虑不同产品在性能方面的相似性，利用成分设计实现对钢种类别的归并，并根据订单需求进行动态调整；轧制过程中通过控制轧制与控制冷却，实现同一化学成分下生产不同强度级别的产品；在考虑轧件性能特性、设备约束前提下，研究基于在线质量监控的动态排程和工艺规程重设定方法；综合考虑产品规程、物流特征、订单交货等要求，制订产品最佳生产路径。

张健民[146] 等基于宝钢1580热轧产线，针对产线品种规格众多、钢铁公司物流交叉复杂的特点，结合多年炼钢、热轧计划排程经验，提出了炼钢-热轧一体化智慧排程设计架构，确定了人机交互方式、特殊轧制规程数字化处理、模型数据表设计等功能，通过在L4排产系统中增加板坯垛位信息等措施，实现了热轧生产计划编制与企业生产计划的一体化，大幅度提高了轧制计划自动排程比例。

王利[147] 认为冷轧薄板企业生产计划与调度方案的过程受到机组生产能力、库存变化、产品规格与质量、交货期等多方面因素的约束，具有动态性、适应性、鲁棒性的要求。其针对目前冷轧薄板生产企业轧制过程的管理模式、生产方式，对轧制过程的生产计划与调度问题开展了深入系统的研究，把排产过程归纳为非对称双旅行商问题，以生产合同序列的宽度变化、入口厚度变化和出口厚度变化作为求解的子目标，建立基于Pareto的多目标冷轧机组生产作业计划模型，构造了基于Pareto非支配集的自适应多目标蚁群算法，得到Pareto非支配解集表示调度结果，为机组生产调度系统提供多个可行的批量作业计划用于选择。通过研究宝钢冷轧薄板厂各个机组的生产特点，针对二次冷轧机组与平整机组之间、各个涂镀机组之间可以生产相同产品的特殊性，建立了基于部分重构的冷轧生产过程混杂Petri网生产调度模型，并分机组类别构造线性＋规划模型，利用提出的有限搜索蚁群算法，限制算法搜索范围，在机组定修与计划工艺调整期间，对生产合同的生产流向进行部分生产重构。通过研究冷轧薄板厂生产过程中突发故障、插入紧急合同等动态事件的特点，利用混杂Petri网和UML技术建立多Agent系统模型。针对全流程生产合同分配、可重构机组生产的不同情况，建立了相应的动态重调度模型。同时，将事件特征、时间等因素加入蚁群搜索过程中，提出了用于求解的动态约束蚁群算法和基于蚁群聚类的合同选取方法。基于上述模型与算法，应用软件工程技术开发了宝钢冷轧薄板厂的生产计划与调度系统，通过上海宝钢冷轧薄板厂的实际运行情况表明，这些方法可以提高冷轧企业生产计划与调度过程的决策能力，达到了提高生产效率、减轻调度过程的复杂度和提高系统适应能力的目的。

目前的热轧生产计划排产与热轧生产缺乏数据互动，热轧产线的生产计划难以考虑产线设备、生产状况等情况，无法做到最优。未来在新的热轧智能制造系统中，必将逐步开发出热轧产品质量、生产成本综合评价模型，设备状态评估模型，基于这些模型进一步开发轧制计划综合评价系统，并反馈到轧制计划系统。另外轧制产线基于实际生产状态形成轧制计划的短期动态调整规则，这些规则将与轧制计划系统共享。轧制排产系统基于产线的短期动态调整规则及计划综合评价系统产生新的轧制计划下发到轧制产线，轧制产线可结合用户对产品的需求信息动态优化轧制工艺。

6.3.3 轧制过程产品质量智能化控制技术及发展趋势

钢铁工业实现智能化生产的一大目的就是为了提高产品质量稳定性，因此，如何实现轧制过程产品质量智能化控制是钢铁工业智能化进程中的一项关键技术。板带材制备过程是由加热-轧制-轧后处理等多工序构成，工序之间质量遗传性强，指标间耦合性强，复杂度高，其真实物理机制模糊，同时轧制过程中的干扰和测量噪声不可避免，存在一定的系统干扰。产品质量监控过程中需要综合考虑内外部因素对产品质量的影响，根据不同工况场景实时改变质量判定标准，建立和完善基于数据和过程能力分析的多维自适应过程统计控制模型，实时监控质量指标的正常、异常波动，准确识别出引起质量波动的原因。为此，开发轧制全流程产品质量智能监控、诊断与优化方面的研究势在必行。

彭艳等人开展了机理数据融合的板带轧制过程质量监控及诊断研究，以机理模型结果作为数据模型准确性的判别条件，进而优化调整数据模型的核参数，提高模型对产品缺陷的解释能力和对多元非线性参数的识别能力。为解决热连轧机组板厚质量异常问题，通过研究精轧机组各机架间变量传递拓扑结构（图6-18），明确了热轧过程板厚质量相关异常特征遗传路径（图6-19），为后续板厚质量监控与诊断奠定了基础。

徐钢[148] 针对在产品质量设计中，依赖人的经验来制定的方式，易造成产品质量偏差大的问题，提出基于数据驱动的产品质量设计方法，建立基于多类邻近域主流型学习的工艺参数设定模型，提取出潜含在数据中的主流型“管道”，根据“管道”的流向和区间大小来实现系统级CPS的产品质量设计；在此基础上，建立基于软超球体最大内接矩形的工艺规范制定模型，获得在当前工艺装备能力制约下的工艺参数有效控制区间，并通过IF钢的实际生产数据验证了方法的有效性。

张健民[146] 等人基于宝钢1580热轧产线，采用图像处理及AI技术，开发了板坯号自动识别装置、镰刀弯检测装置、粗轧翘扣头检测装置、精轧跑偏检测装置以及夹送辊表面检测装置，结合了大数据技术精调热凸度补偿、轧辊磨损等模型，在凸度反馈控制、平直度反馈控制中引入滑动平均滤波、SMITH预估控制等先进控制算法，优化窜辊模型，综合考虑生产计划，以整个轧制计划磨损均匀为目标，实现动态优化窜辊策略。此外他们还采用大数据分析技术，开展表面氧化铁皮、边线缺陷AI建模、缺陷智能诊断研究。

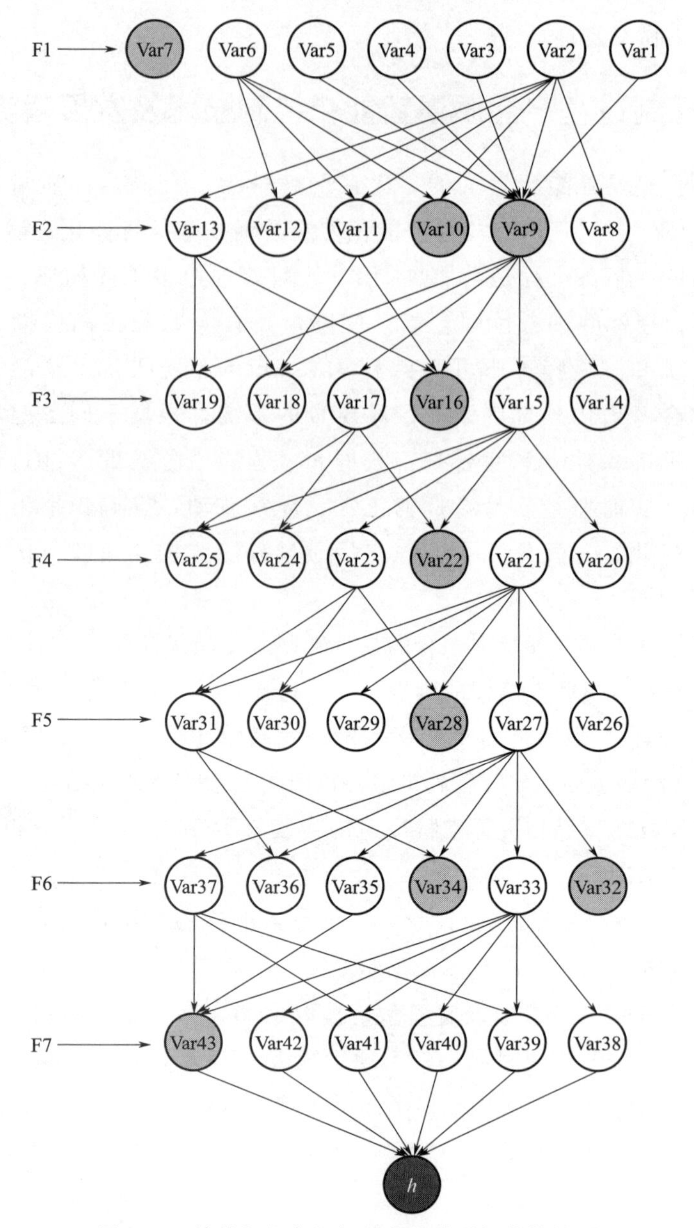

图 6-18 精轧机组各机架间变量传递拓扑结构图

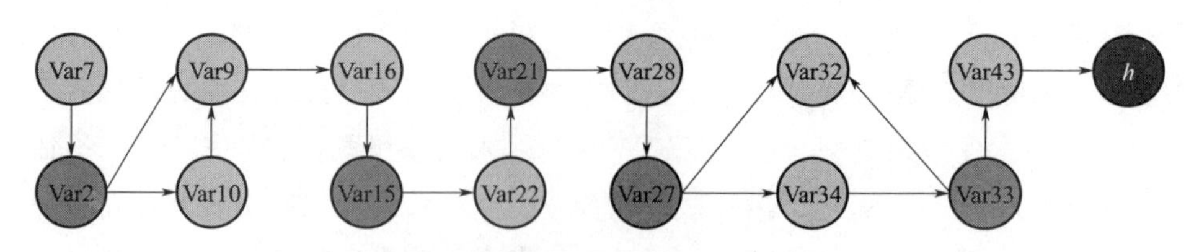

图 6-19 热轧过程板厚质量相关异常特征遗传路径图

6.4　高精度板带连轧数字孪生技术

6.4.1　高精度板带连轧数字孪生概述

(1) 高精度板带连轧

21 世纪，世界钢铁工业发展的一个显著特点是钢材市场竞争愈演愈烈，竞争的焦点是钢材的质量高而成本低。钢材应用部门连续化自动化作业的迅猛发展，除要求钢材的性能均匀一致外，还要求钢材尺寸精度高。因此，轧制产品高精度是轧钢技术发展的重要趋势之一[7]。高精度轧制技术最终反映在产品的尺寸精度上，为了提高产品的尺寸精度，必将涉及原料、工艺、设备、控制、仪表检测、轧制理论以及生产管理者等多方面因素。连轧是将连铸坯轧制成不同规格产品的生产工艺过程，其主要分为热轧和冷轧，热轧是将铸坯加热后控制在再结晶温度以上进行轧制加工的工艺，而在再结晶温度以下，包括常温下进行轧制加工的工艺称为冷轧。连轧的主要工艺设备有加热炉、初轧机、精轧机和飞剪机。随着我国制造业逐步向高质量转型，用户对轧制的质量要求越来越高，高质量产品已成为企业市场竞争力的关键要素。随着现代科学技术的进步和发展，轧制过程的装备水平越来越高，自动化控制水平和数学模型设定精度也越来越高。这些技术提升虽然可以降低生产成本并提高生产率，但对于产品尺寸精度、板形、力学性能等质量稳定性也有极为严格的控制要求。在连轧生产过程中，产品换钢种、换规格、温度制度波动等非稳态轧制过程的工艺控制能力不足，导致最终产品的三维尺寸、板形、温度制度以及产品力学性能等关键质量参数稳定性差，该现象也成为制约我国连轧生产技术进一步提升的关键问题。钢铁行业已进入“高产能、高产量、低利润”的时代，加快产业升级和产品结构调整是发展趋势。开发具有全套自主知识产权的连轧生产线并实现智能化创新，是产品质量和运行水平进一步提升的关键，也是我国钢铁行业“从大到强”转型升级的核心要素之一[149]。

(2) 高精度板带连轧国内外研究现状

吕程、王国栋等以实测数据为基础，在精轧预设定中采用 BP 神经网络的方法取代传统的轧制力数学模型，并对神经网络输入项和训练样本进行分析，提出改善神经网络预报精度的一些方法[150]。姜正连、许健勇等就轧制稳速、加减速、过焊缝情况下轧机实际厚度控制精度进行分析，提出了相关冷连轧机高精度板厚控制的方案[151]。李旭、张殿华等研究了冷连轧机组部分的自动化控制系统软件包，它包括基于神经元网络、成本函数和轧制物理模型的 CORUMTM 过程工艺模型以及集高精度、高响应、多变量为一体的厚度、张力和平直度闭环控制技术[152]。刘恩洋、彭良贵等结合常规轧后冷却（层流冷却）系统的优化和新一代轧后冷却（超快速冷却+层流冷却）系统的研发，对冷却过程中的换热机理、温度场解析模型等理论模型以及带钢在各种冷却策略下的温度变化规律等工艺过程进行系统研究，实现了轧后冷却过程的高精度控制，并且能够满足不同钢种不同冷却工艺的要求[153]。李烈军、沈训良在坯连铸连轧流程实现中、高碳钢热轧板的高精度轧制，对铸坯形状、轧辊温度、轧辊配置等方面进行研究和控制，厚度公差控制在±25μm 以内，平直度控制在±10I 以内[154]。张结刚、吴泽交等建立了六辊轧机辊系的二维变厚度有限元模型，基于大量仿真模拟计算，开发出可以实现高精度断面控制的 ECC 工作辊辊型曲线[155]。张殿华、孙杰等自主开发了冷连轧全套自动化系统，涵盖了轧机主令控制、自动厚度控制、自动板形控制、物流跟踪、模型设定等功能，并研发了高精度数学模型、轧制规程多目标优化算法、加减速过程带钢厚度与张力补偿及轧制工艺优化等先进控制技术[156]。何安瑞、荆丰伟等，从辊底式隧道加热炉智能燃烧系统、高精度轧制过程控制模型、兼顾全幅宽和多目标的板形综合控制技术三个方面，介绍了薄板坯连铸连轧过程控制关键共性技术的研发进展，并通过数据网关+双系统并行的在线替换模式，实现了新的过程控制技术零停机时间的工业应用[157]。徐利璞、计江等攻克了非稳态过程厚度自适应控制技术，构建了调控功效自学习的板形控制系统，建立了数据与机理融合的轧制工艺数学模型，完成了冷连轧过程的动态优化设定，搭建了较为完善的智能化、模块化的在线质量监测与分析平台[158]。

Chaonan T 介绍了严重影响厚度精度的控制单元的设计思想，并给出了控制结果[159]。2004 年日本住友金属工业公司开发出在二辊式连轧管机第 5 机架后配制四辊式机架的高精度轧制方法，改善了连轧管机成品机架造成的钢管壁厚不均[160]。Lee D M 等提出了一种神经网络学习方案，以提高中板轧机轧制力模型的预测能力[161]。JIA C Y 以冷连轧机实测数据为基础，采用 Elman 动态递推网络方法，建立了冷连轧机轧制力模型，并提出了一种基于误差反馈和经验的全域自调节因子模糊控制、闭环调节的轧制力预测模型，修正了预测结果，提高了预测精度和可靠性[162]。Jiang M 等提出了一种热轧带钢热凸度的在线精确预测模型，采用状态空间公式建立了低阶热冠预测模型，计算效率高[163]。Yang L 等提出一种新的高精度形状识别和调整方法，根据大量实际有效形状信号，利用模型计算了多个实例，验证了各种形状缺陷的精细控制效果，对超薄宽带钢的识别和调整有一定的帮助[164]。赵健伟等从带钢成形机理和轧辊系统变形出发，建立了高精度的带钢成形模型，重点研究了轧辊磨损、轧辊热膨胀、金属横向流动和应力释放对形状的影响[165]。Li S 等提出了一种基于切线速度场和线性 MY 准则的带钢热轧轧制力预测的新解析模型，系统地分析了压下率、形状因子和摩擦因子对轧制力、中性面位置和应力状态系数的影响[166]。Ioannis S. Pressas建立了环轧有限元模型，通过这些数值模型，深入研究了轧辊的弹性变形和热变形，并预测了变形对生产环节的影响[167]。Chunning Song等基于多输出高斯过程回归（MOGPR）方法，建立了通用变辊型（UVC）轧机辊型多机架工作辊弯曲力和移动行程的控制策略[168]。王涛等采用变分法求解金属横向流动，得到了考虑金属横向位移的张力分布，结合影响函数法计算辊系弯曲变形，开发了热轧带钢板凸度计算程序，通过模拟计算，得到工作辊挠度、轧制压力、压扁以及出口板厚随工作辊直径的变化规律，为工作辊直径优化提供了理论依据[169-172]。

(3) 数字孪生国内外研究现状

当前，以物联网、大数据、人工智能等新技术为代表的数字浪潮席卷全球，物理世界和与之对应的数字世界正形成两大体系平行发展、相互作用。数字世界为了服务物理世界而存在，物理世界因为数字世界而变得高效有序。在这种背景下，数字孪生技术应运而生。数字孪生（digital twin）技术最早由美国国防部提出，用于航空航天飞行器的健康维护与保障[173]。数字孪生充分利用物理模型、传感器更新、历史数据，集成多学科、多物理量、多尺度、多概率的仿真过程，在虚拟空间中完成映射，从而反映相对应的实体装备的全生命周期过程。数字孪生是以大数据、人工智能和仿真建模等为基础的多学科集成技术，是以数字化方式创建物理实体在环的虚拟模型，借助数据模拟物理实体在环境中的行为，通过虚实交互反馈、数据融合分析、决策迭代优化等手段，为物理实体增加或扩展新的能力。随着数字孪生的不断发展，其在智能制造领域也越来越受到重视，板带热连轧的非稳态过程具有难以用机理模型准确描述、弹塑性变形耦合、轧制工艺约束复杂等特征[158]，将数字孪生应用于复杂的连轧生产过程能够进一步提高连轧生产技术，高精度板带连轧数字孪生技术是一种提高产品质量和运行水平的关键技术。

康永林、朱国明等针对国内某热连轧生产线典型低合金高强钢的实际生产过程进行了粗轧、精轧及轧后冷却残余应力形成的全过程模拟分析、组织转变模拟预测[174]。张殿华等自主开发了冷连轧全套自动化系统，涵盖了多种功能，并研发了高精度数学模型、轧制规程多目标优化算法、加减速过程带钢厚度与张力补偿及轧制工艺优化等先进控制技术[156]。东北大学建立了热连轧轧制过程在虚拟端的三维实体模型和工艺模型，获取热连轧生产过程数据库，使用工艺模型利用热连轧实际生产过程数据进行计算，建立数据与虚拟设备间的动作对应关系，完成热连轧轧制过程数字孪生的构建[175]。张殿华、孙杰等开发了热连轧过程动态数字孪生模型并建立了CPS控制系统平台[176]。张阳等提出了一种基于数字孪生模型的带钢轧机振动监测方法，有效降低了传统监测系统的结构复杂性和测试成本[177]。徐利璞等针对高端带钢冷连轧生产线的工艺控制要求，开发了具有完全自主知识产权的数学模型和智能工艺控制技术[158]。孙杰、侯凡等提出了一种带钢连轧过程的数字孪生模型构建方法[178]。

目前钢铁工业全流程工序均为“黑箱”操作，内部信息极度缺乏；各工序内部高度相关，牵一发而动全身；孤岛、局部、单点式控制，全流程一体化控制有待加强且生产数据整合与利用不充分。因而，钢铁行业需要构建数字孪生系统，向数据驱动转型；通过全局智能优化，实现系统自治；实现全流程与全生命周期一体化控制；构建钢铁工业智能管控平台；实现软件定义的钢铁智能制造。

高质化、绿色化已成为钢铁行业发展的必然趋势，我国钢铁产能产量已长期居世界首位。新形势下，为更好地满足民生发展和国防需求，获得高品质高端钢铁材料，实现产业绿色化发展，即产品高质化、工艺绿色化，已成为钢铁产业发展的重点[179]。轧制是钢铁行业的成材工序，是大批量生产钢铁材料的工艺过程，是最主要的钢铁材料成形方法，冶炼钢的90%以上要经过轧制工艺才能成为可用的钢材。从20世纪50年代开始，为了保证材料的成形精度和质量，轧制过程自动化、连续化逐渐成为重要的发展趋势。特别是英国的BISRA等研究单位，从厚度自动控制技术开始，对轧制过程的精度控制展开了开创性的工作。随后，日本在大规模建设钢铁厂的过程中，利用后发的优势，提出了大型化、连续化、自动化的建设目标，并贯彻到轧制过程的建设和研究之中，将轧制技术与自动化技术融合，使轧制技术的自动化、信息化水平与综合装备水平提升到一个新的高度。轧制技术还远远没有满足社会的需求，它的排放、它的消耗、它对环境的负面影响，在刺痛我们的心，在激励我们开展创新研究。轧制过程要实现减量化，轧制产品要实现高级化，轧制与环境要实现和谐化，而智能化、信息化则是这一进程中极为重要的支撑。在制造业的研发设计领域，数字化已经取得了长足进展。近年来，CAD/CAE/CAM/MBSE等数字化技术的普遍应用表明，研发设计过程在很多方面已经离不开数字化。数字孪生驱动的生产制造，能控制轧机等生产设备的自动运行，实现高精度的生产过程；根据结果，提前给出修改建议，实现自适应、自组织的动态响应；提前预估出故障发生的位置和时间进行维护，提高流程制造的安全性和可靠性，实现智能控制。

随着新一代人工智能技术与实体经济渗透融合进程的加快，钢铁企业、信息龙头企业、研究院校以产学研用深度融合、协同创新的方式，共同建设钢铁行业全流程一体化的智能化生产线，必将促进我国钢铁行业成为“工艺绿色化、装备智能化、产品高质化、供给服务化”的全球领先行业。

6.4.2 高精度板带连轧数字孪生系统总体设计

高精度板带连轧指在有效保障连轧系统性能、产品精度、企业经济效益的同时，对轧制过程中水、电、气、热、原材料等能源消耗和物理装备的健康状况进行监测、分析、控制、优化等，从而实现对能耗的精细化管理、对物理装备的实时管控，达到节能减排、降低制造企业成本、保持企业竞争力的目的。基于数字孪生的高精度板带连轧技术指在物理连轧机组中，通过各类传感技术实现能耗信息、生产要素信息和生产行为状态信息等的感知，在虚拟连轧机组中对物理连轧机组生产要素及行为进行真实反映和模拟，通过在实际生产过程中物理机组与虚拟机组的不断交互，实现对物理连轧机组制造能耗的实时调控及迭代优化。基于数字孪生的高精度板带连轧技术，如图 6-20 所示。

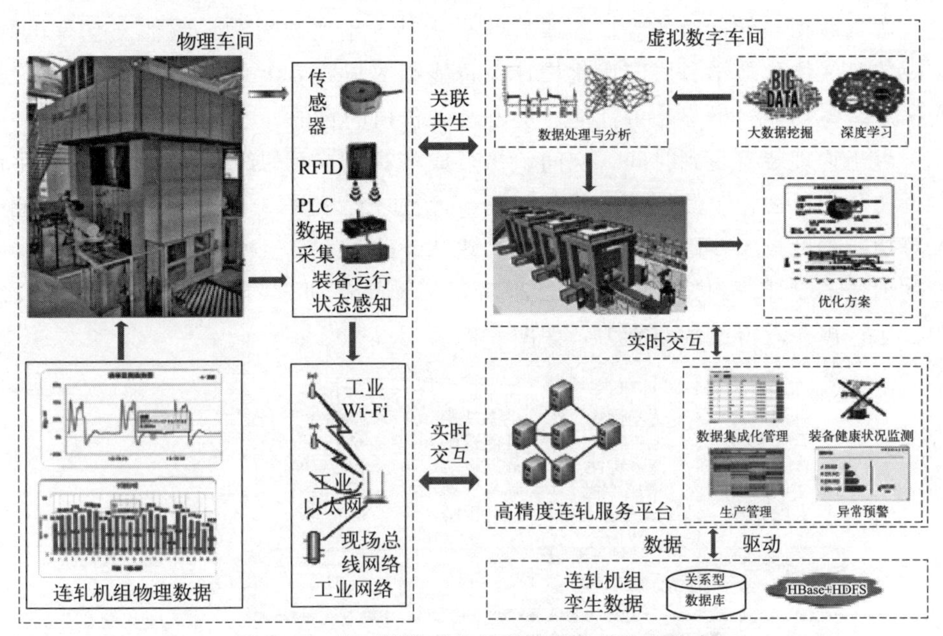

图 6-20　基于数字孪生的高精度板带连轧技术

数字孪生驱动的高精度板带连轧技术与传统技术和方法相比，具有以下特点：①数据来源由单一的生产数据向多类型的装备能耗、生产要素和生产行为等数据转变，数据来源不仅包括物理连轧机组多源异构感知数据，还包括虚拟数字连轧机组仿真演化数据；②交互方式由传统的平面统计图表显示向基于虚拟以及增强现实技术的沉浸式交互转变；③生产过程管理由传统的经验指导管理向物理模型驱动数字模型知识演化的物理-信息融合的管理转变。

围绕基于数字孪生的高精度板带连轧技术及应用研究，需解决以下难点：①多状态感知方面，需要研究能够适应连轧机组恶劣工况环境并且准确可靠的智能感知装置及分布式感知网络，为基础物理数据的获取提供保障；②迭代优化方面，在数字模型的仿真测试过程中，需要研究基于孪生数据的自组织、自学习优化方法，为系统的优化运行提供依据，同时在物理车间的实际生产过程中，需要研究高效的物理-信息系统迭代交互机制，支持实现动态环境下能量有效性能的优化提升。

6.4.3 高精度板带连轧数字孪生建模

高精度板带连轧数字孪生装备是一种由物理装备、数字装备、孪生数据、软件服务以及连接交互五个部分构成的未来智能装备。数字孪生装备通过融合应用新一代信息技术，促进装备全生命周期各阶段（设计与验证、制造与测试、交付与培训、运维与管控和报废与回收）数字化、智能化升级，使装备具备自感知、自认知、自学习、自决策、自执行、自优化等智能特征。基于装备数字孪生模型、孪生数据和软件服务等，并通过数模联动、虚实映射和一致性交互等机制，实现装备一体化多学科协同优化设计、智能制造与数字化交付、智能运维等，达到拓展装备功能、增强装备性能、提升装备价值的目的。

由于物理装备受到时间、空间、执行成本等多方面的约束，仅凭借物理手段实现装备的可视化监测、历史状态回溯、运行过程预演、未来结果预测和智能运维等功能难度较大，因此，需要通过构建装备的数字孪生模型，在信息空间中赋予物理装备设计、制造及运维等过程看得见、运行机理看得清、行为能力看得全、运行规律看得透的新能力，如图 6-21 所示。

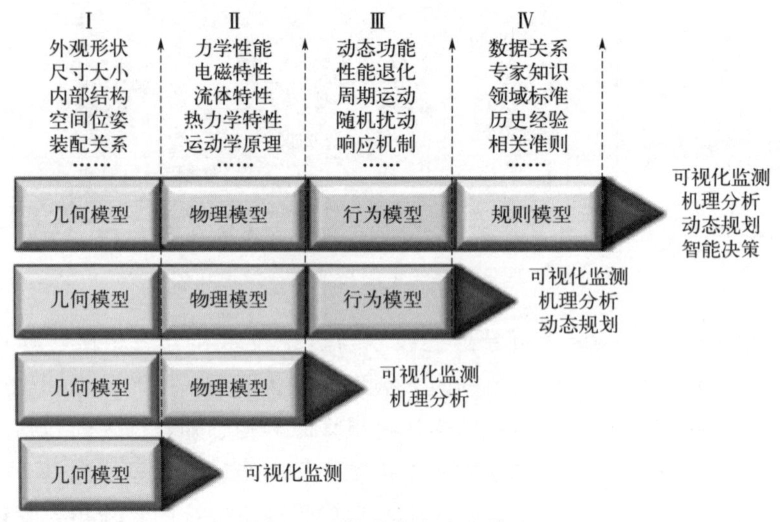

图 6-21 装备数字孪生模型

高精度板带连轧数字孪生建模需要建立高精度板带连轧过程在虚拟端的三维实体模型和工艺模型；所述三维实体模型包括高精度板带连轧设备三维模型、轧件三维模型；获取已有的高精度板带连轧生产过程数据，并将高精度板带连轧生产过程数据存储到数据库中，同时，建立数据库中数据与虚拟端的三维实体模型间的对应关系，并使用动画效果显示；采集现场高精度板带连轧实际生产过程数据，按照数据库与工艺模型之间的通信周期，依次触发工艺模型计算轧制结果数据，将数据库中的数据赋给虚拟端的热连轧设备三维模型、轧件三维模型，并显示现场热连轧实际生产过程数据相对应的动作，完成热连轧生产过程在本通信周期内的孪生过程。

本节结合北京金恒博远冶金技术发展有限公司所搭建的冶金仿真模型系统建立了精轧准备、精轧液压站、精轧轧制、精轧换辊、精轧标定、层流冷却、卷曲和卸卷八个模块的高精度板带连轧数字孪生模型。

6.4.3.1　精轧准备孪生模型

精轧机是带钢热连轧的核心设备，产品的质量控制主要集中在精轧区，精轧机组一般由 6～7 个机架组成。精轧准备主要完成精轧轧制前的准备工作，包括各个轧机的主传动状态、主传动风机、输出辊道、辊道速度、各个轧机的速度模式、轧辊冷却等，当上述准备工作完成之后，轧制才能正常进行。为此，精轧准备孪生模型需要对精轧进行多方面监控，主要监控内容如下：

① 精轧机组：主要显示各射流集管的工作状态，包括轧辊冷却、机架间冷却、活套冷却等。当正常工作时集管颜色为绿色，反之则为浅蓝色（如图 6-22 所示）。

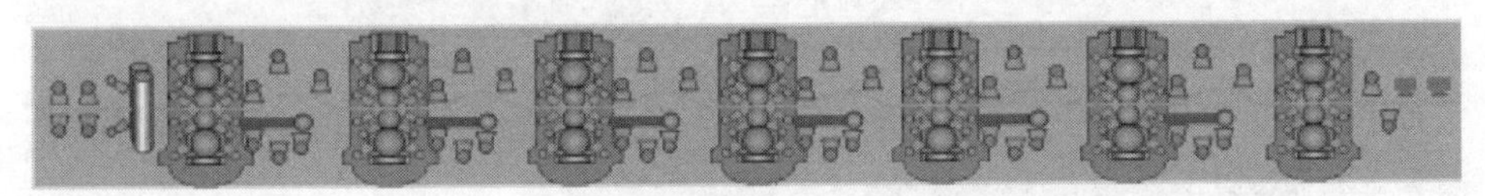

图 6-22　精轧机组孪生模型

② 设备状态：用于监控各设备的状态，当孪生模型指示灯为绿色时，表示该设备已满足轧制要求；当孪生模型指示灯为灰色时，表示该设备不满足轧制要求。孪生模型监控的监控对象如图 6-23 所示。

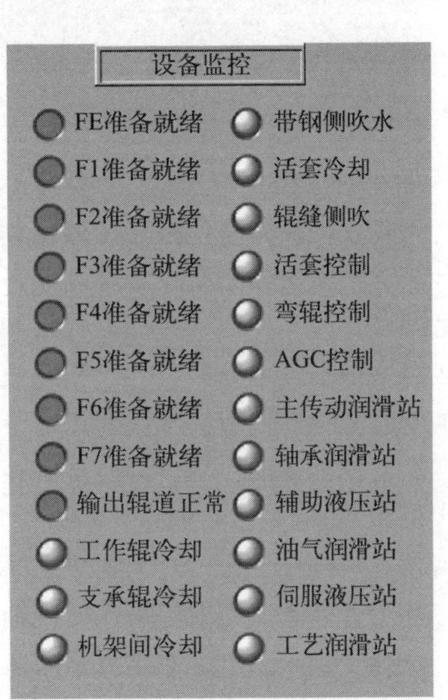

图 6-23　设备状态

精轧准备孪生模型首先要分别打开机前主传动润滑站、机后主传动润滑站、机前轴承润滑站、机后轴承润滑站、伺服液压站、工艺润滑站、辅助液压站、油气润滑站；然后将液位与油温调到满足要求，使各液压站达到就绪状态（FE 主传动调到使能，F1、F2、F3、F4、F5、F6、F7 的主传动、主传动风机、输出辊道、辊道速度分别调到使能），并将各轧机速度模式调到联动，将工作辊冷却、支承辊冷却、机架间冷却、带钢侧吹、活套冷却、辊缝侧吹分别打开；最后精轧准备完成。

6.4.3.2 精轧液压站孪生模型

精轧液压站孪生模型是由液压泵、驱动用电动机、油箱、方向阀、节流阀、溢流阀等构成的液压源装置或包括控制阀在内的液压装置，按驱动装置要求的流向、压力和流量供油，适用于驱动装置与液压站分离的各种机械上。将液压站与驱动装置（油缸或马达）用油管相连，液压系统即可实现各种规定的动作。

伺服液压站孪生模型的监控画面如图 6-24 所示。

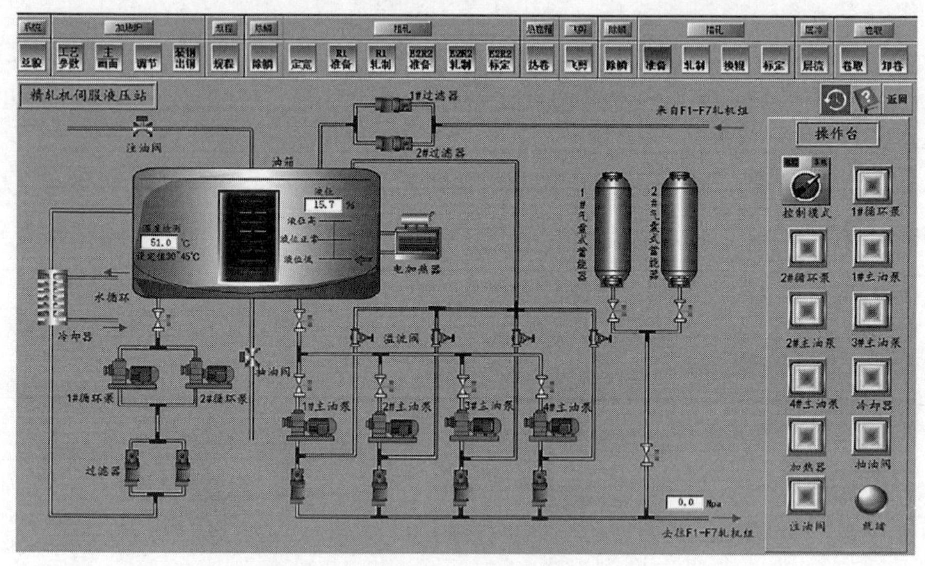

图 6-24　伺服液压站孪生模型的监控画面

辅助液压站孪生模型的监控画面如图 6-25 所示。

油气润滑站孪生模型是利用适合频繁启动的小流量齿轮油泵将储存在油箱内的油液通过单向阀、过滤器输送到与压缩空气相连接的油气混合分配器。油气进入各自的混合腔室后，在不间断压缩空气的作用下，进入润滑点形成油膜，从而使润滑点得到润滑。不间断压缩空气将润滑部位产生的热量经排出口排出，起到了冷却润滑点的作用，同时空气在轴承座内形成正压，外部尘埃等脏物也无法进入轴承或密封处，起到了密封作用。油气润滑站孪生模型监控画面如图 6-26 所示。

主传动润滑站孪生模型监控画面如图 6-27 所示。

油膜轴承润滑站孪生模型的监控画面如图 6-28 所示。

工艺润滑站孪生模型的监控画面如图 6-29 所示。

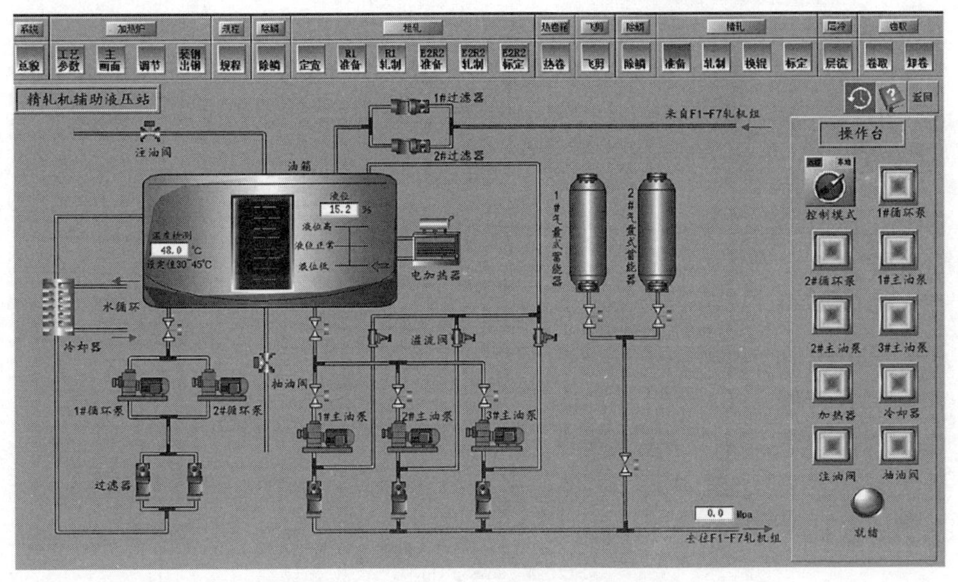

图 6-25　辅助液压站孪生模型的监控画面

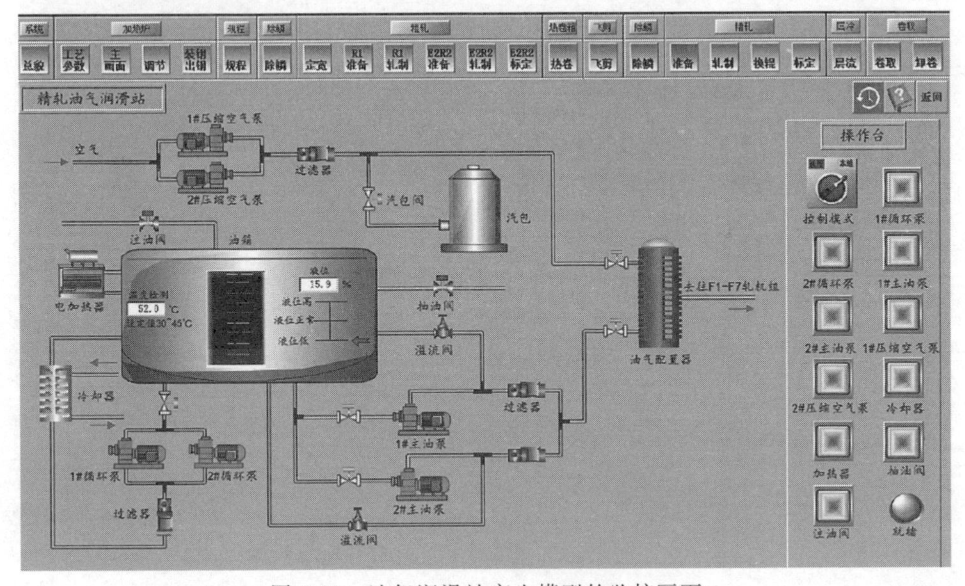

图 6-26　油气润滑站孪生模型的监控画面

6.4.3.3　精轧轧制孪生模型

精轧轧制孪生模型在精轧准备条件满足轧制要求之后可进行精轧操作，产品的质量控制主要在精轧区完成，使产品在尺寸精度、表面质量、板形方面达到要

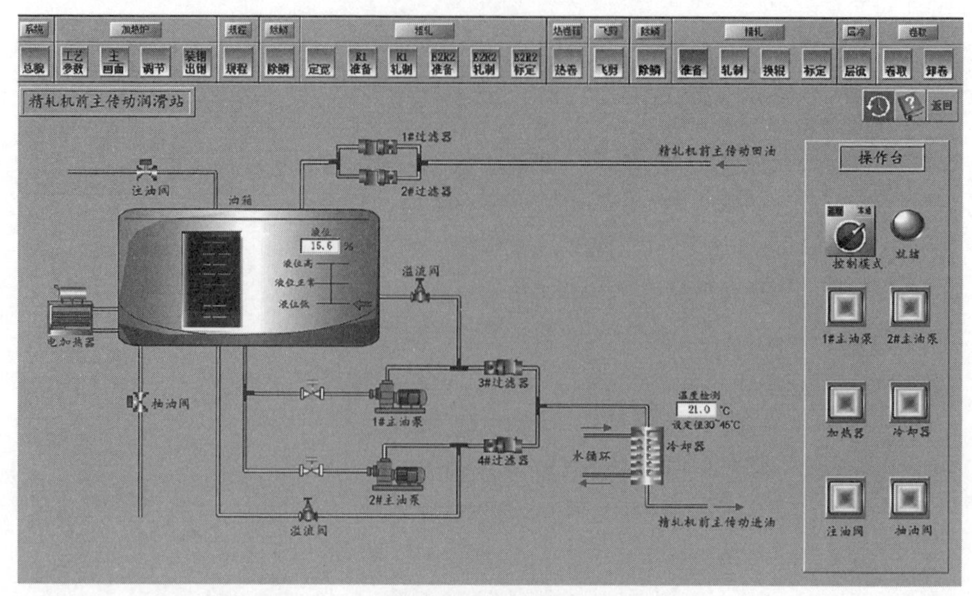

图 6-27　主传动润滑站孪生模型的监控画面

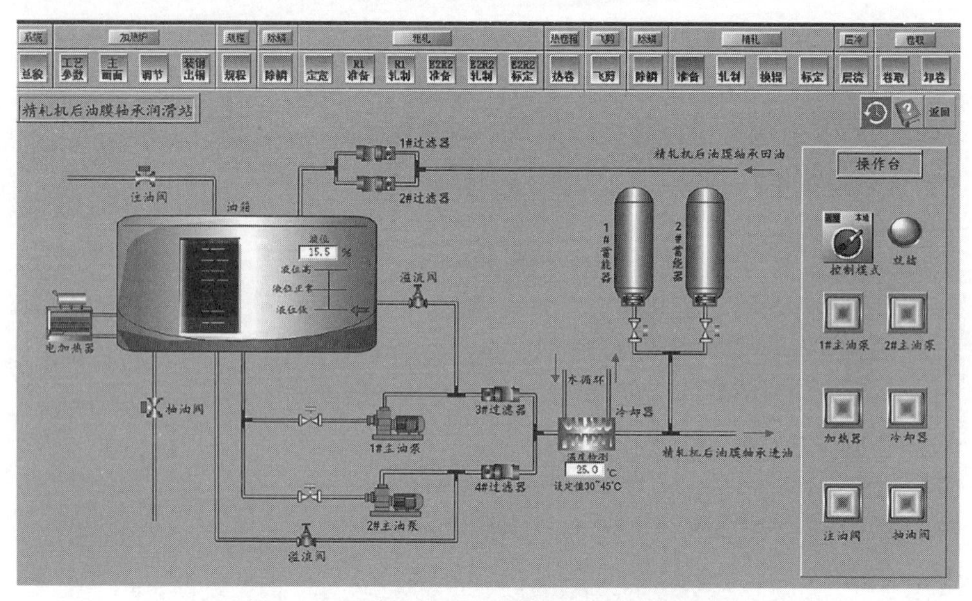

图 6-28　油膜轴承润滑站孪生模型的监控画面

求。精轧轧制孪生模型的监控画面如图 6-30 所示。

6.4.3.4　精轧换辊孪生模型

轧辊工作一定时间之后会有磨损，影响产品精度，需要更换新辊从而保证产品精度。精轧换辊孪生模型监控画面主要完成对换辊工作的监控。轧换辊孪生模

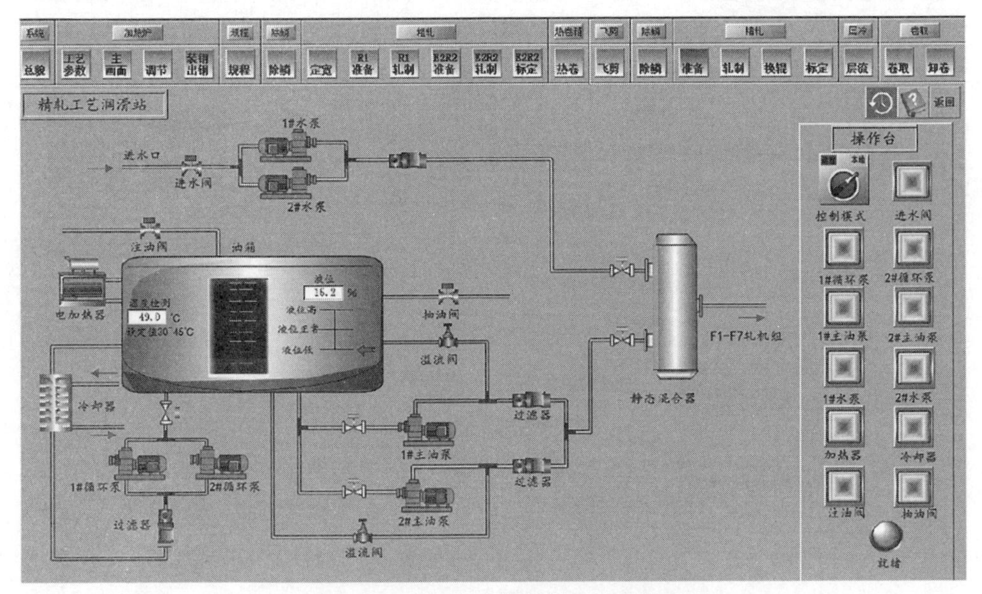

图 6-29　工艺润滑站孪生模型的监控画面

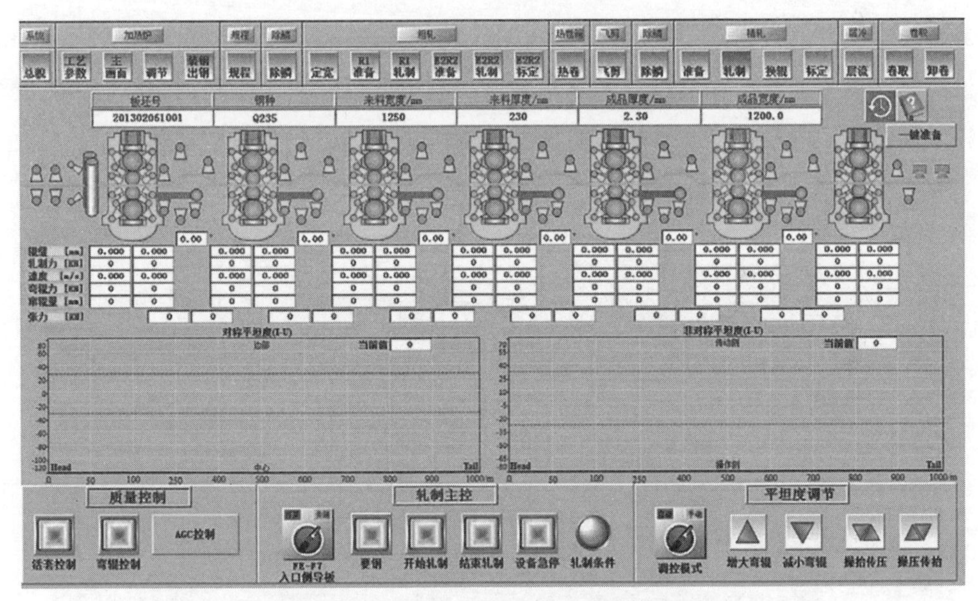

图 6-30　精轧轧制孪生模型的监控画面

型监控画面如图 6-31 所示。

换辊操作：首先将虚拟轧机状态调至换辊状态，选择需要换的辊型（支承辊或工作辊）；然后将主电机关闭，轧辊冷却水关闭，压下液压缸泄压，稀油润滑关闭，活套高位，提升梁提升，便可以开始换辊。

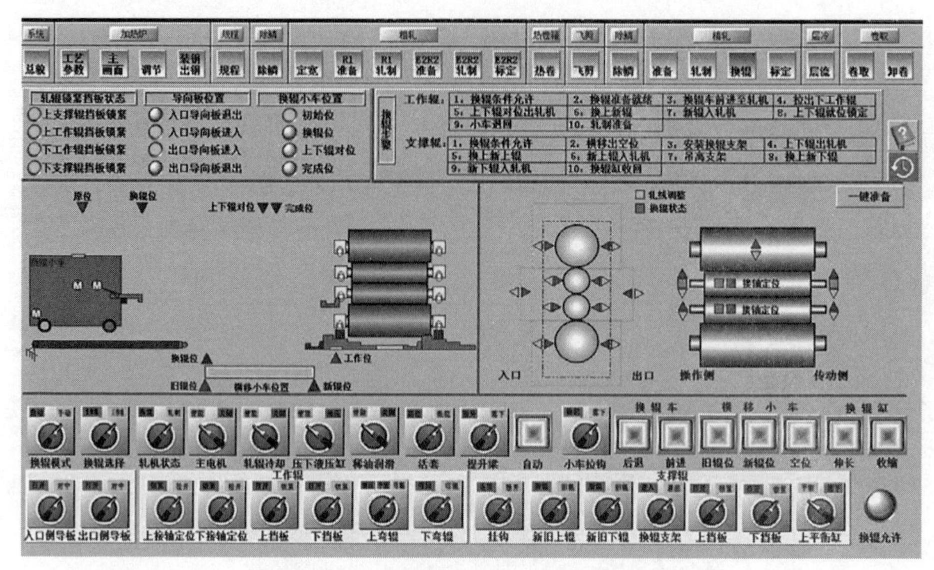

图 6-31　轧换辊孪生模型的监控画面

6.4.3.5　精轧标定孪生模型

轧机在轧制过程中必须对轧机的辊缝进行精确控制，这与辊缝零位（又称零辊缝）的确定关系密切，辊缝零位的确定一般是通过施加一定大小的轧制力压靠轧辊来获得，这一过程称为轧机零调。精轧机辊缝标定孪生模型不同于粗轧机辊缝标定，精轧机辊缝标定只有液压压下。精轧标定孪生模型的监控画面如图 6-32 所示。

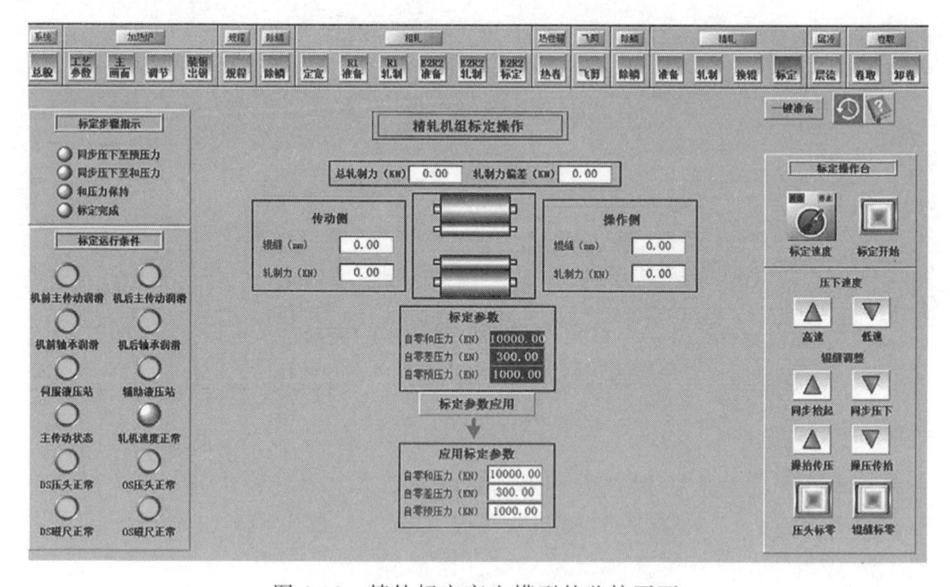

图 6-32　精轧标定孪生模型的监控画面

6.4.3.6　层流冷却孪生模型

层流冷却孪生模型在精轧机孪生模型之后，卷取机孪生模型之前，用于对热轧板带进行热处理，使之获得预期的力学性能。层流冷却孪生模型是热连轧生产工序中非常重要的一环，对于产品质量有显著的影响。层流冷却孪生模型监控画面如图 6-33 所示。

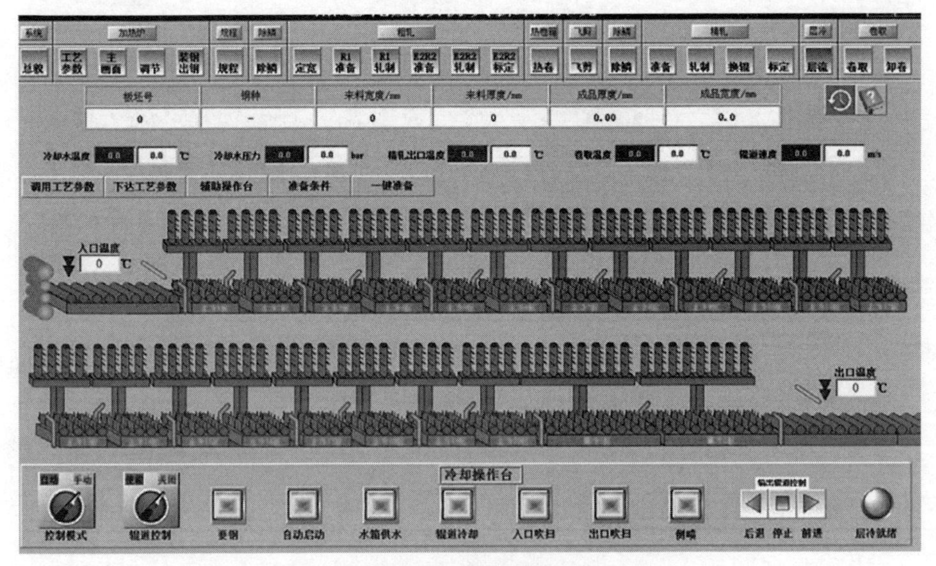

图 6-33　层流冷却孪生模型监控画面

层流冷却孪生模型操作台主要的流程控制：自动层流冷却操作流程，完成规程数据计算与下达，即设置钢种数据（板坯号、钢种、来料宽度、来料厚度、成品厚度、成品宽度）；点击一键准备，层流冷却准备条件就绪；将控制模式设置为自动，依次点击要钢，自动启动后，自动完成对钢坯的层流冷却操作。

6.4.3.7　卷取孪生模型

卷板机孪生模型是一种利用工作辊使板料弯曲成形的设备，可以成形筒形件、锥形件等不同形状的零件，是非常重要的一种加工设备。卷板机孪生模型的工作原理是通过液压力、机械力等外力的作用，使工作辊运动，从而使板材压弯或卷弯成形。根据不同形状的工作辊的旋转运动以及位置变化，可以加工出椭圆形件、弧形件、筒形件等零件。卷取孪生模型的监控画面（如图 6-34 所示）。

卷取孪生模型操作台主要的流程控制如下：自动卷取操作流程，完成规程数

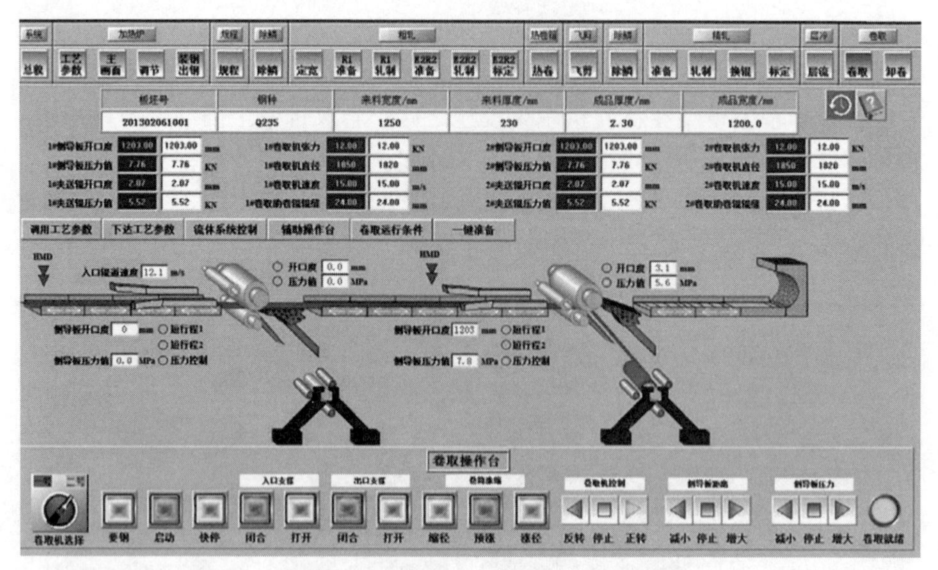

图 6-34 卷取孪生模型监控画面

据计算与下达，即设置钢种数据（板坯号、钢种、来料宽度、来料厚度、成品厚度、成品宽度）；点击一键准备，卷取准备条件就绪；点击要钢，启动后，自动完成对钢坯的卷取操作。

6.4.3.8 卸卷孪生模型

卸卷孪生模型的监控画面如图 6-35 所示。

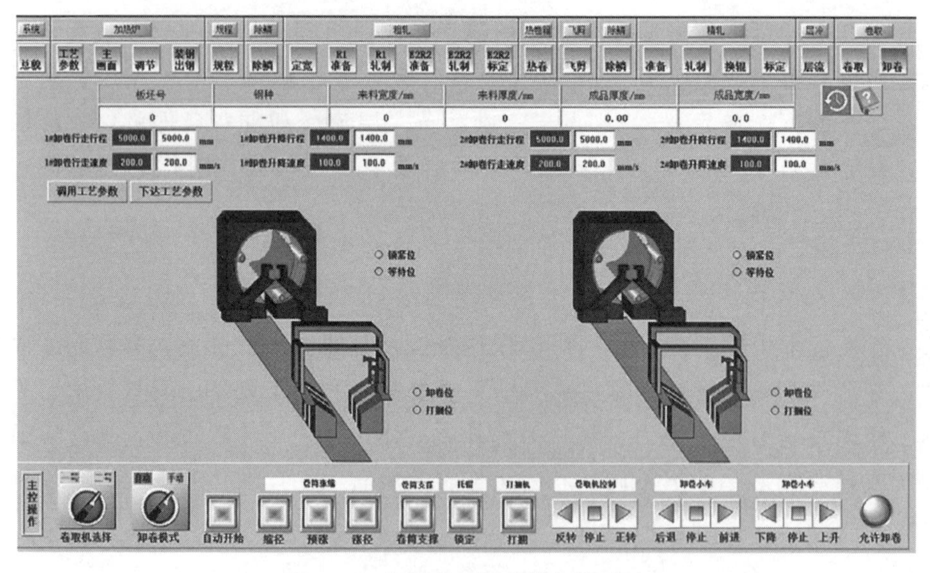

图 6-35 卸卷孪生模型的监控画面

参考文献

[1] SIEGL J，JUNGBAUER A，ARVEDI G，et al. 阿维迪 ESP（无头带钢生产）-首套薄板坯无头连铸连轧生产结果 [J]. 第七届（2009）中国钢铁年会大会论文集（中），2009.

[2] 汪水泽，高军恒，吴桂林，等．薄板坯连铸连轧技术发展现状及展望 [Z]. 工程科学学报．2022：534-545

[3] 贾晓飞，薛为林．冷轧板带材生产技术现状及发展方向 [J]. 产业创新研究，2022，14：142-144.

[4] 刘志兴，迟京东．我国冷连轧机工艺技术装备及生产水平浅析 [J]. 中国钢铁业，2009，（10）：15-19.

[5] 杨旭，童朝南．板带轧机振动问题研究 [J]. 钢铁研究学报，2009，21（11）：1-4.

[6] 毛新平．热轧板带近终形制造技术 [M]. 北京：冶金工业出版社，2020.

[7] 肖鹏，崔晓嘉，徐良，等．浅谈板带钢的高精度轧制技术 [J]. 河北冶金，2012，(2)：46-48.

[8] SHI P M，LI J Z，JIANG J S，et al. Nonlinear dynamics of torsional vibration for rolling mill's main drive system under parametric excitation [J]. Journal of Iron and Steel Research International，2013，20（1）：7-12.

[9] 刘相华．轧制参数计算模型及其应用 [M]. 北京：化学工业出版社，2007.

[10] 周纪华，管克智．金属塑性变形阻力 [M]. 北京：机械工业出版社，1989.

[11] 刘云飞．热轧管线钢冷却过程组织建模与仿真 [D]. 秦皇岛：燕山大学，2011.

[12] 马博．低合金钢板带热轧过程微宏观多参数耦合建模 [D]. 秦皇岛：燕山大学，2011.

[13] 赵德文，董学新，杜林秀，等．耐候钢 05CuPCrNi 冷加工性能研究 [J]. 钢铁，2002，37（2）：39-42.

[14] 张大志，杜丰梅，蔡恒君，等．鞍钢冷轧厂 Q195 钢变形抗力的实验测定及应用 [J]. 钢铁研究，2001，(6)：31-32.

[15] 彭艳．冶金轧制设备技术数字化智能化发展综述 [J]. 燕山大学学报，2020，3：218-237.

[16] 郜志英，臧勇，曾令强．轧机颤振建模及理论研究进展 [J]. 机械工程学报，2015，51（16）：87-105.

[17] 彭艳，孙建亮，张阳等．板带轧机稳定运行动力学模型体系及其工业应用 [M]. 北京：机械工业出版社，2017.

[18] LIU S，SUN B，ZHAO S，et al. Strongly nonlinear dynamics of torsional vibrationfor rolling mill's electromechanical coupling system [J]. Steel Research International，2015，86（9）：984-992.

[19] TANG H P，YAN H Z，ZHONG J. Storsional self-excited vibration of rolling mill [J]. Transactions of Nonferrous Metals Society of China，2002，12（2）：291-293.

[20] 邹家祥，徐乐江．冷连轧机系统振动控制 [M]. 北京：冶金工业出版社，1998.

[21] 闻邦椿，武新华，丁千，等．故障旋转机械非线性动力学的理论与试验 [Z]. 北京：科学出版社. 2004

[22] 刘乐，方一鸣，李晓刚，等．基于 Hamilton 理论的可逆冷带轧机速度张力系统无张力计控制 [J]. 自动化学报，2015，41（1）：165-175.

[23] 崔金星．热连轧机辊系与板带动态行为分析及动力学建模 [D]. 秦皇岛：燕山大学，2022.

[24] MOSAYEBI M，ZARRINKOLAH F，FARMANESH K. Calculation of stiffness parameters and vibration analysis of a cold rolling mill stand [J]. The International Journal of Advanced Manufacturing Technology，2017，91（9）：4359-4369.

[25] PENG Y，ZHANG Y，SUN J，et al. Tandem strip mill's multi-parameter coupling dynamic modeling based on the thickness control [J]. Chinese Journal of Mechanical Engineering，2015，28 (2)：353-362.

[26] GAO Z，ZANG Y，WU D. Hopf bifurcation and feedback control of self-excited torsion vibration in the drive system [J]. Noise & Vibration Worldwide，2011，42 (10)：68-74.

[27] PENG Y，ZHANG M，SUN J L，et al. Experimental and numerical investigation on the roll system swing vibration characteristics of a hot rolling mill [J]. ISIJ International，2017，57 (9)：1567-1576.

[28] WANG T，LIU W，LIU Y，et al. Formation mechanism of dynamic multi-neutral points and cross shear zones in corrugated rolling of Cu/Al laminated composite [J]. Journal of Materials Processing Technology，2021，295：117-157.

[29] WANG T，FANG X，LV W，et al. Effect of hydrogen on the mechanical properties and fracture modes of annealed 430 ferritic stainless steel [J]. Materials Science and Engineering：A，2022，832：142491.

[30] WANG T，ZHANG H，LIANG W. Hydrogen embrittlement fracture mechanism of 430 ferritic stainless steel：The significant role of carbides and dislocations [J]. Materials Science and Engineering：A，2022，829：142043.

[31] WANG T，WANG Y，BIAN L，et al. Microstructural evolution and mechanical behavior of Mg/Al laminated composite sheet by novel corrugated rolling and flat rolling [J]. Materials Science and Engineering：A，2019，765：138318.

[32] SENUMA T，SUEHIRO M，YADA H. Mathematical models for predicting microstructural evolution and mechanical properties of hot strips [J]. ISIJ international，1992，32 (3)：423-432.

[33] 陈丽娟．热轧带钢卷取过程中温度及组织预测模型研究 [D]. 秦皇岛：燕山大学，2012.

[34] WANG T，LI S，NIU H，et al. EBSD research on the interfacial microstructure of the corrugated Mg/Al laminated material [J]. Journal of Materials Research and Technology，2020，9 (3)：5840-5847.

[35] FISCHER F，SCHREINER W，WERNER E，et al. The temperature and stress fieldsdeveloping in rolls during hot rolling [J]. Journal of Materials Processing Technology，2004，150 (3)：263-269.

[36] 郭志强，杨杰，任学平．轧制参数对板带热轧温度分布的影响 [J]. 特殊钢，2019，40 (5)：1-6.

[37] 张兴中，黄文，刘庆国．传热学 [M]. 北京：国防工业出版社，2011.

[38] V. B. 金兹伯格．板带轧制工艺学 [M]. 北京：冶金工业出版社，1998.

[39] KIUCHI M，YANAGIMOTO J，WAKAMATSU E. Overall thermal analysis of hot plate/sheet rolling [J]. CIRP Annals，2000，49 (1)：209-212.

[40] 杨利坡．板带轧制三维热力耦合条元法研究及仿真系统开发 [D]. 秦皇岛：燕山大学，2006.

[41] 万荣春．耐火钢中 Mo 的强化机理及其替代研究 [D]. 上海：上海交通大学，2012.

[42] ANNASAMY M，HAGHDADI N，TAYLOR A，et al. Dynamic recrystallization behaviour of AlxCoCrFeNi high entropy alloys during high-temperature plane strain compression [J]. Materials Science and Engineering：A，2019，745：90-106.

[43] NAGRA J S，BRAHME A，LéVESQUE J，et al. A newmicromechanics based full field numerical framework to simulate the effects of dynamic recrystallization on the formability of HCP metals [J]. International Journal of Plasticity，2020，125：210-234.

［44］ MIRZADEH H，NAJAFIZADEH A，MOAZENY M. Flow curve analysis of 17-4 PH stainless steel under hot compression test［J］. Metallurgical and Materials Transactions A，2009，40（12）：2950-2958.

［45］ WANG Y，WANG J，DONG J，et al. Hot deformation characteristics and hot working window of as-cast large-tonnage GH3535 superalloy ingot［J］. Journal of Materials Science & Technology，2018，34（12）：2439-2446.

［46］ MCQUEEN H J，RYAN N. Constitutive analysis in hot working［J］. Materials Science and Engineering：A，2002，322（1-2）：43-63.

［47］ LAN L，ZHOU W，MISRA R. Effect of hot deformation parameters on flow stress and microstructure in a low carbon microalloyed steel［J］. Materials Science and Engineering：A，2019，756：18-26.

［48］ ZAHIRI S H，DAVIES C H，HODGSON P D. A mechanical approach toquantify dynamic recrystallization in polycrystalline metals［J］. Scripta Materialia，2005，52（4）：299-304.

［49］ JONAS J J，QUELENNEC X，JIANG L，et al. The Avrami kinetics of dynamic recrystallization［J］. Acta Materialia，2009，57（9）：2748-2756.

［50］ WANG L，FANG G，QIAN L. Modeling of dynamic recrystallization of magnesium alloy using cellular automata considering initial topology of grains［J］. Materials Science and Engineering：A，2018，711：268-283.

［51］ WANG X，CHANDRASHEKHARA K，LEKAKH S N，et al. Modeling and simulation of dynamic recrystallization behavior in alloyed steel 15V38 during hot rolling［J］. Steel Research International，2019，90（4）：1700565.

［52］ CAPDEVILA C，DE ANDRES C G，CABALLERO F. Incubation time ofisothermally transformed allotriomorphic ferrite in medium carbon steels［J］. Scripta Materialia，2001，44（1）：129-134.

［53］ 方芳，雍岐龙，杨才福，等．V（C，N）在 VN 微合金钢铁素体中的析出动力学［J］. 金属学报，2009，45（5）：625-629.

［54］ 王东城，彭艳，刘宏民．基于位错密度的热轧含 Nb 钢平均变形抗力模型［Z］. 钢铁．2006：343-347.

［55］ MEIER J C，KATSOUNAROS I，GALEANO C，et al. Stability investigations of electrocatalysts on the nanoscale［J］. Energy & Environmental Science，2012，5（11）：9319-9330.

［56］ LEE S-H，HAGIHARA K，NAKANO T. Microstructural and orientation dependence of the plastic deformation behavior in β-type Ti-15Mo-5Zr-3Al alloy single crystals［J］. Metallurgical and Materials Transactions A，2012，43（5）：1588-1597.

［57］ RAY K K，JHA R. Probabilistic fracture resistance of a forged quality medium carbon alloy steel［C］. Proceedings of the Key Engineering Materials，2012.

［58］ 张明，彭艳，孙建亮，等．2160mm 热连轧机组 F2 精轧机振动机理及测试［Z］. 钢铁．2016：103-111.

［59］ 郜志英，白露露，李强．薄板冷连轧自激振动的临界轧制速度研究［J］. 机械工程学报，2017，53（12）：118-132.

［60］ 张善文，张晴晴，齐国红，等．基于改进 K 中值聚类的苹果病害叶片分割方法［J］. 江苏农业科学，2017，45（18）：205-208.

［61］ 谢明霞，郭建忠，陈科．改进 k 中值聚类及其应用［J］. 烟台大学学报：自然科学与工程版，2010，

23 (3)：217-222.

[62] 王海．基于激光雷达的自动泊车环境感知技术研究 [D]. 大连：大连理工大学，2013.

[63] 小园东雄．人工智能压延工程適用例 [J]. 塑性加工，1991，32 (263)：441-444.

[64] LIU H M，ZHANG X L，WANG Y R. Transfer matrix method of flatness control for strip mills [J]. Journal of Materials Processing Technology，2005，166 (2)：237-242.

[65] 邬再新，王连波，吕洪波，等．轧钢液压弯辊系统智能控制的研究 [J]. 液压与气动，2006，(10)：15-18.

[66] 张秀玲．液压弯辊系统的优化神经网络内模控制 [J]. 中国机械工程，2007，18 (20)：2419-2421.

[67] JOHN S，SIKDAR S，SWAMY P K，et al. Hybrid neural - GA model to predict and minimise flatness value of hot rolled strips [J]. Journal of Materials Processing Technology，2008，195 (1-3)：314-320.

[68] YAN Z W，WANG B S，BU H N，et al. Intelligent assignation strategy of collaborative optimization for flatness control [J]. Journal of the Brazilian Society of Mechanical Sciences and Engineering，2018，40 (3)：1-13.

[69] JAIN H，DEB K. An evolutionary many-objective optimization algorithm usingreference-point-based nondominated sorting approach，part Ⅱ：Handling constraints and extending to an adaptive approach [J]. IEEE Transactions on evolutionary computation，2013，18 (4)：602-622.

[70] DEB K，JAIN H. An evolutionary many-objective optimization algorithm using reference-point-based nondominated sorting approach，part I：Solving problems with box constraints [J]. IEEE Transactions on Evolutionary Computation，2013，18 (4)：577-601.

[71] WANG P，ZHANG Z，SUN J，et al. Flatness control of cold rolled strip based on relay optimisation [J]. Ironmaking & Steelmaking，2018，45 (2)：166-175.

[72] 吴晓莉，林哲辉．MATLAB 辅助模糊系统设计 [M]. 西安：西安电子科技大学出版，2002.

[73] CHIU S L. Fuzzy model identification based on cluster estimation [J]. Journal of Intelligent & Fuzzy Systems，1994，2 (3)：267-278.

[74] KANG Y，JANG Y，CHOI Y，et al. An improved model for camber generationduring rough rolling process [J]. ISIJ International，2015，55 (9)：1980-1986.

[75] WANG H Y，YANG Q，WANG X C，et al. Study and application of camber control model of intermediate slab in rough rolling [J]. Journal of Iron and Steel Research International，2014，21 (9)：817-822.

[76] 唐荻．汽车用先进高强板带钢 [M]. 北京：冶金工业出版社，2016.

[77] 徐冬，刘克东，王晓晨，等．粗轧中间坯镰刀弯在线检测系统的研发与应用 [J]. 中国冶金，2019，29 (2)：61-66.

[78] ZHANG Z. Flexible camera calibration by viewing a plane from unknown orientations [C]. Proceedings of the Seventhieee International Conference on Computer Vision，1999 [I]：666-673.

[79] BELLAVIA F，TEGOLO D，VALENTI C. Improving Harris corner selection strategy [J]. IET Computer Vision，2011，5 (2)：87-96.

[80] 谭晓波．摄像机标定及相关技术研究 [D]. 长沙：国防科技大学，2004.

[81] 叶明，王惠文，寇薇．大规模曲线的自动分类方法及其应用 [J]. 系统管理学报，2010，(6)：640-644.

[82] 沈际海，张健民．基于图像测量的热轧板坯翘扣头控制系统设计与实现 [J]. 冶金自动化，2013，

37 (6)：43-47.

[83] 黄龙．热连轧厚度测量系统［D］. 济南：济南大学，2012.

[84] 叶萌．基于碲锌镉探测器的 γ 射线测厚仪的研制［D］. 南宁：广西大学，2020.

[85] 常征．伽马射线测厚仪与激光测厚仪在中厚板轧制生产中的应用对比［Z］. 现代冶金．2021：68-70

[86] 刘俊君．IMS 自动标定装置监控系统的研究［D］. 武汉：武汉科技大学，2016.

[87] 马竹梧．X 射线测厚影响因素分析，技术进展及其在冶金工业中的应用（下）［J］. 冶金自动化，2011，35 (2)：1-3.

[88] 江知非．基于 γ 射线的冷轧带钢测厚仪的开发与应用［J］. 冶金自动化，2016，40 (2)：56-58.

[89] 王涛，李光辉．γ 射线测厚仪精度的影响因素分析与对策［J］. 宽厚板，2013，(1)：27-29.

[90] 杨光辉，李洪波，张杰，等．宽带钢热连轧机的板形检测［J］. 金属世界，2012，(2)：26-32.

[91] 彭艳，邢建康．一种热轧接触式板形检测辊主体结构：［P］. 中国．2016.

[92] 彭艳，邢建康，陈国兴．整辊式板形检测辊及其板形检测方法［P］. 2018.

[93] 于丙强．整辊智能型冷轧带钢板形仪研制及工业应用［D］. 秦皇岛：燕山大学，2010.

[94] 于丙强．冷轧带钢板形检测辊研究现状［J］. 轧钢，2011，28 (2)：44-46.

[95] 吴贵芳．钢板表面质量在线监测技术［M］. 北京：科学出版社，2010.

[96] 颜云辉．机器视觉检测与板带钢质量评价［M］. 北京：科学出版社，2016.

[97] 丁智，王立功．带钢表面质量检测系统的研究现状及展望［Z］. 中国钢铁年会．中国金属学会. 2013.

[98] 杨水山．冷轧带钢表面缺陷机器视觉自动检测技术研究［D］. 哈尔滨：哈尔滨工业大学，2009.

[99] BADGER J C. Automated surface inspection system［J］. Iron and Steel Engineer，1996，73 (3)：48-51.

[100] CARISETTI C. iLearn self-learning defect classifier［J］. Iron and Steel Engineer (USA)，1998，75 (8)：50-53.

[101] RODRICK T. Software controlled on-line surface inspection［J］. Steel Times Int，1998，22 (3)：30.

[102] JANNASCH E. Surface quality inspection-A solution for production optimisation［J］. Aluminium International Today，2006，18 (3)：42.

[103] KNAAK U J E. Jannasch E. Innovations in surface quality inspection as a cornerstone for production optimization［J］. Light Metals，2009：1235-1238.

[104] 徐科，徐金梧，梁治国，等．冷轧带钢表面质量自动检测系统的在线应用研究［J］. 冶金自动化，2003，27 (1)：51-53.

[105] SUN H，XU K，XU J. Online application of automatic surface quality inspection system to finishing line of cold rolled strips［J］. International Journal of Minerals，Metallurgy and Materials，2003，10 (4)：38-41.

[106] 徐科，徐金梧，陈雨来．冷轧带钢表面缺陷在线监测系统［J］. 北京科技大学学报，2002，24 (3)：329-332.

[107] 何永辉 黄，石桂芬，盛君龙，万国红．冷轧带钢表面缺陷在线检测系统应用研究［Z］. 中国钢铁年会．2007.

[108] CERACKI P，REIZIG H J，RUDOLPHI U，et al. On-line surface inspection of hot rolled strip［J］. Metallurgical Plant and Technology International (Germany)，2000，23 (4)：66-68.

[109] 何永辉，彭铁根，宗德祥．宝钢热轧带钢表面质量在线检测系统研发及应用［Z］. 第二届钢材质量

控制技术——形状、性能、尺寸精度、表面质量控制与改善学术研讨会．2012：357-64

[110] 殷瑞钰．关于智能化钢厂的讨论——从物理系统一侧出发讨论钢厂智能化 [J]．钢铁，2017，52 (6)：1-12.

[111] 毛新平，高吉祥，柴毅忠．中国薄板坯连铸连轧技术的发展 [J]．钢铁，2014，49 (7)：49-60.

[112] 康永林，田鹏，朱国明．热宽带钢无头轧制技术进展及趋势 [J]．钢铁，2019，54 (3)：1-8.

[113] 郑旭涛．日钢 ESP 无头轧制技术 [J]．冶金设备，2016，225 (1)：44-46.

[114] 干勇，李光瀛，马鸣图，等．先进短流程——深加工新技术与高强塑性汽车构件的开发 [J]．轧钢，2015，32 (4)：1-11.

[115] 彭艳，邢建康，等．一种实现 ESP 精轧机组在线换辊的逆流换辊方法 [P]．2017.

[116] 彭艳，刘才溢，等．一种基于 ESP 精轧机组变规格在线换辊的撤辊方法 [P]．2019.

[117] 彭艳，张敏，等．ESP 精轧机组逆流在线换辊与动态变规程同时进行的方法 [P]．2020.

[118] 彭艳，杨彦博，等．短流程 ESP 精轧机组在线换辊方法 [P]．2017.

[119] 彭艳，杨彦博，等．一种基于 ESP 精轧机组撤辊的动态变规程方法 [P]．2019.

[120] 彭艳，张敏，杨彦博，等．一种实现 ESP 精轧机组在线换辊的顺流换辊方法 [P]．2020.

[121] 矾土．关于连轧张力微分方程的讨论 [Z]．钢铁．1978：87-91.

[122] IMMARIGEON J P A，JONAS J J. Flow stress and substructural change during the transient deformation of Armco iron and silicon steel [J]. Acta Metallurgica，1971，19 (10)：1053-1061.

[123] 霍宪刚．工业机器人在钢铁行业的应用研究 [J]．山东冶金，2018，6：56-58.

[124] 任秀平．工业机器人在钢铁企业的应用 [N]．2018.

[125] 苏亚红，刘航，朱晓波．钢铁行业机器人应用及前景展望 [J]．金属世界，2018，(2)：6-9.

[126] 戴锡春，韦忠爽．连续热镀锌生产线锌锅内除渣设备应用研究 [J]．冶金自动化，2017，(2)：10-14.

[127] 郭金恒，郭宗华，殷志辉，等．基于工业机器人在冶金自动包装码垛产线系统的应用 [J]．智能机器人，2018，4.

[128] 曹克刚．机器人智能化研究的关键技术与发展展望 [J]．科技创新导报，2017，14 (10)：2-3.

[129] 罗景春．工业机器人技术及在钢铁行业的应用 [J]．酒钢科技，2018，2.

[130] 彭艳，孙建亮，崔金星，戚向东．一种实时获取负载辊缝信息的智能轧机 [P]．2019.

[131] 杨利坡，刘耕良，刘云鹏，于华鑫，张永顺．一种智能轧辊在线温控系统 [P]．2019.

[132] 陶卫，吕娜，刘沅秩，郑超，陈潇，李智．一种内置无线传感器且具有自供电功能的智能轴承 [P]．2019.

[133] 孙美丽．智能轧机油膜轴承 [P]．2009.

[134] 黄文彬，丁晓喜，邵毅梅．具有状态感知功能的智能齿轮 [P]．2018.

[135] 王映红，董磊．唐钢设备状态在线诊断系统建设与应用 [J]．冶金自动化，2017，(3)：32-36.

[136] 蔡正国．热轧设备状态集中监控关键技术研究与实践 [J]．第八届 (2011) 中国钢铁年会论文集 (摘要)，2011.

[137] 唐怀军．设备点检与故障诊断系统在济钢冷轧板厂的开发应用 [J]．机械工程师，2012，(8)：65-66.

[138] 孙勤刚，谢江华．热轧厂关键设备在线监测与专家诊断系统研究 [C]．设备监测与诊断技术及其应用．2005：658-664.

[139] 高帆，王玉军，杨露霞．基于物联网和运行大数据的设备状态监测诊断 [J]．自动化仪表，2018，39 (6)：5-8.

［140］ 孔宪光，钟福磊，马洪波，等．工业大数据环境下的混合故障诊断模型研究［J］．2015 年全国机械行业可靠性技术学术交流会暨第五届可靠性工程分会第二次全体委员大会论文集，2015.
［141］ 刘强，柴天佑，秦泗钊，等．基于数据和知识的工业过程监视及故障诊断综述［J］．控制与决策，2010，25（6）：801-807.
［142］ 张殿华，彭文，孙杰，等．板带轧制过程中的智能化关键技术［J］．钢铁研究学报，2019，31（2）：174-179.
［143］ SUN J，PENG W，DING J，et al. Key intelligent technology of steel strip production through process［J］. Metals，2018，8（8）：597.
［144］ 丁敬国，金利，孙丽荣，等．板带热轧过程智能化建模方法的研究现状与展望［Z］．冶金自动化．2022：25-37
［145］ ZILLNER S，EBEL A，SCHNEIDER M. Towards intelligent manufacturing，semantic modelling for the steel industry［J］. IFAC-Papers OnLine，2016，49（20）：220-225.
［146］ 张健民，单旭沂．热轧产线智能制造技术应用研究——宝钢 1580 热轧示范产线［J］．中国机械工程，2020，31（2）：246-251.
［147］ 王利，赵珺，王伟．基于部分生产重构的冷轧生产重调度方法［J］．自动化学报，2011，37（1）：99-106.
［148］ 徐钢，黎敏，徐金梧．机器学习在深冲钢质量自动判级中的应用［J］．工程科学学报，2022，44：1-10.
［149］ 王国栋．近年我国轧制技术的发展，现状和前景［J］．轧钢，2017，（1）：1-8.
［150］ 吕程，袁建光．基于神经网络的热连轧精轧机组轧制力高精度预报［J］．钢铁，1998，33（3）：33-35.
［151］ 姜正连，许健勇．冷连轧机高精度板厚控制［J］．中国冶金，2005，（8）：23-26.
［152］ 李旭，张殿华，张浩，等．基于 CORUM- TM 模型与多闭环的冷连轧自动控制系统［J］．东北大学学报，2008，29（4）：533-536.
［153］ 刘恩洋，彭良贵，张殿华，等．热轧带钢层流冷却自动控制系统开发与应用［J］．中国冶金，2009，19（8）：6-10.
［154］ 李烈军，沈训良．高品质热轧宽带中高碳钢的高精度轧制技术研究［J］．冶金丛刊，2012，（1）：17-21.
［155］ 张结刚，吴泽交，吴高亮，等．宽规格五机架冷连轧机组硅钢高精度断面控制技术研究［J］．轧钢，2015，32（5）：36-39.
［156］ 张殿华，孙杰，陈树宗，等．高精度薄带材冷连轧过程智能优化控制［J］．钢铁研究学报，2019，31（2）：180-189.
［157］ 何安瑞，荆丰伟，刘超，et al. 薄板坯连铸连轧过程控制技术的发展，应用及展望［J］．轧钢，2020，（3）：1-7.
［158］ 徐利璞，计江，高朝波，等．带钢冷连轧智能化工艺控制系统研发［Z］．重型机械．2021：57-62
［159］ CHAONAN T，HONGWEI Z，JING W，et al. The computer system of high precision reversible cold rolling mill［J］. IFAC Proceedings Volumes，1992，25（19）：181-186.
［160］ 张朝生．日本连轧管机高精度轧制技术的开发［J］．钢管，2004，33（6）：48-50.
［161］ LEE D M，CHOI S. Application of on-line adaptable neural network for the rolling force set-up of a plate mill［J］. Engineering Applications of Artificial Intelligence，2004，17（5）：557-565.
［162］ JIA C Y，SHAN X Y，NIU Z P. High precision prediction of rolling force based on fuzzy and nerve

method for cold tandem mill [J]. Journal of Iron and Steel Research, International, 2008, 15 (2): 23-27.

[163] JIANG M, LI X, WU J, et al. A precision on-line model for the prediction of thermal crown in hot rolling processes [J]. International Journal of Heat and Mass Transfer, 2014, 78: 967-973.

[164] YANG L, JIANG Z, ZHANG Y, et al. High precision recognition and adjustment of complicated shape details in fine cold rolling process of ultra-thin wide strip [J]. Journal of Manufacturing Processes, 2018, 35: 508-516.

[165] ZHAO J W, WANG X C, YANG Q, et al. High precision shape model and presetting strategy for strip hot rolling [J]. Journal of Materials Processing Technology, 2019, 265: 99-111.

[166] LI S, WANG Z, GUO Y. A novel analytical model for prediction of rolling force in hot strip rolling based on tangent velocity field and MY criterion [J]. Journal of Manufacturing Processes, 2019, 47: 202-210.

[167] PRESSAS I S, PAPAEFTHYMIOU S, MANOLAKOS D E. Evaluation of the roll elastic deformation and thermal expansion effects on the dimensional precision of flat ring rolling products: A numerical investigation [J]. Simulation Modelling Practice and Theory, 2022, 117: 102499.

[168] SONG C, CAO J, XIAO J, et al. Control strategy of multi-stand work roll bending and shifting on the crown for UVC hot rolling mill based on MOGPR approach [J]. Journal of Manufacturing Processes, 2023, 85: 832-843.

[169] TAO W, HONG X, ZHAO T Y, et al. Improvement of 3-D FEM coupled model on strip crown in hot rolling [J]. Journal of Iron and Steel Research, International, 2012, 19 (3): 14-19.

[170] 王涛，肖宏，王健，et al. 工作辊直径对热轧带钢凸度的影响分析及优化 [J]. 塑性工程学报，2012，19 (3)：25-29.

[171] WANG T, YUAN Z W, XIAO H, et al. Development and application of off-line simulation software for hot strip continuous rolling [C]. Proceedings of the Advanced Materials Research, 2012.

[172] 王涛．热轧带钢板凸度和板形计算及预设定建模理论研究 [D]. 秦皇岛：燕山大学，2012.

[173] 翟韦，郭振．基于数字孪生的 EPC 项目物资数据库应用 [Z]. 智能建筑．2021：38-42

[174] 康永林，朱国明，陶功明，等．数字化技术在高质量高精度钢材轧制中的应用 [Z]. 第十一届中国钢铁年会论文集．北京：冶金工业出版社．2017.

[175] 东北大学．一种基于数字孪生的热连轧轧制过程监控预警方法 [P]. 2021.

[176] 张殿华，孙杰，丁敬国，等．基于 CPS 架构的板带热轧智能化控制 [J]. 轧钢，2021，38 (2)：1-9.

[177] ZHANG Y, LIN R, ZHANG H, et al. Vibration prediction and analysis of strip rolling mill based on XGBoost and Bayesian optimization [J]. Complex & Intelligent Systems, 2022: 1-13.

[178] 孙杰，侯凡，汪龙军，等．一种带钢连轧过程的数字孪生模型构建方法 [P]. 2022.

[179] 袁国，孙杰，付天亮，等．高质绿色化发展趋势下轧制技术的创新实践 [J]. 轧钢，2021，38 (4)：1-9.